Modern Geometry for Theoretical Physics:
Manifolds, Riemannian Geometry, and
Global Structure of Lie Groups

理論物理のための
現代幾何学

多様体・リーマン幾何学・
リー群の大域的構造

秦泉寺雅夫 著
Masao Jinzenji

裳 華 房

Modern Geometry for Theoretical Physics

Manifolds, Riemannian Geometry, and Global Structure of Lie Groups

by

Masao JINZENJI

SHOKABO

TOKYO

前書き

私の執筆の習慣によりそうなっているのであるが，本書の執筆の行程も終わりにさしかかり，やっと前書きに取り掛かることができるようになった．前著『物理系のための複素幾何入門』（サイエンス社）の刊行から約5年ほど経過しているわけであるが，また3冊目の日本語の本となる本書を裳華房から刊行する運びになったわけである．

私の1冊目の本は，『数物系のためのミラー対称性入門』（サイエンス社）という本で，古典的ミラー対称性の入門書であり，前掲の本が2冊目にあたる．2冊目の本の執筆依頼の骨子は「1冊目の本の第2章（簡単な複素幾何）の内容を膨らませて1冊の本にして欲しい」というものであった．そして，私はその依頼通りの本を執筆し，2019年に刊行されたわけである．2冊目の本は私の北海道大学での教育経験を大いに盛り込んだのであるが，その後2020年に私は北海道大学を転出し，岡山大学に赴任することになった．

岡山大学に転出したのは，もちろん私の自発的な行動によるものであるが，その理由はここで語ることではないであろう（状況から推察されることとそんなに大幅にずれてはいないと思われる）．そして2021年の夏に，裳華房の南氏から本書の執筆依頼が岡山大学の私の研究室に来たわけである．その依頼は，「物理学科の4年生を対象にした幾何学の本を執筆して欲しい」というものであった．そこでは明言されていなかったが，私はその依頼を「2冊目の本の第1章（多様体と位相幾何）を膨らませて1冊の本にして欲しい」という依頼であると解釈することにした．そこで，多様体と位相幾何についての解説を軸としながら，私が物理学科の3,4年生であったときに関心があったことを織り交ぜつつ書いたのが本書である．

そこで，私の東大物理学科の3,4年生であったときの思い出を語ることにしてみよう．それは私の人生の中で最も楽しい時代であった．まだ，研究者として生き残るプレッシャーにさらされることもなく，体力は充実し，大学は授業を休まずに出席しても暇な時間が有り余るほどあり，昼間は御殿下グラウンドという東大構内の人工芝グラウンドでサッカーや野球に悪友たちと興じつつ，興味のあることを総合図書館で調べ，夜は家で流行りの黒人音楽を聴いたり，はては食堂やカラオケ屋で悪友と盛り上がったりと，やりたい放題であった．時代はバブル真っ盛りで，「こんな風に一生過ごせればいいな」と能天気に思えた時代であった．

学問的には，まず3年生の前期では，物理学科の量子力学で皆が関心をもつか，あるいはつまずく「回転群の表現論」で出てくるリー群 $SU(2)$ のことを調べることに興味が湧いた．そうして色々本を当たってみるうちに，「$SU(2)$ は多様体としては3次元球面 S^3 である」という記述に出会い，頭から離れなくなった．

また3年生の夏休みには，図書館で見つけた村上信吾先生の『多様体』（共立出版）という教科書を読み始め，多様体のコホモロジー理論と調和形式の理論の記述に触れ，トポロジーに関心が向き始めることになった．

そして3年生と4年生の間の春休みには，同じく村上信吾先生の『幾何概論』（裳華房）のホモロジー群の章を読み，トポロジーへの関心が決定的なものになり，「これで飯を食う手段はないだろうか」と考え始めることになった．すると当然「一般の回転群 $SO(n;\mathbf{R})$ や特殊ユニタリ群 $SU(n)$ のトポロジーはどうなっているのだろうか」ということに関心が湧くのであるが，インターネットもなかった時代の物理学科の4年生では満足な情報を得られず，それから大学院生時代に至るまでの私の大きな関心事の一つとなった．この話題は本書の「隠れテーマ」として随所で触れられることになる．

4年生の前期には一般相対論の講義を受講したのだが，リーマン幾何学のところになってレビ・チビタ接続だの平行移動だのと言われる頃には，ただノートを取っているだけの状態になり，単位を取るレポートの計算は何とかできるものの，結局何をやっていたのかあまりわからない状態であった．特に,「重力場の方程式」は実際のところ何だったのかは，講義を受けたての自分でさえもう覚えていないぐらいであった．小林昭七先生の『曲線と曲面の微分幾何』(裳華房) は楽しく読めたのに，結局，一般相対論の何たるかは当時の私にはつかめなかったのである．その理解は大学院生，ポストドクター，そして教員と経験を重ねるにつれて腑に落ちてくるのであるが，それについては本書の第 4 章の最後で触れることになる．

また 3 年生の前期に戻るが，いわゆる回転群の表現論において，2 年生の物理数学の授業で習う「球面調和関数」が代数的に整理されるのであるが，当時の自分は，この表現論で現れる「状態ベクトル」がどういう規則で具体的な球面調和関数に結びついているのか知りたいと思っていた．その疑問に対する，経験を積んだ自分からの解答を第 2 章に記してある．

そして，4 年生の冬には理論演習でお世話になった江口徹先生の大学院生向けの集中講義に出席して，その冒頭で「リー環のコホモロジー」というものを突きつけられた．その当時は，それが何の役に立つのかはさっぱりわからなかったのだが，結局ずっと後になって私の最初に挙げた疑問である「リー群のコホモロジー群」を求める一つの手段として使えることが判明した．その顛末を第 5 章に記すことにした．

以上が，本書の中に「私が物理学科の 3, 4 年生であったときに考えていたこと」として盛り込んだトピックである．

では，本書の構成についてざっと説明しておくことにしよう．

第 1 章では，物理学科の学生になじみの薄いものと思われる「一般位相」の解説を行なう．2 冊目の本においては，一般位相についてはその「さわり」にしか触れられなかったのであるが，何と岡山大学において一般位相の授業を担当することになった．その講義のために作ったノートをもとに一般位相のまとまった解説を記すことにした．一般位相は，物理学科の学生は避けて通ることもできるが，その意図していることを理解するようになると，なかなか味わい深いものであるし，また数学科が何を大事だと思っているかも理解できるようになるのである．本書では，物理学科の学生からこの話題がどう見えるかということに言及しつつ解説していくことになる．

第2章では，多様体について解説を行なう．しかし，数学科向けの教科書のように抽象的な一般論に重きを置くことはやめて，できるだけ具体例を挙げて，その例において多様体で定義される基本的な概念がどのように使われるかを記述することに重点を置いている．具体例としては，n次元球面や行列から得られるリー群などを用いている．多様体の普通の教科書を読んでみて，一体何の理論が展開されているのかがあまりつかめなかった人は，本書の具体的な例における計算などに触れていただくと，多様体への興味が復活するかもしれない．

第3章では，多様体のトポロジーの情報を与えるホモロジー群とコホモロジー群について解説している．2冊目の本では省略した完全系列に関する議論なども詳しく解説することにした．2冊目の本との大きな違いとして，本書では胞体分割ではなく単体分割のホモロジー群を取り扱っているが，その理由は，同じことを繰り返しても面白くないということと，単体分割の方が理論的にまとまった話がしやすいということにある．本書の新たな特色としては，ド・ラムの定理を丁寧に解説していることと，キュネットの公式の重要性を説いていることである．キュネットの公式に力点を置いたのは，リー群のコホモロジー群の具体的なイメージを理解するのに役立てるためである．

第4章では，リーマン幾何学の解説を行なう．この章の記述は，2冊目の本の第1章の記述と重なる部分がいくらかあるが，ご容赦いただきたい．新たに盛り込まれたのは，曲面論におけるガウス－ボンネの定理の証明の解説と，リーマン幾何学から一般相対論の重力場の方程式へいたる道のりの概説である．

第5章では，行列群として得られるリー群の多様体としてのトポロジーを調べていく．まず，行列群として得られるリー群のトポロジーが，ホモトピー同値を通じて$SO(n;\mathbf{R})$と$SU(n)$のトポロジーを調べることに帰着されることを見て，nが小さい場合のそれらの位相的情報を具体的に調べることにする．次にリー群の単位元における接空間の元としてリー環を導入し，物理学科生が習う，行列の交換子積で定義されるリー環の積が，多様体としてのリー群においてどのような幾何学的意味をもつのかを解説する．その発展形としてリー環の交換子積における構造定数の情報から，リー群のコホモロジー群を決定していくリー環のコホモロジーの理論を紹介して本書の締めくくりとする．

第6章は線形代数学についての補足のために設けられた短い章で，本書の随所で使われる線形代数の基本的な結果を紹介してある．

なお，2冊目の本と同様に，この本でも結構な量の演習問題が用意されているが，それは本文の記述の量を減らして，読者の自主学習を促す目的であるのは，2冊目の本と同様である．難易度は2冊目に比べて若干低めに設定してある．ただ，一言注意しておくと，**この本を間違っても問題集として使わないで欲しい**．問題はあくまで本文の理解の補助のためであり，主目的は本文を理解することである．別に，この本の演習問題が解けたからといって数学の実力がついたことになるわけではないのである．

大学以降の数学は，「試験で点を取れるか」ということで実力が測れるようなものではない．実際，この本で触れるようなことを扱う科目では，私は確かに試験では結構ましな点を取り，単位も取れたわけであるが，決して理解していたとは言えない．正直なところ，研究者や教育者として経験を重ねるにつれて，それらについて新たな発見や理解を加えていっていると感じている．このように，学問というものは，一生をかけて深めていくものであって，それは逆に言えば，「近道をしてゴールしたい」という考えが先走っているようでは，なかなか上手くいかないものなのである．まあ，本書は「そのような焦る人々の一助になれば」と思って書いたのではあるが，「こういう物の見方もある」という気持ちで読んでいただければ幸いである．

2024年8月　岡山にて　　　　　　　　　　　　　著　　者

謝　辞

本書を企画し，私に執筆を依頼し，そして原稿を入念に点検し多くの挿図を作成してくれた裳華房の南清志氏，執筆期間中のペースメーカーの役割を果たし，原稿の点検もしてくれた香川高等専門学校の桑田健氏，チャーン－ガウス－ボンネの定理のチャーンによる証明の論文を解読し，私に解説してくれた岡山大学学生（2023 年時）の石井綾太さん，私の原稿で卒業研究のセミナーをして原稿を入念に読んでくれた岡山大学学生の深田翔貴さんに心から感謝の意を表したい．

目次

第1章

一般位相：直観を論理に乗せる作業

1.1　はじめに

この本が想定する読者は理論物理学専攻の学部4年生以上ということになっている．ということは，かなりの割合の人が理学部数学科の一般位相の授業を受けたことがないことと思われる．一方，この本が目標としていることは，理論物理学専攻の学生に，現代の理論物理学で使われることの多い，位相幾何学などの現代的な幾何学の理論を紹介することである．そして，現代の幾何学において論証の基礎となっているのは，一般位相の知識なのである．もちろん，これまでの理論物理学の多くの学生がやってきたように，現代的な幾何学を応用すること（例えば一般相対論を物理学科生が学習，あるいは研究すること）は，一般位相の知識がなくても可能である．さらに，私がそうであったように，現代的なトポロジー（位相幾何学）を理解し応用する際にも，一般位相の知識が不可欠かというと，そうでもないのである．

このことを，もっと身近な例に置き換えて考えてみよう．上のようなことは，高校数学で既に体験していた「微積分の問題を解くのに，実数の連続性の理論やイプシロン‐デルタ論法は必要ない」という感覚と同じなのである．微積分に限らず，例えば「連続な関数 $f(x)$ が $f(a)f(b) < 0$ $(a < b)$ を満たす $\Longrightarrow$ 方程式 $f(x) = 0$ が $a < x < b$ で解をもつ」などという論法で

は，**1変数実数値関数における中間値の定理**が使われているのであるが，これは高校数学では**当たり前な事実**として扱われて，解説されることはほぼない．そして，学生たちもそれについて特に不満を感じることもないのである．そして，高校数学の時点で数学が得意な学生の普通のパターンは「**当たり前に思えること**という直観を武器に微積分を体感的に理解し，問題を解いていける」能力をもっている人であると思う．

大学で理学部に進学した場合，数学の学び方は理学部数学科と数学科以外の学科では異なってくるのであるが，それはこの「**当たり前の直観**がなぜ当たり前なのか」ということにメスを入れるか，入れないかという違いから生じるのである．先ほど取り上げた中間値の定理でいうならば，「グラフを描いて実験してみれば納得できる」という説明で済ませるか，「もっと普遍的な前提を明らかにして，集合論と論理のみを用いて証明する」方向に進むかの違いである．後者の方に進むならば，実数の連続性の理論とイプシロン－デルタ論法が必須となるのであるが，前者の理解ならば，それらは必要なしに済ませることができる．もっと進んで，テーラーの定理やリーマン積分，さらには多変数の微積分を学習する際にも，連続関数の性質を当たり前な事実として認めると，教科書の証明もある程度理解できるし，また定理として与えられる公式も体感的に納得して間違いなく使うこともできる．しかし，証明の細部までを演繹的に理解しようと思うならば，やはり，実数の連続性の理論とイプシロン－デルタ論法が必要となる．そして，大部分の理論物理学の学生が数学学習で通る道は，前者の方であると思われる．実際，私も学生時代はそういう道をたどってきた．

さて，話を戻して，現代の幾何学（現代の解析学も含めるべきであろう）における一般位相は，微積分における実数の連続性の理論やイプシロン－デルタ論法と同じ役割，つまり，「当たり前の直観に理論的基礎付けを与え，当たり前でない領域に直観を広げていく際の論証の武器となる」役割を担っている．実際，実数における連続性の議論とイプシロン－デルタ論法を突き詰めることによって一般位相の理論が得られると言うこともできる．ところが，そうは言うものの，一般位相の教科書を手に取ってパラパラと見てみると，表面的には「開集合」と「閉集合」の議論がなされているようにしか見えず，物理学科生の立場からは“そんなことは「境界を含まない」か「境界を含む」かだけの違いで何がおもしろいのか？”と思うのが普通であろうし，「ゴムの幾何学」といわれる楽しそうな位相幾何学とどうつながっていくのかさっぱりわからず，そっと閉じるのがオチであろうと想像される．実際，私の学部生時代もそんな感じであった．そこで，この章ではこの現代幾何学における一般位相の役割を意識しながら，実数の連続性とイプシロン－デルタ論法の復習から始めて，それがどうして開集合と閉集合の話に発展し，そして現代位相幾何学へとつながっていくのかを足早に追ってみようと思う．

1.2　実数の連続性

実数の連続性とは，直観的に言うと「実数全体の集合 $\mathbf{R}$ を表す数直線が連続的につながっている（あるいは切れ目がない）」ことである．しかし，この表現を使って演繹的な論証をすることがまず無理であることは，ご理解いただけるであろう．もちろん私ならば，大学 1 年生の熱心な学生が問題を解く際に，この連続性の直観的な表現を使って正しい結果を導いていたならば，喜んで満点をあげるのであるが，それでも，その表現をそのまま教科書に載せるのは恥ずかしいと感じてしまうのは否めない．そこで，この表現を数式と集合論と論理を使った表現に言い換える必要が出てくる．その言い換え方を与えるのが実数論である．ここでは，まず最もわかりやすい「上限」を用いた表現を紹介することにしよう．

まず，前提をはっきりさせるために，実数全体の集合 $\mathbf{R}$ の満たす**全順序性の公理**を導入しよう．

公理 1.1　$\mathbf{R}$ は全順序集合である．つまり任意の $a, b \in \mathbf{R}$ に対し，$a \neq b$ ならば，$a < b$ か $b < a$ かのどちらか一方が必ず成り立つ．

これにより，実数を大小関係で一列に整列して直線上に並べられるという直観的イメージと結びつくわけである．実は，整数全体の集合 $\mathbf{Z}$ と有理数全体の集合 $\mathbf{Q}$ も同じ全順序性の公理を満たしているのであるが，$\mathbf{Z}$ は直線上に並べると隙間があるのはよいであろう．問題は $\mathbf{Q}$ の方である．皆さんは，$\mathbf{Q}$ を数直線上に並べると「無理数」という隙間が生じることをこれまでの学習で知っていることと思うが，それでも有理数が数直線上に「みっしり」と存在しているイメージももつであろう．それを数式と論理で表現すると，以下のようになる．

命題 1.1　任意の（いくらでも小さい）$0 < \varepsilon \in \mathbf{Q}$ と，任意の $a \in \mathbf{Q}$ に対して，$0 < |a-b| < \varepsilon$ を満たす $b \in \mathbf{Q}$ が存在する．

この性質を**稠密性**（ちゅうみつ）という．

演習問題 1.1　上の命題を証明せよ．

もちろん $\mathbf{R}$ も稠密性の性質を満たすのであるが，結局「実数の連続性」を表現することは，「$\mathbf{Q}$ には無理数という隙間があるが，$\mathbf{R}$ にはそのような隙間がない」ということを数式と論理を用いて表現することなのである．そこで，表現のための定義を準備しよう．

定義 1.1　空集合でない実数の部分集合 $A \subset \mathbf{R}$ が上に（下に）**有界**であるとは，ある $c_1 \in \mathbf{R}$（$c_2 \in \mathbf{R}$）が存在して，任意の $a \in A$ に対して，$a \leq c_1$（$c_2 \leq a$）が成り立つことである．またこのとき，c_1 を A の上界，c_2 を A の下界と呼ぶ．A が上にも下にも有界ならば単に有界という．

直観的に言うと，A が上に（下に）有界であるとは，c_1（c_2）で上から（下から）蓋をできるということである．もちろん A が上に有界である場合は，上界のとり方には色々なやり方があり，下に有界の場合も同様である．次に，実数の部分集合の最大値と最小値を定義しておこう．

定義 1.2　空集合でない $A \subset \mathbf{R}$ に対し，$M \in A$ $(m \in A)$ が存在して，任意の $a \in A$ に対し，$a \leq M$ $(m \leq a)$ が成り立つならば，M (m) を A の**最大値**（**最小値**）という．

演習問題 1.2　$A \subset \mathbf{R}$ が有限集合（有限個の元をもつ集合）ならば，最大値と最小値は必ず存在することを示せ．また A が上に（下に）有界な無限集合（無限個の元をもつ集合）で，最大値（最小値）が存在しない例を挙げよ．

さらに，実数の連続性の表現の鍵となる上限と下限を定義しよう．

定義 1.3　$A \subset \mathbf{R}$ を上に（下に）有界な集合とする．このとき，A の上界（下界）全体の集合は空集合でなく，しかも下に（上に）有界であるが（下界（上界）として A の元をとればよい)，この集合が最小値（最大値）をもつとき，それを A の**上限**（**下限**）といい，$\sup(A)$ $(\inf(A))$ と表す．

演習問題 1.3　演習問題 1.2 で考えた最大値（最小値）が存在しない，上に（下に）有界な無限集合 A に対して，上限（下限）が存在することを確かめよ．

以上の準備のもとに，**実数の連続性**を表す公理は以下のように与えられる．

公理 1.2　上に有界な $A \subset \mathbf{R}$ には必ず上限が（$\mathbf{R}$ 内に）存在する．
（$\Longleftrightarrow$ 下に有界な $A \subset \mathbf{R}$ には必ず下限が（$\mathbf{R}$ 内に）存在する．）

ここで困るのは，上の主張が「$\mathbf{Q}$ にはあった**無理数**という隙間が，$\mathbf{R}$ では埋まっている」ということと，どう結びつくかが一見してわからないことである．そこで，上の $\mathbf{R}$ を $\mathbf{Q}$ に置き換えた主張を以下に書いてみよう．

（?）　上に有界な $A \subset \mathbf{Q}$ には必ず上限が（$\mathbf{Q}$ 内に）存在する．
（$\Longleftrightarrow$ 下に有界な $A \subset \mathbf{Q}$ には必ず下限が（$\mathbf{Q}$ 内に）存在する．）

演習問題 1.4　$A \subset \mathbf{Q}$ を以下で定義する．

$$A = \{a \in \mathbf{Q} \mid a^2 < 2\}$$

この A は有界であるが，上限も下限も $\mathbf{Q}$ 内に存在しないことを示せ．

この例により（？）の主張が成り立たないことがわかる．では，この公理から「$\mathbf{R}$ には無理数という隙間がない」ということがどのように導かれるかを説明しよう．まず，準備として数列の収束の正式な定義をしておく．

定義 1.4　実数列 $\{a_n \in \mathbf{R} \mid n \in \mathbf{N}\}(= \{a_n\})$ が $\alpha \in \mathbf{R}$ に**収束**するとは，任意の（いくらでも小さい）$\varepsilon > 0$ に対して，ある自然数 $n(\varepsilon) \in \mathbf{N}$ が存在して，

$$n \geq n(\varepsilon) \implies |a_n - \alpha| < \varepsilon$$

が成り立つことである．

すると，公理 1.2 から以下の定理が導かれる．

定理 1.1　単調増加（減少）数列 $\{a_n\}$ $(i < j \implies a_i \leq a_j \ (a_i \geq a_j))$ が上に（下に）有界ならば，必ずある実数 α に収束する．

［証明］　まず単調増加の場合に示す．$\{a_n\}$ は上に有界な $\mathbf{R}$ の部分集合であるから，公理 1.2 より，上限 $\alpha \in \mathbf{R}$ をもつ．上限は上界の最小値であるから，まず上界であるので，任意の自然数 n に対して $a_n \leq \alpha$ が成り立つ．しかし，α は上界の最小値であるので，任意の $\varepsilon > 0$ に対して $\alpha - \varepsilon$ は上界でなくなり，$a_{n(\varepsilon)} > \alpha - \varepsilon$ を満たす自然数 $n(\varepsilon)$ が存在することになる．よって，以下が成り立つことになる．

$$n \geq n(\varepsilon) \implies \alpha - \varepsilon \leq a_{n(\varepsilon)} \leq a_n \leq \alpha \implies |a_n - \alpha| < \varepsilon$$

よって，数列の収束の定義により，$\{a_n\}$ は α に収束する．単調減少数列の場合には，$\{-a_n\}$ が単調増加であることに帰着させればよい．□

さて，$\mathbf{R}$ に無理数という隙間がない，あるいは $\mathbf{R}$ がすべての無理数を含むことを示す議論に入ろう．演習問題 1.4 のことを意識して，$\sqrt{2}$ が $\mathbf{R}$ の元

であることを示すことにしよう．他の無理数の場合も議論は同様に適用できる．まず，$\sqrt{2}$ の無限小数展開を考えよう．

$$\sqrt{2} = 1.41421356\cdots$$

このとき，無限小数展開の小数第 n 位までをとって得られる有理数 a_n $(a_1 = 1.4,\ a_2 = 1.41,\ \cdots)$ を用いて，有理数列 $\{a_n\}$ を作る．明らかにこの数列は単調増加であり，しかも任意の $n \in \mathbf{N}$ について $a_n \leq 1.5$ を満たすので，上に有界である．したがって定理 1.1 により，ある $\alpha \in \mathbf{R}$ が存在して $\{a_n\}$ は α に収束する．ところが，数列の作り方により，この収束先こそが $\sqrt{2}$ の定義であったので $\sqrt{2} \in \mathbf{R}$，つまり，$\mathbf{R}$ が $\sqrt{2}$ を含むことがいえたわけである．

如何であっただろうか？　実は，私は大学 1 年生のころ，この議論を微積分の副読本で読んだような気がするのであるが，当時の感想は「何を当たり前のことをくどくどとわかりにくく論じているのだ」というものであった．確かに数学科の学生以外は，そう思っても仕方がない面があるのだが，この議論の重要なところは，**実数がすべての無理数を含むという演繹に用いるには使いにくい文学的な主張が，論理と数式のみを用いて表現された公理 1.2 に言い換えられている**ということなのである．これにより，大学数学でよく出てくる，**当たり前に思えるがどう証明したらいいかわからない主張**の証明を書くことができるようになるのである．

この節の最後の話題として，この連続性の公理から導かれるボルツァーノ - ワイエルシュトラスの定理を紹介して終わることにしよう．ただし，この定理の主張は連続性の公理として，公理 1.2 の代わりに用いることもできる．準備として，数列の部分列を定義しておこう．

定義 1.5　実数列 $\{a_n \in \mathbf{R} \mid n \in \mathbf{N}\}(= \{a_n\})$ に対し，「$i < j \Longrightarrow m_i < m_j$」を満たす自然数列 $\{m_n \in \mathbf{N} \mid n \in \mathbf{N}\}$ から得られる実数列 $\{a_{m_n} \in \mathbf{R} \mid n \in \mathbf{N}\}$ を，$\{a_n\}$ の**部分列**と呼ぶ．

ボルツァーノ - ワイエルシュトラスの定理は以下で与えられる．そして，この定理は後でコンパクトという概念を定義する際の鍵として用いられることになる．

定理 1.2　（ボルツァーノ - ワイエルシュトラスの定理）
有界な実数列 $\{a_n\}$ は収束する部分列をもつ．

［証明］　仮定より，数列 $\{a_n\}$ の下界 $c \in \mathbf{R}$ と上界 $d \in \mathbf{R}$ を1つずつとると，任意の $n \in \mathbf{N}$ に対して，$c \leq a_n \leq d$ が成り立つ．ここで，閉区間 $[c, d]$ を2つに分割した閉区間 $\left[c, \dfrac{c+d}{2}\right]$ と $\left[\dfrac{c+d}{2}, d\right]$ を考える．$\{a_n\}$ は無限個の項が含まれるから，2つの閉区間のどちらかには無限個の項が含まれる．そこで，無限個の項を含む区間を選び，その区間を $[c_1, d_1]$ とおく．作り方より，$c_1 = c$，$d_1 = \dfrac{c+d}{2}$ か $c_1 = \dfrac{c+d}{2}$，$d_1 = d$ のどちらか一方が成り立つ．さらに，数列 $\{a_n\}$ の中で $[c_1, d_1]$ に含まれる項のうち，最も番号が小さい項を a_{m_1} とおいておく．次に閉区間 $[c_1, d_1]$ を2つの閉区間 $\left[c_1, \dfrac{c_1+d_1}{2}\right]$，$\left[\dfrac{c_1+d_1}{2}, d_1\right]$ に分割し，数列 $\{a_n \mid n > m_1\}$ の無限個の項を含む区間を1つ選び，それを $[c_2, d_2]$ とおき，その閉区間に含まれる数列 $\{a_n \mid n > m_1\}$ の最も番号の小さい項を a_{m_2} $(m_2 > m_1)$ とおく．以下同様にして，閉区間 $[c_n, d_n]$ を2つに分割した閉区間 $\left[c_n, \dfrac{c_n+d_n}{2}\right]$，$\left[\dfrac{c_n+d_n}{2}, d_n\right]$ を考え，数列 $\{a_n \mid n > m_n\}$ の無限個の項を含む方を選んで $[c_{n+1}, d_{n+1}]$ と名付けて，その区間に含まれる数列 $\{a_n \mid n > m_n\}$ の項で最も番号の小さい項を $a_{m_{n+1}}$ とおく．以上のようにして得られる数列 $\{c_n\}$，$\{d_n\}$ および部分列 $\{a_{m_n}\}$ を考える．作り方より，$\{c_n\}$ は上に有界な単調増加列で，$\{d_n\}$ は下に有界な単調減少列であるから，ともに収束し，また

$$\lim_{n\to\infty}(d_n - c_n) = \lim_{n\to\infty}\frac{d-c}{2^n} = 0$$

であるから，$\lim_{n\to\infty} c_n = \lim_{n\to\infty} d_n = \alpha$ が成り立つ．また，部分列は $c_n \leq a_{m_n} \leq d_n$ を満たすように作ったので，はさみうちの原理により，$\lim_{n\to\infty} a_{m_n} = \alpha$ となり，これが条件を満たす部分列の1つである．□

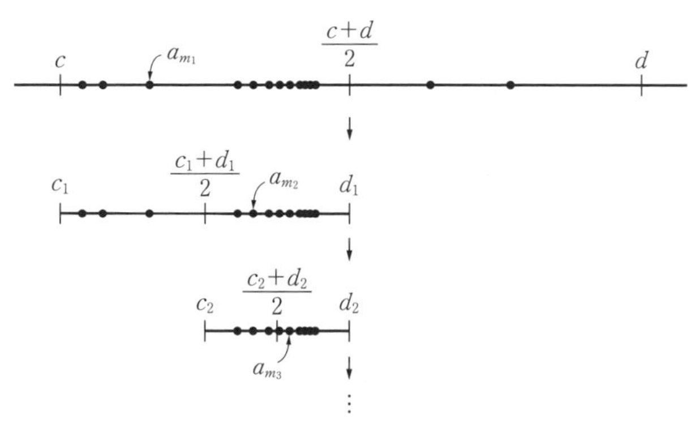

図1.1　ボルツァーノ－ワイエルシュトラスの定理

如何であっただろうか？　この証明は「無限」のトリックを非常に巧みに用いていることがわかる．そして連続性の議論は，この無限のトリックを非常に頻繁に使うのである．

1.3　1変数実数値関数の連続性と連続関数の性質

この節では，まず関数というものを定義することから始めよう．というのも，物理学科の学生には，関数を微分したり積分したりすることはお手のものだが，「関数とは何ですか？」と聞かれると答えに詰まってしまう人が多そうだからである．関数とは何かを定義するには，まず「写像」の定義から始めなくてはならない．

定義1.6　集合 A から集合 B への**写像**とは，任意の A の元 $a \in A$ に対して，ただ1つの B の元 $f(a) \in B$ が定まっている対応のことで，この対応を $f: A \to B,\ a \mapsto f(a)$ と表す．

すると，1変数実数値関数 f とは，以下のように定義するのが最も一般的であることがわかる．

定義 1.7　f が $\mathbf{R}$ の部分集合 $A \subset \mathbf{R}$ を定義域とする**1変数実数値関数**であるとは，f が A から $\mathbf{R}$ への写像 $f: A \to \mathbf{R}$ であること，つまり任意の $x \in A$ に対して，ただ1つの実数 $f(x) \in \mathbf{R}$ が定まっていることである．

この定義を見て注意していただきたいのは，この定義には「連続」という条件も「微分可能」という条件も仮定されていないことである．高校で微積分が得意だったであろう方たち，そしてその感覚のまますくすくと物理学科で数学が得意な感覚を維持している学生の方々には，関数を「連続でしかも何回でも微分できること」を当たり前と思っている人が多いと思う．だから，微積分の公式を覚えて適用することはお手のものだが，証明しろと言われると何を出発点として論証すればいいのかわからなくなるのである．そこでこの節では，一般的な議論のモデルケースとして，この最も一般的な関数の定義から出発して，連続性という条件を定義し，そして連続関数の性質に関する2つの大定理，「中間値の定理」と「最大値最小値の定理」を証明することにする．ただし，議論を簡単にするために，実数値関数 f の定義域 $A \subset \mathbf{R}$ としては，連結な（つながった）区間

$$[a,b],[a,b),(a,b],(a,b),(-\infty,b),(-\infty,b],$$
$$(a,+\infty),[a,+\infty),(-\infty,+\infty)=\mathbf{R} \qquad (a,b \in \mathbf{R},\ a<b)$$

のみを考えることにする．というのも，「$A = \mathbf{Q}$ で連続な関数とは？」といった不気味な状況を避けるためである．

さて，ここで関数の連続性[*1]の条件の定義をしておこう．

[*1] ここでいう連続性とは，前で議論した実数の連続性における「連続性」と関連はあるが，写像の連続性という意味で別物であることを注意しておく．

定義 1.8　$f: A \to \mathbf{R}$ を1変数実数値関数とする（A は連結な区間）．f が $a \in A$ で**連続**であるとは，

$$\lim_{x \to a} f(x) = f(a)$$

が成り立つことである．ただし，a が区間の端点である場合には，片側極限を用いる．つまり，任意の（いくらでも小さい）$\varepsilon > 0$ に対して，ある実数 $\delta(\varepsilon) > 0$ が存在して，

$$|x-a| < \delta(\varepsilon) \ \text{かつ}\ x \in A \quad \Longrightarrow \quad |f(x)-f(a)| < \varepsilon$$

が成り立つことをいう．f が任意の $a \in A$ で連続であるとき，f は A で連続であるという．

ここで，極限のイプシロン - デルタ論法を用いた記述をわざわざ露わに書いたのは，中間値の定理と最大値最小値の定理を証明するためにはどうしてもイプシロン - デルタ論法が必要であるからである．物理学科の学生としては，これらの定理は「f が連続 $\Longleftrightarrow$ 関数のグラフがつながった曲線になる」という直観で納得すればよいという立場もあるが，この直観は論理的には飛躍があると言わざるを得ない．そして，この飛躍を論理で埋めるために考え出された理論が一般位相（今の場合，実数の連続性の公理とイプシロン - デルタ論法）なのである．

では，一般位相のデモンストレーションの一環として，まず中間値の定理を証明しよう．

定理 1.3　**（中間値の定理）**

$[a, b]$ を閉区間とし，$f: [a, b] \to \mathbf{R}$ を1変数実数値関数とする．f が $[a, b]$ で連続で，$f(a) < f(b)$ が成り立つならば，$f(a) < y < f(b)$ を満たす任意の $y \in \mathbf{R}$ に対して，

$$f(c) = y$$

を満たす $c \in (a, b)$ が存在する．

［証明］まず，$[a, b]$ 上の関数 g を新たに $g(x) = f(x) - y$ と定義すると，

g も $[a,b]$ で連続であるから，$g(a)<0<g(b)$ であるとき，$g(c)=0$ を満たす $c\in(a,b)$ が存在することを示せば十分である．ここで，以下で定義される集合 $B\subset\mathbf{R}$ を考える．

$$B=\{s\in\mathbf{R}\,|\,s>a \text{ かつ } x\in[a,s]\Longrightarrow g(x)<0\}$$

まず，B は空集合でなく，かつ上に有界であることを示す．g は a で連続ゆえ，$-\dfrac{g(a)}{2}>0$ に対し，$\delta_0>0$ が存在して

$$\left(|x-a|<\delta_0,\ x\in[a,b]\Longrightarrow|g(x)-g(a)|<-\frac{g(a)}{2}\right)$$
$$\Longrightarrow\ \left(a\leq x<a+\delta_0\Longrightarrow g(x)<\frac{g(a)}{2}<0\right)$$

が成り立つので，$a+\dfrac{\delta_0}{2}\in B$ となり，B は空集合でない．また，$g(b)>0$ より，$x\in B$ ならば $x<b$ であるので，B の上界として b がとれ，B は上に有界である．よって，公理1.2（実数の連続性の公理）により，B には上限 $\sup(B)$ が存在するので，$c=\sup(B)\in(a,b)$ とおく．

$g(c)=0$ であることを背理法で示そう．まず $g(c)>0$ と仮定する．g は c で連続ゆえ，$\dfrac{g(c)}{2}>0$ に対し，$\delta_1>0$ がとれ（$(c-\delta_1,c+\delta_1)\subset[a,b]$ は満たすものとする），

$$\left(|x-c|<\delta_1\Longrightarrow|g(x)-g(c)|<\frac{g(c)}{2}\right)$$
$$\Longrightarrow\ \left(c-\delta_1<x<c+\delta_1\Longrightarrow 0<\frac{g(c)}{2}<g(x)\right)$$

が成り立つので，例えば $c-\dfrac{\delta_1}{2}$ が B の上界の条件を満たすことになる．これは，c が上限，つまり上界の最小値であることに矛盾する．次に，$g(c)<0$ と仮定しよう．このときも g の c での連続性から，$-\dfrac{g(c)}{2}>0$ に対し，$\delta_2>0$ がとれ（$(c-\delta_2,c+\delta_2)\subset[a,b]$ は満たすものとする），

$$\left(|x-c| < \delta_2 \Longrightarrow |g(x)-g(c)| < -\frac{g(c)}{2}\right)$$

$$\Longrightarrow \quad \left(c-\delta_2 < x < c+\delta_2 \Longrightarrow g(x) < \frac{g(c)}{2} < 0\right)$$

が成り立ち，例えば $c+\dfrac{\delta_2}{2}$ が B の元の条件を満たすことになり，やはり c が B の上界であることに矛盾する．以上より，$g(c)=0$ となることがいえた．□

如何であったであろうか？　この証明の言わんとすることは，g のグラフの絵を描きながら追えば確かにわかりやすくなるのであるが，この証明のミソは「絵を描いて説明したいところを，入試問題の解答のごとく計算と論理で証明していること」にある．これがまさに大学数学の目指していることなのである．

では，次に最大値最小値の定理の証明に入ろう．準備のために，ボルツァーノ - ワイエルシュトラスの定理を以下のように書き換えておく（証明は全く同様である）．

定理 1.4　実数列 $\{a_n\}$ が閉区間 $[c,d]$ に含まれるならば，$[c,d]$ 内のある点に収束する部分列がとれる．

最大値最小値の定理は，以下で与えられる主張である．

定理 1.5　**（最大値最小値の定理）**
1 変数実数値関数 $f:[a,b]\to\mathbf{R}$ が $[a,b]$ で連続ならば，f は最大値と最小値をとる．

この定理は，中間値の定理と合わせると，f の値域

$$f([a,b]) = \{f(x)\in\mathbf{R} \mid x\in[a,b]\}$$

が，f の最大値を M，最小値を m として，閉区間 $[m,M]$ に一致することを意味している．

［証明］　最大値の存在のみ示す（最小値は $-f$ の最大値を考えればよいので略す）.

まず，f の値域 $f([a,b])$ が上に有界であることを示す．上に有界でないと仮定しよう．このとき，任意の自然数 $n \in \mathbf{N}$ に対し，$f(d_n) \geq n$ を満たす $d_n \in [a,b]$ がとれる．この d_n から得られる数列 $\{d_n\}$ を考えると，定理1.4からある $\delta \in [a,b]$ に収束する部分列 $\{d_{m_n}\}$ がとれる．作り方より，$f(d_{m_n}) \geq m_n \geq n$ が成り立つので，$\lim_{n\to\infty} f(d_{m_n}) = +\infty$ であるが，これは連続性の仮定より，$\lim_{n\to\infty} f(d_n) = f(\delta) \in \mathbf{R}$ となることに矛盾する．よって $f([a,b])$ は上に有界である.

$f([a,b])$ は上に有界であるので，公理1.2より上限 $M = \sup(f([a,b])) \in \mathbf{R}$ が存在する．よって，$M = f(\gamma)$ を満たす $\gamma \in [a,b]$ が存在することをいえば十分である．任意の自然数 $n \in \mathbf{N}$ に対し，$M-\dfrac{1}{n}$ は $f([a,b])$ の上界でないので，$f(c_n) > M-\dfrac{1}{n}$ を満たす $c_n \in [a,b]$ がとれる．この c_n から得られる数列 $\{c_n\}$ を考えると，定理1.4からある $\gamma \in [a,b]$ に収束する部分列 $\{c_{k_n}\}$ がとれる．作り方より，$M \geq f(c_{k_n}) > M-\dfrac{1}{k_n} \geq M-\dfrac{1}{n}$ が成り立つので，$\lim_{n\to\infty} f(c_{k_n}) = M$ であるが，これと連続性の仮定から得られる $\lim_{n\to\infty} f(c_{k_n}) = f(\gamma)$ を合わせると，$M = f(\gamma)$ を得る．□

実は，1年生の1変数の微積分の教科書で得られる種々の定理は，中間値の定理と最大値最小値の定理の2つの結果を基礎に組み上げられているのであるが，多くの場合，これらの議論は絵を描いて済ませるなどによって省略される．この部分の議論を担っているのが，一般位相の役割なのである．そして，数学科の一般位相では，これらの議論を**開集合**の概念を基礎とする位相空間に拡張し，それぞれの定理は以下のような主張に一般化される.

（i）位相空間の連続写像 $f: X \to Y$ において，X が連結ならば，像 $f(X)$ も連結である．

（ii）位相空間の連続写像 $f: X \to Y$ において，X がコンパクトならば，像 $f(X)$ もコンパクトである．

この章の残りの部分で，ユークリッド位相を入れた $\mathbf{R}^n$ の部分集合として与えられる位相空間について，上の拡張がどのように行なわれるか見ていくことにしよう．ただ，物理学科生の感覚で，使われている用語の意味がわかった上でこれらの主張を見ると，「それは当たり前だろう，しかし証明しろと言われても困るなあ」という印象になるのは無理もないところである．だから，これらを当たり前のこととして認めれば，「現代的な位相幾何学を理解し応用する上で，一般位相が必要不可欠とは限らない」という主張も一理あるといえる．しかし，一般位相を知らない立場では，仮に面白い数学的な主張を思いついたとしても，正式な証明を書き下すことができない状況に陥ることは容易に想像できるであろう．

1.4　関数の連続性と開集合

1.4.1　物理と数学の感覚の違い

さて，前節で集合論と論理を基礎とする現代数学において，実数の連続性と関数の連続性がどのように厳密に定義され，その定義のもとで連続関数の性質がどのように証明されていくかを見たのであるが，物理学科生の立場で読んでみてどういう印象をもたれたであろうか？　私が物理学の研究者としての立場に立ってケチをつけるとすれば，「確かに厳密で隙のない議論であるが，それは自然現象を記述しているという意味で本当なのか？」という問いを投げかけてみたいと思う．何が言いたいかを感覚的に言うならば，実数

全体の集合 $\mathbf{R}$ に連続性の公理を導入することによって，**R にスケールという概念がなくなっている**ではないかと批判したいのである．

もちろん，数直線上に 0 と 1 という数の位置を宣言することによって隣り合う整数の幅というスケールが導入されていると言えなくもないが，実数の密度ということをイメージしようとすると，「数直線を 1 億倍に引き延ばそうが，1 億分の 1 に縮めようが，実数の密度は連続的に隙間なく並んでいるという点では同じである」と宣言しているのが実数の連続性の公理である，というのが私の捉え方である．実際，位相幾何学的に「同相」という尺度で分類すると，どんなに小さい正の実数 ε をとっても，数直線 $\mathbf{R}$ と開区間 $(-\varepsilon,\varepsilon)$ は同相である，つまり同じものと見なされる．これは，マクロスケールとミクロスケールが同じと言っているようなもので，現代物理学とは全く相容れない感覚である．なぜなら，物質には原子，さらには素粒子という，これ以上細かく分けることのできない最小の単位があるというのが現代物理学の立場であり，さらに量子論の本質は「物理現象はプランク定数 h で規定されるスケールにおいては確率論的な振る舞いをする」ことだからである．逆に，究極の連続体理論と思われる電磁場やその発展形の非可換ゲージ場の理論でも，量子化された場の量子論では場が粒子的な振る舞いをするのは御存知の通りであろう．また，場の理論で発散の困難が生じ，繰りこみ理論などを導入する必要があるのも，スケールの概念のない連続の公理を満たす実数を用いて記述される場に量子論のスケールを持ち込むことの困難さから生じている，と考えることができる．このように，時空間を舞台として運動する種々の物理的対象には最小のスケールがあると考えざるを得ない．

ここで，さらに踏み込んでみよう．「時空間そのものには最小のスケールがあるのだろうか？」 現在のところ場の理論は実数を用いて記述されているので，さすがに時空は連続性の公理を満たしていると思いたいところである．しかし，アインシュタインの一般相対性理論は，「時空そのものが重力の本質である」と主張している．すると，重力の量子化が意味するところは，時空間そのものに量子論のスケールを持ち込むことである．これが，哲学的な意味も含めていかに困難であるかは，現在においても満足な重力の量子論ができていない事実から見ても明らかであろう．

では，物理学者が現代数学を学ぶ意味は何であろうか？　それは，「徹底した理想化により厳密化が達成されているので，集合論と論理というものを用いて間違いのない演繹が可能になる」ことだと思う．物理学とは，「自然現象の観測から一種の理想化と抽象化を行なった後，法則を仮定して演繹を通じて予測を行ない，さらに検証する」作業に他ならない．そしてこの演繹のために使える道具は，今のところ数学しかないのである．

以上のような事情で，一般位相を学ぶことは物理学科生の感覚と相容れない部分があるわけであるが，それでもしばらくは「空間に対する厳密な演繹能力を身につける修行」の一環として，開集合を基礎にした一般位相の紹介に付き合っていただくことにしよう．

1.4.2　R の開集合とは？

R の開集合とは何であろうか？　ほとんどの学生は，開区間 (a, b) は開集合で，閉区間 $[a, b]$ は閉集合であるということを知っていて，その判断の基準は「開集合は境界点を全く含んでいなくて，閉集合は境界点をすべて含んでいる」という感覚であると思う．この感覚で，数学科以外の学生が数学の定期試験の単位を取るには十分であろう．しかし，この程度の感覚では完全な厳密さが達成されたとは言い難い面があるのである．もっと踏み込んでいこう．一点集合 $\{a\}$ は開集合ですか，閉集合ですか？　勘のいい学生ならば，少し考えて「閉集合です．」と答えるであろう．正解です．では，有限個の点集合は？「閉集合です．」では **Z** は？「多分閉集合だと思います．」じゃあ **Q** は？「ぐぬぬ．」—— この辺が，数学科の一般位相の定期試験で問われるラインである．

偉大なる先人たちの熟考により，一般位相での **R** の開集合と閉集合の定義は，以下のようにして与えられる．

定義 1.9　$A \subset \mathbf{R}$ が $\mathbf{R}$ の**開集合**であるとは，任意の $a \in A$ に対し，ある $\varepsilon > 0$ が存在して，$(a-\varepsilon, a+\varepsilon) \subset A$ が成り立つことをいう．$B \subset \mathbf{R}$ が $\mathbf{R}$ の**閉集合**であるとは，B の補集合 B^c が $\mathbf{R}$ の開集合であることをいう．

私は，この定義を次のように（いささか不正確だが）感覚的に解釈して覚えることにしている．「**A が $\mathbf{R}$ の開集合であるとは，任意の点 $a \in A$ に対して a と無限に近い点がすべて A に含まれてしまうことである．**」このように，$\mathbf{R}$ の開集合の明確な定義を与えることを，一般位相では **$\mathbf{R}$ に位相を入れる**という．これは，上の雑な解釈でいうと，「$\mathbf{R}$ の無限に近い2点をすべて指定する」ことに相当する．なお，一般位相では $\mathbf{R}$ の位相の入れ方は1通りではないのであるが，物理学科生の感覚ではあまりにマニアックなので，後回しにすることにする．

演習問題 1.5

（i）　定義 1.9 に基づいて，閉区間 (a, b) が $\mathbf{R}$ の開集合で，閉区間 $[a, b]$ が $\mathbf{R}$ の閉集合であることを示せ．

（ii）　定義 1.9 に基づいて，空集合 $\emptyset$，実数全体 $\mathbf{R}$ がともに $\mathbf{R}$ の開集合かつ閉集合であることを示せ．

（iii）　定義 1.9 に基づいて，$\{a\}$，$\mathbf{Z}$ が $\mathbf{R}$ の閉集合であることを示せ．

（iv）　$\mathbf{Q}$ が $\mathbf{R}$ の開集合でも閉集合でもないことを示せ．

$\mathbf{R}$ の開集合は，和集合をとる演算と閉集合をとる演算に対して，以下の性質をもつ．これは重要な性質である．

命題 1.2

（i）　$\{U_\lambda \,|\, \lambda \in \Lambda\}$ を $\mathbf{R}$ の開集合 U_λ の開集合族[*2]とする．ただし，Λ は無限集合（連続無限濃度をもつ集合も可）でも構わないものとする．このとき，$\bigcup_{\lambda \in \Lambda} U_\lambda$ も $\mathbf{R}$ の開集合である．

（ii）　$\{U_i \,|\, i = 1, \cdots, n\}$ を $\mathbf{R}$ の開集合 U_i の有限開集合族とする．このと

[*2] 数学では集合の集まりのことを集合族と呼ぶ．

き，$\bigcap_{i=1}^{n} U_i = U_1 \cap \cdots \cap U_n$ も $\mathbf{R}$ の開集合である．

［証明］（ｉ） $a \in \bigcup_{\lambda \in \Lambda} U_\lambda$ と仮定すると，ある $\mu \in \Lambda$ が存在して，$a \in U_\mu$ が成り立つ．U_μ は開集合であるから，定義 1.9 より，ある $\varepsilon > 0$ が存在して $(a-\varepsilon, a+\varepsilon) \subset U_\mu$ が成り立つので，$(a-\varepsilon, a+\varepsilon) \subset U_\mu \subset \bigcup_{\lambda \in \Lambda} U_\lambda$ が成り立つ．したがって，$\bigcup_{\lambda \in \Lambda} U_\lambda$ は開集合の条件を満たす．

（ii） $a \in \bigcap_{i=1}^{n} U_i$ と仮定する．U_i は開集合であるので，ある $\varepsilon_i > 0$ が存在して，$(a-\varepsilon_i, a+\varepsilon_i) \subset U_i$ が成り立つ．ここで，$\{\varepsilon_1, \cdots, \varepsilon_n\}$ の最小値を ε とおくと，$(a-\varepsilon, a+\varepsilon) \subset (a-\varepsilon_i, a+\varepsilon_i) \subset U_i$ $(i = 1, 2, \cdots, n)$ が成り立つので，$(a-\varepsilon, a+\varepsilon) \subset \bigcap_{i=1}^{n} U_i$ がいえる．よって $\bigcap_{i=1}^{n} U_i$ は開集合の条件を満たす．□

ここで注意しておくべきことがいくつかある．1 つ目は，上の命題より，無限個の開集合の和集合は必ず開集合となるが，**無限個の開集合の共通集合は開集合になるとは限らない**ということである．実際，無限個の開区間 $\left(-\frac{1}{n}, \frac{1}{n}\right)$ $(n \in \mathbf{N})$ を考えると，その共通集合は

$$\bigcap_{n=1}^{\infty} \left(-\frac{1}{n}, \frac{1}{n}\right) = \left\{x \in \mathbf{R} \,\middle|\, -\frac{1}{n} < x < \frac{1}{n} \ (n \in \mathbf{N})\right\} = \{0\}$$

となる．演習問題 1.5 で見たように，一点集合は閉集合であり，開集合ではないから，この共通集合は開集合ではない．もう 1 つ注意しておくと，この命題から**任意の $\mathbf{R}$ の開集合は開区間の和集合で表すことができる**ことがいえる．U を $\mathbf{R}$ の任意の開集合としよう．定義 1.9 より，任意の $a \in U$ に対してある $\varepsilon_a > 0$ が存在して，$(a-\varepsilon_a, a+\varepsilon_a) \subset U$ が成り立つので，以下が成り立つ．

$$U \subset \bigcup_{a \in U} (a-\varepsilon_a, a+\varepsilon_a) \subset U \tag{1.1}$$

よって $U=\bigcup_{a\in U}(a-\varepsilon_a, a+\varepsilon_a)$ が成り立つ．この議論を見て，釈然としないというか，だまされた気分になる物理学科生も多いと思うが，これも数学で使われる「無限」のトリックの1つである．これより，任意の $\mathbf{R}$ の開集合は以下の開集合族の元である開集合の和集合として表すことができる．

$$\mathcal{O}_c := \{(a-\varepsilon, a+\varepsilon) \mid a\in\mathbf{R},\ 0<\varepsilon<c\}$$

ただし，c はある正の実数である．というのも，(1.1)で用いられる $\varepsilon_a>0$ は小さければ小さいほどよく，大きな実数を用意する必要がないからである．このような開集合族 $\mathcal{O}_c$ を，「$\mathbf{R}$ の任意の開集合のもと」という意味で **$\mathbf{R}$ の開基**と呼ぶ．

この節の最後の話題として，$\mathbf{R}$ の部分集合 $A\subset\mathbf{R}$ の内点，境界点，外点の定義を導入しよう．

定義 1.10　$\mathbf{R}$ の部分集合 $A\subset\mathbf{R}$ について，

(i)　$x\in\mathbf{R}$ が A の**内点**であるとは，ある $\varepsilon>0$ が存在して，
$(x-\varepsilon, x+\varepsilon)\subset A$ が成り立つことである．

(ii)　$x\in\mathbf{R}$ が A の**外点**であるとは，ある $\varepsilon>0$ が存在して，
$(x-\varepsilon, x+\varepsilon)\subset A^c$（$A$ の補集合）が成り立つことである．

(iii)　$x\in\mathbf{R}$ が A の**境界点**であるとは，任意の $\varepsilon>0$ に対して，
$(x-\varepsilon, x+\varepsilon)\cap A\neq\emptyset$ かつ $(x-\varepsilon, x+\varepsilon)\cap A^c\neq\emptyset$ が成り立つことである．

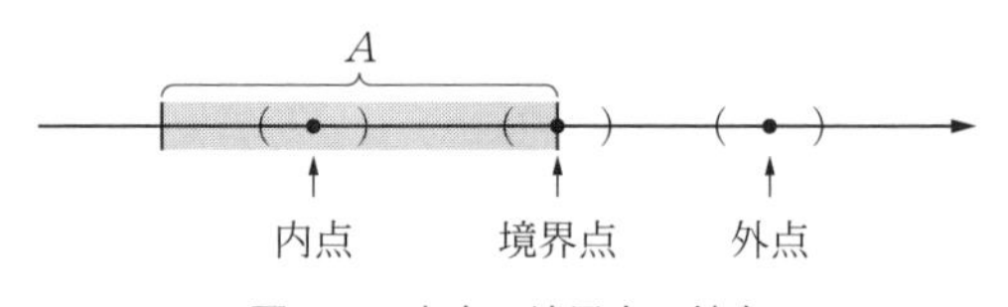

図 1.2　内点，境界点，外点

定義 1.11　$\mathbf{R}$ の部分集合 $A\subset\mathbf{R}$ について，A の内点の集合を A^i と書き，A の**内部**と呼び，A の外点の集合を A^e と書き，A の**外部**と呼ぶ．また，A の境界点の集合を ∂A と書き，A の**境界**と呼ぶ．定義により，任意の

$x \in \mathbf{R}$ は必ず内点か外点か境界点のいずれかになり，同時に 2 つの定義を満たすことはないので，

$$A^i \cup A^e \cup \partial A = \mathbf{R}, \qquad A^i \cap A^e = A^i \cap \partial A = A^e \cap \partial A = \emptyset$$

が成り立つ．また，$A^i \cup \partial A$ を A の**閉包**と呼び，$\overline{A}$ と書く．

演習問題 1.6

（i）A^i, A^e が開集合であることを示せ．（ちゃんと示し切るには少々工夫がいる．）

（ii）$\partial A, \overline{A}$ が閉集合であることを示せ．

演習問題 1.7　以下の $\mathbf{R}$ の部分集合について，内部，外部，境界，閉包を答えよ．

（i）$(0,1)$　（ii）$(0,1) \cap \mathbf{Q}$　（iii）$\left\{ \frac{1}{n} \middle| n \in \mathbf{N} \right\}$　（iv）$\left\{ \frac{1}{n} \middle| n \in \mathbf{N} \right\}^c$

1.4.3　関数の連続性を開集合で書き直す

この小節では，話を一般化して $A \subset \mathbf{R}$ を任意の部分集合とする．この場合，1 変数実数値関数の連続性の定義を以下のように定めることにする．

定義 1.12　1 変数実数値関数 $f : A \to \mathbf{R}$ が $a \in A$ で**連続**であるとは，任意の $\varepsilon > 0$ に対し，ある $\delta > 0$ が存在して，

$$x \in (a-\delta, a+\delta) \cap A \implies f(x) \in (f(a)-\varepsilon, f(a)+\varepsilon) \qquad (1.2)$$

が成り立つことである．また，f が任意の $a \in A$ で連続であるとき，f は A で連続であるという．

実は，上の定義は定義 1.8 と比べると，$\delta(\varepsilon)$ が δ に変わっていたり，不等式が集合論の表記に変わっていたりと，内容は変えていないが書き直しが既に始まっていることに注意して欲しい．ここで，写像の像と逆像の定義を導入する．

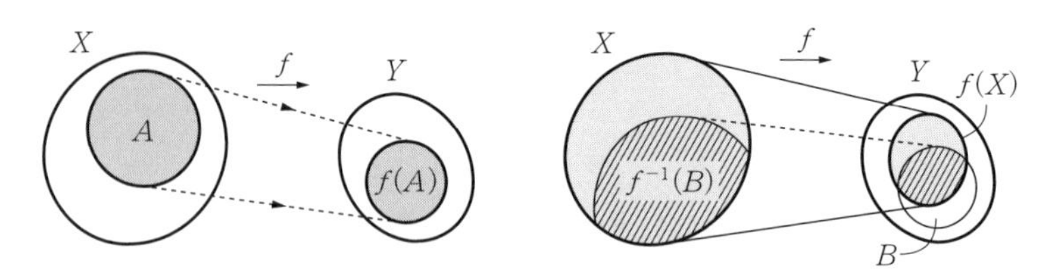

図1.3　像と逆像

定義 1.13　X, Y を集合とし，$f: X \to Y$ を写像とする．$A \subset X$ と $B \subset Y$ に対し，**像** $f(A)$ と**逆像** $f^{-1}(B)$ を以下で定義する．

$$f(A) := \{f(x) \in Y \mid x \in A\},$$
$$f^{-1}(B) := \{x \in X \mid f(x) \in B\}$$

この定義を用いると，(1.2) を以下のように書き換えることができる．

$$(a-\delta, a+\delta) \cap A \subset f^{-1}((f(a)-\varepsilon, f(a)+\varepsilon))$$

よって，定義 1.8 は，さらに以下のように書き換えられる．

定義 1.14　1 変数実数値関数 $f: A \to \mathbf{R}$ が $a \in A$ で連続であるとは，任意の $\varepsilon > 0$ に対し，ある $\delta > 0$ が存在して，

$$(a-\delta, a+\delta) \cap A \subset f^{-1}((f(a)-\varepsilon, f(a)+\varepsilon))$$

が成り立つことである．また，f が任意の $a \in A$ で連続であるとき，f は A で連続であるという．

次に，部分集合 $A \subset \mathbf{R}$ について「A の開集合」の明確な定義を与えよう．

定義 1.15　$V \subset A$ が **A の開集合**であるとは，$\mathbf{R}$ の開集合 U が存在して，

$$V = U \cap A$$

が成り立つことをいう．

演習問題 1.8　上の定義は，任意の $x \in V$ に対して，ある $\varepsilon > 0$ が存在して

$$(x-\varepsilon, x+\varepsilon) \cap A \subset V$$

が成り立つことと同値であることを示せ．

定義 1.15 の形で A のすべての開集合を指定することを，一般位相では **A に相対位相を入れる**という．以上の準備のもとで，$f: A \to \mathbf{R}$ が A で連続であるという条件は，以下のように書き換えることができる．

定理 1.6　$f: A \to \mathbf{R}$ が A で連続であることは，以下の条件に同値である．

★　任意の $\mathbf{R}$ の開集合 U に対して，$f^{-1}(U)$ が A の開集合となる．

［証明］　まず，連続ならば条件★が成り立つことを示す．$f^{-1}(U) = \emptyset$ ならば条件は自動的に満たされるので，$f^{-1}(U) \neq \emptyset$ と仮定してよい．このとき，任意の $a \in f^{-1}(U)$ に対して $f(a) \in U$ であるから，U が $\mathbf{R}$ の開集合であることにより，ある $\varepsilon > 0$ が存在して $(f(a)-\varepsilon, f(a)+\varepsilon) \subset U$ が成り立つ．連続性の仮定と定義 1.14 により，この ε に対し，$\delta > 0$ が存在して，$(a-\delta, a+\delta) \cap A \subset f^{-1}((f(a)-\varepsilon, f(a)+\varepsilon))$ となる．$(f(a)-\varepsilon, f(a)+\varepsilon) \subset U$ より，$f^{-1}((f(a)-\varepsilon, f(a)+\varepsilon)) \subset f^{-1}(U)$ も成り立つので，合わせて $(a-\delta, a+\delta) \cap A \subset f^{-1}(U)$ を得る．$a \in A$ は任意であったから，演習問題 1.8 より，$f^{-1}(U)$ は A の開集合となる．

次に★が成り立つならば，f は A で連続であることを示す．まず，任意の $a \in A$ と任意の $\varepsilon > 0$ に対して，$\mathbf{R}$ の開集合 $(f(a)-\varepsilon, f(a)+\varepsilon)$ を考える．このとき，★を仮定しているので，$f^{-1}((f(a)-\varepsilon, f(a)+\varepsilon))$ は A の開集合となる．よって，明らかに $a \in f^{-1}((f(a)-\varepsilon, f(a)+\varepsilon))$ であるから，演習問題 1.8 より，この a に対してある $\delta > 0$ が存在して，$(a-\delta, a+\delta) \cap A \subset f^{-1}((f(a)-\varepsilon, f(a)+\varepsilon))$ が成り立つ．よって f は A で連続である．□

以上の議論のもとで，関数の連続性の定義は，最終的に以下のように書き直される．

定義 1.16　1 変数実数値関数 $f: A \to \mathbf{R}$ が A で**連続**であるとは，任意の $\mathbf{R}$ の開集合 U に対して，$f^{-1}(U)$ が A の開集合となることである．

これで，関数の連続性を開集合の言葉で書き表すことに成功したことになる．この後で，この開集合の定義を $\mathbf{R}^n$ に拡張し，開集合の言葉を用いて写像の連続性，さらに，$\mathbf{R}^n$ の部分集合のコンパクト性や連結性などを規定していく議論を紹介することにする．

最後に 1 つ注意しておくと，最初に紹介した $\mathbf{R}$ の連続性と関数の連続性の定義のうちで，この小節で書き直したのは後者の方で，前者については一般位相において現代的な書き直しはないのかという疑問は湧くことと思う．実は，これは $\mathbf{R}$ の完備性という性質に置き換わっていくのであるが，それについては本書では省略することにする．

1.5　ユークリッド空間 $\mathbf{R}^n$ の距離位相

この節では，前節で紹介した $\mathbf{R}$ の開集合に関する議論を，$\mathbf{R}^n$ に拡張していくことにする．以降，$\mathbf{R}^n$ の座標はしばしば上付き添字を用いて書く．

$$\mathbf{R}^n := \{x = (x^1, x^2, \cdots, x^n) \mid x^i \in \mathbf{R} \ \ (i = 1, 2, \cdots, n)\}$$

基本となるのは，$\mathbf{R}^n$ の 2 点 x, y について定義されたユークリッド距離である．

$$d(x, y) := \sqrt{\sum_{i=1}^{n} (x^i - y^i)^2}$$

物理学科生にとっては歯ごたえがないかもしれないが，以下の演習問題を挙げておこう．

演習問題 1.9

(i)　上のユークリッド距離は以下の性質を満たすことを示せ．

(a)　$d(x, y) \geq 0$,　特に　$d(x, y) = 0 \Longleftrightarrow x = y$　　(正定値性)

(b)　$d(x, y) = d(y, x)$,　　(対称性)

(c)　$d(x, z) \leq d(x, y) + d(y, z)$.　　(三角不等式)

(ii)　以下の関数も上の(a), (b), (c)の性質を満たすこと示せ．

$$d_1(x, y) = \sum_{i=1}^{n} |x^i - y^i|,$$

$$d_2(x, y) = \max\{|x^1 - y^1|, |x^2 - y^2|, \cdots, |x^n - y^n|\}$$

この問題の性質(a), (b), (c)は一般位相では距離の公理と呼ばれ，この性質を満たしている関数は，ユークリッド距離関数でなくても距離関数として採用できる．例えば，（ii）の2つの関数 d_1, d_2 が他の距離として採用できる関数の例である．ユークリッド距離を用いて，$\mathbf{R}^n$ の開球を定義しよう．

定義 1.17　$a \in \mathbf{R}^n$ と正実数 $r > 0$ に対して，a を中心とする半径 r の**開球** $B^n(a;r)$ を以下で定める．

$$B^n(a;r) := \{x \in \mathbf{R}^n \mid d(x,a) < r\}$$

前節との関連でいえば，$B^1(a;\varepsilon) = (a-\varepsilon, a+\varepsilon)$（開区間）となることに注意して欲しい．開球を用意すると，$\mathbf{R}^n$ の開集合を定義することができる．

定義 1.18　$\mathbf{R}^n$ の部分集合 $A \subset \mathbf{R}^n$ が $\mathbf{R}^n$ の**開集合**であるとは，任意の $a \in A$ に対して，ある $\varepsilon > 0$ が存在して $B^n(a;\varepsilon) \subset A$ が成り立つことをいう．A が**閉集合**であるとは，A の $\mathbf{R}^n$ での補集合 A^c が $\mathbf{R}^n$ の開集合であることをいう．また，$x \in \mathbf{R}^n$ に対して x を含む開集合を x の**開近傍**という．

演習問題 1.10　以下を示せ．

（i）　空集合 $\emptyset$，および $\mathbf{R}^n$ はともに $\mathbf{R}^n$ の開集合かつ閉集合である．

（ii）　一点集合 $\{a\}$ は $\mathbf{R}^n$ の閉集合である．

（iii）　$B^n(a;r)$ は $\mathbf{R}^n$ の開集合である．

（iv）　$B_1^n(a;r) := \{x \in \mathbf{R}^n \mid d_1(x,a) < r\}$（ただし，$d_1(x,y)$ は演習問題 1.9 のもの）は $\mathbf{R}^n$ の開集合である．

（v）　$B_2^n(a;r) := \{x \in \mathbf{R}^n \mid d_2(x,a) < r\}$（ただし，$d_2(x,y)$ は演習問題 1.9 のもの）は $\mathbf{R}^n$ の開集合である．

前節と全く同様の議論により，以下が成り立つことがわかる．

命題 1.3

（i）　$\{U_\lambda \mid \lambda \in \Lambda\}$ を $\mathbf{R}^n$ の開集合 U_λ の開集合族とする．ただし，Λ は無限集合（連続無限濃度をもつ集合も可）でも構わないものとする．このとき，$\bigcup_{\lambda\in\Lambda} U_\lambda$ も $\mathbf{R}^n$ の開集合である．

（ii）$\{U_i \mid i = 1, \cdots, n\}$ を $\mathbf{R}^n$ の開集合 U_i の有限開集合族とする．このとき，$\bigcap_{i=1}^{n} U_i = U_1 \cap \cdots \cap U_n$ も $\mathbf{R}^n$ の開集合である．

証明は読者に任せることにしよう．これにより，$\mathbf{R}^n$ の開基として，以下の開集合族がとれることがわかる．

$$\mathcal{O}_c := \{B^n(a;\varepsilon) \mid a \in \mathbf{R}^n,\ 0 < \varepsilon < c\}$$

ただし，c はある正実数である．部分集合 $A \subset \mathbf{R}^n$ の内点，外点，境界点の定義も同様である．

定義 1.19　$\mathbf{R}^n$ の部分集合 $A \subset \mathbf{R}^n$ について，

（i）$x \in \mathbf{R}^n$ が A の**内点**であるとは，ある $\varepsilon > 0$ が存在して，$B^n(x;\varepsilon) \subset A$ が成り立つことである．

（ii）$x \in \mathbf{R}^n$ が A の**外点**であるとは，ある $\varepsilon > 0$ が存在して，$B^n(x;\varepsilon) \subset A^c$（$A$ の補集合）が成り立つことである．

（iii）$x \in \mathbf{R}^n$ が A の**境界点**であるとは，任意の $\varepsilon > 0$ に対して，$B^n(x;\varepsilon) \cap A \neq \emptyset$ かつ $B^n(x;\varepsilon) \cap A^c \neq \emptyset$ が成り立つことである．

A の内点集合，外点集合，境界点集合として，**内部** A^i，**外部** A^e，**境界**

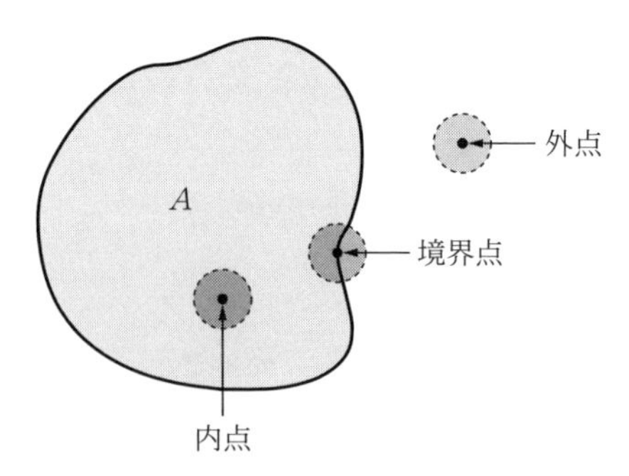

図 1.4　内点，境界点，外点

∂A がそれぞれ定義され，また A の**閉包** $\overline{A}$ が $A^i \cup \partial A$ で定義されるのも同様である．

さて，1.1 節でも触れたように，位相幾何学は「ゴムの幾何学」とも呼ばれ，図形を曲げたり伸ばしたり縮めたりしても変わらない性質を扱うと聞いたことがあるであろう．しかし，ここまでの議論で「 $\mathbf{R}^n$ の開集合を定義するのに，かっちりしたイメージのあるユークリッド距離を使っているので，ゴムの幾何学のイメージとそぐわない違和感がある」などと感じる方もいると思う．雑なことをいえば，曲げたり伸ばしたり縮めたりしても変わらないのは「無限に近い」という位置関係であり，開集合を決めるということは「無限に近い」という位置関係を指定することである．そして，ユークリッド距離は，この「無限に近い」位置関係を指定するためだけに使われており，他の距離関数を使っても開集合自体は同じものになることがあるのである．実際，ユークリッド距離の開球 $B^n(a;\varepsilon)$ を使った定義 1.18 から得られる $\mathbf{R}^n$ の開集合全体の集合を $\mathcal{U}$ としよう．対比のために，定義 1.18 の $B^n(a;\varepsilon)$ を演習問題 1.10 の $B_1^n(a;\varepsilon), B_2^n(a;\varepsilon)$ に置き換えて得られる $\mathbf{R}^n$ の開集合全体の集合を $\mathcal{U}_1, \mathcal{U}_2$ としよう．実は，次の演習問題でわかるように，

$$\mathcal{U} = \mathcal{U}_1 = \mathcal{U}_2 \tag{1.3}$$

であることが示せる．つまり，距離関数を変えても，この場合は位相が変わらないのである．絵を描いてみればわかるように，$B_1^n(a;\varepsilon)$ と $B_2^n(a;\varepsilon)$ は a を中心として $B^n(a;\varepsilon)$ を伸び縮みさせて得られる．つまり，これは開集合を指定することで与えられる $\mathbf{R}^n$ の位相が伸び縮みで変わらないことを意味しているのである．なお，この本では取り上げないが，距離関数のとり方によっては，$\mathbf{R}^n$ に異なる位相を入れることができることを注意しておく．

演習問題 1.11　簡単のため $\mathbf{R}^2$ で考える．

（i）　以下の包含関係が成り立つことを示せ．

$$B_1^2(a;\varepsilon) \subset B^2(a;\varepsilon) \subset B_1^2(a;\sqrt{2}\varepsilon), \qquad B_2^2\left(a;\frac{\varepsilon}{\sqrt{2}}\right) \subset B^2(a;\varepsilon) \subset B_2^2(a;\varepsilon)$$

（ii）　（i）の包含関係を用いて(1.3)を示せ．

この節の最後の話題として，ユークリッド空間の間の写像の連続性についての議論を取り上げよう．$A \subset \mathbf{R}^n$ を $\mathbf{R}^n$ の任意の部分集合とし，$f: A \to \mathbf{R}^m$ を A から $\mathbf{R}^m$ への写像とする．この写像について，まずイプシロン - デルタ論法を用いた連続性の定義をしよう．

定義 1.20　写像 $f: A \to \mathbf{R}^m$ が $a \in A$ で**連続**であるとは，任意の $\varepsilon > 0$ に対して，ある $\delta > 0$ が存在して

$$d(x,a) < \delta \text{ かつ } x \in A \implies d(f(x), f(a)) < \varepsilon$$
$$(\iff B^n(a;\delta) \cap A \subset f^{-1}(B^m(f(a);\varepsilon)))$$

が成り立つことをいう．また，f が任意の $a \in A$ で連続であるとき，f は A で連続であるという．

さて，ここで A の部分集合 $V \subset A$ が A の開集合である条件を定めよう．

定義 1.21　$A \subset \mathbf{R}^n$ を任意の部分集合とする．$V \subset A$ が **A の開集合**であるとは，$\mathbf{R}^n$ の開集合 U が存在して，

$$V = A \cap U$$

が成り立つことをいう．また，このようにして A の開集合を定めることを **A に相対位相を入れる**という．同様に，$G \subset A$ が **A の閉集合**であるとは，$\mathbf{R}^n$ の閉集合 F が存在して

$$G = A \cap F$$

が成り立つことをいう．

演習問題 1.12　上の A の開集合の定義は，任意の $x \in V$ に対して，ある $\varepsilon > 0$ が存在して

$$B^n(x;\varepsilon) \cap A \subset V$$

が成り立つことと同値であることを示せ．

この準備のもとに，定理 1.6 の拡張として以下が成り立つ．

定理 1.7　$A \subset \mathbf{R}^n$ を任意の部分集合とする．$f : A \to \mathbf{R}^m$ が A で連続であることは，以下の条件に同値である．

★　任意の $\mathbf{R}^m$ の開集合 U に対して，$f^{-1}(U)$ が A の開集合になる．

[証明]　まず，連続ならば条件★が成り立つことを示す．$f^{-1}(U) = \emptyset$ ならば条件は自動的に満たされるので，$f^{-1}(U) \neq \emptyset$ と仮定してよい．このとき，任意の $a \in f^{-1}(U)$ に対して $f(a) \in U$ であるから，U が $\mathbf{R}^n$ の開集合であることにより，ある $\varepsilon > 0$ が存在して $B^m(f(a);\varepsilon) \subset U$ が成り立つ．f の連続性の仮定と定義 1.20 により，この ε に対し，ある $\delta > 0$ が存在して，$B^n(a;\delta) \cap A \subset f^{-1}(B^m(f(a);\varepsilon))$ が成り立つ．$B^m(f(a);\varepsilon) \subset U$ より，$f^{-1}(B^m(f(a);\varepsilon)) \subset f^{-1}(U)$ も成り立つので，合わせて $B^n(a;\delta) \cap A \subset f^{-1}(U)$ を得る．$a \in A$ は任意であったから，演習問題 1.12 より，$f^{-1}(U)$ は A の開集合となる．

次に，★が成り立つならば，f は A で連続であることを示す．まず，任意の $a \in A$ と任意の $\varepsilon > 0$ に対して，$\mathbf{R}^m$ の開集合 $B^m(f(a);\varepsilon)$ を考える．このとき，★を仮定しているので，$f^{-1}(B^m(f(a);\varepsilon))$ は A の開集合となる．よって，明らかに $a \in f^{-1}(B^m(f(a);\varepsilon))$ であるから，演習問題 1.12 より，ある $\delta > 0$ が存在して $B^n(a;\delta) \cap A \subset f^{-1}(B^m(f(a);\varepsilon))$ が成り立つ．よって f は A で連続である．□

これにより，一般位相では連続性を以下の形で定義することになる．

定義 1.22　A を $\mathbf{R}^n$ の任意の部分集合，B を $\mathbf{R}^m$ の任意の部分集合とする．また，A, B にはそれぞれ相対位相を入れておくものとする．写像 $f : A \to B$ が**連続**であるとは，任意の B の開集合 U に対して $f^{-1}(U)$ が A の開集合になることをいう．

1.6　コンパクト集合

前節で定義したユークリッド距離をもとにした位相における $\mathbf{R}^n$ のコンパクト集合とは，一言でいえば**有界な閉集合**のことである．ここで，$\mathbf{R}^n$ における有界性の定義をしておこう．

定義 1.23　$\mathbf{R}^n$ の部分集合 $A \subset \mathbf{R}^n$ が**有界**であるとは，$\mathbf{R}^n$ の原点を $0 = (0, \cdots, 0)$ として，ある実数 $c > 0$ が存在して

$$A \subset B^n(0;c)$$

が成り立つことである．

ただし，上の $c > 0$ の存在は，気分的には「十分大きな $c > 0$ をとると」というニュアンスであることを注意しておく．

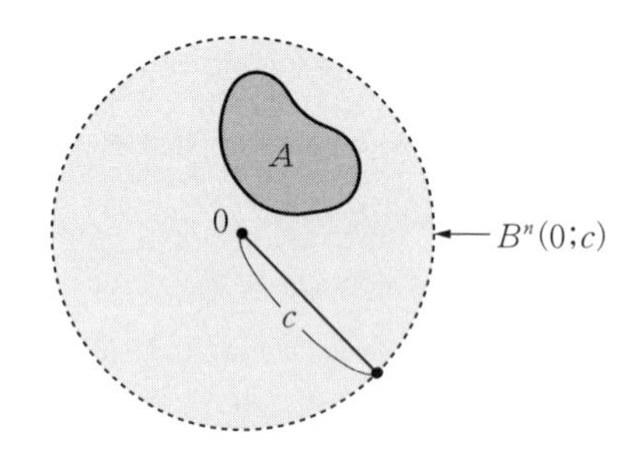

図 1.5　有界な集合

演習問題 1.13　$n = 1$ のとき，上の定義が定義 1.1 と同値であることを示せ．

物理学科生に「コンパクトという言葉は一般位相で何を意味するのか」を説明するだけならば，これで終わってもよいのだが，これまでの話の流れでは「一般位相で数学者は何がしたいのか」を紹介することに踏み込んできている．そこで，目指していることを一言で言うと，**「有界かつ閉」という条件を開集合の言葉で書き直したい**ということになる．この書き直し方を紹介したいと思う．

だが，まずその前に，開集合を用いた書き直しよりも，これまでの話の流れにより近い書き直し方として**点列コンパクト**という概念を先に紹介しよう．準備として，$\mathbf{R}^n$ の点列の収束を定義しておこう．

定義 1.24　$\mathbf{R}^n$ の点列 $\{x_k \mid x_k \in \mathbf{R}^n,\ k \in \mathbf{N}\}(=\{x_k\})$ が $a \in \mathbf{R}^n$ に**収束**するとは，任意の $\varepsilon > 0$ に対し，ある $k_0 \in \mathbf{N}$ が存在し，

$$k \geq k_0 \implies d(x_k, a) < \varepsilon \ (\Longleftrightarrow x_k \in B^n(a;\varepsilon))$$

が成り立つことである．

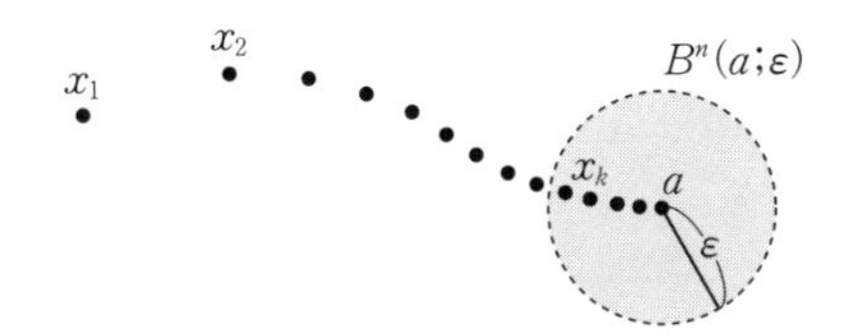

図 1.6　点列の収束

これを用いて，点列コンパクトは以下のように定義される．

定義 1.25　$\mathbf{R}^n$ の部分集合 $A \subset \mathbf{R}^n$ が**点列コンパクト**であるとは，A 内の点列 $\{x_k \mid x_k \in A,\ k \in \mathbf{N}\}$ が必ず A 内の点に収束する部分列をもつことをいう．

いきなりこの定義を持ち出されると，面食らう人も多いと思うのだが，この本のここまでの記述を読んでくれた人なら，この定義がボルツァーノ－ワイエルシュトラスの定理「有界閉区間 $[a,b]$ の点列は必ず $[a,b]$ 内の点に収束する部分列をもつ」にヒントを得ていることに気付くであろう．有界閉区間 $[a,b]$ が $\mathbf{R}$ の有界閉集合の代表選手であり，有限個の有界閉区間の和集合はやはり有界閉集合であることに気付けば，上の定義で「有界かつ閉」という条件を言い換えられると予想がつくことと思う．

演習問題 1.14　無限個の閉区間の和集合で，以下の条件を満たす例を挙げよ．

(i)　閉集合だが有界でない．

(ii)　有界だが閉集合でない．

演習問題 1.15　$\mathbf{R}^n$ の直方体領域

$$\begin{aligned} A &= [a^1, b^1] \times [a^2, b^2] \times \cdots \times [a^n, b^n] \\ &:= \{(x^1, \cdots, x^n) \in \mathbf{R}^n \mid a^i \leq x^i \leq b^i \ \ (i = 1, \cdots, n)\} \end{aligned}$$

について，拡張されたボルツァーノ－ワイエルシュトラスの定理

「A の点列は必ず A 内の点に収束する部分列をもつ」

を示せ．

（ヒント：A を 2^n 個の小直方体領域に分割して，ボルツァーノ－ワイエルシュトラスの定理の証明と同様の議論をすればよい．）

言い換えが上手くいっていることの証拠として，以下の定理が成り立つ．

定理 1.8　$A \subset \mathbf{R}^n$ について，以下の同値が成り立つ．

$$A \text{ は点列コンパクトである} \iff A \text{ は有界かつ閉集合である}$$

［証明］ $\Longrightarrow$ を示す．まず，A が有界であることを背理法で示す．A が有界でないとすると，任意の $k \in \mathbf{N}$ について $d(0, x_k) \geq k$ を満たす点 $x_k \in A$ がとれるから，これを用いて A の点列 $\{x_k\}$ を作る．この点列は，仮定より $a \in A$ に収束する部分列 $\{x_{k_m}\}$ をもつので，任意の $\varepsilon > 0$ に対してある $m_0 \in \mathbf{N}$ が存在して

$$m \geq m_0 \implies d(x_{k_m}, a) < \varepsilon$$

が成り立つが，ここで $\varepsilon = 1$ ととると，三角不等式より

$$d(0, x_{k_m}) \leq d(0, a) + d(a, x_{k_m}) < d(0, a) + 1$$

が成り立ち，$m \geq d(0, a) + 1$ ならば，$d(0, x_{k_m}) \geq k_m \geq m$ であることと矛盾する．よって A は有界である．次に，A が閉集合であることを，また背理法を用いて示す．A が閉集合でないとすると，A^c は開集合でない．よって，ある $p \in A^c$ $(\Longleftrightarrow p \notin A)$ が存在して，任意の $\varepsilon > 0$ に対して $d(x, p) < \varepsilon$ を満たす $x \notin A^c$ $(\Longleftrightarrow x \in A)$ が存在する．よって，$\varepsilon = \dfrac{1}{k}$ $(k \in \mathbf{N})$ に対して，$d(x_k, p) < \dfrac{1}{k}$ を満たす点 $x_k \in A$ がとれるので，これを用いて A の点列 $\{x_k\}$ を作る．この点列は明らかに $p \notin A$ に収束するから，これは

A が点列コンパクトであることに矛盾する．よって A は閉集合である．

次に，$\Longleftarrow$ を示す．まず，A が閉集合ならば，A の収束する点列 $\{x_k \mid x_k \in A,\ k \in \mathbf{N}\}$ は A 内の点に収束することを，背理法を用いて示そう．$p \in A^c$ の点に収束すると仮定すると，任意の $\varepsilon > 0$ に対して，ある $k_0 \in \mathbf{N}$ が存在し，$k \geq k_0 \Longrightarrow d(x_k, p) < \varepsilon$ が成り立つ．$x_k \in A$ であるから，これは任意の $\varepsilon > 0$ に対して $B(p;\varepsilon) \cap A \neq \emptyset \Longrightarrow B(p;\varepsilon) \not\subset A^c$ を意味し，A^c が開集合，すなわち A が閉集合であることに矛盾する．よって，A の収束する点列は A 内の点に収束する．今，A はさらに有界であるから，ある $c > 0$ が存在して，$A \subset B(0;c)$ が成り立つ．よって，直方体領域 $\Delta_c \coloneqq [-c, c] \times \cdots \times [-c, c]$ をとると，$A \subset B(0;c) \subset \Delta_c$ が成り立つ．ここで，任意の A の点列 $\{x_k\}$ をとると，これは Δ_c の点列でもあるから，演習問題 1.15 の拡張されたボルツァーノ - ワイエルシュトラスの定理より，収束する部分列 $\{x_{k_m}\}$ がとれる．この部分列は，当然 A の収束する点列であるから，A が閉集合であることにより A の点に収束する．よって，任意の A の点列から A の点に収束する部分列がとれたので，A は点列コンパクトである．□

さて，いよいよ開集合を用いてコンパクト性の定義をしよう．まず，準備のために部分集合の開被覆を用意する．

定義 1.26　$\mathbf{R}^n$ の開集合族 $\mathcal{U}_\Lambda \coloneqq \{U_\lambda \mid \lambda \in \Lambda\}$ (Λ は無限集合でもよい) が $A \subset \mathbf{R}^n$ の**開被覆**であるとは，

$$A \subset \bigcup_{\lambda \in \Lambda} U_\lambda$$

が成り立つことをいう．また Λ が有限集合のとき，$\mathcal{U}_\Lambda$ を A の有限開被覆と呼ぶ．

この準備のもとで，コンパクト性は以下のように定義される．

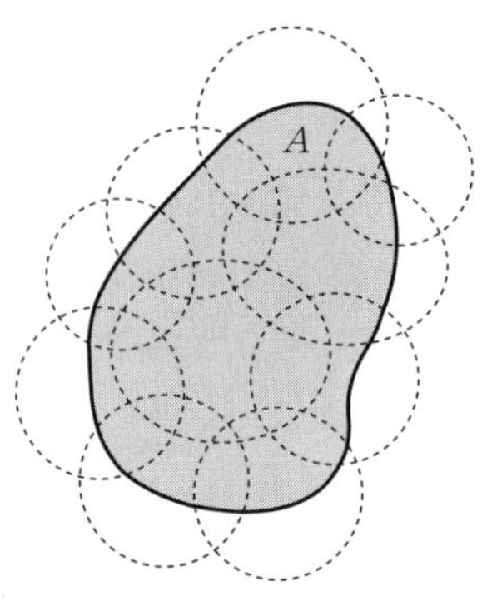

図 1.7　開被覆

定義 1.27　$\mathbf{R}^n$ の部分集合 $A \subset \mathbf{R}^n$ が**コンパクト**であるとは，任意の A の開被覆 $\mathcal{U}_\Lambda := \{U_\lambda \mid \lambda \in \Lambda\}$ から有限開被覆がとれる，つまり，有限個の開集合 $\{U_{\lambda_i} \mid \lambda_i \in \Lambda \ (i = 1, \cdots, n)\}$ がとれて，

$$A \subset \bigcup_{i=1}^{n} U_{\lambda_i}$$

が成り立つことである．

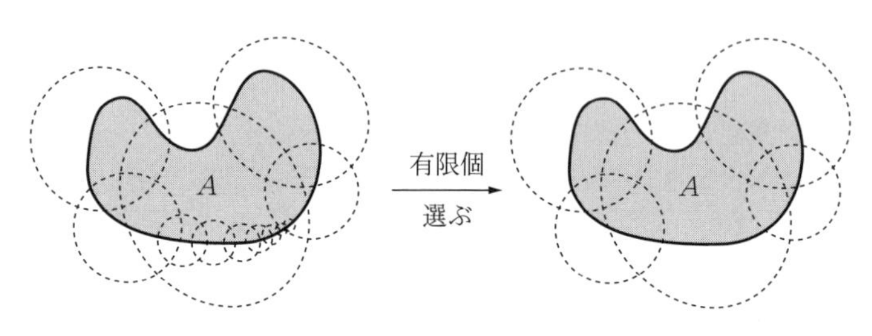

図 1.8　コンパクト

この定義も，点列コンパクトの定義以上に「なぜ A が有界閉集合であることの言い換えになっているか」がわかりにくいであろう．そこで，この定義の出発点となった，$\mathbf{R}$ の閉区間に対するハイネ－ボレルの定理を紹介することにしよう．

定理 1.9 （ハイネ - ボレルの定理）

$\mathbf{R}$ の閉区間 $[a, b]$ $(a < b)$ の任意の開被覆 $\mathcal{U}_\Lambda := \{U_\lambda \mid \lambda \in \Lambda\}$ に対して，有限開被覆をとることができる．つまり，$\mathcal{U}_\Lambda$ から有限個の開集合 $\{U_{\lambda_i} \mid \lambda_i \in \Lambda \ \ (i = 1, \cdots, n)\}$ がとれて，

$$[a, b] \subset \bigcup_{i=1}^{n} U_{\lambda_i}$$

が成り立つ．

［証明］ まず，任意の $[a, b]$ の開被覆 $\mathcal{U}_\Lambda$ を 1 つとる．Λ が有限集合ならば主張は自明に成り立つので，Λ が無限集合である場合に，有限開被覆がとれることを背理法で示す．有限な開被覆がとれないと仮定しよう．ここで，$[a, b]$ を 2 つの閉区間 $\left[a, \dfrac{a+b}{2}\right]$ と $\left[\dfrac{a+b}{2}, b\right]$ に分ける．このとき仮定より，どちらかの区間は $\mathcal{U}_\Lambda$ の無限個の元を使わないと被覆できないので，無限個の元を要する方を選んで $[a_1, b_1]$ とおく．次に $[a_1, b_1]$ を 2 つの閉区間 $\left[a_1, \dfrac{a_1+b_1}{2}\right]$，$\left[\dfrac{a_1+b_1}{2}, b_1\right]$ に分けると，$[a_1, b_1]$ の選び方より，どちらかの閉区間は，被覆するのに $\mathcal{U}_\Lambda$ の無限個の元を要することになる．以下，同様にして閉区間 $[a_i, b_i]$ を 2 つの区間 $\left[a_i, \dfrac{a_i+b_i}{2}\right]$，$\left[\dfrac{a_i+b_i}{2}, b_i\right]$ に分け，被覆するのに $\mathcal{U}_\Lambda$ の無限個の元を要する方を選んで，$[a_{i+1}, b_{i+1}]$ とおく．このようにして閉区間の列 $\{A_i = [a_i, b_i]\}$ を作ることができる．この列から実数列 $\{a_i\}, \{b_i\}$ を作ると，それぞれ有界な単調増加列と単調減少列となり，定理 1.1 よりともに収束する．また，$b_i - a_i = \dfrac{b-a}{2^i} \to 0 \ (i \to \infty)$ であるから，

$$\lim_{i\to\infty} a_i = \lim_{i\to\infty} b_i = \alpha \tag{1.4}$$

が成り立つ．このとき，$\alpha \in [a, b]$ であるから，$\alpha \in U_{\lambda_0}$ を満たす $\lambda_0 \in \Lambda$ が存在する．U_{λ_0} は開集合であるから，ある $\varepsilon > 0$ が存在して $(\alpha-\varepsilon, \alpha+\varepsilon) \subset U_{\lambda_0}$ が成り立つ．ところが，(1.4) が成り立つから，この $\varepsilon > 0$ に対してあ

る $n_0 \in \mathbf{N}$ が存在して，$\alpha-\varepsilon < a_{n_0} < b_{n_0} < \alpha+\varepsilon$，すなわち $[a_{n_0}, b_{n_0}] \subset (\alpha-\varepsilon, \alpha+\varepsilon) \subset U_{\lambda_0}$ が成り立つことになる．これは，$[a_{n_0}, b_{n_0}]$ を被覆するのに $\mathcal{U}_\Lambda$ の無限個の元が必要であることに矛盾する．よって，有限開被覆がとれる．□

如何であろうか．読者の方は，この論法が基本的にボルツァーノ－ワイエルシュトラスの定理と同じ構造をしていることに気付いたことと思う．ここで，ボルツァーノ－ワイエルシュトラスの定理と同様に，ハイネ－ボレルの定理を $\mathbf{R}^n$ の直方体領域に拡張する問題を出しておこう．

演習問題 1.16　$\mathbf{R}^n$ の直方体領域

$$\begin{aligned} A &= [a^1, b^1] \times [a^2, b^2] \times \cdots \times [a^n, b^n] \\ &:= \{(x^1, \cdots, x^n) \in \mathbf{R}^n \mid a^i \leq x^i \leq b^i \ (i = 1, \cdots, n)\} \end{aligned}$$

について，拡張されたハイネ－ボレルの定理

「任意の A の開被覆 $\mathcal{U}_\Lambda := \{U_\lambda \mid \lambda \in \Lambda\}$ に対して，
有限開被覆をとることができる」

を示せ．

（ヒント：A を 2^n 個の小直方体領域に分割して，ハイネ－ボレル定理の証明と同様の議論をすればよい．）

以上の準備のもとに，A がコンパクトであることが A が有界閉集合であることの言い換えになっている定理を証明しよう．

定理 1.10　$A \subset \mathbf{R}^n$ について，以下の同値が成り立つ．

$$A \text{ はコンパクトである} \iff A \text{ は有界かつ閉集合である}$$

［証明］　まず，$\Longrightarrow$ を示そう．A が有界であることを背理法で示そう．A が有界でないと仮定すると，任意の $m \in \mathbf{N}$ に対して $a_m \notin B(0;m)$ となるような $a_m \in A$ が存在する．ここで，開集合族 $\{B(0;m) \mid m \in \mathbf{N}\}$ は $\mathbf{R}^n$ の開被覆であるから A の被覆であるが，有限個の $\{m_1, \cdots, m_k\}$ をとってきても A を被覆することはできない．というのも，$\max\{m_1, \cdots, m_k\} = M$ とすると，

$$\bigcup_{i=1}^{k} B(0;m_i) = B(0,M)$$

であるが，$m \geq M$ ならば，$a_m \notin B(0,M)$ となる $a_m \in A$ が存在するからである．よって，A がコンパクトであることに矛盾する．次に，A が閉集合であることを示す．A が閉集合でないと仮定すると，A^c は開集合ではないから，ある $p \in A^c$ が存在して，任意の $\varepsilon > 0$ に対して $B(p;\varepsilon) \not\subset A^c$ ($\Longrightarrow B(p;\varepsilon) \cap A \neq \emptyset$) が成り立つことになる．ここで，$\mathbf{R}^n$ の開集合 $U_m = \left\{ x \in \mathbf{R}^n \,\middle|\, d(x,p) > \dfrac{1}{m} \right\}$*3 に対して，開集合族 $\{U_m \mid m \in \mathbf{N}\}$ を考えると，これは一点集合 $\{p\}$ の補集合を被覆するので，A の開被覆である．しかし，この開集合族から有限個の元 $\{U_{m_1}, \cdots, U_{m_k}\}$ をとってきても A を被覆できないことは，有界性と同様の議論によりわかる．よって，やはり A がコンパクトであることに矛盾する．

次に $\Longleftarrow$ を示そう．A は有界であるから，ある $c > 0$ が存在して $A \subset B(0;c)$ が成り立つ．したがって，$\Delta_c = [-c,c] \times \cdots \times [-c,c]$ とおくと $A \subset \Delta_c$ が成り立つ．A は $\mathbf{R}^n$ の閉集合であるから，A^c は $\mathbf{R}^n$ の開集合である．任意の A の開被覆 $\mathcal{U}_\Lambda := \{U_\lambda \mid \lambda \in \Lambda\}$ をとる．開集合族 $\{A^c\} \cup \mathcal{U}_\Lambda$ は $\mathbf{R}^n$ を被覆するので，Δ_c の開被覆となる．演習問題 1.16 の拡張されたハイネ－ボレルの定理より Δ_c はコンパクトであるから，この開集合族の中から有限の開集合族 $\{U_{\lambda_1}, \cdots, U_{\lambda_k} \mid \lambda_i \in \Lambda \ (i=1,\cdots,k)\}$ または $\{A^c, U_{\lambda_1}, \cdots, U_{\lambda_l} \mid \lambda_i \in \Lambda \ (i=1,\cdots,l)\}$ がとれて，Δ_c を被覆できる．$A \subset \Delta_c$ であるから，$\{U_{\lambda_1}, \cdots, U_{\lambda_k} \mid \lambda_i \in \Lambda \ (i=1,\cdots,k)\}$ の場合はこれがそのまま A の被覆となり，$\mathcal{U}_\Lambda$ から有限開被覆がとれたことになる．$\{A^c, U_{\lambda_1}, \cdots, U_{\lambda_l} \mid \lambda_i \in \Lambda \ (i=1,\cdots,l)\}$ の場合も，$A^c \cap A = \emptyset$ であるから，A^c を除いた $\{U_{\lambda_1}, \cdots, U_{\lambda_l} \mid \lambda_i \in \Lambda \ (i=1,\cdots,l)\}$ が A の開被覆となり，この場合も $\mathcal{U}_\Lambda$ から有限開被覆がとれる．以上により A はコンパクトである．□

*3　U_m が開集合であることを示すのは軽い演習問題である．

以上で，$\mathbf{R}^n$ のコンパクト集合とは有界閉集合と同義であるということになったわけだが，今，コンパクト集合を開被覆の言葉で定義できるようになったので，$A \subset \mathbf{R}^n$ を任意の部分集合として，A の部分集合 V が A のコンパクト集合であることを定義できる．

定義 1.28　$A \subset \mathbf{R}^n$ を任意の部分集合とする．$V \subset A$ が **A のコンパクト集合**であるとは，任意の V の開被覆 $\mathcal{V}_\Lambda \coloneqq \{V_\lambda\,(V_\lambda \text{は} A \text{の開集合}) \mid \lambda \in \Lambda\}$ に対して有限開被覆がとれる，つまり，$\mathcal{V}_\Lambda$ から有限個の開集合 $\{V_{\lambda_i} \mid \lambda_i \in \Lambda\ (i = 1, \cdots, n)\}$ がとれて，

$$V \subset \bigcup_{i=1}^{n} V_{\lambda_i}$$

が成り立つことをいう．

この定義を用いると，1変数実数値関数の最大値最小値の定理の拡張にあたる定理を以下の形で定式化し，証明することができる．

定理 1.11　$A \subset \mathbf{R}^n$，$B \subset \mathbf{R}^m$ とし，$f : A \to B$ を連続写像とする．ただし，A, B には相対位相が入っているものとする．A がコンパクト集合であるならば，$f(A) \subset B$ も B のコンパクト集合である．

[証明]　任意の $f(A)$ の開被覆をとり，$\mathcal{U}_\Lambda \coloneqq \{U_\lambda \mid \lambda \in \Lambda\}$ とおく．U_λ は B の開集合で，f は連続ゆえ，$f^{-1}(U_\lambda)$ は A の開集合となり，したがって $\{f^{-1}(U_\lambda) \mid \lambda \in \Lambda\}$ は A の開被覆となる．今，A はコンパクトであるから，有限部分集合 $\{\lambda_1, \cdots, \lambda_k\} \subset \Lambda$ がとれて，

$$A \subset \bigcup_{i=1}^{k} f^{-1}(U_{\lambda_i})$$

が成り立つ．明らかに，$f(f^{-1}(U_{\lambda_i})) \subset U_{\lambda_i}$ であるから，

$$f(A) \subset f\left(\bigcup_{i=1}^{k} f^{-1}(U_{\lambda_i})\right) = \bigcup_{i=1}^{k} f(f^{-1}(U_{\lambda_i})) \subset \bigcup_{i=1}^{k} U_{\lambda_i} \quad {}^{*4}$$

---

*4　ここで写像の像に関する等式 $f\left(\bigcup_{i=1}^{k} A_i\right) = \bigcup_{i=1}^{k} f(A_i)$ を用いている．

が成り立つ．これは，$\mathcal{U}_\Lambda$ から有限開被覆 $\{U_{\lambda_1}, \cdots, U_{\lambda_k}\}$ がとれることを意味する．よって $f(A)$ はコンパクトである．□

もともとの最大値最小値の定理の証明に比べて，証明がはるかに簡潔で洗練されていることに注目して欲しい．これは，連続ということに関する種々の性質を開集合の概念を軸に整理してきたからできることであり，それゆえ現代幾何学の基礎として一般位相を学ぶ意味が出てくるのである．

演習問題 1.17 $A \subset \mathbf{R}^n$ をコンパクト集合とし，$f : A \to \mathbf{R}$ を連続写像（連続関数）とする．$f(A) \subset \mathbf{R}$ は最大値と最小値をとること（一般化された最大値最小値の定理）を定理 1.11 を用いて示せ．

この節も終わりに近づいてきたので，コンパクトな集合の代表的な例を挙げておこう．

演習問題 1.18 以下の $\mathbf{R}^{n+1}$ の部分集合

$$\begin{aligned} S^n &:= \{x \in \mathbf{R}^{n+1} \mid d(x, 0) = 1\} \\ &= \left\{(x^1, \cdots, x^{n+1}) \in \mathbf{R}^{n+1} \,\middle|\, \sum_{i=1}^{n+1} (x^i)^2 = 1\right\} \end{aligned}$$

はコンパクト集合であることを示せ．

御存知の方も多いと思うが，これは ***n* 次元球面**と呼ばれ，次の章で議論するコンパクト多様体の代表選手である．この例は以後もしばしば登場するであろう．

なお，後の議論の都合もあって，コンパクト性に関する代表的な次の定理も紹介しておく．

定理 1.12 $A \subset \mathbf{R}^n$ をコンパクト集合とする．このとき，A の閉部分集合 V はコンパクト集合である．

演習問題 1.19 定理 1.10 を用いて上の定理を証明せよ．（ただし，上の定理は一般位相の授業ではもっと一般的な枠組みで証明される．）

1.7　連結性

連結性とは，直観的には「つながっている」とか「切れ目がない」という言葉で捉えられ，十分実用的にも通じるのであるが，やはりこれでは厳密な論理で演繹できるとは言い難い．そこで，集合と論理で表現できるようにしたいのであるが，何とここでも「開集合」を軸に考えると上手くいくのである．まず，簡単のため $\mathbf{R}$ の部分集合で考えよう．$\mathbf{R}$ の連結な部分集合の例として開区間 $(0,1)$ をとってくる．ここで，この開区間を「空でなく，しかも交わらない 2 つの部分集合に分ける」ことを考えよう．つまり，以下の条件を満たす $\mathbf{R}$ の部分集合 $A_1, A_2 \subset \mathbf{R}$ を考えてみようというわけである．

$$(0,1) = A_1 \cup A_2, \qquad A_1 \cap A_2 = \emptyset, \qquad A_1, A_2 \neq \emptyset$$

この問題を考えるとき，まず頭に浮かぶことは区間を 2 つに分けることである．例えば，$\frac{1}{2}$ で切れ目を入れて $A_1 = \left(0, \frac{1}{2}\right]$ と $A_2 = \left(\frac{1}{2}, 1\right)$ に分けると 1 つの答えが得られる．このとき注意すべきことは，「境目の点 $\frac{1}{2}$ はどちらかの区間に属さなければいけないので，A_1 と A_2 がともに開区間となることはできない」ということである．その理由はまさに「切れ目がない」からである．

では，今度は連結ではあるが開区間ではない閉区間 $[0,1]$ に対して，同じこと，つまり

$$[0,1] = A_1 \cup A_2, \qquad A_1 \cap A_2 = \emptyset, \qquad A_1, A_2 \neq \emptyset$$

を満たす部分集合 A_1, A_2 を考えてみることにしよう．このときは，上と同じ発想で $A_1 = \left[0, \frac{1}{2}\right]$ と $\left(\frac{1}{2}, 1\right]$ が答えの 1 つとなり，$\frac{1}{2}$ の行き先は上の状況と同じであるが，もともとが閉区間であるため，A_1 と A_2 は開区間から遠くなり，開集合を用いて記述するという目標とは遠くなる．

そこで，発想を変えて「切れ目がある」，つまり連結でないことを開集合を用いて表現できないかと考えてみよう．開区間 $(0,1)$ に $\frac{1}{2}$ で切れ目を入

れて 2 つの開区間 $\left(0, \dfrac{1}{2}\right)$ と $\left(\dfrac{1}{2}, 1\right)$ に分けると，その和集合 $\left(0, \dfrac{1}{2}\right) \cup \left(\dfrac{1}{2}, 1\right)$ は $A_1 = \left(0, \dfrac{1}{2}\right)$，$A_2 = \left(\dfrac{1}{2}, 1\right)$ とおくことによって「空でなく，しかも交わらない 2 つの開集合に分ける」ことができる．今度は，閉区間 $[0,1]$ に $\dfrac{1}{2}$ で切れ目を入れて 2 つの区間 $\left[0, \dfrac{1}{2}\right)$ と $\left(\dfrac{1}{2}, 1\right]$ に分けると，その和集合 $X = \left[0, \dfrac{1}{2}\right) \cup \left(\dfrac{1}{2}, 1\right]$ はもはや「空でなく，しかも交わらない 2 つの開集合に分ける」ことはできそうにないが，それでも 2 つの開集合 $A_1 = \left(-\dfrac{1}{2}, \dfrac{1}{2}\right)$，$A_2 = \left(\dfrac{1}{2}, \dfrac{3}{2}\right)$ を用いて，以下の状況を実現することができる．

$$X \subset A_1 \cup A_2, \qquad A_1 \cap A_2 = \emptyset, \qquad A_1 \cap X \neq \emptyset \neq A_2 \cap X \tag{1.5}$$

つまり「X を，X との交わりがともに空でなく，また互いに交わらない 2 つの開集合で被覆できる」のである．この段階で，$\mathbf{R}$，あるいはもっと踏み込んで $\mathbf{R}^n$ の「連結でない」部分集合 X について思いをめぐらせて欲しい．その場合も，2 つの開集合 A_1, A_2 を用いて(1.5)の状況が実現できそうであることに気付くであろう．そこで，一般位相では「連結でない」ことを(1.5)の状況を用いて定義するのである．

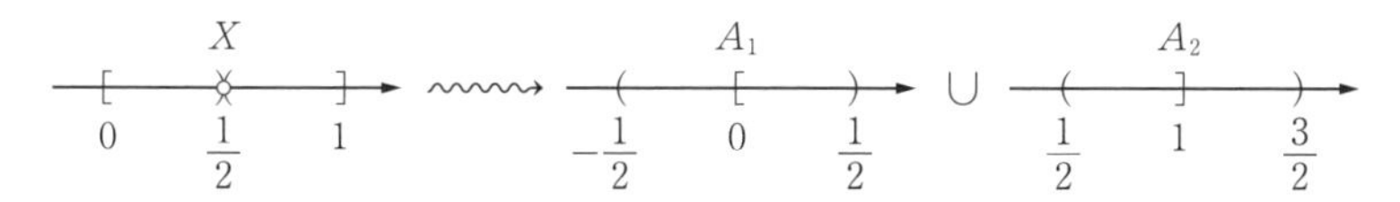

図 1.9 連結でない集合

定義 1.29 $\mathbf{R}^n$ の部分集合 X が**連結でない**とは，

$$X \subset A_1 \cup A_2, \qquad A_1 \cap A_2 = \emptyset, \qquad A_1 \cap X \neq \emptyset \neq A_2 \cap X$$

を満たす $\mathbf{R}^n$ の開集合 A_1, A_2 が存在することである．

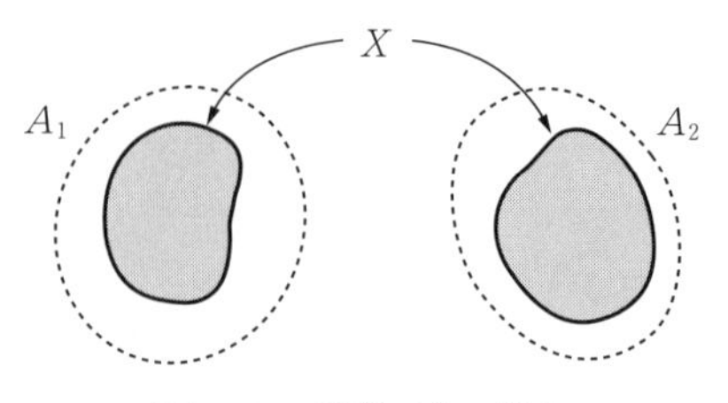

図 1.10　連結でない集合

だから,「連結である」ことを定義するには上の主張の否定をとればよい．この本では論理の解説はしないので，それについては他の本を参照していただくことにして，否定をとると以下のようになる．

定義 1.30　$\mathbf{R}^n$ の部分集合 X が**連結**であるとは，$\mathbf{R}^n$ の開集合 A_1, A_2 に対して，

$$X \subset A_1 \cup A_2 \quad \text{かつ} \quad A_1 \cap A_2 = \emptyset \\ \Longrightarrow \quad A_1 \cap X = \emptyset \quad \text{または} \quad A_2 \cap X = \emptyset$$

が成り立つことである．

一般位相では，連結であるということに関する議論はこれらの定義に基づいて行なわれるルールになっている．したがって，数学科の一般位相の授業では,「閉区間 $[0,1]$ は連結であることを示せ」という，物理学科生にとっては当たり前という以外何をどう答えていいかわからない問いが成立するのである．この問いに対する解答のデモンストレーションとして，以下の定理を証明しよう．

定理 1.13　$A \subset \mathbf{R}$ について，以下が成り立つ．

$$A \text{ が連結} \iff A \text{ は区間}$$

ただし，区間とは

$$c, d \in A \text{ かつ } c < d \implies [c, d] \subset A$$

を満たす部分集合 $A \subset \mathbf{R}$ のこととする．

［証明］ $\Longrightarrow$ を示す．A が区間でないとすると，$c, d \in A$ かつ $c < d$ を満たし，かつ $[c, d] \not\subset A$，つまり $\alpha \in [c, d]$ かつ $\alpha \notin A$ を満たす実数 α が存在する．ここで，$A_1 = (-\infty, \alpha)$，$A_2 = (\alpha, +\infty)$ とおくと，$A_1 \cap A_2 = \emptyset$ かつ $A_1 \cup A_2 = (\{\alpha\})^c \supset A$ が成り立ち，また $c \in A_1$，$d \in A_2$ であるから $A \cap A_1$，$A \cap A_2 \neq \emptyset$ が成り立つ．よって A が連結であることに矛盾するので，背理法により A は区間である．

次に，$\Longleftarrow$ を示す．A が連結でないと仮定しよう．このとき，定義より $A \subset A_1 \cup A_2$，$A_1 \cap A_2 = \emptyset$，$A \cap A_1 \neq \emptyset \neq A \cap A_2$ を満たす開集合 A_1, A_2 が存在する．必要ならば A_1 と A_2 を入れ替えることで，$c \in A \cap A_1$，$d \in A \cap A_2$ $(c < d)$ を満たす $c, d \in A$ が存在することになる．仮定より，A は区間であるから，$[c, d] \subset A$ であり，当然 $\dfrac{c+d}{2} \in A$ である．すると $\dfrac{c+d}{2} \in A_1$ か $\dfrac{c+d}{2} \in A_2$ のどちらか一方が成り立つが，$\dfrac{c+d}{2} \in A_1$ ならば $[c_1, d_1] = \left[\dfrac{c+d}{2}, d\right]$，$\dfrac{c+d}{2} \in A_2$ ならば $[c_1, d_1] = \left[c, \dfrac{c+d}{2}\right]$ として閉区間 $[c_1, d_1] \subset [c, d]$ を定義する．このように定義すると，$c_1 \in A_1$，$d_1 \in A_2$ が成り立っていることに注意する．以降，帰納的に $[c_i, d_i] \subset A$，$c_i \in A_1$，$d_i \in A_2$ を満たす閉区間 $[c_i, d_i]$ に対して，$\dfrac{c_i+d_i}{2} \in A_1$ ならば $[c_{i+1}, d_{i+1}] = \left[\dfrac{c_i+d_i}{2}, d_i\right]$，$\dfrac{c_i+d_i}{2} \in A_2$ ならば $[c_{i+1}, d_{i+1}] = \left[c_i, \dfrac{c_i+d_i}{2}\right]$ と定義することにより，実数列 $\{c_i\}, \{d_i\}$ を定義する．このように定義すると，$\{c_i\}$ は有界な単調増加列，$\{d_i\}$ は有界な単調減少列で $\lim_{i \to \infty}(d_i - c_i) = \lim_{i \to \infty} \dfrac{d-c}{2^i} = 0$ が成り立つから，定理 1.1 より

$$\lim_{i \to \infty} c_i = \lim_{i \to \infty} d_i = \beta \in A \tag{1.6}$$

を得る．よって，$\beta \in A_1$ または $\beta \in A_2$ のどちらか一方が成り立つ．$\beta \in A_1$ ならば，A_1 は開集合ゆえある $\varepsilon > 0$ が存在して $(\beta - \varepsilon, \beta + \varepsilon) \subset A_1$ となるが，

これは(1.6)より，ある $i_0 \in \mathbf{N}$ が存在して $i \geq i_0$ ならば $c_i, d_i \subset A_1$ が成り立つことを意味し，$c_i \in A_1$，$d_i \in A_2$ であることに矛盾する．同様に $\beta \in A_2$ と仮定しても矛盾が生じる．よって背理法により，A は連結である．□

如何だったであろうか．再びボルツァーノ - ワイエルシュトラスの定理の証明と同じ論法が出てきたことに気付いたことと思う．私は若い頃はこのような議論を「ムダな議論」と見なして真面目に勉強しなかったのであるが，「当たり前と思えることを開集合を基礎にして論理で証明し切る」芸だと思うと，誠に見事なものだと思うようになった．ということで，紹介してみた次第である．

さて，U を任意の $\mathbf{R}^n$ の部分集合として相対位相を入れると，U の部分集合 X が U で連結であるかないかを，定義 1.29 と定義 1.30 の A_1 と A_2 を U の開集合と置き換えることにより定義できる．これに注意して，以下の連続写像と連結性に関する定理を紹介しよう．

定理 1.14　$U \subset \mathbf{R}^n$ を任意の部分集合とする．$f : U \to \mathbf{R}^m$ が連続写像で，$A \subset U$ が U で連結ならば，$f(A)$ は $\mathbf{R}^m$ で連結である．

[証明]　背理法で示す．$f(A)$ が連結でないと仮定すると，$\mathbf{R}^m$ の開集合 B_1, B_2 が存在して

$$f(A) \subset B_1 \cup B_2, \qquad B_1 \cap B_2 = \emptyset, \qquad B_1 \cap f(A) \neq \emptyset \neq B_2 \cap f(A)$$

が成り立つ．よって $A \subset f^{-1}(f(A)) \subset f^{-1}(B_1 \cup B_2) = f^{-1}(B_1) \cup f^{-1}(B_2)$，$f^{-1}(B_1 \cap B_2) = f^{-1}(B_1) \cap f^{-1}(B_2) = f^{-1}(\emptyset) = \emptyset$ が成り立つ[*5]．さらに，$B_1 \cap f(A) \neq \emptyset \neq B_2 \cap f(A)$ より $f^{-1}(B_1) \neq \emptyset \neq f^{-1}(B_2)$ がいえる．f は連続ゆえ $f^{-1}(B_1), f^{-1}(B_2)$ はともに A の開集合で，

$$A = f^{-1}(B_1) \cup f^{-1}(B_2),$$
$$f^{-1}(B_1) \cap f^{-1}(B_2) = \emptyset, \qquad f^{-1}(B_1) \neq \emptyset \neq f^{-1}(B_2)$$

*5　ここで逆像に関して成り立つ等式 $f^{-1}(B_1 \cup B_2) = f^{-1}(B_1) \cup f^{-1}(B_2)$，$f^{-1}(B_1 \cap B_2) = f^{-1}(B_1) \cap f^{-1}(B_2)$（$B_1, B_2$ は任意の $\mathbf{R}^m$ の部分集合）を用いた．

が成り立つことになる．これは A が連結であることに矛盾する．□

これが1変数実数値関数の中間値の定理の拡張であることに注意して，両者の証明を比較検討してみるのもよいのではないだろうか．

演習問題 1.20　$A \subset \mathbf{R}^n$ をコンパクトかつ連結な部分集合とし，$f : A \to \mathbf{R}$ を連続な関数とする．このとき，$f(A)$ は有界な閉区間となることを示せ．

以上でこの本における連結性の議論を終えてもいいのだが，この連結性の定義は「つながっている」という直観的イメージと少し距離があり，証明をする際に使いづらい面がある．そこで，もう少し直観的なイメージに近く，これまでの連結性よりも強い条件として「弧状連結」という概念がある．これについて触れておこう．

定義 1.31　$\mathbf{R}^n$ の部分集合 $A \subset \mathbf{R}^n$ に対し，連続写像 $w : [0,1] \to A$ を A の**道**といい，$w(0), w(1)$ をそれぞれ道の始点，終点と呼ぶ．またこのとき，$w(0)$ と $w(1)$ は道によって結ばれるという．A の任意の2点が道によって結ばれるとき，A は**弧状連結**であるという．

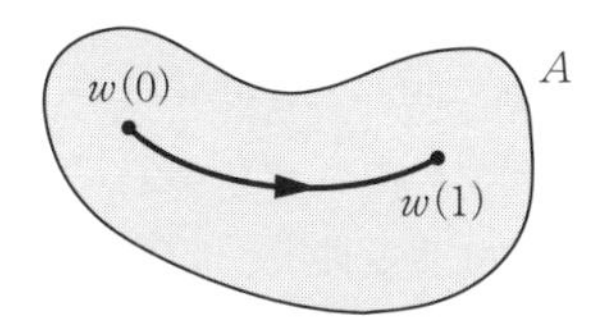

図 1.11　弧状連結

演習問題 1.21　n 次元球面

$$S^n = \left\{ (x^1, \cdots, x^{n+1}) \in \mathbf{R}^{n+1} \,\middle|\, \sum_{i=1}^{n+1} (x^i)^2 = 1 \right\}$$

は弧状連結であることを示せ．

最後に，弧状連結性が連結性よりも強い条件であること，つまり「弧状連結 $\Longrightarrow$ 連結」を証明しよう．準備として，連結性に関する以下の定理を証明する．

定理 1.15　$\{A_\lambda \subset \mathbf{R}^n \mid \lambda \in \Lambda\}$ を各 A_λ が連結である部分集合族とする．ただし，Λ は無限集合でも構わないものとする．このとき，次が成り立つ．

$$\bigcap_{\lambda \in \Lambda} A_\lambda \neq \emptyset \implies A \coloneqq \bigcup_{\lambda \in \Lambda} A_\lambda \text{ は連結}$$

［証明］　背理法で示す．A が連結でないと仮定すると，$A \subset B_1 \cup B_2$，$B_1 \cap B_2 = \emptyset$，$B_1 \cap A \neq \emptyset \neq B_2 \cap A$ を満たす $\mathbf{R}^n$ の開集合 B_1, B_2 がとれる．$a \in \bigcap_{\lambda \in \Lambda} A_\lambda$ をとり，必要なら B_1 と B_2 を入れ替えて $a \in B_1$ とする．$B_2 \cap A \neq \emptyset$ より，$b \in B_2 \cap A$ をとってくると $b \in A_{\lambda_0}$ なる $\lambda_0 \in \Lambda$ が存在する．$a \in A_{\lambda_0}$ も成り立つから $A_{\lambda_0} \subset A$ より，$A_{\lambda_0} \subset B_1 \cup B_2$，$B_1 \cap B_2 = \emptyset$，$B_1 \cap A_{\lambda_0} \neq \emptyset \neq B_2 \cap A_{\lambda_0}$ が成り立つことになる．これは A_{λ_0} が連結であることに矛盾する．□

これにより，目標とする定理が証明できることになる．

定理 1.16　$A \in \mathbf{R}^n$ が弧状連結ならば，A は連結である．

［証明］　まず $a \in A$ をとる．仮定より，$a \in A$ と任意の $x \in A$ を結ぶ道（連続写像）$w_x : [0,1] \to A$　($w_x(0) = a$, $w_x(1) = x$) が存在する．定理 1.13 より $[0,1]$ は連結で w_x は連続ゆえ，定理 1.14 より $w_x([0,1])$ は連結である．ここで連結な部分集合族 $\{w_x([0,1]) \mid x \in A\}$ を考える．作り方より，$a \in \bigcap_{x \in A} w_x([0,1])$ であるから定理 1.15 より $\bigcup_{x \in A} w_x([0,1])$ は連結で，

$$A \subset \bigcup_{x \in A} w_x([0,1]) \subset A$$

ゆえに，$A = \bigcup_{x \in A} w_x([0,1])$ も連結である．□

なお，後の章の議論で使うため連結成分という用語を定義しておく．

定義 1.32 $A \subset \mathbf{R}^n$ とする．$x \in A$ に対し，x を含むすべての A の連結な部分集合の和集合を $C_A(x)$ と表し，x を含む A の**連結成分**という．

演習問題 1.22 上の $C_A(x)$ について以下が成り立つことを示せ．
(i) $x \in A$ に対して，$C_A(x)$ は x を含む A の最大の連結な部分集合である．
(ii) $x, y \in A$ について，$C_A(x) \cap C_A(y) \neq \emptyset$ ならば $C_A(x) = C_A(y)$ である．

1.8 補足

これまでの議論で，連続性という直観的なイメージに結びついた性質が，ユークリッド距離に基づいて $\mathbf{R}^n$ の開集合を定義することによって，集合論と論理を用いて厳密に証明される過程を追ってきた．そこで，その方法が上手くいく経験をもとに，さらに踏み込んで「ある集合 X の連続性の議論をすることは，X の開集合をすべて決定してしまうことと同じだ」と考えるのが，数学科で教えられる一般位相の抽象的位相空間論の着想である．この本では，物理で応用される幾何学を紹介することが目的なので，この方向に深入りすることはしないのであるが，この場でその抽象的位相空間論のさわりを紹介することにしよう．

抽象的位相空間論では，集合 X に対し開集合系 $\mathcal{O}_X$ という X の部分集合族を与えることから出発する．つまり $\mathcal{O}_X$ の元は X の部分集合で，「$U \in \mathcal{O}_X \Longleftrightarrow U$ は X の開集合」と定義するのである．ただし，$\mathcal{O}_X$ は以下の公理を満たすものとする．

公理 1.3 集合 X の部分集合族 $\mathcal{O}_X$ が以下の条件を満たすとき，X の**開集合系**と呼ぶ．
(i) $\emptyset \in \mathcal{O}_X$，$X \in \mathcal{O}_X$．
(ii) 部分集合族 $\{U_\lambda \in \mathcal{O}_X \mid \lambda \in \Lambda\}$ に対し，$\bigcup_{\lambda \in \Lambda} U_\lambda \in \mathcal{O}_X$ が成り立つ．
(Λ は無限集合でもよい．)

（iii）有限個の $\mathcal{O}_X$ の元 $U_1, U_2, \cdots, U_n$ に対し，$U_1 \cap U_2 \cap \cdots \cap U_n \in \mathcal{O}_X$ が成り立つ.

集合 X に対して開集合系 $\mathcal{O}_X$ を与えることを，X に**位相を入れる**といい，組 $(X, \mathcal{O}_X)$ を**位相空間**という.

この公理が，これまで議論してきた $\mathbf{R}^n$ の開集合で成り立つ命題 1.3 を参考にしていることは明らかであろう．開集合系の条件としてなぜこの命題を重要視するかの深い理由はさておき，ひと目見てわかることは，上の条件を満たす開集合系はいろんなとり方があるということである．例えば $\mathbf{R}^n$ の場合には，これまで扱ってきた開集合系以外に，以下の開集合系を定めることができる.

$$\mathcal{O}^{(1)}_{\mathbf{R}^n} = \{\emptyset, \mathbf{R}^n\}, \qquad \mathcal{O}^{(2)}_{\mathbf{R}^n} = 2^{\mathbf{R}^n} := \{\text{すべての } \mathbf{R}^n \text{ の部分集合}\}$$

これが何を意味しているかを考えるには，直観的だが「開集合は，ある点を含むできるだけ小さい開集合を考えることで，その点に無限に近い点を指定している」というイメージが手がかりになる．$\mathcal{O}^{(1)}_{\mathbf{R}^n}$ の場合は，任意の $x \in \mathbf{R}^n$ に対して x を含む開集合は $\mathbf{R}^n$ しかないので，任意の $\mathbf{R}^n$ の 2 点は無限に近いということになる．この意味で，$\mathcal{O}^{(1)}_{\mathbf{R}^n}$ で位相を入れることを**密着位相**を入れるという．$\mathcal{O}^{(2)}_{\mathbf{R}^n}$ の場合は，任意の $x \in \mathbf{R}^n$ に対して，x を含む開集合として一点集合 $\{x\}$ がとれることになる．これは，任意の点 $x \in \mathbf{R}^n$ についてその点と無限に近い点は自分自身以外にないことになり，いわばどの点もバラバラに存在しているというイメージになる．それで，$\mathcal{O}^{(2)}_{\mathbf{R}^n}$ で位相を入れることを**離散位相**を入れるという．だから当然，写像の連続性も開集合系の入れ方で変わってくることになる.

そこで，抽象位相空間論では，定義 1.22 を参考にして連続性を以下で定義する.

定義 1.33　位相空間 $(X, \mathcal{O}_X)$ から位相空間 $(Y, \mathcal{O}_Y)$ への写像 $f : X \to Y$ が**連続**であるとは，

$$U \in \mathcal{O}_Y \implies f^{-1}(U) \in \mathcal{O}_X$$

が成り立つことをいう．

この定義を用いると，定義域の $\mathbf{R}$ に離散位相を入れた場合，任意の 1 変数関数 $f : \mathbf{R} \to \mathbf{R}$ が連続になってしまうことがわかる．このような議論は物理学科生にとっては意味がないかもしれないが，視野を広げたり頭を柔らかくする効果はあると思う．

さて，ここで後で出てくるかもしれない「ハウスドルフ空間」という用語を説明するために，分離公理について触れておこう．分離公理とは，位相空間 $(X, \mathcal{O}_X)$ において相異なる 2 点 $x, y \in X$ を X の開集合でどの程度分離できるか，という度合いを設定するものである．通常のユークリッド距離による位相に慣れ切っている立場の人から見れば，何を言っているのかわからないと思うが，先ほど考えた密着位相を入れた $\mathbf{R}^n$ は，空でない開集合が $\mathbf{R}^n$ しかないので，どの 2 点も開集合で分離できないことになる．これが密着位相の名前の由来なのであった．

通常の一般位相の教科書で出てくる最も弱い形の分離公理は T_1 分離公理で，これは，「任意の相異なる 2 点 $x, y \in X$ について，$x \in U$ かつ $y \notin U$ を満たす $U \in \mathcal{O}_X$（開集合）が存在する」という条件である．通常のユークリッド位相では当然満たされている．一般位相ではこれに続き段階的に強い分離公理が紹介されるのであるが，ハウスドルフ空間に対応するのは T_2 分離公理「任意の相異なる 2 点 $x, y \in X$ について，$x \in U$ かつ $y \in V$ かつ $U \cap V = \emptyset$ を満たす $U, V \in \mathcal{O}_X$（開集合）が存在する」である．つまり**ハウ**

図 1.12　T_1 分離公理，T_2 分離公理

スドルフ空間とは，T_2 分離公理を満たす位相空間 $(X, \mathcal{O}_X)$ のことである．

演習問題 1.23　通常のユークリッド位相の入った $\mathbf{R}^n$，およびその位相から定まる相対位相が入った $A \subset \mathbf{R}^n$ は，ともにハウスドルフ空間であることを示せ．

数学における多様体の教科書では，多様体の定義にこの「ハウスドルフ空間である」という条件が入っている．あくまで私見だが，その理由の1つとして，仮定しておくと通常のユークリッド位相において使える良い性質を，ユークリッド位相を仮定することなしに導けるという事情があると思う．この辺の議論は，多様体論において内在的定義にこだわるときに必要で，物理においても，例えば宇宙論などにおいては（哲学的な意味でも）仮定した方がよい場合もある．多様体をはじめからユークリッド位相の入った $\mathbf{R}^n$ の部分空間（部分集合）であると宣言してしまえば，この仮定はいらなくなるのであるが，この本は次の章以降，厳密な演繹による証明にはあまりこだわらなくなるので，ハウスドルフ空間を仮定する定義と $\mathbf{R}^n$ の部分空間としての定義を並記して，美味しいところを順次使い分けながら説明を行なおうと思っている．

最後に，同相写像について説明しておこう．

定義 1.34　位相空間 $(X, \mathcal{O}_X)$ から位相空間 $(Y, \mathcal{O}_Y)$ への写像 $f : X \to Y$ が**同相写像**であるとは，f が全単射で f も逆写像 f^{-1} もともに連続であることをいう．また，同相写像 $f : X \to Y$ が存在するとき，$(X, \mathcal{O}_X)$ と $(Y, \mathcal{O}_Y)$ は**同相**であるという．

f が連続であることは「$V \in \mathcal{O}_Y \Longrightarrow f^{-1}(V) \in \mathcal{O}_X$」が成り立つことであり，$f^{-1}$ が連続であることは「$U \in \mathcal{O}_X \Longrightarrow f(U) \in \mathcal{O}_Y$」が成り立つことである[*6]から，$f$ は「開集合系 $\mathcal{O}_X$ から開集合系 $\mathcal{O}_Y$ への全単射」にもなっている．開集合系を指定することを雑に「無限に近い2点の組をすべて指定

[*6] うるさいことをいうと，ここでは「f が全単射ならば逆像と逆写像の像が一致する」ことを用いている．

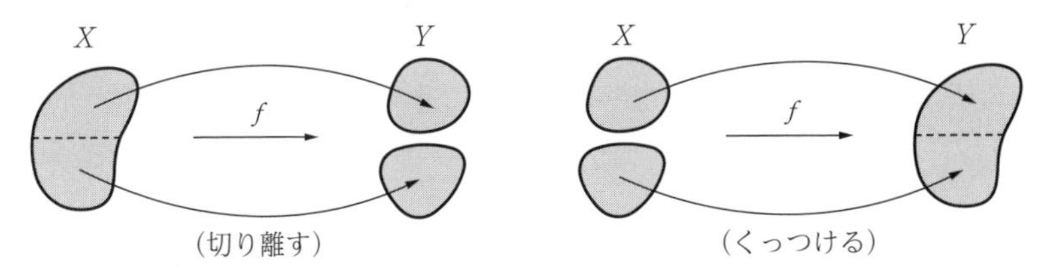

図 1.13　同相でない f の例

すること」と思うと，X と Y では「無限に近い 2 点の組」が f でもれなく 1 対 1 対応することになる．通常の感覚でいえば，f は空間（図形）を曲げ伸ばしするのは許されるが，切ったり（無限に近い点を引き離す）貼ったり（離れた 2 点を無限に近くする）のは禁じられることになる．これが，位相空間を同相の尺度で分類する位相幾何学を「ゴムの幾何学」と呼ぶ所以である．

第 2 章

多様体

2.1 多様体の定義と例

2.1.1 多様体の外在的な定義

多様体とは何であろうか？ それは，雑に言ってしまうと「高校数学でやった直線や円や放物線などの曲線を 1 次元多様体，平面や球面などの曲面を 2 次元多様体と呼ぶことにして，それらを n 次元に拡張したもの」でだいたい済んでしまうのであるが，数学として演繹可能にしようとすると，もう少しちゃんとした定義が必要になる．この本では，まず普通の数学科の多様体の教科書で与えられる定義の前に，より物理学科生に親しみやすいと思われる「ユークリッド空間 $\mathbf{R}^N$ の部分集合」としての定義から始めることにしよう．

定義 2.1 $M \subset \mathbf{R}^N$ が n $(\leq N)$ 次元**多様体**であるとは，任意の $x \in M$ に対してある $\varepsilon_x > 0$ が存在して，ユークリッド空間 $\mathbf{R}^n$ の開集合 U_x と $B^N(x;\varepsilon_x) \cap M$ との間の微分同相写像 $\phi_x : U_x \to B^N(x;\varepsilon_x) \cap M$ が存在することである．ただし，M には $\mathbf{R}^N$ の相対位相が入っているものとする．

この定義で注意すべきことは，まだ定義されていない「微分同相写像」と

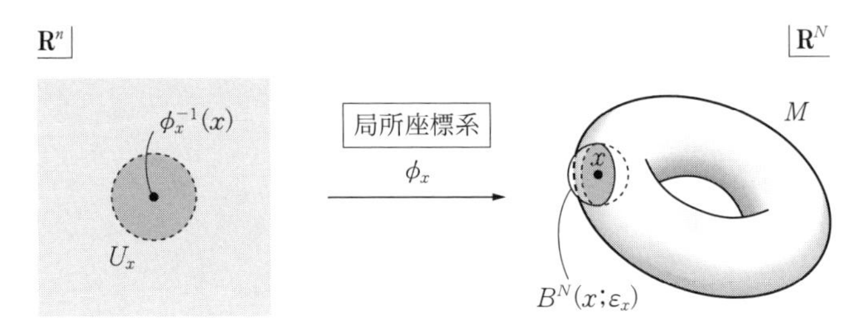

図 2.1　局所座標系

いう言葉が使われていることである．そこで後付けになるが，この言葉の意味を定義しておこう．

定義 2.2　$\mathbf{R}^n$ の開集合 U から $\mathbf{R}^N$ への写像 $\phi : U \to \mathbf{R}^N$,

$$\phi(x^1, \cdots, x^n) = (y^1(x^1, \cdots, x^n), y^2(x^1, \cdots, x^n), \cdots, y^N(x^1, \cdots, x^n))$$

が U と $\phi(U) \subset \mathbf{R}^N$ の間の**微分同相写像**であるとは，各 $y^i(x^1, \cdots, x^n)$ が何回でも偏微分可能で（つまり“滑らか”で）かつ ϕ が単射で，さらに任意の $p \in U$ において ϕ のヤコビ行列 $\left.\left(\dfrac{\partial y^i}{\partial x^j}\right)\right|_{x=p}$ の階数が n となる（つまり“写像の微分 $d_x\phi\,|_{x=p}$ が単射となる”）ことをいう．また，このとき U と $\phi(U)$ は**微分同相**であるという．

演習問題 2.1　上の定義で，$n < N$ ならば，U が $\mathbf{R}^n$ の開集合であっても $\phi(U)$ は一般に $\mathbf{R}^N$ の開集合にはならない．$n = 1$，$N = 2$ の場合に $\phi(U)$ が $\mathbf{R}^2$ の開集合にならない例を挙げ，その理由を述べよ．

この定義を用いると，定義 2.1 の $\phi_x : U_x \to B^N(x;\varepsilon_x) \cap M$ が微分同相写像であるとは，「$\phi_x(U_x) = B^N(x;\varepsilon_x) \cap M$」かつ「$\phi_x$ が滑らかな単射」で，「任意の $p \in U_x$ に対して写像の微分 $d_x\phi_x\,|_{x=p}$ が単射である」ことを意味する．なお，この ϕ_x を $\boldsymbol{x} \in \boldsymbol{M}$ **における局所座標系**という．

さて，ここで「N は何か n に関係する特別な正整数をとる必要があるのか？」という疑問が生じる人もいるかもしれないが，それは特にないというのが答えである．例えば $n=1$ を考えると，$N=1$ ならば M は $\mathbf{R}$ の開集合しか許されない．$N=2$ ならば滑らかな平面曲線のようなものを想像すればよいし，$N=3$ ならば滑らかな空間曲線も許され，このように想像すると，N が大きくなればなるほど 1 次元多様体のバリエーションが増えてくることになる．だから，N を限定しない方が数学的には豊かになるのである．以上の定義を直観的に（雑に）言い直すと，n 次元多様体とは「**$\mathbf{R}^N$ の部分集合で各点において滑らかな $\boldsymbol{n}$ 変数のパラメータ表示がとれる空間**」ということになる．

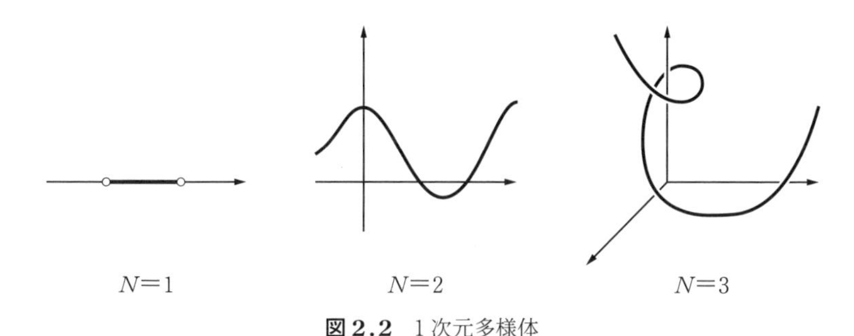

図 2.2　1 次元多様体

この定義だと，「多様体」と聞いて思わず身構えた物理学科生の方も，「思ったより取りつきやすそう」と思うのではないだろうか？　早速例を挙げていくことにしよう．

例 2.1　$\mathbf{R}^n$ の空でない開集合 U は n 次元多様体である．

演習問題 2.2　定義 2.1 を用いて，$\mathbf{R}^n$ の空でない開集合 U が n 次元多様体であることを示せ．

上の例は，n 次元多様体の最も基本的な例と思われるが，ある意味つまらないともいえる．そこで，もう少し自明でない n 次元多様体の例として，以下のものを取り上げよう．

例 2.2　$\mathbf{R}^n$ の空でない開集合 U 上の滑らかな関数 $f : U \to \mathbf{R}$ の $\mathbf{R}^{n+1}$ に

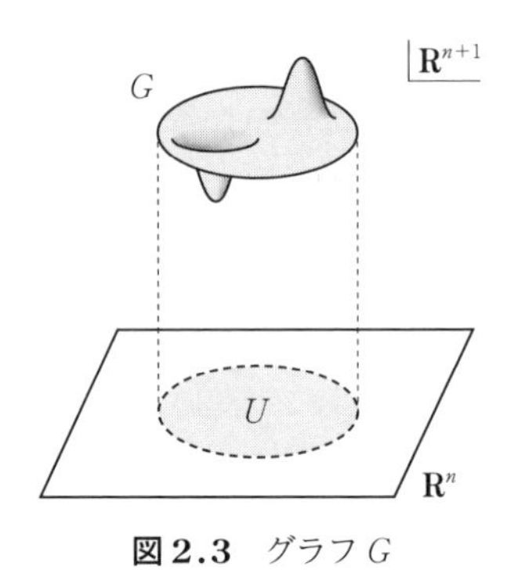

図 2.3　グラフ G

おけるグラフ

$$G := \{(x^1, \cdots, x^n, f(x^1, \cdots, x^n)) \in \mathbf{R}^{n+1} \,|\, (x^1, \cdots, x^n) \in U\}$$

は n 次元多様体である.

演習問題 2.3　定義 2.1 を用いて，上のグラフ G が n 次元多様体であることを示せ.

この例は，例 2.1 と比較すると，$\mathbf{R}^{n+1}$ で曲がっている（$\mathbf{R}^2$ での関数のグラフを思い出して欲しい）という点で自明でないといえるが，微分同相という観点からいえば同じものである．というのも，U を $\mathbf{R}^n$ の開集合として，写像 $\phi : U \to G$ を $\phi(x^1, \cdots, x^n) = (x^1, \cdots, x^n, f(x^1, \cdots, x^n))$，$\psi : G \to U$ を $\psi(x^1, \cdots, x^n, f(x^1, \cdots, x^n)) = (x^1, \cdots, x^n)$ で定義すると，これらはともに滑らかで，互いに逆写像になっているからである.

では次にもう少し自明でない例を，次元の低い順にいくつか見てみよう．まず 1 次元多様体から始めよう.

例 2.3　$\mathbf{R}^2$ 内の円（あるいは S^1）

$$\{(x, y) \in \mathbf{R}^2 \,|\, x^2 + y^2 = 1\}$$

および双曲線

$$\{(x, y) \in \mathbf{R}^2 \,|\, x^2 - y^2 = 1\}$$

はともに1次元多様体である.

演習問題 2.4 円のパラメータ表示 $\phi(t) = (\cos(t), \sin(t))$ と双曲線のパラメータ表示 $\varphi(t) = \left(\dfrac{e^t+e^{-t}}{2}, \dfrac{e^t-e^{-t}}{2}\right)$ を用いて,両者が多様体であることを示せ.

例 2.4 $\mathbf{R}^2$ の部分集合

$$V = \{(x, y) \in \mathbf{R}^2 \mid xy = 0\}$$

は多様体ではない.V は図形的には $\mathbf{R}^2$ の x 軸と y 軸の和集合であり,心情的には1次元多様体と思いたい.しかし,$0 = (0, 0) \in V$ においてどんなに小さい $\varepsilon > 0$ をとっても,$V \cap B(0;\varepsilon)$ は $+$(「足す」ではなく図形として見て下さい)の形となり,1変数で滑らかにパラメータ付けされる曲線の一部にはならない[*1].なお,この $0 \in V$ は V の**特異点**(多様体になるのを妨げている点)と呼ばれる.

演習問題 2.5 上の例の $V \subset \mathbf{R}^2$ から特異点を除いた集合 $V - \{(0, 0)\}$ は1次元多様体であることを示せ.

これまでの1次元多様体の例は高校数学の範囲内であるので,少し高校数学から逸脱してみよう.

例 2.5 $\mathbf{R}^2$ の部分集合

$$E = \{(x, y) \in \mathbf{R}^2 \mid y^2 = x(x-1)(x-2)\}$$

は1次元多様体である.

この例について少し詳しく議論してみよう.それには E の定義方程式を次の形で解いておくと見通しがよくなる.

$$y = \pm\sqrt{x(x-1)(x-2)} \qquad (0 \leq x \leq 1,\ 2 \leq x)$$

まず,点 $p = (x, \sqrt{x(x-1)(x-2)})$ $(0 < x < 1)$ について考えよう.この

[*1] この説明は直観的で論理的ではないではないかと批判する向きもあるであろうが,この説明に大定理を持ち出して紙数を割くぐらいなら直観で済ませようとするのが,本書のこの章以降の態度である.

とき，$\varepsilon > 0$ を $\dfrac{1}{2}\min\{|x|, |1-x|, \sqrt{x(x-1)(x-2)}\}$ より小さくとれば，x を含む十分小さい開区間 $U \subset \mathbf{R}$ が存在して，$\phi_p(t) = (t, \sqrt{t(t-1)(t-2)})$ が p における局所座標系 $\phi_p: U \to E \cap B^2(p;\varepsilon)$ を与えることがわかる．$p = (x, -\sqrt{x(x-1)(x-2)})$ $(0 < x < 1)$ の場合は，同様の設定で $\phi_p(t) = (t, -\sqrt{t(t-1)(t-2)})$ ととればよい．

次に $p = (x, \sqrt{x(x-1)(x-2)})$ $(2 < x)$ について考えよう．このときも $\varepsilon > 0$ を $\dfrac{1}{2}\min\{|x-2|, \sqrt{x(x-1)(x-2)}\}$ より小さくとれば，x を含む十分小さい開区間 $U \subset \mathbf{R}$ が存在して，$\phi_p(t) = (t, \sqrt{t(t-1)(t-2)})$ が局所座標系 $\phi_p: U \to E \cap B^2(p;\varepsilon)$ を与える．$p = (x, -\sqrt{x(x-1)(x-2)})$ $(2 < x)$ のときも，上と同様にすればよい．

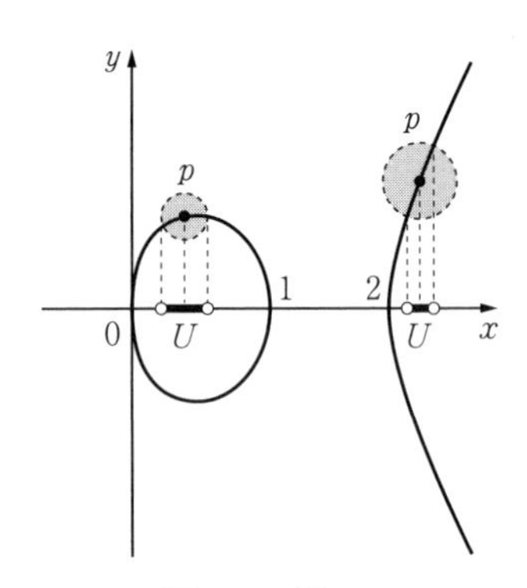

図 2.4　例 2.5

最後に点 $p = (0,0), (1,0), (2,0) \in E$ の場合を考えよう．$t = 0, 1, 2$ で関数 $\sqrt{t(t-1)(t-2)}$ が微分不可能なので，これまでのパラメータ表示は使えない．そこで，大学1年生で習うと思われる「陰関数定理」を用いることにする．陰関数定理とは以下の定理である．

定理 2.1　(**陰関数定理**)

$\mathbf{R}^2$ 上の関数 $f(x,y)$ が滑らかで，$\dfrac{\partial f}{\partial x}(a,b) \neq 0$，$f(a,b) = 0$ が成り立つ

とする．このとき，$y=b$を含むある開区間Uで定義された滑らかな関数$\varphi: U \to \mathbf{R}$で，以下を満たすものが存在する．

$$f(\varphi(y), y) = 0, \qquad \varphi(b) = a, \qquad \frac{d\varphi(y)}{dy} = -\frac{\dfrac{\partial f}{\partial y}(\varphi(y), y)}{\dfrac{\partial f}{\partial x}(\varphi(y), y)} \tag{2.1}$$

そこで，$f(x,y) = y^2 - x(x-1)(x-2)$とおくと，$p = (x,y) = (0,0)$, $(1,0)$, $(2,0)$のとき$f(x,y) = 0$，$\dfrac{\partial f}{\partial x}(x,y) = -(x-1)(x-2) - x(x-2) - x(x-1) \neq 0$が成り立つ．よって，各$p$で(2.1)を満たす$\varphi: U \to \mathbf{R}$がとれる．そこで，写像$\phi_p: U \to \mathbf{R}^2$を$\phi_p(t) = (\varphi(t), t)$ととると，$\phi_p(U) \subset E$が成り立つ．さらに，$E \cap B^2(p;\varepsilon) \subset \phi_p(U)$となるように$\varepsilon > 0$を十分小さくとり，必要なら$E \cap B^2(p;\varepsilon) = \phi_p(U)$が成り立つように$U$を小さくとり直すと，$\phi_p: U \to E \cap B^2(p;\varepsilon)$が$p$における局所座標系を与える．

この例で見たように，定義2.1で与えられる多様体の具体例を議論する場合，（多変数版の）陰関数定理や逆関数定理が重要な役割を果たすのであるが，これについては少し後でまた議論することにする．

演習問題 2.6

（i）　上の例のEは連結でないことを示せ．

（ii）　$\mathbf{R}^2$の部分集合

$$E_s = \{(x,y) \in \mathbf{R}^2 \mid y^2 = x(x-1)^2\}$$

は1次元多様体でないことを示せ（直観的な説明でよい）．（ヒント：概形を描いてみよ．）

では次に，2次元多様体の例を見てみよう．

例 2.6　2次元球面

$$S^2 := \{(x,y,z) \in \mathbf{R}^3 \mid x^2+y^2+z^2 = 1\}$$

は2次元多様体である．

この例においても，$p=(x,y,z)\in S^2$ における局所座標系を構成することで多様体であることを示してみよう．x,y,z のうちどれかは必ず0ではないので，ここではまず $z=\sqrt{1-x^2-y^2}>0$ と仮定する．このとき，$x^2+y^2<1$ であるから，$\varepsilon>0$ を $\min\left\{\frac{1}{2}(1-\sqrt{x^2+y^2}),\frac{1}{2}\sqrt{1-x^2-y^2}\right\}$ にとると，ある $(x,y)\in\mathbf{R}^2$ を含む $\mathbf{R}^2$ の開集合 U が存在し，$\phi_p : U\to S^2\cap B^3(p;\varepsilon)$ $(\phi_p(s,t)=(s,t,\sqrt{1-s^2-t^2}))$ が微分同相となる．$z=-\sqrt{1-x^2-y^2}<0$ の場合は，同様の構成のもとに $\phi_p(s,t)=(s,t,-\sqrt{1-s^2-t^2})$ ととり直せばよい．$x\neq0$，$y\neq0$ の場合は，x,y,z の役割を適宜入れ替えて同様にすれば，局所座標系を構成できる．

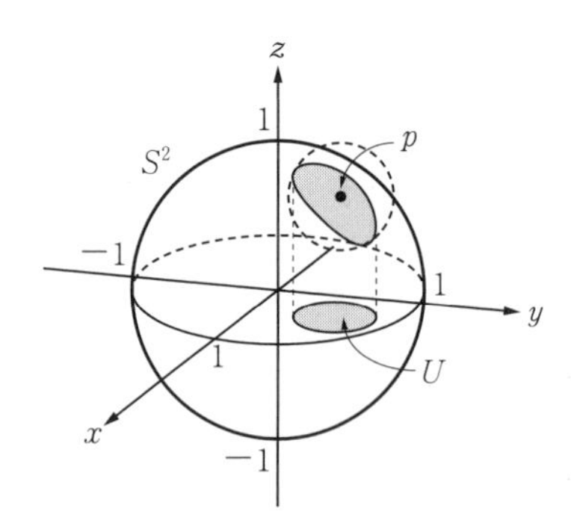

図 2.5　2次元球面 S^2

演習問題 2.7

(i)　$\mathbf{R}^3$ の部分集合

$$V=\{(x,y,z)\in\mathbf{R}^3\mid x^2+y^2-z^2=1\},$$
$$W=\{(x,y,z)\in\mathbf{R}^3\mid x^2+y^2-z^2=-1\}$$

はともに2次元多様体であることを示せ．また概形を描いてみよ．

(ii)　V は連結であることを示せ．

(iii)　W は連結でないことを示せ．

多項式の零点集合として与えられるもの以外の多様体の例を挙げよう．

例 2.7　以下で与えられる写像 $\varphi : \mathbf{R}^2 \to \mathbf{R}^3$ の像 $\varphi(\mathbf{R}^2) \subset \mathbf{R}^3$ は 2 次元多様体で，**2 次元トーラス** T^2 と呼ばれる．

$$\varphi(s,t) = (\cos(2\pi s)(2+\cos(2\pi t)), \sin(2\pi s)(2+\cos(2\pi t)), \sin(2\pi t)) \tag{2.2}$$

演習問題 2.8　上の例に関する以下の問いに答えよ．

（i）　上の T^2 の概形を描け．

（ii）　上の T^2 はコンパクトかつ連結であることを示せ．

（iii）　上の φ を用いて，写像 $\tilde{\varphi} : \mathbf{R} \to \mathbf{R}^3$ を以下で定める．

$$\tilde{\varphi}(t) = \varphi(t, \sqrt{2}t)$$

このとき，像 $\tilde{\varphi}(\mathbf{R})$ は定義 2.1 の意味で 1 次元多様体でないことを示せ．

（この (iii) は数学科的にも非常に高級でかつ難しい問題である．）

さて，ここで次のようなことを考えてみよう．「2 次元トーラス T^2 は多項式としての零点集合としては書けないのだろうか？」実は，次のような $\mathbf{R}^4$ の部分集合も 2 次元トーラス T^2 と呼ばれる．

$$\{(x,y,z,w) \in \mathbf{R}^4 \mid x^2+y^2 = 1,\ z^2+w^2 = 1\} \tag{2.3}$$

というのも，(2.2) で定義される $(T^2)_1$ と (2.3) で定義される $(T^2)_2$ は同相であることがいえるからである．

演習問題 2.9　$(T^2)_1$ から $(T^2)_2$ への同相写像 $f : (T^2)_1 \to (T^2)_2$ を構成せよ．

2.1.2　逆関数定理と逆像定理

これまでに取り上げた例からわかる通り，多様体の例として作りやすいのは $\mathbf{R}^N$ 上の関数の零点集合として与えられるものである．また，1 個の関数だけでなく，複数の関数の零点集合の共通部分も考えると，さらにバリエーション豊かな多様体の例が作り出せることも想像がつくことと思う．しかし，例 2.4 のように，xy-平面 $\mathbf{R}^2$ 上の関数 xy の零点集合は原点 $(0,0)$ で特異点をもち，多様体とならないことも見た．これまでの例では，多様体になるかならないかを個々の例ごとに判定してきたのであるが，この小節ではもう少し系統的に判定するための数学的な道具立てを用意することにする．まず，出発点となるのは以下の逆関数定理である．

定理 2.2 （逆関数定理）

$U \subset \mathbf{R}^n$ を開集合とし，

$$\phi : U \to \mathbf{R}^n,$$
$$\phi(x^1, \cdots, x^n) = (y^1(x^1, \cdots, x^n), \cdots, y^n(x^1, \cdots, x^n))$$

を滑らかな写像とする．$c \in U$ において ϕ のヤコビ行列 $\left.\left(\dfrac{\partial y^i}{\partial x^j}\right)\right|_{x=c}$ が正則ならば，c の開近傍 $V(\subset U)$ が存在して，$\phi|_V : V \to \phi(V)$ は微分同相写像となる．ただし，ここでいう微分同相写像とは，全単射で逆写像も滑らかな写像という意味である．

実は，ここでの微分同相の定義は $n = N$ の場合の定義 2.2 とは少し違っているのであるが，正式なのはこちらの定義で，この定義を用いると定義 2.2 の各点でヤコビ行列が単射（つまり“正則であること”）が導けることを注意しておく．なお，この定理は数学に強い物理学科生ならば当たり前のこととして使っていると思うのだが，正式な証明は結構長大なものになる（詳しい証明は松本幸夫『多様体の基礎』[6]等を参照して欲しい）．本書では，この定理を「前提」として使っていくことにする．

ここで，これからの議論で重要な働きをする「沈め込み」という概念を用意する．

定義 2.3　$U \subset \mathbf{R}^n$ を開集合とし，

$$\phi : U \to \mathbf{R}^m \quad (n \geq m),$$
$$\phi(x^1, \cdots, x^n) = (y^1(x^1, \cdots, x^n), \cdots, y^m(x^1, \cdots, x^n))$$

を滑らかな写像とする．$c \in U$ で ϕ が**沈め込み**であるとは，c での ϕ のヤコビ行列 $\left.\left(\dfrac{\partial y^i}{\partial x^j}\right)\right|_{x=c}$ が階数 m，つまりヤコビ行列から定義される線形写像

$d_x\phi|_{x=c}: \mathbf{R}^n \to \mathbf{R}^m$ が全射であることをいう．また，任意の $c \in U$ で ϕ が沈め込みであるならば，単に ϕ は沈め込みであるという．

命題 2.1　上の定義における $\phi: U \to \mathbf{R}^m$ が $c \in U$ で沈め込みであるとする．このとき，c の開近傍 $V (\subset U)$ が存在して，$\mathbf{R}^n$ と $\mathbf{R}^m$ の座標を上手くとり直すことにより，$\phi|_V$ を以下の形にすることができる．

$$\phi(x^1, x^2, \cdots, x^m, x^{m+1}, \cdots, x^n) = (x^1, x^2, \cdots, x^m) \tag{2.4}$$

[証明]　$\mathbf{R}^n$ と $\mathbf{R}^m$ の座標にそれぞれ適当なアフィン変換 $x \mapsto Ax+b$（A は正則行列で，b は定数ベクトル）を施すことにより，$c = 0 \in \mathbf{R}^n$，$\phi(c) = 0 \in \mathbf{R}^m$，$d_x\phi|_{x=c} = (I_m, O_{m\times(n-m)})$（$I_m$ は m 次単位行列，$O_{m\times(n-m)}$ は $m\times(n-m)$ 型の零行列）と仮定してよい．このとき，$\psi: U \to \mathbf{R}^n$ を

$$\psi(x^1, \cdots, x^n) = (\phi(x^1, \cdots, x^n), x^{m+1}, \cdots, x^n)$$

（$\phi(x^1, \cdots, x^n) \in \mathbf{R}^m$ に注意）とおくと，$d_x\psi|_{x=0} = I_n$ が成り立つ．よって定理 2.2 より，$0 \in \mathbf{R}^n$ の開近傍 V が存在して，ψ は V から $\psi(V)$（$0 \in \psi(V)$）への微分同相写像になる．このとき，

$$\psi^{-1}(\phi(x^1, \cdots, x^n), x^{m+1}, \cdots, x^n) = (x^1, \cdots, x^n)$$

であることに注意すると，

$$\phi \circ \psi^{-1}(\phi(x^1, \cdots, x^n), x^1, \cdots, x^n) = \phi(x^1, \cdots, x^n) \in \mathbf{R}^m$$

が成り立つことになる．よって，ψ^{-1} を用いて $0 \in \mathbf{R}^n$ の開近傍で座標をとり直すことにより，ϕ を(2.4)の形にできる．□

ここで，逆像定理を述べるために写像の正則値と臨界値を導入しよう．

定義 2.4　$U \subset \mathbf{R}^n$ を開集合とし，

$$\phi: U \to \mathbf{R}^m,$$
$$\phi(x^1, \cdots, x^n) = (y^1(x^1, \cdots, x^n), \cdots, y^m(x^1, \cdots, x^n))$$

を滑らかな写像とする．$a \in \mathbf{R}^m$ が，任意の $c \in \phi^{-1}(a)$ に対して ϕ が沈め込みになっているという条件を満たすとき，a は ϕ の**正則値**であるという．

また，$a \in \mathbf{R}^m$ が正則値でない，つまり $d_x\phi|_{x=c} : \mathbf{R}^n \to \mathbf{R}^m$ が全射にならない $c \in \phi^{-1}(a)$ が存在するとき，a は ϕ の**臨界値**であるという．

いくつか注意をしておこう．まず，$\phi^{-1}(a) = \emptyset$ ならば $a \in \mathbf{R}^m$ は正則値である．また，正則値であるかどうかを判定するのは，逆像を求めた上でその逆像のすべての点で条件をチェックしなければいけないように思えて，一見難しく感じられるかもしれない．しかし，正則値であることは臨界値でないことと同値であることに注意すると，臨界値を求めてしまえば，それ以外はすべて正則値であることから容易に判定できるのである．臨界値を求めるには，写像の臨界点 $c \in U$（$d_x\phi|_{x=c} : \mathbf{R}^n \to \mathbf{R}^m$ が全射にならない点）を求めて $\phi(c)$ を計算すればよく，これが高校数学の関数の極値を求める問題の拡張にあたることに気付けば，容易に実行できる作業なのである．

このように考えると，任意の滑らかな写像 $\phi : U \to \mathbf{R}^m$ について，ほとんどの $\mathbf{R}^m$ の点は ϕ の正則値であるのではないかと予想がつくのであるが，それは実際に正しく，「サードの定理」という有名な定理で保証されている．

定理 2.3（サードの定理）

$U \subset \mathbf{R}^n$ を開集合とし，

$$\phi : U \to \mathbf{R}^m,$$

$$\phi(x^1, \cdots, x^n) = (y^1(x^1, \cdots, x^n), \cdots, y^m(x^1, \cdots, x^n))$$

を滑らかな写像とする．このとき，ϕ の臨界値の集合は $\mathbf{R}^m$ において測度零（m 次元体積が 0）である．

証明は，測度論などの大がかりな道具立てを必要とし，証明自体も長いので本書では省略する[*2]．身近なイメージでいうと，高校のとき「関数の極値を求めよ」という問題の答え（極値をとる点ではなく極値の方）が有限個の実数（$\mathbf{R}$ の点）に常になっていた，という感覚を一般化したものになる．臨界値の集合の補集合が正則値の集合であるから，ほとんどすべての $\mathbf{R}^m$ の点

*2　この定理は多様体の場合のバージョンもあり，後でもう一度紹介される．

は ϕ の正則値なのである．

以上の準備のもとに，いよいよ逆像定理を紹介することにしよう．

定理 2.4 （**逆像定理**）

$$\phi : \mathbf{R}^n \to \mathbf{R}^m \quad (n \geq m),$$
$$\phi(x^1, \cdots, x^n) = (y^1(x^1, \cdots, x^n), \cdots, y^m(x^1, \cdots, x^n))$$

を滑らかな写像とし，$c = (c^1, \cdots, c^m) \in \mathbf{R}^m$ を ϕ の正則値とする．このとき，

$$\begin{aligned}\phi^{-1}(c) &= \{x \in \mathbf{R}^n \mid \phi(x) = c\} \\ &= \{(x^1, \cdots, x^n) \in \mathbf{R}^n \mid y^i(x^1, \cdots, x^n) = c^i \ \ (i = 1, \cdots, m)\}\end{aligned}$$

は $(n-m)$ 次元多様体となる．

［証明］ 必要ならば ϕ を $\mathbf{R}^m$ で平行移動して，はじめから $c = 0 \in \mathbf{R}^m$ と仮定しておく．このとき，$c = 0$ は ϕ の正則値であるから，任意の $a \in \phi^{-1}(0)$ に対して ϕ は沈め込みとなるので，命題 2.1 より，a の開近傍 V で上手く座標をとり直すことにより（このとき a も $0 \in \mathbf{R}^n$ になっている），$\phi|_V$ を

$$\phi(x^1, x^2, \cdots, x^m, x^{m+1}, \cdots, x^n) = (x^1, x^2, \cdots, x^m)$$

の形にすることができる．これより，

$$\phi^{-1}(0) \cap V = \{(0, \cdots, 0, x^{m+1}, \cdots, x^n) \in V\}$$

となるので，$B^n(0;\varepsilon) \subset V$ をとると，$(x^{m+1}, \cdots, x^n) \mapsto (0, \cdots, 0, x^{m+1}, \cdots, x^n)$ が $B^{m-n}(0;\varepsilon)$ と $\phi^{-1}(0) \cap B^n(0;\varepsilon)$ の微分同相を与える．これが任意の $a \in \phi^{-1}(0)$ に対して成り立つので，$\phi^{-1}(0)$ は $(n-m)$ 次元多様体となる． □

この定理は，数学に強い物理学科生ならもっていると思われる直観「$\mathbf{R}^n$ の（n 変数の）m 個の方程式の解のなす集合は次元 $(n-m)$ をもつ空間になる」を数学的に精密化したものである．その意味では，この定理をあまり目新しいものとは思わない方も多いと思う．しかし，この定理は意外に強力で，これまで取り扱ってきた多項式関数の零点集合が多様体になる議論を劇的に簡単にしてくれる上に，非常にたくさんの多様体の例を生み出してくれ

るのである．例えば，例 2.6 で扱った 2 次元球面

$$S^2 := \{(x,y,z) \in \mathbf{R}^3 \mid x^2+y^2+z^2 = 1\}$$

の場合は，写像として $\phi(x,y,z) = x^2+y^2+z^2$ という多項式関数をとれば よい．このとき，ϕ のヤコビ行列は $\begin{pmatrix} \dfrac{\partial\phi}{\partial x} & \dfrac{\partial\phi}{\partial y} & \dfrac{\partial\phi}{\partial z} \end{pmatrix} = (2x \quad 2y \quad 2z)$ となる．この行列から得られる $\mathbf{R}^3$ から $\mathbf{R}$ への線形写像が全射でなくなるのは，行列の階数が 0，つまり $2x = 2y = 2z = 0$ となるときのみである．したがって臨界点は $0 = (0,0,0)$ のみで，臨界値は $\phi(0) = 0$ のみとなる．よって 1 は正則値となるので，$S^2 = \phi^{-1}(1)$ は逆像定理より 2 次元多様体となるのである．

例 2.8　以下の形で与えられる $\mathbf{R}^{n+1}$ の部分集合は n 次元多様体である．

$$M(d_1,\cdots,d_{n+1}) := \left\{(x^1,\cdots,x^{n+1}) \in \mathbf{R}^{n+1} \,\middle|\, \sum_{i=1}^{n+1}(x^i)^{d_i} = 1\right\}$$

$(d_1,\cdots,d_{n+1}$ は 2 以上の正整数$)$

この場合，$\phi(x^1,\cdots,x^{n+1}) := \sum_{i=1}^{n+1}(x^i)^{d_i}$ とおくと，この写像のヤコビ行列は $(d_1(x^1)^{d_1-1} \quad \cdots \quad d_{n+1}(x^{n+1})^{d_{n+1}-1})$ となる．d_i は 2 以上であるから，S^2 の場合と同様の議論で ϕ の臨界点は 0 のみで，臨界値は $\phi(0) = 0$ となる．したがって 1 は正則値ゆえ，$M(d_1,\cdots,d_{n+1}) = \phi^{-1}(1)$ は n 次元多様体となるの

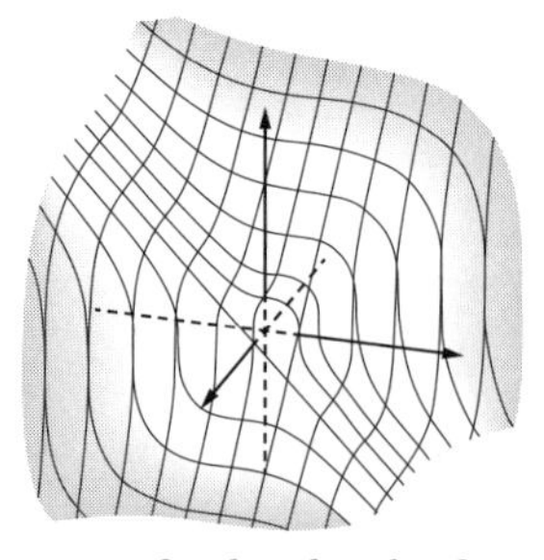

$n=2,\ d_1=d_2=d_3=3$

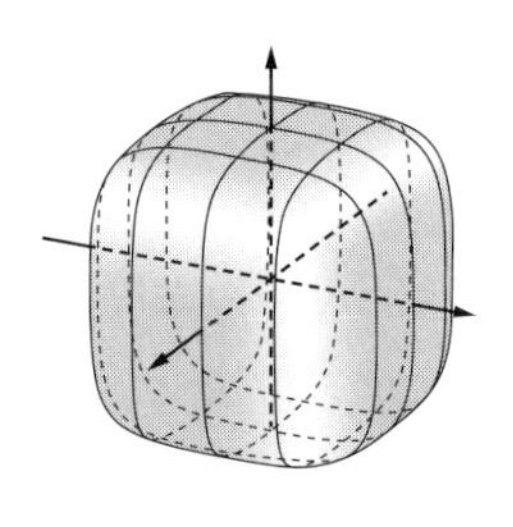

$n=2,\ d_1=d_2=d_3=4$

図 2.6　$M(d_1,\cdots,d_{n+1})$ の概形

である．特にこの例は n 次元球面 $S^n = M(2,2,\cdots,2)$ を含んでいる．

演習問題 2.10　上の例において，d_i がすべて偶数ならば，$M(d_1,\cdots,d_{n+1})$ はコンパクトとなることを示せ．

さて，ここで n 次実正方行列全体の集合 $M(n;\mathbf{R})$ を考えよう．

$$M(n;\mathbf{R}) = \{M = (m_{ij}) \mid m_{ij} \in \mathbf{R} \quad (1 \leq i, j \leq n)\}$$

m_{ij} は実数であるから，$(m_{11}, m_{12}, \cdots, m_{nn-1}, m_{nn})$ と横一列に並べれば，$M(n;\mathbf{R})$ をユークリッド空間 $\mathbf{R}^{n^2}$ と同一視できる．ここで，線形代数学で取り扱った $M(n;\mathbf{R})$ の部分集合を思い出してみよう．

$$\begin{aligned}
GL(n;\mathbf{R}) &:= \{M \in M(n;\mathbf{R}) \mid \det(M) \neq 0\}, \\
SL(n;\mathbf{R}) &:= \{M \in M(n;\mathbf{R}) \mid \det(M) = 1\}, \\
O(n;\mathbf{R}) &:= \{M \in M(n;\mathbf{R}) \mid {}^tMM = I_n\}, \\
SO(n;\mathbf{R}) &:= \{M \in M(n;\mathbf{R}) \mid {}^tMM = I_n,\ \det(M) = 1\} \\
&= SL(n;\mathbf{R}) \cap O(n;\mathbf{R})
\end{aligned}$$

これらは，上から順に，**一般線形群**，**特殊線形群**，**直交群**，**特殊直交群**と呼ばれ，行列の積について閉じているので群をなすことが知られている．ここで議論したいのは，これらの $\mathbf{R}^{n^2}$ の部分集合が多様体となるかということである．

命題 2.2　$GL(n;\mathbf{R})$，$SL(n;\mathbf{R})$，$O(n;\mathbf{R})$，$SO(n;\mathbf{R})$ はそれぞれ順に n^2，n^2-1，$\dfrac{n(n-1)}{2}$，$\dfrac{n(n-1)}{2}$ 次元の多様体となる．

［証明］　まず $GL(n;\mathbf{R})$ について示す．行列式関数 $\det : M(n;\mathbf{R}) \to \mathbf{R}$ は成分 m_{ij} についての多項式関数であるから，明らかに連続である．また，$GL(n;\mathbf{R})$ は定義より $\det^{-1}(\{0\}^c) = \det^{-1}(\mathbf{R} - \{0\})$ であり，$\mathbf{R} - \{0\}$ は $\mathbf{R}$ の開集合ゆえ，$GL(n;\mathbf{R})$ は $M(n;\mathbf{R}) = \mathbf{R}^{n^2}$ の開集合となる．よって，例 2.1 より $GL(n;\mathbf{R})$ は n^2 次元多様体となる．

次に $SL(n;\mathbf{R})$ について示す．逆像定理から，主張を示すには 1 が行列式関数 det : $M(n;\mathbf{R}) \to \mathbf{R}$ の正則値であることを示せば十分である．M_{ij} を M から第 i 行と第 j 列を除いた M の余因子行列とする．行列式の余因子展開

$$\det(M) = \sum_{i=1}^{n}(-1)^{i+j}m_{ij}\det(M_{ij}) = \sum_{j=1}^{n}(-1)^{i+j}m_{ij}\det(M_{ij})$$

から

$$\frac{\partial \det(M)}{\partial m_{ij}} = (-1)^{i+j}\det(M_{ij})$$

を得る．行列式関数の臨界点の条件は $\dfrac{\partial \det(M)}{\partial m_{ij}} = (-1)^{i+j}\det(M_{ij}) = 0$ $(1 \leq i, j \leq n)$ となることであるから，余因子展開より臨界値は 0 となる．よって 1 は正則値となるので，主張がいえた．

次に $O(n;\mathbf{R})$ について考える．まず，n 次実対称行列全体の集合を $Sym(n;\mathbf{R}) \coloneqq \{M \in M(n;\mathbf{R}) \mid M = {}^tM\}$ とおこう．対称行列は，対角成分とその上側の成分 m_{ij} $(i \leq j)$ を任意の実数にとれ，またこれらの成分により行列が一意に定まるので，$Sym(n;\mathbf{R})$ はユークリッド空間 $\mathbf{R}^{\frac{n(n+1)}{2}}$ と同一視できる．ここで，$M \in M(n;\mathbf{R})$ に行列 ${}^tMM$ を対応させる写像 ϕ を考えよう．${}^t({}^tMM) = {}^tMM$ に注意すると，ϕ は $M(n;\mathbf{R})$ から $Sym(n;\mathbf{R})$ への写像，つまり $\phi : \mathbf{R}^{n^2} \to \mathbf{R}^{\frac{n(n+1)}{2}}$ と考えることができる．よって $O(n;\mathbf{R}) = \phi^{-1}(I_n)$ であるから，逆像定理より，$I_n \in Sym(n;\mathbf{R})$ が ϕ の正則値であることを示せば十分である．ここでは，I_n が正則値であることを直接計算で確かめることにしよう．行列を取り扱っていることを尊重して，$\mathbf{R}^{n^2}$ の座標を区別する添字として ij $(1 \leq i, j \leq n)$，$\mathbf{R}^{\frac{n(n+1)}{2}}$ の座標を区別する添字として kl $(1 \leq k \leq l \leq n)$ を用いることにする．これにより ϕ を成分表示すると以下のようになる．

$$\phi(M) = (\phi_{kl}(M)), \qquad \phi_{kl}(M) = ({}^tMM)_{kl} = \sum_{p=1}^{n} m_{pk}m_{pl}$$

このとき，ϕ のヤコビ行列の (kl, ij) 成分は，

$$\frac{\partial \phi_{kl}(M)}{\partial m_{ij}} = \frac{\partial}{\partial m_{ij}}\left(\sum_{p=1}^{n} m_{pk}m_{pl}\right)$$

$$= \sum_{p=1}^{n} (\delta_{ip}\delta_{kj}m_{pl} + m_{pk}\delta_{pi}\delta_{lj})$$

$$= \delta_{kj}m_{il} + m_{ik}\delta_{lj}$$

で与えられる．ただし δ_j はクロネッカーのデルタ記号である．よって，ϕ の $M = (m_{ij})$ における微分は，$\mathbf{R}^{n^2}$ の元 $A = (a_{ij})$ を

$$\sum_{i=1}^{n}\sum_{j=1}^{n} (\delta_{kj}m_{il} + m_{ik}\delta_{lj})a_{ij} = \sum_{i=1}^{n} (a_{ik}m_{il} + m_{ik}a_{il})$$

で与えられる $\mathbf{R}^{\frac{n(n+1)}{2}}$ の元に写す線形写像になる．これは行列の記法を用いると，$A \in M(n;\mathbf{R})$ を $Sym(n;\mathbf{R})$ の元 ${}^tAM + {}^tMA$ に写す線形写像であることになる．I_n が正則値であることを示すには，${}^tMM = I_n$ が成り立つとき，この写像が全射である，つまり任意の $B \in Sym(n;\mathbf{R})$ に対して $B = {}^tAM + {}^tMA$ となる $A \in M(n;\mathbf{R})$ が存在することを示せばよい．ところが，$B = {}^tB$ であることに注意すると，$A = \dfrac{1}{2}MB$ がこの条件を満たすことがわかる．なお次元は，逆像定理により $n^2 - \dfrac{n(n+1)}{2} = \dfrac{n(n-1)}{2}$ で与えられる．

最後に $SO(n;\mathbf{R})$ について示そう．行列式関数の定義域を $O(n;\mathbf{R})$ に制限して，写像 $\det : O(n;\mathbf{R}) \to \mathbf{R}$ を考える．この写像は $O(n;\mathbf{R})$ に自然に入る $\mathbf{R}^{n^2}$ の相対位相のもとで連続である．また ${}^tMM = I_n$ より $\det({}^tMM) = (\det(M))^2 = 1$ が成り立つので，$\det(M) \in \{-1, 1\}$ がいえる．よって，行列式写像は写像 $\det : O(n;\mathbf{R}) \to \{-1, 1\}$ となり，$\{-1, 1\}$ に入る $\mathbf{R}$ の相対位相のもとで連続となる．以上の準備のもとで，$SO(n;\mathbf{R}) = \det^{-1}(\{1\})$ が成り立つ．$\mathbf{R}$ の相対位相のもとで，$\{1\}$ は $\{-1, 1\}$ の開集合なので，$SO(n;\mathbf{R})$ は $\dfrac{n(n-1)}{2}$ 次元多様体 $O(n;\mathbf{R})$ の開部分集合となる．多様体の定義 2.1 より，多様体の開部分集合は同じ次元の多様体になることがいえるので，$SO(n;\mathbf{R})$ も $\dfrac{n(n-1)}{2}$ 次元多様体であることになる．□

演習問題 2.11　定義 2.1 を用いて，$\mathbf{R}^N$ の部分集合として与えられる n 次元多様体 M の $\mathbf{R}^N$ の相対位相のもとでの開部分集合 $Y \subset M$ がまた n 次元多様体となることを示せ．

演習問題 2.12　以下の問いに答えよ．

（i）$GL(n;\mathbf{R})$ が連結でないことを示せ．

（ii）$SO(n;\mathbf{R})$ が弧状連結であることを示せ．（線形代数の知識を用いる．）

（iii）Λ を正則な実対称行列とする．$\{M \in M(n;\mathbf{R}) \mid {}^tMM = \Lambda\}$ が $\dfrac{n(n-1)}{2}$ 次元多様体となることを示せ．

さて，これで先ほど紹介した $M(n;\mathbf{R})$ の部分集合はすべて多様体となったのであるが，これらが図形としてどんな形をしているか，考えてみたくなる人もいると思うのである．実際，私も学部生時代にこれらの定義を見たときに何となく知りたくなったのであるが，何を考えたらよいかの手がかりが少なかったという記憶がある．もちろん回転行列の知識があるので，$SO(2;\mathbf{R})$ が S^1 と同じ形をしている（微分同相である）ことぐらいは簡単にわかったが，n が大きくなるとどうなるのかは見当がつきにくかったのである．しかし，知識がないことを恐れずに知っていることを組み合わせて推測していくと，「当たらずとも遠からず」となることもあるのを大学院生になって知ったのだが，その感覚を少し説明してみることにしよう．実は，これらの多様体は本質的にはだいたい同じ形をしていると言えなくもなくて，$SO(n;\mathbf{R})$ を見れば他はだいたい想像がつくのである．そこで，この $SO(n;\mathbf{R})$ の形を探ってみようというわけである．

準備として，積多様体の定義を導入しよう．

定義 2.5　$M_1 \subset \mathbf{R}^{N_1}$ を n_1 次元多様体，$M_2 \subset \mathbf{R}^{N_2}$ を n_2 次元多様体とする．このとき，$\mathbf{R}^{N_1} \times \mathbf{R}^{N_2} = \mathbf{R}^{N_1+N_2}$ の部分集合

$$M_1 \times M_2 := \{(x_1, x_2) \in \mathbf{R}^{N_1+N_2} \mid x_1 \in M_1,\ x_2 \in M_2\}$$

は (n_1+n_2) 次元多様体になる．この $M_1 \times M_2$ を M_1 と M_2 の**積多様体**という．

演習問題 2.13　上の集合 $M_1 \times M_2$ が (n_1+n_2) 次元多様体になることを，定義 2.1 を用いて示せ．

この積をとる操作を次々に行なっていけば，k 個の多様体 $M_1, M_2, \cdots, M_k$ の積多様体 $M_1 \times M_2 \times \cdots \times M_k$ を定義できることは明らかであろう．この操作を覚えると，知っている多様体をもとに次元の高い新しい多様体を大量生産することができる．例えば，S^1 をもとに $S^1 \times S^1 \times \cdots \times S^1 = (S^1)^k$ が得られ，これは **k 次元トーラス** T^k と呼ばれる．私は，学部 3 年ぐらいのときに 3 次元トーラスというものを考えていいと知り，かなりワクワクしたのだが，皆さんは如何であろうか？

さて，ここでいよいよ素朴な形で多様体 $SO(n;\mathbf{R})$ の形を探っていくことにしよう．鍵となるのは，$M \in SO(n;\mathbf{R})$ を列ベクトル分解することである．

$$M = (\mathbf{m}_1, \mathbf{m}_2, \cdots, \mathbf{m}_n)$$

このとき，${}^tMM = I_n$ という条件は以下の条件に同値となる．

$$(\mathbf{m}_i, \mathbf{m}_j) := {}^t\mathbf{m}_i\mathbf{m}_j = \delta_{ij}$$

ただし，ここで $\mathbf{R}^n$ のベクトル $\mathbf{a}, \mathbf{b}$ の内積を $(\mathbf{a}, \mathbf{b})$ と表す記法を導入した．これより，この条件は $\mathbf{m}_1, \cdots, \mathbf{m}_n$ が $\mathbf{R}^n$ の正規直交基底をなすことと同値であることがわかる．一方，$\det(M) = 1$ という条件は，$\mathbf{m}_1, \cdots, \mathbf{m}_n$ がこの順に並べて $\mathbf{R}^n$ の（高次元）右手系の基底をなすことと同値である．つまり，$M \in SO(n;\mathbf{R})$ とは，「ベクトル空間 $\mathbf{R}^n$ の右手系をなす順序付き正規直交基底 $(\mathbf{m}_1, \mathbf{m}_2, \cdots, \mathbf{m}_n)$」に他ならないのである．

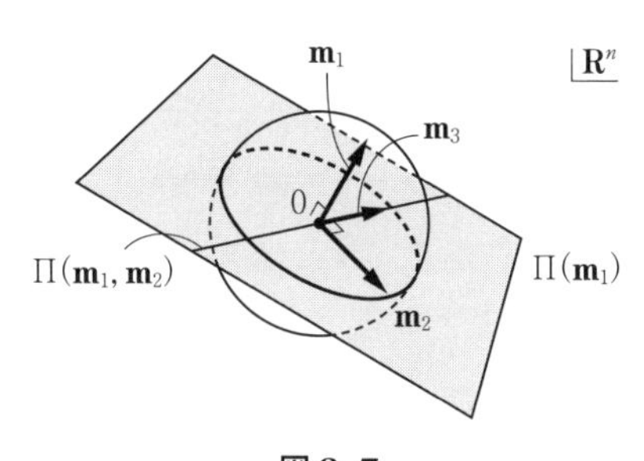

図 2.7

そこで，M の点を「ベクトル $\mathbf{m}_i$ を i の小さい順に決めていく」ことで決定すると考えることにしよう．まず，$\mathbf{m}_1$ はまだ他のベクトルを何も決めていないので，単に $\mathbf{R}^n$ の長さ1のベクトルであればよく，またこの $\mathbf{m}_1$ の終点は原点から距離1の点を動くことができるので，このベクトルは $(n-1)$ 次元球面 S^{n-1} の点と見なせる．感覚的にいうと，$\mathbf{m}_1$ を決める自由度は「原点を中心とする $(n-1)$ 次元球面 S^{n-1}」で表せるのである．

次に $\mathbf{m}_2$ を決めることにすると，このベクトルは $\mathbf{m}_1$ に直交していなければならない．よって，ベクトル $\mathbf{m}_1$ に直交する原点を通る $(n-1)$ 次元平面（$\mathbf{m}_1$ で生成される部分ベクトル空間の直交補空間）を $\Pi(\mathbf{m}_1)$ とおくと，$\mathbf{m}_2$ は「$\Pi(\mathbf{m}_1)$ 内の長さ1のベクトル」であれば何でもよいことになる．よって，$\mathbf{m}_2$ を決める自由度は「$\Pi(\mathbf{m}_1)$ 内の原点を中心とする $(n-2)$ 次元球面 S^{n-2}」に対応することがわかる．

同様にして $\mathbf{m}_i$ $(i \leq n-1)$ を決めることを考えると，まずこのベクトルは $\mathbf{m}_1, \cdots, \mathbf{m}_{i-1}$ と直交しなければいけない．そこで，$\mathbf{m}_1, \cdots, \mathbf{m}_{i-1}$ で生成される部分ベクトル空間の直交補空間として与えられる原点を通る $(n-i+1)$ 次元平面 $\Pi(\mathbf{m}_1, \cdots, \mathbf{m}_{i-1})$ を考えると，$\mathbf{m}_i$ は $\Pi(\mathbf{m}_1, \cdots, \mathbf{m}_{i-1})$ の長さ1のベクトルとして与えられることになる．つまり，$\mathbf{m}_i$ を決める自由度は，「$\Pi(\mathbf{m}_1, \cdots, \mathbf{m}_{i-1})$ 内の原点を中心とする $(n-i)$ 次元球面 S^{n-i}」に対応するのである．

最後に $\mathbf{m}_n$ を決めることを考えよう．このとき，これまでと同様に $\mathbf{m}_1, \cdots, \mathbf{m}_{n-1}$ で生成される部分ベクトル空間の直交補空間として与えられる原点を通る1次元平面（つまり直線）$\Pi(\mathbf{m}_1, \cdots, \mathbf{m}_{n-1})$ を考えることになる．ところが $\Pi(\mathbf{m}_1, \cdots, \mathbf{m}_{n-1})$ は直線であるから，長さ1のベクトルは2つしか存在しない．ところが，この2つのうちのどちらをとるかは「$(\mathbf{m}_1, \cdots, \mathbf{m}_n)$ が右手系をなす」という条件から完全に決まってしまうのである．つまり，$\mathbf{m}_n$ は $\mathbf{m}_1, \cdots, \mathbf{m}_{n-1}$ が与えられた時点でただ1つに決まってしまい，新たな自由度は加わらないことになる．

以上の議論を短くまとめると

$$「\mathbf{m}_i \text{ を決める自由度} \leftrightarrow \Pi(\mathbf{m}_1, \cdots, \mathbf{m}_{i-1}) \text{ 内の原点を中心とする } S^{n-i}」$$

ということになったわけである．ここまでの話はごまかしがないことに異論のある人はいないと思われるが，ここで話を簡単にするために，物理でいう「近似」あるいは「条件を落とした簡略化」をしてみることにしよう．具体的には，“$\Pi(\mathbf{m}_1, \cdots, \mathbf{m}_{i-1})$ 内の”という条件を落として

$$「\mathbf{m}_i \text{ を決める自由度} \leftrightarrow \text{原点を中心とする } S^{n-i}」$$

と考えてみるのである．すると，$\mathbf{m}_i$ は他のベクトルに影響されずに S^{n-i} の点を自由に選べばよいと考えられ，積多様体の考えを応用して

$$SO(n;\mathbf{R}) \simeq S^{n-1} \times S^{n-2} \times \cdots \times S^1$$

が成り立つのではないかと考えることができる．ただし上式の $\simeq$ は，だいたい同じという物理の気分で使っており，数学の記号の意味ではないことを注意しておく．両者の次元はともに $\dfrac{n(n-1)}{2}$ であり，次元は一致している．また，前でも触れたように $SO(2;\mathbf{R})$ は S^1 に微分同相であるから，$n=2$ のときには両者は等しいと考えてよい．$n=3$ のときは，$SO(3;\mathbf{R})$ は後述する 3 次元実射影空間という S^3 を群 $\mathbf{Z}/(2\mathbf{Z})$ で割って得られる商多様体に微分同相であることが知られており，$S^2 \times S^1$ ではなくなる．しかし，実は S^3 と $S^2 \times S^1$ はある意味で親戚と見なすこともでき，また 3 次元実射影空間と S^3 も今言ったように親戚と考えられるので，ここで行なった「近似」は「当たらずとも遠からず」という感じになっていることがわかっていただけると思う．なお，この「近似」の考え方は，数学においては「ファイバー空間を直積空間で近似する」ことに対応し，コホモロジーのスペクトル系列という手法でもっと体系的に扱われていることを注意しておく．

2.1.3 多様体の内在的な定義

これまでの議論において，多様体をユークリッド空間 $\mathbf{R}^N$ 内の部分集合と

して定義し，種々の例を見てきたのであるが，この定義には，ある種の安心感と不安感が同時に存在すると私は思うのである．安心感が何からくるかというと，多様体がユークリッド空間 $\mathbf{R}^N$ という長さと角度がきっちり決まる「入れ物」の中で実現されることで，「形」がはっきり決まったものとして調べられることである．そして不安感とは，「ユークリッド空間 $\mathbf{R}^N$ を想定することに何の意味があるのだろうか？」という疑問からくるのである．

そもそも幾何学は，もとをただせば土地の測量のために始められたものであり，それが発展すると自然に「地面は本当はどういう形をしているのか？」という疑問にぶつかることになる．もちろん山や海などの多少の凸凹はあるが，問いたいのは「地面に果てはあるのか？」ということである．これに対しては，古代から色々な説が唱えられてきたのであるが，最終的に地面は（多少の凹凸は無視して）ユークリッド平面 $\mathbf{R}^2$ ではなく 2 次元球面 S^2（地球の表面）である，ということになった．このことの意味する教訓は，「ユークリッド平面 $\mathbf{R}^2$ は小さいスケールの測量を行なうための仮定としては申し分ないが，巨大なスケールの測量においては使えなくなる可能性がある」ということである．

現在においては，地面の果てについての議論は勝負がついていると考えてもよいが，その次に考えたくなるのは「宇宙に果てはあるのか？」という問いである．この問いについては，それについて踏み込んだことを言うこと自体が科学的実証主義の立場を踏み外す感じがするので，断定的なことをここで私が言うつもりはないが，しかし「宇宙はユークリッド空間 $\mathbf{R}^3$ である」と言い切るのも憚られる気分がするのである．というのも，それは同時に宇宙が「無限に広がっている」ことを認めることになり，「地面の果て問題」が球面という有限な広がり（数学でいえばコンパクト空間）で決着がついたことと整合性がとれない気がするからである．一方，私がニュース等で知っている範囲においては，「宇宙がユークリッド空間 $\mathbf{R}^3$ でない」ことを積極的に支持する観測的事実はないと思われる．が，私としてはやはり，宇宙を有限な広がりをもつ空間（コンパクト空間）と思いたいというのが本音である．

そこで，例えば「宇宙は 3 次元球面 S^3 である」と仮定して物理の議論をしたくなったとしよう．これまでの議論では，S^3 はユークリッド空間 $\mathbf{R}^4$ の部分集合として定義されているので，同時に宇宙の「入れ物」としてのユークリッド空間 $\mathbf{R}^4$ を仮定する必要に迫られることになる（この 4 次元空間は時間も合わせた時空間とは別物であることに注意して欲しい）．そうすると，理論としては「私たちが全く知覚することのできない空間方向」が存在することを認めてしまい，「その $\mathbf{R}^4$ とは何だ？」という議論がまき起こってしまうのである．このように，余計な論争を避けるためにも，多様体の定義から入れ物としてのユークリッド空間 $\mathbf{R}^N$ を消去する必要が生じるのである．

以上の動機のもとに，多様体の定義からユークリッド空間 $\mathbf{R}^N$ を消去することを考えよう．定義 2.1 を振り返ってみると，その定義の核心部分は，「各点 $x \in M$ において x を含むある開集合 $B^N(x;\varepsilon_x) \cap M$ が存在して，$\mathbf{R}^n$ の開集合 U_x と微分同相になる（微分同相写像 $\phi_x : U_x \to B^N(x;\varepsilon_x) \cap M$ が存在する)」ことであった．ここで，$\mathbf{R}^N$ の果たしている役割は，相対位相を通じて M に**位相を入れている**ことと，微分同相写像 $\phi_x : U_x \to B^N(x;\varepsilon_x) \cap M$ を通じて M に**滑らかさの基準を定めている**ことである．ここで，位相に関して $\mathbf{R}^N$ を消去するには，M をはじめから位相空間であると宣言して

「各点 $x \in M$ に対して，x を含む M の開集合 B_x と $\mathbf{R}^n$ の開集合 U_x との間の同相写像 $\phi_x : U_x \to B_x$ が存在する」

という条件を課せばよい．

次に，滑らかさの基準において $\mathbf{R}^N$ を消去することを考えよう．まず，M の相異なる 2 点 $x, y \in M$ に対して局所座標系 $\phi_x : U_x \to B^N(x;\varepsilon_x) \cap M$，$\phi_y : U_y \to B^N(y;\varepsilon_y) \cap M$ をとり，$B^N(x;\varepsilon_x) \cap B^N(y;\varepsilon_y) \cap M \neq \emptyset$ である状況を考えよう．このとき，ϕ_x，ϕ_y がともに全単射であることから，写像

$$\phi_y^{-1} \circ \phi_x : \phi_x^{-1}(B^N(x;\varepsilon_x) \cap B^N(y;\varepsilon_y) \cap M) \\ \to \phi_y^{-1}(B^N(x;\varepsilon_x) \cap B^N(y;\varepsilon_y) \cap M)$$

を定義することができる．実は，逆関数定理と定義 2.2 を用いると，この写

像は，$\mathbf{R}^n$ の開集合 $\phi_x^{-1}(B^N(x;\varepsilon_x) \cap B^N(y;\varepsilon_y) \cap M)$ から $\mathbf{R}^n$ の開集合 $\phi_y^{-1}(B^N(x;\varepsilon_x) \cap B^N(y;\varepsilon_y) \cap M)$ への微分同相写像（逆写像 $\phi_x^{-1} \circ \phi_y$ が存在してともに滑らか）であることが証明できる（証明はスペースの都合により略する）．よって，$\mathbf{R}^N$ を表に出さずに，前に考えた同相写像 $\phi_x : U_x \to B_x$ と $\phi_y : U_y \to B_y$ $(B_x \cap B_y \neq \emptyset)$ に対して

「$\phi_y^{-1} \circ \phi_x : \phi_x^{-1}(B_x \cap B_y) \to \phi_y^{-1}(B_x \cap B_y)$ が微分同相写像になる」

と宣言すれば，局所座標系の滑らかさを保証することができる．

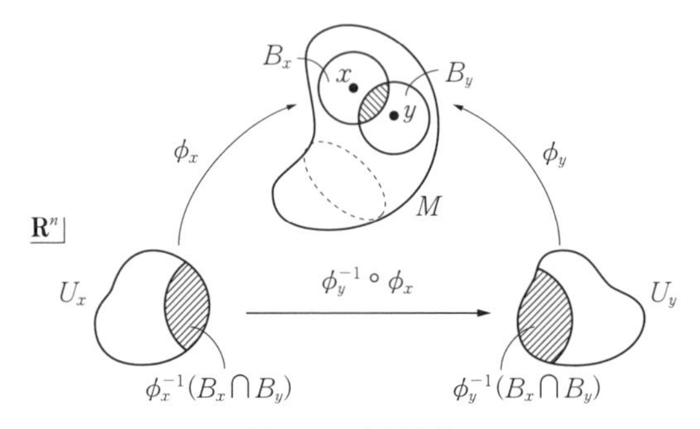

図 2.8　座標変換

ここで，開集合族 $\{B_x \mid x \in M\}$ は M の開被覆を与えるが，逆に M の開被覆 $M = \bigcup_{\alpha \in \Lambda} B_\alpha$ さえ与えられれば，すべての $x \in M$ をとる必要はなく，各 B_α に対して上記のことを考えればよい．このことを考慮して，多様体の入れ物 $\mathbf{R}^N$ を表に出さない内在的な定義を以下で与えることにする．

定義 2.6　位相空間 M が（滑らかな）n 次元**多様体**であるとは，以下の条件を満たすことをいう．

（i）M はハウスドルフ空間である．

（ii）M の開被覆 $M = \bigcup_{\alpha \in \Lambda} B_\alpha$ が存在し，各 $\alpha \in \Lambda$ に対し，$\mathbf{R}^n$ の開集合 U_α から B_α への同相写像（**局所座標系**）$\phi_\alpha : U_\alpha \to B_\alpha$ が存在する[*3]．

[*3] 多様体の一般論を述べた本では，ϕ_α の定義域と値域が逆になっている場合があるので注意していただきたい．

(iii)　$B_\alpha \cap B_\beta \neq \emptyset$ ならば，$\phi_\beta^{-1} \circ \phi_\alpha : \phi_\alpha^{-1}(B_\alpha \cap B_\beta) \to \phi_\beta^{-1}(B_\alpha \cap B_\beta)$ は微分同相写像となる．

上の定義において，写像 $\phi_\beta^{-1} \circ \phi_\alpha$ は**座標変換**と呼ばれ，B_α と B_β の貼り合わせの規則を表すものである．また，$\mathbf{R}^n$ の開集合 U_α の座標をしばしば $(x_\alpha^1, \cdots, x_\alpha^n)$ と書いて，**局所座標**と呼ぶ．ここで，条件(i)として「M がハウスドルフ空間である」という条件が入っているが，これは前章の最後で触れたように，多様体を $\mathbf{R}^N$ の部分集合として定義する場合には当然成り立つ性質である．これが定義に入っていることで多様体の一般的性質を議論する際に役立つはずであるが，この本では演繹的な一般論には今後深入りしない予定であるので，これについてはこれ以上触れないことにする．

さて，この定義で気になるのは「開被覆のとり方の任意性」であるが，多様体を定義するには1つ開被覆があれば十分なので，開被覆はできるだけ簡単なもので済ませたいところである．ただし，多様体のトポロジーを議論する場合などは，開被覆に良い性質を要請して開被覆の枚数がある程度増えてしまうケースも出てくる．ただし，開被覆の一般性を夢想してやたら複雑な開被覆をイメージする必要はないことは注意しておく．特に，多様体 M がコンパクトならば，まさにコンパクトの定義そのものから，前ページで考えた開被覆 $\bigcup_{x \in M} B_x = M$ から有限開被覆がとれることが保証されているのである．

例 2.9　n 次元球面 $S^n := \left\{ (x^1, \cdots, x^{n+1}) \in \mathbf{R}^{n+1} \,\middle|\, \sum_{i=1}^{n+1} (x^i)^2 = 1 \right\}$ から，入れ物 $\mathbf{R}^{n+1}$ を消去して定義 2.6 の流儀で表してみることにしよう．鍵は，S^n の北極 $\mathrm{N} := (0, \cdots, 0, 1)$ と南極 $\mathrm{S} := (0, \cdots, 0, -1)$ に着目して，NとSからの極射影を考えることである．Nからの**極射影**とは，$\mathrm{P} = (x^1, \cdots, x^{n+1}) \in S^n - \{\mathrm{N}\}$ に対して，n 次元平面 $\Pi_{n+1} := \{(x^1, \cdots, x^{n+1}) \in \mathbf{R}^{n+1} \mid x^{n+1} = 0\}$ と直線NPとの交点 $\tilde{\mathrm{P}} \in \Pi_{n+1}$ を対応させる写像である．また逆に，$(y^1, \cdots, y^n) \in \mathbf{R}^n$ に対して Π_{n+1} の点 $\tilde{\mathrm{P}} := (y^1, \cdots, y^n, 0)$ を対応させ，さら

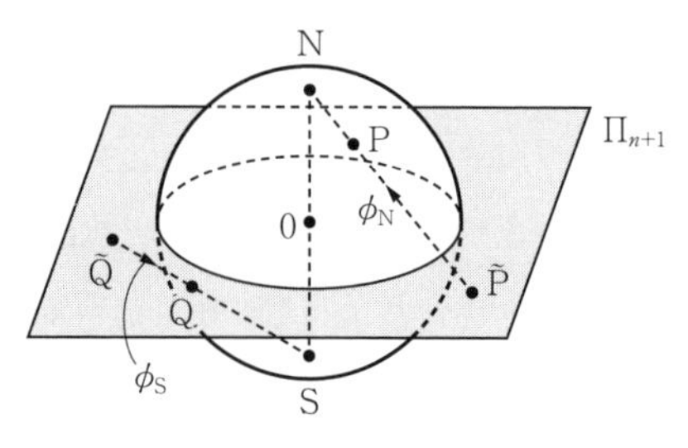

図 2.9　極射影

に直線 $\mathrm{N}\tilde{\mathrm{P}}$ と S^n との N 以外の交点 P を対応させることによって，写像 ϕ_{N}：$\mathbf{R}^n \to S^n - \{\mathrm{N}\}$ を構成できる．

この ϕ_{N} を計算してみよう．P は直線 $\mathrm{N}\tilde{\mathrm{P}}$ 上にあり N に一致しないから，

$$\mathrm{P} = (ty^1, \cdots, ty^n, 1-t) \qquad (t \in \mathbf{R}-\{0\})$$

と表すことができる．また，P は S^n 上の点であるから

$$\sum_{i=1}^{n} (ty^i)^2 + (1-t)^2 = 1 \iff t = \frac{2}{1+\sum_{i=1}^{n} (y^i)^2}$$

と t が定まる．ただし，ここで $t \neq 0$ であることを用いた．これにより，

$$\phi_{\mathrm{N}}(y^1, \cdots, y^n) = \left(\frac{2y^1}{1+\sum_{i=1}^{n} (y^i)^2}, \cdots, \frac{2y^n}{1+\sum_{i=1}^{n} (y^i)^2}, \frac{-1+\sum_{i=1}^{n} (y^i)^2}{1+\sum_{i=1}^{n} (y^i)^2} \right) \tag{2.5}$$

を得る．同様にして，$(z^1, \cdots, z^n) \in \mathbf{R}^n$ に対して Π_{n+1} の点 $\tilde{\mathrm{Q}} = (z^1, \cdots, z^n, 0)$ を対応させ，さらに直線 $\mathrm{S}\tilde{\mathrm{Q}}$ と S^n との S 以外の交点 Q を対応させることによって，写像 ϕ_{S}：$\mathbf{R}^n \to S^n - \{\mathrm{S}\}$ を構成できる．ϕ_{S} を計算すると以下のようになる．

$$\phi_{\mathrm{S}}(z^1, \cdots, z^n) = \left(\frac{2z^1}{1+\sum_{i=1}^{n} (z^i)^2}, \cdots, \frac{2z^n}{1+\sum_{i=1}^{n} (z^i)^2}, \frac{1-\sum_{i=1}^{n} (z^i)^2}{1+\sum_{i=1}^{n} (z^i)^2} \right) \tag{2.6}$$

ここで，簡単な計算により $\phi_{\mathrm{S}}^{-1}(x^1, \cdots, x^{n+1}) = \left(\dfrac{x^1}{1+x^{n+1}}, \cdots, \dfrac{x^n}{1+x^{n+1}}\right)$ であることがわかるので，$\phi_{\mathrm{N}}(0) = \mathrm{S}$，$\phi_{\mathrm{S}}(0) = \mathrm{N}$ に注意すると，2 つの局所座標系の間の座標変換 $\phi_{\mathrm{S}}^{-1} \circ \phi_{\mathrm{N}} : \mathbf{R}^n - \{0\} \to \mathbf{R}^n - \{0\}$ が以下のように求まる．

$$\phi_{\mathrm{S}}^{-1} \circ \phi_{\mathrm{N}}(y^1, \cdots, y^n) = \left(\frac{y^1}{\sum_{i=1}^{n} (y^i)^2}, \cdots, \frac{y^n}{\sum_{i=1}^{n} (y^i)^2}\right) \tag{2.7}$$

これにより，$B_{\mathrm{N}} \coloneqq S^n - \{\mathrm{N}\}$，$B_{\mathrm{S}} \coloneqq S^n - \{\mathrm{S}\}$ とおくと，$S^n = B_{\mathrm{N}} \cup B_{\mathrm{S}}$ は S^n の開被覆で，同相写像 $\phi_{\mathrm{N}} : \mathbf{R}^n \to B_{\mathrm{N}}$，$\phi_{\mathrm{S}} : \mathbf{R}^n \to B_{\mathrm{S}}$ はそれぞれ(2.5), (2.6)で与えられ，座標変換は(2.7)で与えられるものとして，S^n を表すことができたことになる．したがって，今の記述において必要だった開集合は 2 枚で済んだことになる．ここで，さらに進んで $\mathbf{R}^{n+1}$ を消去してしまう立場に立つと，$B_{\mathrm{N}}, B_{\mathrm{S}}$ はともに $\mathbf{R}^n$ と同相だから，S^n とは 2 枚の $\mathbf{R}^n$ を各々の $\mathbf{R}^n - \{0\}$ をのりしろとして座標変換(2.7)に従って貼り合わせたものと見ることになる．この見方では，S^n の $\mathbf{R}^{n+1}$ における「形」の情報は消え去ってしまうのであるが，S^n の滑らかさと位相幾何学的な情報はしっかり残っているのである．

さて，本小節の冒頭で，多様体の内在的な定義の動機として「高次元ユークリッド空間 $\mathbf{R}^N$ を考える必然性の危うさ」というものを挙げてみたが，他にも動機がないわけではない．例えば，「ユークリッド空間を入れ物として仮定するのが不自然な空間」というものも定義できるのである．その例として，「リー群の作用する多様体の軌道空間（商空間）として定義される多様体」を考えてみることにしよう．まずリー群について手短に紹介しておかなければならないが，準備として群を定義しておこう．

定義 2.7　集合 G が**群**であるとは，積 $G \times G \to G$（$g, h \in G$ に対して $g \cdot h \in G$ がただ 1 通りに定まる）が存在し，この積に関して以下の性質が成り立つことである．

（i）　**単位元** $e \in G$ が存在し，任意の $g \in G$ に対して $g \cdot e = e \cdot g = g$ が成り立つ．

（ii）　任意の $g \in G$ に対して，**逆元** $g^{-1} \in G$ が存在し，$g \cdot g^{-1} = g^{-1} \cdot g = e$ が成り立つ．

（iii）　任意の $g, h, k \in G$ に対して，$(g \cdot h) \cdot k = g \cdot (h \cdot k)$ が成り立つ．

次にリー群を定義しよう．

定義 2.8　群 G が**リー群**であるとは，G が滑らかな多様体で，積 $G \times G \to G$ と，$g \in G$ に対して逆元 $g^{-1} \in G$ を対応させる写像 $i : G \to G$ が，ともに多様体から多様体への写像として滑らか[*4]であるものをいう．

前小節で紹介した $GL(n; \mathbf{R})$，$SL(n; \mathbf{R})$，$O(n; \mathbf{R})$，$SO(n; \mathbf{R})$ は，行列の積を群の積と見ることで群となり，また前に示したようにすべて多様体で，積と逆元に対応する写像も滑らかであるので，すべてリー群となる．これらの例よりも簡単な例をいくつか挙げておこう．

例 2.10　ベクトル空間としての $\mathbf{R}^n$ は，ベクトルの和を積と解釈することによりリー群となる．単位元は $0 \in \mathbf{R}^n$ で，$x \in \mathbf{R}^n$ の逆元は $-x$ である．

例 2.11　$\mathbf{R}_{>0} := \{x \in \mathbf{R} \mid x > 0\}$ および $\mathbf{R} - \{0\}$ は，実数の積を群の積と解釈することによりリー群となる．単位元は 1 で，x の逆元は $\dfrac{1}{x} = x^{-1}$ である．

この 2 つの例は，積に関して $g \cdot h = h \cdot g$ が成り立つ可換群（積の順序を入れ替えても結果が変わらない群）であることを注意しておく．

次に，多様体への群の作用を定義しよう．

定義 2.9　群 G が多様体 X に**作用**しているとは，滑らかな写像 ϕ :

[*4]　多様体の間の写像の「滑らかさ」については 2.2 節で解説する．

$G \times X \to X$ が存在して，以下の性質を満たすことである．

（i）　任意の $g \in G$ に対して，$\phi_g : X \to X$ を $\phi_g(x) := \phi(g, x)$ $(x \in X)$ で定義すると，ϕ_g は X から X への微分同相写像である．

（ii）　単位元 $e \in G$ に対して $\phi_e = 1_X$（1_X は X の恒等写像）で，また任意の $g, h \in G$ に対して $\phi_h = \phi_g \circ \phi_h$ が成り立つ．

なお, G が X に作用しているとき, $\phi(g, x)$ を $g(x)$ と略記する場合もある．

例 2.12　リー群 $GL(n;\mathbf{R})$，$SL(n;\mathbf{R})$，$O(n;\mathbf{R})$，$SO(n;\mathbf{R})$ は，n 次正方行列と n 次列ベクトルの積を通じてベクトル空間 $\mathbf{R}^n$ に作用している．またこれらの群は，同様の積を通じて $\mathbf{R}^n - \{0\}$ にも作用している．

さて，多様体 X に群 G が作用しているとき，X の 2 点 x, y に対して以下のような同値関係を入れて商集合 X/G を定義しよう．

$$x \sim y \iff x = \phi_g(y) \text{ を満たすような } g \in G \text{ が存在する}$$

演習問題 2.14　上の関係 ~ が同値関係の基本的性質

（i）　$x \sim x$

（ii）　$x \sim y \Longrightarrow y \sim x$

（iii）　$x \sim y$ かつ $y \sim z \Longrightarrow x \sim z$

を満たすことを示せ．

商集合については正式に学習していない人もいるかもしれないが，手短に言えば，同値関係で結ばれる点の集合（**同値類**）をひとまとめに 1 点と考えて得られる集合のことで，$x \in X$ の同値類を $[x] \in X/G$ と表すことにする．もちろん $x \sim y$ ならば $[x] = [y]$ である．今，群の作用を考えているので，この同値類は $x \in X$ の群 G による**軌道** $Gx := \{\phi_g(x) \in X \mid g \in G\}$ と考えることもできる．したがって x の同値類を Gx と表すこともある．

さて，今の時点で X/G を集合と呼んでいるが，X は多様体で位相が入っている位相空間なので，以下のようにして X/G に位相を入れることができる．

定義 2.10 同値類をとることにより得られる自然な写像 $\pi: X \to X/G$ ($\pi(x) := [x]$) をとり，$U \subset X/G$ が $\boldsymbol{X/G}$ **の開集合**であることを，$\pi^{-1}(U)$ が X の開集合であることとして定義する．このようにして得られる X/G の位相を**商位相**と呼ぶ.

この位相により，X/G は位相空間となるので，以後 X/G を**商空間**あるいは**軌道空間**と呼ぶことにする．この商位相は，数学においてはなかなか悩ましい問題をはらんでおり，G のとり方によっては X/G がハウスドルフ空間にさえならない例（しかも比較的簡単な例）が存在するのであるが，本書ではそこには立ち入らないで，比較的扱いやすい例を考えることにする．前にも言ったように，この商空間を今考えているのは，多様体の内在的な定義が有効に働く例として，この商空間 X/G として定義される多様体を取り上げたいからであるが，ここでは射影空間 RP^n とグラスマン多様体 $Gr(k, n)$ を取り上げることにしよう.

まず**射影空間** RP^n であるが，これは多様体 $X = \mathbf{R}^{n+1}-\{0\}$ ($\mathbf{R}^{n+1}$ の開集合なので多様体である）への $G = GL(1;\mathbf{R}) = \mathbf{R}-\{0\}$ の群作用を考えて得られる商空間 X/G として定義される．ただし,

$$\mathbf{R}^{n+1}-\{0\} = \{(X_1, X_2, \cdots, X_{n+1}) \in \mathbf{R}^{n+1} \mid (X_1, X_2, \cdots, X_{n+1}) \neq 0\},$$

$$\mathbf{R}-\{0\} = \{\lambda \in \mathbf{R} \mid \lambda \neq 0\}$$

と表すと，群作用 $\phi: (\mathbf{R}-\{0\}) \times (\mathbf{R}^{n+1}-\{0\}) \to \mathbf{R}^{n+1}-\{0\}$ は以下で与えられる.

$$\phi(\lambda, (X_1, X_2, \cdots, X_{n+1})) = (\lambda X_1, \lambda X_2, \cdots, \lambda X_{n+1})$$

ここで，写像 $\pi: \mathbf{R}^{n+1}-\{0\} \to (\mathbf{R}^{n+1}-\{0\})/(\mathbf{R}-\{0\})$ を考えよう．射影空間の場合，同値類 $\pi(X_1, \cdots, X_{n+1}) = [(X_1, \cdots, X_{n+1})]$ を慣習的に以下のように表す.

$$\pi(X_1, X_2, \cdots, X_{n+1}) = [(X_1, X_2, \cdots, X_{n+1})] = (X_1 : X_2 : \cdots : X_{n+1})$$

これは，$\mathbf{R}-\{0\}$ の群作用による同値類をとることが「比をとる」ことと見

なせることによる．では，この射影空間に開被覆と局所座標系を与えて，多様体としての定義を与えることにしよう．まず，$\mathbf{R}^{n+1}-\{0\}$ の開集合

$$\widetilde{B}_i \coloneqq \{(X_1, X_2, \cdots, X_{n+1}) \in \mathbf{R}^{n+1} \mid X_i \neq 0\}$$

を考えると，$\mathbf{R}^{n+1}-\{0\}$ の開被覆 $\mathbf{R}^{n+1}-\{0\} = \bigcup_{i=1}^{n+1} \widetilde{B}_i$ を得る．$\pi(\widetilde{B}_i) = B_i$ とおくと，これは $\pi^{-1}(B_i) = \widetilde{B}_i$ より商空間 RP^n の開集合で，したがって開被覆 $RP^n = \bigcup_{i=1}^{n+1} B_i$ が得られる．ここで，写像 $\phi_i : \mathbf{R}^n \to B_i$ を以下で定めよう．

$$\phi_i(x^1, x^2, \cdots, x^n) \coloneqq (x^1 : \cdots : x^{i-1} : 1 : x^i : \cdots : x^n)$$

$\widetilde{B}_i$ では $X_i \neq 0$ なので，$\lambda = \dfrac{1}{X_i}$ ととることで，同値類を代表する元を上式の右辺の形にすることができることに注意すれば，この ϕ_i が連続な全単射で，しかも逆写像も連続となるので同相写像となることがわかる[*5]．この写像で，定義 2.6 の (ii) の開被覆と局所座標系が与えられたことになる．また，同値関係を用いれば，(iii) の微分同相写像も容易に構成できる．例として

$$\phi_2^{-1} \circ \phi_1 : \{(x^1, \cdots, x^n) \in \mathbf{R}^n \mid x^1 \neq 0\} \to \{(x^1, \cdots, x^n) \in \mathbf{R}^n \mid x^1 \neq 0\}$$

を計算してみよう．

$$\begin{aligned}
\phi_2^{-1} \circ \phi_1(x^1, x^2, \cdots, x^n) &= \phi_2^{-1}(1 : x^1 : x^2 : x^3 : \cdots : x^n) \\
&= \phi_2^{-1}\left(\frac{1}{x^1} : 1 : \frac{x^2}{x^1} : \frac{x^3}{x^1} : \cdots : \frac{x^n}{x^1}\right) \\
&= \left(\frac{1}{x^1}, \frac{x^2}{x^1}, \frac{x^3}{x^1}, \cdots, \frac{x^n}{x^1}\right)
\end{aligned}$$

なお，RP^n が位相空間としてハウスドルフ空間であることは，商位相の定義から直接チェックできるが，ここでは議論は省略する．以上で見たように，射影空間 RP^n はユークリッド空間の部分集合として定義するよりも，定義 2.6 の枠組みのもとで定義した方が自然で直接的なのである．逆にいう

[*5] 本当は商位相の定義のもとで連続性を議論する必要があるが，物理学科生の方々にそれを要求する必要もないと思われるので議論を省略する．

と，この射影空間はユークリッド空間の部分集合のようなはっきりした「形」はもっていないともいえる．

基本的には同じ考え方で定義されるが，もう少し複雑な例として**グラスマン多様体** $Gr(k,n)$ を議論しておこう．ただし，$k \leq n$ である．$Gr(k,n)$ の場合も，多様体 X に群 G が作用する場合の商空間 X/G として得られるのであるが，今の場合，多様体 X として採用されるのは，階数 k の実 $k\times n$ 行列全体の集合 $R(k,n)$ である．まず，$R(k,n)$ が nk 次元の多様体となることを見ていこう．これは簡単で，まず実 $k\times n$ 行列全体の集合 $M(k,n)$ が nk 個の実数成分を横一列に並べることによって $\mathbf{R}^{nk}$ と同一視出来ることに注意する．次に，階数が k となる条件を具体的に書けばよいのであるが，ここで線形代数のよく知られた結果

（∗）　行列の階数が k $\iff$ 行列の k 次小行列式の中で 0 とならないものが存在する

に注意する．そこで，$M \in M(k,n)$ において $1 \leq i_1 < i_2 < \cdots < i_k \leq n$ を満たす正整数の組 $(i_1, i_2, \cdots, i_k)$ をとり，M の第 i_j 列を j が小さい順に左から並べて得られる k 次小行列を $M_{(i_1, i_2, \cdots, i_k)}$ とおこう．$(i_1, i_2, \cdots, i_k)$ のとり方が $\binom{n}{k}$ 個あることに注意して，k 次小行列式 $\det(M_{(i_1, \cdots, i_k)})$ を辞書式に横一列に並べると，以下の写像が得られる．

$$f : M(k,n)\ (= \mathbf{R}^{nk}) \to \mathbf{R}^{\binom{n}{k}},$$
$$f(M) = (\det(M_{(1,2,\cdots,k)}), \cdots, \det(M_{(n-k+1,\cdots,n)}))$$

ここで，M が階数 k となる必要十分条件は（∗）より，$f(M) \neq 0$ となることである．よって，

$$R(k,n) = f^{-1}(\mathbf{R}^{\binom{n}{k}} - \{0\})$$

を得る．f は $M(k,n)$ の成分の多項式関数を並べて得られる写像ゆえ，明らかに連続で，また $\mathbf{R}^{\binom{n}{k}} - \{0\}$ は開集合ゆえ，$R(k,n)$ は $M(k,n) = \mathbf{R}^{nk}$ の開集合となる．よって，$R(k,n)$ は次元 nk の多様体となるわけである．

一方，群 G として採用するのは，k 次実正則行列全体のなす群 $GL(k;\mathbf{R})$ である．群の作用 $\phi: GL(k;\mathbf{R})\times R(k,n)\to R(k,n)$ は，$R(k,n)$ の元に k 次正則行列を左からかけることによって定義される．

$$\phi: GL(k;\mathbf{R})\times R(k,n)\to R(k,n),$$
$$\phi(G,M) := GM$$

線形代数でよく知られているように，正則行列を左からかけても行列の階数は変わらないので，確かに $GL(k;\mathbf{R})$ は $R(k,n)$ に作用しているのである．

さて，ここで商空間 $R(k,n)/GL(k;\mathbf{R})$ として定義される $Gr(k,n)$ の開被覆を構成するために，$R(k,n)$ の開集合 $\widetilde{B}_{(i_1,\cdots,i_k)}$ を以下で定義しよう．

$$\widetilde{B}_{(i_1,\cdots,i_k)} := \{M\in R(k,n)\mid \det(M_{(i_1,\cdots,i_k)})\neq 0\}$$

$R(k,n)$ の定義により，$M\in R(k,n)$ ならば，$\det(M_{(i_1,\cdots,i_k)})\neq 0$ を満たす組 $(i_1,\cdots,i_k)$ が存在し，$M\in\widetilde{B}_{(i_1,\cdots,i_k)}$．よって $R(k,n)$ の開被覆 $R(k,n)=\bigcup_{1\leq i_1<\cdots<i_k\leq n}\widetilde{B}_{(i_1,\cdots,i_k)}$ が得られる．さらに，同値類をとる写像 $\pi: R(k,n)\to R(k,n)/GL(k;\mathbf{R})\,(=Gr(k,n))$，$\pi(M)=[M]$ を考え，商空間の開集合を射影空間のときと同様に $B_{(i_1,\cdots,i_k)}:=\pi(\widetilde{B}_{(i_1,\cdots,i_k)})$ で定めると，$Gr(k,n)$ の開被覆 $Gr(k,n)=\bigcup_{1\leq i_1<\cdots<i_k\leq n}B_{(i_1,\cdots,i_k)}$ を得る．

ここで，各開集合 $B_{(i_1,\cdots,i_k)}$ における局所座標系を構成していこう．まず $[M]\in B_{(i_1,\cdots,i_k)}$ に対して，代表元 $M\in\widetilde{B}_{(i_1,\cdots,i_k)}$ の k 次小行列 $M_{(i_1,\cdots,i_k)}$ は正則行列であるから，代表元 M を $(M_{(i_1,\cdots,i_k)})^{-1}M$ にとり直すことにする．このようにとり直すと，M の第 i_j 列は，第 j 成分が 1 で他の成分が 0 で与えられる k 次列ベクトル $\mathbf{e}_j$ となり $(j=1,2,\cdots,k)$，同値類の代表元のとり方の不定性を完全に消すことができる．この表示で，自由な値をとれる残りの $(nk-k^2)$ 個の成分を，左上から右下にかけて，横の順序を優先させながら横一列に並べることにより，以下の同相写像を得る．

$$\phi_{(i_1,\cdots,i_k)}: \mathbf{R}^{nk-k^2}\to B_{(i_1,\cdots,i_k)}$$

言葉の説明では矢印の向きが逆のように思えるが，同相写像なので，これまでの矢印の向きと統一するために上のように書くことにした．また，商位相のもとでの連続性の議論は射影空間の場合と同様に割愛する．イメージしにくかった人のために，$(k,n)=(2,4)$ のときの $\phi_{(1,2)}$ と $\phi_{(1,3)}$ を具体的に書き出しておこう．

$$\phi_{(1,2)}(x^1,x^2,x^3,x^4)=\left[\begin{pmatrix}1 & 0 & x^1 & x^2\\ 0 & 1 & x^3 & x^4\end{pmatrix}\right],$$

$$\phi_{(1,3)}(x^1,x^2,x^3,x^4)=\left[\begin{pmatrix}1 & x^1 & 0 & x^2\\ 0 & x^3 & 1 & x^4\end{pmatrix}\right]$$

このように具体的に書き出せば，座標変換

$$\begin{aligned}\phi^{-1}_{(i_1,\cdots,i_k)}\circ\phi_{(j_1,\cdots,j_k)}:\phi^{-1}_{(j_1,\cdots,j_k)}&(B_{(i_1,\cdots,i_k)}\cap B_{(j_1,\cdots,j_k)})\\ &\to\phi^{-1}_{(i_1,\cdots,i_k)}(B_{(i_1,\cdots,i_k)}\cap B_{(j_1,\cdots,j_k)})\end{aligned}$$

も具体的に計算することができる．上の例を用いて具体的に計算してみよう．

$$\begin{aligned}
&\phi^{-1}_{(1,3)}\circ\phi_{(1,2)}(x^1,x^2,x^3,x^4)\\
&=\phi^{-1}_{(1,3)}\left(\left[\begin{pmatrix}1 & 0 & x^1 & x^2\\ 0 & 1 & x^3 & x^4\end{pmatrix}\right]\right)\\
&=\phi^{-1}_{(1,3)}\left(\left[\begin{pmatrix}1 & x^1\\ 0 & x^3\end{pmatrix}^{-1}\begin{pmatrix}1 & 0 & x^1 & x^2\\ 0 & 1 & x^3 & x^4\end{pmatrix}\right]\right)\\
&=\phi^{-1}_{(1,3)}\left(\left[\frac{1}{x^3}\begin{pmatrix}x^3 & -x^1\\ 0 & 1\end{pmatrix}\begin{pmatrix}1 & 0 & x^1 & x^2\\ 0 & 1 & x^3 & x^4\end{pmatrix}\right]\right)\\
&=\phi^{-1}_{(1,3)}\left(\left[\frac{1}{x^3}\begin{pmatrix}x^3 & -x^1 & 0 & x^2x^3-x^1x^4\\ 0 & 1 & x^3 & x^4\end{pmatrix}\right]\right)\\
&=\phi^{-1}_{(1,3)}\left(\left[\begin{pmatrix}1 & -\dfrac{x^1}{x^3} & 0 & \dfrac{x^2x^3-x^1x^4}{x^3}\\ 0 & \dfrac{1}{x^3} & 1 & \dfrac{x^4}{x^3}\end{pmatrix}\right]\right)\\
&=\left(-\frac{x^1}{x^3},\frac{x^2x^3-x^1x^4}{x^3},\frac{1}{x^3},\frac{x^4}{x^3}\right)
\end{aligned}$$

なお，$Gr(k,n)$ がハウスドルフ空間となることの議論も省略する．以上で，内在的な定義を用いて定義される多様体の例をいくつか見てきたが，逆にこのように内在的に定義される多様体に，ユークリッド空間の部分集合として実現する以外に「形」を与える方法もある．その1つのやり方がいわゆるリーマン幾何であるが，これについては後の章で議論することにする．

2.2　多様体上の関数と多様体間の写像

2.2.1　多様体論でよく使われる滑らかな関数の世界

これまで，この本において「滑らかな関数」という言葉を頻繁に用いてきた．ここで，滑らかという言葉は定義しないで使ってきたのであるが，ここで定義しておこう．それは数学における C^∞ 級という用語で表され，「何回でも偏微分できる」という意味である．私の他の著書[5] でも言及したのであるが，物理学科生は，関数が何回でも偏微分できるならばどの点でもテーラー展開可能で，その展開の次数を上げるごとに近似の精度が良くなっていくと考えることと思う．しかし，無限回偏微分可能ということと，テーラー展開でいくらでも近似できるということの間には実は距離がある．それは，以下に挙げるような「任意の点で無限回微分可能なつぎはぎ関数」が存在するからである．

$$f_0(x) := \begin{cases} 0 & (x \leq 0) \\ \exp\left(-\dfrac{1}{x}\right) & (x > 0) \end{cases}$$

この関数は，明らかに $x \neq 0$ で無限回微分可能であるが，帰納法を用いて任意の $n \geq 0$ に対して，

$$\lim_{x \to +0} \frac{d^n}{dx^n} \exp\left(-\frac{1}{x}\right) = 0$$

が示せるので，$\dfrac{d^n f_0}{dx^n}(0) = 0\ (n \geq 0)$ となり，$x = 0$ でも無限回微分可能なのである．これにより，この関数の $x = 0$ におけるテーラー展開は何次まで展開しても0となり，$x > 0$ での関数の様子は全く近似できないことにな

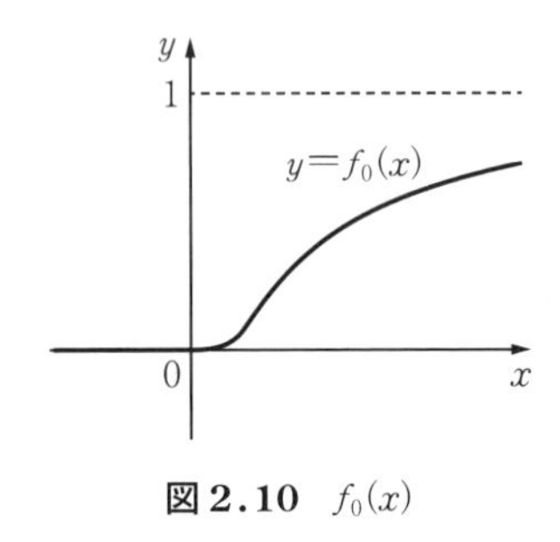

図 2.10　$f_0(x)$

る．これは，いわゆる場の理論で問題になる「非摂動効果」といわれるもので，テーラー展開などの冪級数展開では捉えることのできない関数の振る舞いなのである．なお，この関数のグラフは図 2.10 のようになる．

このような関数も，滑らかな関数について議論する場合には，当然議論の念頭に置くことができるのである．

また，この関数をもとに色々と便利な関数を作り出すことができる．次のような関数を考えよう．

$$f_1(x) \coloneqq f_0(x)f_0(1-x) = \begin{cases} 0 & (x \leq 0) \\ \exp\left(-\dfrac{1}{x}+\dfrac{1}{x-1}\right) & (0 < x < 1) \\ 0 & (1 \leq x) \end{cases}$$

グラフは図 2.11 のようになる．

この関数は，$x \leq 0$ と $1 \leq x$ で定数関数 0 であるが，$0 < x < 1$ で正の値

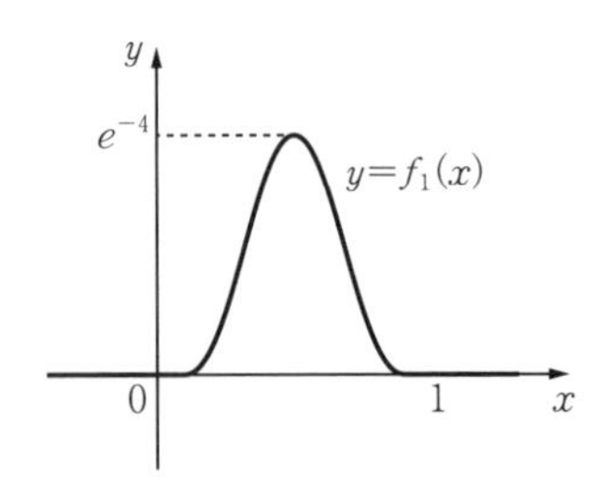

図 2.11　$f_1(x)$

をとり，しかも実数全体で滑らかな関数である．物理学科生は，だいたい高校までで出てきた初等関数の組み合わせで書ける関数ぐらいしか想像したことがないと思われるが，数学，特に多様体論では，この関数のように「有界な領域でのみ 0 でない値をとり，その外側では 0 となる至る所滑らかな関数」がよく使われることを注意しておく．さらに，この $f_1(x)$ を積分することによって，以下の関数も作ることができる．

$$f_2(x) := \int_{-\infty}^{x} f_1(t)\,dt$$

グラフは図 2.12 のようになる．この関数は，$x \leq 0$ で定数関数 0 で，$x \geq 1$ で定数関数 C_0 $\left(= \int_{-\infty}^{x} f_1(t)\,dt > 0\right)$ となる滑らかな関数である．

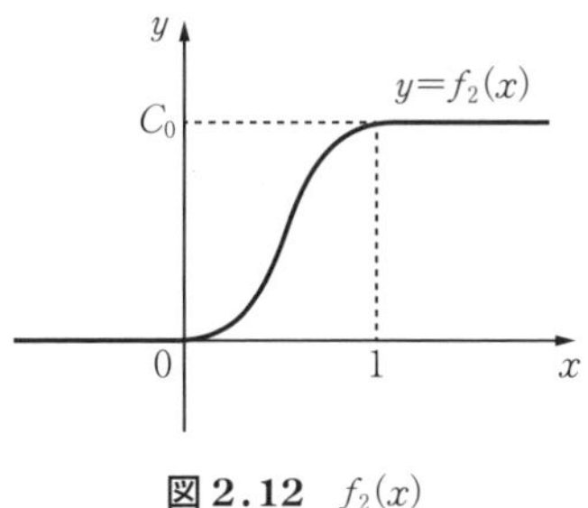

図 2.12　$f_2(x)$

これらの関数を色々工夫して使うことにより，我々は滑らかな関数のグラフを，滑らかさを保ちながらかなり自由に変形できるのである．また，これらの関数を用いると，$\mathbf{R}^n$ でも「有界な領域でのみ 0 でない値をとり，その外側では 0 となる至る所滑らかな関数」を作ることができる．例えば，$\mathbf{R}^n$ 上の滑らかな関数を以下で定義しよう．

$$g(x^1, \cdots, x^n) = f_2\left(3 - \left(\sum_{i=1}^{n} (x^i)^2\right)^{\frac{1}{2}}\right) \tag{2.8}$$

この関数は，f_2 の性質より，$\sum_{i=1}^{n} (x^i)^2 \leq 4$ ならば値 C_0 をとり，$\sum_{i=1}^{n} (x^i)^2 \geq 9$ ならば値 0 をとる至る所滑らかな関数である．このような関数を用いることで，n 次元多様体 M のある局所座標系 $\phi : U\ (\subset \mathbf{R}^n) \to M$ の定義される開集合 U 内でのみ0でない値をとる $\mathbf{R}^n$ 上の関数 f をとってきて，$f \circ \phi^{-1}$ で $\phi(U) \subset M$ 上の関数を定義し，その外側では0と定義することで，M 上の大域的に定義された滑らかな関数を豊富に作り出すことができるのである．

ここで，多様体上の滑らかな関数を定義しておこう．

定義 2.11　$M = \bigcup_{\alpha \in \Lambda} B_\alpha$ を n 次元多様体とする．$f : M \to \mathbf{R}$ が M 上の**滑らかな関数**であるとは，任意の局所座標系 $\phi_\alpha : U_\alpha \to B_\alpha$ に対して，$f \circ \phi_\alpha : U_\alpha \to \mathbf{R}$ が $U_\alpha \subset \mathbf{R}^n$ 上の関数として滑らかな関数であることである．

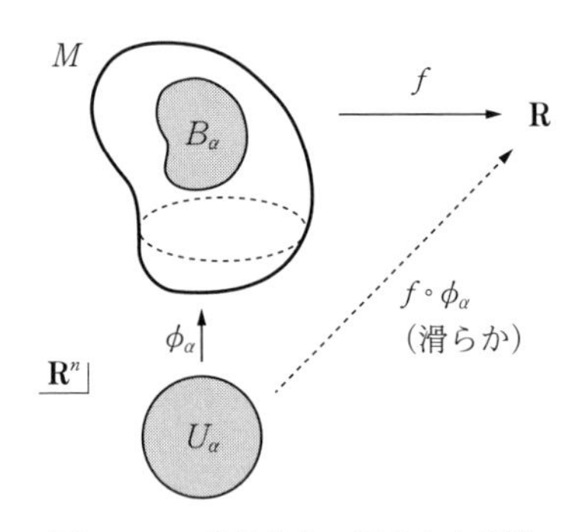

図 2.13　多様体上の滑らかな関数

このような滑らかな関数を用いて構成することのできる「多様体の1の分割」というものを導入しよう．

定義 2.12　M を n 次元多様体とし，$M = \bigcup_{\alpha \in \Lambda} B_\alpha$ を M の開被覆とする．開被覆 $M = \bigcup_{\alpha \in \Lambda} B_\alpha$ に従属する**1の分割**とは，以下の性質を満たす M 上の滑らかな関数の集合 $\{\rho_\alpha \mid \alpha \in \Lambda\}$ のことをいう．

(i)　各 ρ_α の台 $\mathrm{Supp}(\rho_\alpha) := \overline{\{x \in M \mid \rho(x) \neq 0\}}$ (0でない値をとる点の集合の閉包) は B_α に含まれる．

(ii)　任意の $\alpha \in \Lambda$ と $x \in M$ に対して $\rho_\alpha(x) \geq 0$.

（iii）　任意の $x \in M$ に対して $\sum_{\alpha \in \Lambda} \rho_\alpha(x) = 1$ が成り立つ．

この多様体の1の分割は，多様体の大域的な性質を議論する際に，その議論を各局所座標の定義された開集合上の議論に分解したり，逆に大域的な幾何学的対象（リーマン計量など）を構成する際に，局所座標をもつ開集合上で構成して貼り合わせたりするなど，数学上の議論では非常によく使われる道具である．通常の数学の多様体論の教科書では，この1の分割の存在証明の議論が1つの見せ場となるのであるが，本書ではその議論は省略して，1の分割の存在定理を紹介するにとどめることにする．ただし，その構成においては，(2.8)で紹介したような関数が鍵として使われることは注意しておく．定理の紹介に必要な定義を導入しよう．

定義 2.13　多様体 M の開被覆 $M = \bigcup_{\beta \in \Gamma} W_\beta$ が開被覆 $M = \bigcup_{\alpha \in \Lambda} B_\alpha$ の**細分**であるとは，任意の W_β に対して，$W_\beta \subset B_\alpha$ を満たす B_α が存在することをいう．

定義 2.14　多様体 M の開被覆 $M = \bigcup_{\alpha \in \Lambda} B_\alpha$ が**局所有限**であるとは，任意の $x \in M$ に対して，$x \in B_\alpha$ となる $\alpha \in \Lambda$ が有限個であることをいう．

定義 2.15　多様体 M が**パラコンパクト**であるとは，任意の開被覆 $M = \bigcup_{\alpha \in \Lambda} B_\alpha$ に対して，局所有限な細分 $M = \bigcup_{\beta \in \Gamma} W_\beta$ がとれることをいう．

定義が3つも並んでしまって恐縮であるが，最後のパラコンパクトの定義が，第1章で定義されたコンパクトの定義「任意の開被覆 $M = \bigcup_{\alpha \in \Lambda} B_\alpha$ に対して有限開被覆 $M = \bigcup_{i=1}^{m} B_{\alpha_i}$ $(\{\alpha_1, \cdots, \alpha_m\} \subset \Lambda)$ がとれる」をゆるめた条件であることに注意して欲しい．ただし，ユークリッド空間 $\mathbf{R}^n$ の部分集合として，$\mathbf{R}^n$ 自身はパラコンパクトであるが，コンパクトではない．以上の準備のもとに，1の分割の存在定理を紹介しよう．

定理 2.5　多様体Mがパラコンパクトで，局所有限な開被覆$M=\bigcup_{\alpha\in\Lambda}B_\alpha$が与えられ，しかも任意の$\alpha\in\Lambda$に対して$\overline{B_\alpha}$がコンパクトであるならば，この開被覆に従属する1の分割$\{\rho_\alpha\,|\,\alpha\in\Lambda\}$が存在する．

証明は，例えば村上信吾先生の教科書[7]などを参照すればよい．位相空間の議論に慣れればそう難しくはないであろう．

この小節の締めくくりとして，小節2.1.3で構成したn次元球面S^nの開被覆$S^n=B_{\mathrm{N}}\cup B_{\mathrm{S}}$に従属する1の分割を具体的に構成しよう．

復習しておくと，$S^n:=\left\{(x^1,\cdots,x^{n+1})\in\mathbf{R}^{n+1}\,\middle|\,\sum_{i=1}^{n+1}(x^i)^2=1\right\}$の北極$\mathrm{N}:=(0,\cdots,0,1)$と南極$\mathrm{S}:=(0,\cdots,0,-1)$をとり，開集合$B_{\mathrm{N}}:=S^n-\{\mathrm{N}\}$，$B_{\mathrm{S}}:=S^n-\{\mathrm{S}\}$を考えると，局所座標系を与える微分同相写像$\phi_{\mathrm{N}}:\mathbf{R}^n\to B_{\mathrm{N}}$，$\phi_{\mathrm{S}}:\mathbf{R}^n\to B_{\mathrm{S}}$が構成できるのであった．ここで，(2.8)で定義した関数$g(x^1,\cdots,x^n)$に着目して，$\rho_{\mathrm{N}}:S^n\to\mathbf{R}$を以下のように定義しよう．

$$\rho_{\mathrm{N}}(x):=\begin{cases}\dfrac{1}{C_0}g(\phi_{\mathrm{N}}^{-1}(x)) & (x\in B_{\mathrm{N}}=S^n-\{\mathrm{N}\})\\ 0 & (x=\mathrm{N})\end{cases}$$

$g(x^1,\cdots,x^n)$の構成の仕方より，この関数は

$$\phi_{\mathrm{N}}\left(\left\{(x^1,\cdots,x^n)\in\mathbf{R}^n\,\middle|\,\sum_{i=1}^{n}(x^i)^2\leq 4\right\}\right)$$

で値1をとり，

$$S^n-\phi_{\mathrm{N}}\left(\left\{(x^1,\cdots,x^n)\in\mathbf{R}^n\,\middle|\,\sum_{i=1}^{n}(x^i)^2<9\right\}\right)$$

で値0をとり，さらに任意の$x\in S^n$で$0\leq\rho_{\mathrm{N}}(x)\leq 1$を満たす滑らかな関数である．したがって，

$$\rho_{\mathrm{S}}(x)=1-\rho_{\mathrm{N}}(x)$$

と$\rho_{\mathrm{S}}:S^n\to\mathbf{R}$を定義すれば，$\{\rho_{\mathrm{N}},\rho_{\mathrm{S}}\}$が開被覆$S^n=B_{\mathrm{N}}\cup B_{\mathrm{S}}$に従属する1

の分割となる．もちろん，この開被覆に従属する1の分割は，これ以外にもいくらでも構成できることは注意しておく．

2.2.2　球面上の関数の代数的取り扱い

この小節では，多様体上の関数の物理での取り扱いについて考えてみたいと思う．物理の観点から多様体論を使う動機として，「多様体上の量子論を構成する」目的がある．そして，量子力学を勉強した人ならわかると思うが，多様体上の量子論を構成するのに必要なのは，「多様体上の関数空間の正規直交基底」である．もちろん，一般的な多様体の関数空間の正規直交基底を考えることは，かなり専門的な問題なので本書で取り上げるには難しい．そこで，ここでは最も基本的なコンパクト多様体であるところの「n 次元球面 S^n の関数空間の正規直交基底」の取り扱いについて考えてみたいと思う．これについては，学部の量子力学の授業で，$n = 2$ の場合の「球面調和関数」という話題ですでに学習している人も多いと思われるのだが，結構わかりにくくて敬遠したくなる印象があることと思う．そこで，このごちゃごちゃしてわかりにくい球面調和関数の理論を整理してみようというわけである．

私は昔，この「球面調和関数」という言葉を聞いて，「球面 S^2 上のラプラシアンを考えて，そのラプラシアンを作用させると0になる関数」を考えるのだと思っていた．しかし，それでなぜ球面上の関数空間の正規直交基底が得られるのかわからず，モヤモヤしていたのである．しかし，改めて考え直すと，これは勘違いで，

「$\mathbf{R}^3$ 上のラプラシアンを作用させると0になる $\mathbf{R}^3$ 上の調和多項式を S^2 に制限することで，S^2 上の関数空間の正規直交基底を作る」

ことが，「球面調和関数」という言葉の本当の意味なのである．この考え方からわかる通り，物理での S^n の取り扱いは，$\mathbf{R}^{n+1}$ の部分集合として形がはっきり決まっているというメリットを最大限に利用していることになる．

さて，この球面調和関数の理論を整理するために，まず S^1，つまり xy-平

面上の

$$\{(x,y)\in\mathbf{R}^2\mid x^2+y^2=1\}$$

で与えられる1次元多様体上の関数空間の正規直交規底を考えることから始めよう．御存知の通り，この S^1 上の関数はパラメータ表示

$$S^1=\{(\cos(\theta),\sin(\theta))\in\mathbf{R}^2\mid\theta\in\mathbf{R}\}\tag{2.9}$$

を通じて，$\mathbf{R}$ 上の周期 2π の周期関数に読み換えられる．したがって，フーリエ級数の理論により，S^1 上の関数空間の正規直交基底は，

$$C_l\cos(l\theta)\quad(l\geq 0),\qquad D_l\sin(l\theta)\quad(l\geq 1)\tag{2.10}$$

で与えられることになる．ただし，ここで C_l, D_l は規格化定数である．この話を球面調和関数の考え方，つまり「$\mathbf{R}^2$ 上の調和多項式を S^1 上に制限することで，S^1 上の関数空間の正規直交基底を作る」という着想で捉え直そうというわけである．

まず，2変数 x,y の多項式のなす無限次元ベクトル空間を $F(x,y)$ とおく．次に，x,y の l 次斉次多項式のなすベクトル空間を $F_l(x,y)$ とおこう．

$$F_l(x,y)\coloneqq\langle x^l,x^{l-1}y,\cdots,xy^{l-1},y^l\rangle_{\mathbf{R}},\qquad\dim(F_l(x,y))=l+1$$

明らかに，

$$F(x,y)=\bigoplus_{l=0}^{\infty}F_l(x,y)$$

が成り立つ．ここで，多項式 $f(x,y)\in F(x,y)$ をパラメータ表示(2.9)を通じて，以下のように S^1 上に制限すると，

$$\tilde{f}(\theta)\coloneqq f(\cos(\theta),\sin(\theta))\tag{2.11}$$

S^1 上の関数 $\tilde{f}(\theta)$ が得られるというのが，基本的な考え方である．しかし，この考えにはまずいところがある．それは，S^1 が方程式 $x^2+y^2=1$ で定義されているために，1と x^2+y^2 という多項式としては別の元が，S^1 上に制限するとともに定数関数1になってしまうということである．このせいで，(2.11)のやり方で S^1 上の関数を構成しようとすると，「表示の重複」が生じてしまうのである[*6]．

*6　この考え方は，代数幾何学の環論の考え方に通じている．

これを解消するために，ラプラシアン $\Delta := \dfrac{\partial^2}{\partial x^2}+\dfrac{\partial^2}{\partial y^2}$ を作用させると 0 になるという条件を利用するのである．まず，このラプラシアンの定義域を $F_l(x,y)$ に制限して得られる作用素を Δ_l と書くことにしよう．

$$\Delta_l : F_l(x,y) \to F_{l-2}(x,y) \quad (\text{ただし } F_{-1}(x,y) = F_{-2}(x,y) = \{0\} \text{ とする}),$$

$$\begin{aligned}\Delta_l\left(\sum_{j=0}^{l} c_j x^{l-j} y^j\right) &= \left(\frac{\partial^2}{\partial x^2}+\frac{\partial^2}{\partial y^2}\right)\left(\sum_{j=0}^{l} c_j x^{l-j} y^j\right) \\ &= \sum_{j=0}^{l} c_j ((l-j)(l-j-1)x^{l-j-2}y^j + j(j-1)x^{l-j}y^{j-2}) \end{aligned} \tag{2.12}$$

この Δ_l は線形写像であることに注意する．

演習問題 2.15　線形写像 $\Delta_l : F_l(x,y) \to F_{l-2}(x,y)$ が全射であることを示せ．

ここで，線形写像 Δ_l の核を H_l とおこう．

$$H_l := \mathrm{Ker}(\Delta_l) = \left\{ f_l(x,y) \in F_l(x,y) \,\middle|\, \left(\frac{\partial^2}{\partial x^2}+\frac{\partial^2}{\partial y^2}\right)(f_l(x,y)) = 0 \right\}$$

つまり，これは l 次斉次多項式として与えられる調和関数のなすベクトル空間である．演習問題 2.15 より，

$$\begin{aligned}\dim(H_l) = \dim(\mathrm{Ker}(\Delta_l)) &= \dim(F_l(x,y)) - \dim(F_{l-2}(x,y)) \\ &= \begin{cases} 1 & (l=0) \\ 2 & (l \geq 1) \end{cases}\end{aligned}$$

が成り立つ．ここで，H_l の具体的な基底を考えてみよう．$l=0,1$ のときは，すぐに基底が 1 と x, y でそれぞれ与えられることがわかる．$l \geq 2$ のときも，(2.12) を使って泥臭くやれば計算できるが，複素関数論のコーシー - リーマン方程式を使えば，以下の 2 つの多項式が基底となることを示すことができる．

$$u_l(x,y) = \mathrm{Re}((x+\sqrt{-1}\,y)^l) = \sum_{j=0}^{\left[\frac{l}{2}\right]} \binom{l}{2j} (-1)^j x^{2j} y^{l-2j},$$

$$v_l(x,y) = \mathrm{Im}((x+\sqrt{-1}\,y)^l) = \sum_{j=0}^{\left[\frac{l-1}{2}\right]} \binom{l}{2j+1} (-1)^j x^{2j+1} y^{j-1}$$

なお，注意しておくと，上式は $l \geq 0$ の場合に基底を与えている $(v_0 = 0)$.

演習問題 2.16　複素関数論のコーシー‐リーマン方程式を用いて，以下の等式を示せ.

$$\left(\frac{\partial^2}{\partial x^2}+\frac{\partial^2}{\partial y^2}\right)(u_l(x,y)) = 0, \qquad \left(\frac{\partial^2}{\partial x^2}+\frac{\partial^2}{\partial y^2}\right)(v_l(x,y)) = 0$$

この $u_l(x,y), v_l(x,y)$ を(2.11)を用いて S^1 上に制限すると，ド・モアブルの定理より，

$$\tilde{u}_l(\theta) = \mathrm{Re}((\cos(\theta)+\sqrt{-1}\sin(\theta))^l) = \cos(l\theta),$$
$$\tilde{v}_l(\theta) = \mathrm{Im}((\cos(\theta)+\sqrt{-1}\sin(\theta))^l) = \sin(l\theta)$$

と(2.10)の正規直交基底を得ることになる．この話は，とりあえず(2.10)の「正規直交基底を調和多項式から導出する」ということを説明するためにかなり端折っていて，「なぜ調和多項式を使うと重複が取り除けるのか？」とか「なぜ異なる H_l に属する調和多項式どうしが S^1 上で直交するのか？」という疑問には答えていない．そこで，これらの疑問に答えることも含めて，S^2 の場合の球面調和関数の理論をもう少し詳しく紹介していこう.

まず，3 変数 x, y, z の多項式全体のなす無限次元ベクトル空間を $F(x,y,z)$ とおき，またこの 3 変数の l 次斉次多項式のなすベクトル空間を $F_l(x,y,z)$ とおく．明らかに，

$$F(x,y,z) = \bigoplus_{l=0}^{\infty} F_l(x,y,z)$$

であり，また 3 変数の l 次単項式の個数は，重複組み合わせより，$\binom{l+2}{2} = \frac{(l+2)(l+1)}{2}$ であるから，

$$\dim(F_l(x,y,z)) = \frac{(l+2)(l+1)}{2}$$

が成り立つ．ここで，$f, g \in F(x,y,z)$ に以下で与えられる内積を定義しよう.

$$(f,g)_{\mathbf{R}^3} := \int_{-\infty}^{\infty} dx \int_{-\infty}^{\infty} dy \int_{-\infty}^{\infty} dz\, f(x,y,z)g(x,y,z)\exp(-(x^2+y^2+z^2))$$

この内積は，自動的に部分ベクトル空間 $F_l(x,y,z)$ にも内積を導入する．次に，物理学科生になじみの深い3次元極座標を導入しよう．

$$(x,y,z)=(r\sin(\theta)\cos(\varphi),r\sin(\theta)\sin(\varphi),r\cos(\theta))$$
$$(0\le r,\ 0\le\theta\le\pi,\ 0\le\varphi\le 2\pi)$$

このとき，球面 S^2 は $r=1$ とおくことで実現される．そこで，$f\in F(x,y,z)$ を S^2 上に制限して得られる S^2 上の関数 $\tilde{f}$ を次のようにおく．

$$\tilde{f}(\theta,\varphi):=f(\sin(\theta)\cos(\varphi),\sin(\theta)\sin(\varphi),\cos(\theta)) \tag{2.13}$$

また，このようにして得られる S^2 上の関数全体のなす無限次元ベクトル空間を $\tilde{F}(\theta,\varphi)$ とおき，またこの操作で $F_l(x,y,z)$ の元から得られる S^2 上の関数のなす $\dfrac{(l+2)(l+1)}{2}$ 次元のベクトル空間を $\tilde{F}_l(\theta,\varphi)$ とおく[*7]．さらに，$\tilde{f},\tilde{g}\in\tilde{F}(\theta,\varphi)$ に対して，内積を以下で定義しよう．

$$(\tilde{f},\tilde{g})_{S^2}:=\int_0^{2\pi}d\varphi\int_0^{\pi}\sin(\theta)d\theta\,\tilde{f}(\theta,\varphi)\tilde{g}(\theta,\varphi) \tag{2.14}$$

$f_l\in F_l(x,y,z)$ に対して，

$$f_l(r\sin(\theta)\cos(\varphi),r\sin(\theta)\sin(\varphi),r\cos(\theta))=r^l\tilde{f}_l(\theta,\varphi)$$

が成り立つことに注意すると，以下の命題を得る．

命題 2.3　$f_k\in F_k(x,y,z)$，$g_l\in F_l(x,y,z)$ に対して以下が成り立つ．

$$(f_k,g_l)_{\mathbb{R}^3}=\frac{1}{2}\Gamma\left(\frac{k+l+3}{2}\right)(\tilde{f}_k,\tilde{g}_l)_{S^2} \tag{2.15}$$

ただし，$\Gamma(t)$ は**ガンマ関数** $\Gamma(t):=\int_0^{\infty}dx\,x^{t-1}\exp(-x)$ を表す．

演習問題 2.17

(i)　重積分の極座標変換を用いて(2.15)を示せ．

(ii)　$k=l$ の場合の(2.15)を用いて，$\dim(\tilde{F}_l(\theta,\varphi))=\dfrac{(l+2)(l+1)}{2}$ であることを示せ．

---

*7　$\tilde{F}_l(\theta,\varphi)$ の次元が $\dfrac{(l+2)(l+1)}{2}$ であると言い切れるかどうかは現時点では明らかでないのだが，後の議論でこれが正しいことがいえる．

さて，ここでいよいよ3次元ラプラシアン $\Delta := \dfrac{\partial^2}{\partial x^2}+\dfrac{\partial^2}{\partial y^2}+\dfrac{\partial^2}{\partial z^2}$ とその $F_l(x,y,z)$ への制限 $\Delta_l : F_l(x,y,z) \to F_{l-2}(x,y,z)$ を導入して，調和多項式のなすベクトル空間を定義しよう．

定義 2.16　線形写像 $\Delta_l : F_l(x,y,z) \to F_{l-2}(x,y,z)$ の核であるベクトル空間を $H_l(x,y,z)$ とする．つまり H_l は $\left(\dfrac{\partial^2}{\partial x^2}+\dfrac{\partial^2}{\partial y^2}+\dfrac{\partial^2}{\partial z^2}\right)f_l(x,y,z)=0$ を満たす $f_l \in F_l(x,y,z)$ のなすベクトル空間である．また，$\widetilde{H}_l(\theta,\varphi)$ を，(2.13)を用いて $H_l(x,y,z)$ の元を S^2 上に制限することによって得られる S^2 上の関数のなすベクトル空間とする．

線形写像の次元公式（準同型定理）から

$$\dim(H_l(x,y,z)) = \dim(\mathrm{Ker}(\Delta_l)) = \dim(F_l(x,y,z)) - \dim(\mathrm{Im}(\Delta_l))$$

がいえるが，今のところ Δ_l が全射であるかどうかは自明ではない（計算によって示せるかもしれないが，やりたくない計算である）．すぐにわかるのは，$\dim(\mathrm{Im}(\Delta_l)) \leq \dim(F_2(x,y,z))$ であり，また(2.15)を用いることにより，$\dim(H_l(x,y,z))$ と $\dim(\widetilde{H}_l(\theta,\varphi))$ が等しいことがわかるので，これまでの準備で

$$\dim(\widetilde{H}_l(\theta,\varphi)) = \dim(H_l(x,y,z)) \geq \frac{(l+2)(l+1)}{2} - \frac{l(l-1)}{2} = 2l+1 \tag{2.16}$$

であることがわかる．ここで，自明でない計算によって得られる以下の定理を証明することにしよう．

定理 2.6

(i)　内積(2.14)に関して，$\widetilde{H}_k(\theta,\varphi) \perp \widetilde{H}_l(\theta,\varphi)$ $(k \neq l)$ が成り立つ．つまり，$k \neq l$ ならば，$\tilde{f}_k \in \widetilde{H}_k(\theta,\varphi)$，$\tilde{g}_l \in \widetilde{H}_l(\theta,\varphi)$ に対して $(\tilde{f}_k, \tilde{g}_l)_{S^2} = 0$ である．

(ii)　$\dim(\widetilde{H}_l(\theta,\varphi)) = 2l+1$ である．

［証明］　まず(ⅰ)を示す．$\widetilde{H}_k(\theta,\varphi)$，$\widetilde{H}_l(\theta,\varphi)$ の定義により，$\tilde{f}_k$，$\tilde{g}_l$ のもととなる調和多項式 $f_k\in H_k(x,y,z)$，$g_l\in H_l(x,y,z)$ がとれる．$\Delta_k(f_k)=0$ に注意すると，以下の等式を得る．

$$
\begin{aligned}
0 &= (\Delta_k(f_k),g_l)_{\mathbf{R}^3}\\
&=\int_{-\infty}^{\infty}dx\int_{-\infty}^{\infty}dy\int_{-\infty}^{\infty}dz\left(\frac{\partial^2 f_k}{\partial x^2}+\frac{\partial^2 f_k}{\partial y^2}+\frac{\partial^2 f_k}{\partial z^2}\right)g_l e^{-x^2-y^2-z^2}\\
&=\int_{-\infty}^{\infty}dx\int_{-\infty}^{\infty}dy\int_{-\infty}^{\infty}dz\,\frac{\partial^2 f_k}{\partial x^2}\,g_l e^{-x^2-y^2-z^2}\\
&\quad+\int_{-\infty}^{\infty}dx\int_{-\infty}^{\infty}dy\int_{-\infty}^{\infty}dz\,\frac{\partial^2 f_k}{\partial y^2}\,g_l e^{-x^2-y^2-z^2}\\
&\quad+\int_{-\infty}^{\infty}dx\int_{-\infty}^{\infty}dy\int_{-\infty}^{\infty}dz\,\frac{\partial^2 f_k}{\partial z^2}\,g_l e^{-x^2-y^2-z^2}
\end{aligned}
$$

ここで，上式の最後の3項の和における第1項を部分積分して，以下のように変形する．

$$
\begin{aligned}
&\int_{-\infty}^{\infty}dx\int_{-\infty}^{\infty}dy\int_{-\infty}^{\infty}dz\,\frac{\partial^2 f_k}{\partial x^2}g_l e^{-x^2-y^2-z^2}\\
&=\int_{-\infty}^{\infty}dx\int_{-\infty}^{\infty}dy\int_{-\infty}^{\infty}dz\,f_k\cdot\left(\frac{\partial^2}{\partial x^2}(g_l e^{-x^2-y^2-z^2})\right)\\
&=\int_{-\infty}^{\infty}dx\int_{-\infty}^{\infty}dy\int_{-\infty}^{\infty}dz\,f_k\cdot\left(\frac{\partial^2 g_l}{\partial x^2}-4x\frac{\partial g_l}{\partial x}+(4x^2-2)g_l\right)e^{-x^2-y^2-z^2}
\end{aligned}
$$

同様の変形を第2項と第3項について行なうと，以下の等式を得る．

$$
0=\int_{-\infty}^{\infty}dx\int_{-\infty}^{\infty}dy\int_{-\infty}^{\infty}dz\,f_k\cdot(-4l+4(x^2+y^2+z^2)-6)g_l e^{-x^2-y^2-z^2} \tag{2.17}
$$

ただし，ここで $\Delta_l(g_l)=\left(\dfrac{\partial^2}{\partial x^2}+\dfrac{\partial^2}{\partial y^2}+\dfrac{\partial^2}{\partial z^2}\right)g_l=0$ と，斉次多項式について成り立つ**オイラーの恒等式**

$$
\left(x\frac{\partial}{\partial x}+y\frac{\partial}{\partial y}+z\frac{\partial}{\partial z}\right)g_l=l\cdot g_l \tag{2.18}
$$

を用いた．さらに，(2.17)の右辺の積分を極座標変換すると，

$$
\begin{aligned}
0 &= \int_0^\infty r^2 dr \int_0^{2\pi} d\varphi \int_0^\pi \sin(\theta) d\theta\, r^k \tilde{f}_k r^l \tilde{g}_l \cdot (-4l+4r^2-6) e^{-r^2} \\
&= (\tilde{f}_k, \tilde{g}_l)_{S^2} \cdot \int_0^\infty dr (-(4l+6) r^2 + 4r^4) e^{-r^2} \\
&= \frac{1}{2} (\tilde{f}_k, \tilde{g}_l)_{S^2} \cdot \int_0^\infty dt (-(4l+6) t^{\frac{k+l+2}{2}} + 4t^{\frac{k+l+4}{2}}) t^{-\frac{1}{2}} e^{-t} \\
&\qquad\qquad\qquad\qquad\qquad\qquad (r^2 = t \text{ と置換}) \\
&= \frac{1}{2} (\tilde{f}_k, \tilde{g}_l)_{S^2} \cdot \left(-(4l+6) \Gamma\left(\frac{k+l+3}{2} \right) + 4\Gamma\left(\frac{k+l+5}{2} \right) \right) \\
&= \frac{1}{2} (\tilde{f}_k, \tilde{g}_l)_{S^2} \cdot \left((-(4l+6) + 2(k+l+3)) \Gamma\left(\frac{k+l+3}{2} \right) \right) \\
&= (k-l) \Gamma\left(\frac{k+l+3}{2} \right) \cdot (\tilde{f}_k, \tilde{g}_l)_{S^2}
\end{aligned}
$$

を得る．$k-l \neq 0$ かつ $\Gamma\left(\frac{k+l+3}{2} \right) > 0$ ゆえ，$(\tilde{f}_k, \tilde{g}_l)_{S^2} = 0$ を得る．

次に(ii)を示す．線形写像 $r_k^{2m} : H_k(x,y,z) \to F_{2m+k}(x,y,z)$ を

$$
r_k^{2m}(f_k(x,y,z)) := (x^2+y^2+z^2)^m \cdot f_k(x,y,z)
$$

で定めると，明らかに r_k^{2m} は単射である．また，$\mathrm{Im}(r_{l-2m}^{2m}) \subset F_l(x,y,z)$ $(0 \leq 2m \leq l)$ であるが，$\mathrm{Im}(r_{l-2m}^{2m})$ の元を S^2 上に制限すると $\widetilde{H}^{l-2m}(\theta,\varphi)$ の元になるので，命題2.3と定理2.6より，以下の包含が得られる．

$$
\bigoplus_{0 \leq m \leq \left[\frac{l}{2}\right]} \mathrm{Im}(r_{l-2m}^{2m}) \subset F_l(x,y,z)
$$

r_{l-2m}^{2m} の単射性より，$\dim(\mathrm{Im}(r_{l-2m}^{2m})) = \dim(H_{l-2m}(x,y,z)) \geq 2l-4m+1$ が成り立つから，上式より以下の不等式を得る．

$$
\begin{aligned}
\sum_{m=0}^{\left[\frac{l}{2}\right]} (2l-4m+1) &\leq \sum_{m=0}^{\left[\frac{l}{2}\right]} \dim(H_{l-2m}(x,y,z)) \\
&\leq \dim(F_l(x,y,z)) = \frac{(l+2)(l+1)}{2}
\end{aligned}
$$

ところが，$\sum_{m=0}^{\left[\frac{l}{2}\right]} (2l-4m+1) = \frac{(l+2)(l+1)}{2}$ であるから，上の不等式はす

べて等号が成り立つことになり，(2.16) と合わせて $\dim(H_l(x,y,z)) = \dim(\widetilde{H}_l(\theta,\varphi)) = 2l+1$ がいえる．□

この定理により，$\bigoplus_{l=0}^{\infty}\widetilde{H}_l(\theta,\varphi)$ を考え，各 $\widetilde{H}_l(\theta,\varphi)$ での内積 $(\tilde{f},\tilde{g})_{S^2}$ に関する正規直交基底をとったものが，物理で紹介される球面調和関数である．ここでは，正規直交規底をとる代わりに，$l \leq 2$ までの $\widetilde{H}_l(\theta,\varphi)$ のもととなる $H_l(x,y,z)$ の基底を列挙しておこう．

$$
\begin{aligned}
H_0(x,y,z) &= \langle 1\rangle_{\mathrm{R}},\\
H_1(x,y,z) &= \langle x,y,z\rangle_{\mathrm{R}},\\
H_2(x,y,z) &= \langle x^2-z^2, y^2-z^2, xy, yz, zx\rangle_{\mathrm{R}}
\end{aligned}
$$

なお，ここでの議論を拡張して n 次元球面 S^n 上の球面調和関数の理論を展開することについては，意欲のある人はやってみて欲しい．

演習問題 2.18　これまでの記述を拡張して，S^3 の球面調和関数の理論を展開してみよ．

さて，球面調和関数の量子力学への応用を，この場を借りて復習することにしよう．まず，量子力学では角運動量演算子というものが出てきた．

$$
\hat{\ell}_x = -i\hbar\left(y\frac{\partial}{\partial z}-z\frac{\partial}{\partial y}\right),\qquad \hat{\ell}_y = -i\hbar\left(z\frac{\partial}{\partial x}-x\frac{\partial}{\partial z}\right),
$$

$$
\hat{\ell}_z = -i\hbar\left(x\frac{\partial}{\partial y}-y\frac{\partial}{\partial x}\right)
$$

これらを用いて，角運動量の 2 乗演算子 $\hat{\ell}^2 = (\hat{\ell}_x)^2+(\hat{\ell}_y)^2+(\hat{\ell}_z)^2$ も定義された．これも具体的に計算してみよう．まず，

$$
\begin{aligned}
(\hat{\ell}_x)^2 &= -\hbar^2\left(y\frac{\partial}{\partial z}-z\frac{\partial}{\partial y}\right)\left(y\frac{\partial}{\partial z}-z\frac{\partial}{\partial y}\right)\\
&= -\hbar^2\left(y^2\frac{\partial^2}{\partial z^2}+z^2\frac{\partial^2}{\partial y^2}-2yz\frac{\partial^2}{\partial y\partial z}-y\frac{\partial}{\partial y}-z\frac{\partial}{\partial z}\right)
\end{aligned}
$$

であるから，対称性を考慮して

$$\begin{aligned}\hat{\ell}^2 &= -\hbar^2\Bigg((y^2+z^2)\frac{\partial^2}{\partial x^2}+(z^2+x^2)\frac{\partial^2}{\partial y^2}+(x^2+y^2)\frac{\partial^2}{\partial z^2} \\ &\qquad -2xy\frac{\partial^2}{\partial x\partial y}-2yz\frac{\partial^2}{\partial y\partial z}-2zx\frac{\partial^2}{\partial z\partial x}-2\left(x\frac{\partial}{\partial x}+y\frac{\partial}{\partial y}+z\frac{\partial}{\partial z}\right)\Bigg) \\ &= -\hbar^2\Bigg((x^2+y^2+z^2)\left(\frac{\partial^2}{\partial x^2}+\frac{\partial^2}{\partial y^2}+\frac{\partial^2}{\partial z^2}\right)-x^2\frac{\partial^2}{\partial x^2}-y^2\frac{\partial^2}{\partial y^2}-z^2\frac{\partial^2}{\partial z^2} \\ &\qquad -2xy\frac{\partial^2}{\partial x\partial y}-2yz\frac{\partial^2}{\partial y\partial z}-2zx\frac{\partial^2}{\partial z\partial x}-2\left(x\frac{\partial}{\partial x}+y\frac{\partial}{\partial y}+z\frac{\partial}{\partial z}\right)\Bigg) \\ &= -\hbar^2\Bigg((x^2+y^2+z^2)\Delta-\left(x\frac{\partial}{\partial x}+y\frac{\partial}{\partial y}+z\frac{\partial}{\partial z}\right)^2-\left(x\frac{\partial}{\partial x}+y\frac{\partial}{\partial y}+z\frac{\partial}{\partial z}\right)\Bigg)\end{aligned} \tag{2.19}$$

を得る．ここで，$f_l(x,y,z)\in H_l(x,y,z)$ にこの演算子を左から作用させてみよう．$\Delta(f_l(x,y,z))=0$ であることと，オイラーの恒等式(2.18)を用いると

$$\hat{\ell}^2(f_l(x,y,z))=l(l+1)\hbar^2 f_l(x,y,z)$$

が成り立つことがわかる．さらに，$f_l(r\sin(\theta)\cos(\varphi), r\sin(\theta)\sin(\varphi), r\cos(\theta))=r^l\tilde{f}_l(\theta,\varphi)$ $(\tilde{f}_l(\theta,\varphi)\in\widetilde{H}_l(\theta,\varphi))$ と極座標変換して，$\hat{\ell}_x r=\hat{\ell}_y r=\hat{\ell}_z r=0$ より $\hat{\ell}^2(r)=0$ が成り立つことに注意すると，上式から

$$\begin{aligned} r^l\hat{\ell}^2(\tilde{f}_l(\theta,\varphi)) &= r^l(l(l+1)\hbar^2\tilde{f}_l(\theta,\varphi)) \\ \Longrightarrow\quad \hat{\ell}^2(\tilde{f}_l(\theta,\varphi)) &= l(l+1)\hbar^2\tilde{f}_l(\theta,\varphi)\end{aligned} \tag{2.20}$$

を得る．つまり，任意の $\widetilde{H}_l(\theta,\varphi)$ の元は，角運動量の2乗演算子 $\hat{\ell}^2$ の固有値 $l(l+1)\hbar^2$ の固有ベクトルになっているのである．さて，(2.19)の最後の行を極座標変換してみよう．簡単な計算からわかる

$$x\frac{\partial}{\partial x}+y\frac{\partial}{\partial y}+z\frac{\partial}{\partial z}=r\frac{\partial}{\partial r}$$

に注意すると，以下の等式を得る．

$$\begin{aligned}\hat{\ell}^2 &= -\hbar^2\left(r^2\Delta-(r\frac{\partial}{\partial r})^2-r\frac{\partial}{\partial r}\right) \\ \Longleftrightarrow -\hbar^2\Delta &= \left(-\hbar^2\frac{1}{r^2}\left(\left(r\frac{\partial}{\partial r}\right)^2+r\frac{\partial}{\partial r}\right)+\frac{\hat{\ell}^2}{r^2}\right)\end{aligned} \tag{2.21}$$

この小節の締めくくりとして，この等式を利用して水素原子の束縛状態の固有値問題

$$\left(-\frac{\hbar^2}{2m}\Delta-\frac{e^2}{4\pi\varepsilon_0}\frac{1}{r}\right)\psi = E\psi$$

を解いておこう．上の方程式は，(2.21)を用いると以下のように書き換えられる．

$$\left(-\frac{\hbar^2}{2m}\frac{1}{r^2}\left(\left(r\frac{\partial}{\partial r}\right)^2+r\frac{\partial}{\partial r}\right)+\frac{\hat{\ell}^2}{2mr^2}-\frac{e^2}{4\pi\varepsilon_0}\frac{1}{r}\right)\psi = E\psi$$

ここで，$\psi = g(r)r^l\tilde{f}_l(\theta,\varphi)$　($\tilde{f}_l(\theta,\varphi)\in\widetilde{H}_l(\theta,\varphi)$) とおいてやることにしよう．そうすると，(2.20)に注意して少々計算すると，上の方程式は以下のように書き直せることがわかる．

$$\begin{aligned} r^l\tilde{f}_l(\theta,\varphi)&\left(-\frac{\hbar^2}{2m}\frac{1}{r^2}\left(\left(r\frac{\partial}{\partial r}\right)^2+(2l+1)r\frac{\partial}{\partial r}\right)-\frac{e^2}{4\pi\varepsilon_0}\frac{1}{r}\right)g(r) \\ &= r^l\tilde{f}_l(\theta,\varphi)Eg(r) \end{aligned}$$

つまり，方程式は $g(r)$ についての常微分方程式

$$\left(-\frac{\hbar^2}{2m}\frac{1}{r^2}\left(\left(r\frac{d}{dr}\right)^2+(2l+1)r\frac{d}{dr}\right)-\frac{e^2}{4\pi\varepsilon_0}\frac{1}{r}\right)g(r) = Eg(r)$$

を解くことに帰着されたのである．$r = \dfrac{2me^2}{4\pi\varepsilon_0\hbar^2}s$，$\mathscr{E} := -\dfrac{(4\pi\varepsilon_0\hbar)^2}{2me^4}E$ とおき直すと，方程式は，以下のように書き直される．

$$\begin{aligned} &\left(\frac{1}{s^2}\left(\left(s\frac{d}{ds}\right)^2+(2l+1)s\frac{d}{ds}\right)+\frac{1}{s}\right)g(s) = \mathscr{E}g(s) \\ \iff &\left(\frac{d^2}{ds^2}+(2l+2)\frac{1}{s}\frac{d}{ds}+\frac{1}{s}\right)g(s) = \mathscr{E}g(s) \end{aligned}$$

さらに，$g(s) = \exp(-\alpha s)f(s)$ とおいて方程式を書き直すと，

$$\frac{d^2f}{ds^2}+\left((2l+2)\frac{1}{s}-2\alpha\right)\frac{df}{ds}+\frac{1}{s}(1-\alpha(2l+2))f = (\mathscr{E}-\alpha^2)f$$

となる．ここで，$\mathscr{E} = \alpha^2$ かつ $\alpha = \dfrac{1}{k}$ とおくことにしよう．この操作は，無限遠で指数的に減衰するような解 ψ が存在するように，エネルギー固有値

を調整する作業にあたる．こうすると，解くべき方程式は

$$\frac{d^2f}{ds^2}+\left((2l+2)\frac{1}{s}-\frac{2}{k}\right)\frac{df}{ds}+\frac{1}{s}\left(1-\frac{2l+2}{k}\right)f=0$$

$$\Longleftrightarrow\quad s\frac{d^2f}{ds^2}+\left(2l+2-\frac{2}{k}s\right)\frac{df}{ds}+\left(1-\frac{2l+2}{k}\right)f=0$$

となる．そこで，$f(s)=\sum_{j=0}^{\infty}a_js^j$ とおいて上の方程式に代入すると，係数についての漸化式

$$a_j=-\frac{k-(2l+2j)}{kj(j+2l+1)}a_{j-1}$$

が得られる．よって，$k=2n+2$（n は l 以上の整数）とおくと，$f(s)$ は $(n-l)$ 次の多項式となり，無限遠で指数的に減衰する解 ψ が得られたことになる．これが束縛状態であり，対応するエネルギー固有値 E がエネルギー準位である．具体的な解を見ることは読者に任せるとして，議論をたどると，結局求まったエネルギー固有値は，

$$E_n=-\frac{2me^4}{(4\pi\varepsilon_0\hbar)^2}\frac{1}{(2n+2)^2}\qquad(n\geq 0)$$

で，各 n に対し角運動量の2乗の固有値 l は0から n までの値をとり，各 l に対し球面調和関数の基底が $(2l+1)$ 個存在するので，E_n の縮退度は

$$\sum_{i=1}^{n}(2l+1)=(n+1)^2$$

となる．ということで，最後の方の議論は量子力学の普通の教科書とあまり変わらないものになってしまったが，球面上の関数空間の正規直交基底というものについて，以前より身近に感じてくれるようになれば，こちらとしては幸いである．

2.2.3　多様体の接ベクトル空間

この小節では，n 次元多様体 M の各点 $x\in M$ に対して定義される接ベクトル空間 T_xM という n 次元実ベクトル空間を定義していこう．まず，多様

体 M が定義 2.1 を用いてユークリッド空間 $\mathbf{R}^N$ の部分集合として定義されている場合は，接ベクトル空間は以下のように定義される．

定義 2.17　n 次元多様体 M が，定義 2.1 に従ってユークリッド空間 $\mathbf{R}^N$ の部分集合として外在的に定義されているとする．このとき，$x \in M$ における M の**接ベクトル空間** T_xM とは，$x \in M$ に対して存在する微分同相写像

$$\begin{aligned} &\phi_x : U_x \to B^N(x, \varepsilon_x) \cap M, \\ &\phi_x(x^1, \cdots, x^n) = (y^1(x^1, \cdots, x^n), \cdots, y^N(x^1, \cdots, x^n)) \\ &\qquad\qquad\qquad = {}^t\mathbf{y}(x^1, \cdots, x^n) \end{aligned}$$

(ただし U_x は $\mathbf{R}^n$ の開集合で $\phi_x^{-1}(x) = (x_0^1, \cdots, x_0^n) \in \mathbf{R}^n$ とし，$\mathbf{y}(x^1, \cdots, x^n)$ は N 次列ベクトルとする）から定まる n 個の N 次列ベクトル

$$\frac{\partial \mathbf{y}}{\partial x^i}(x_0^1, \cdots, x_0^n) = {}^t\left(\frac{\partial y^1}{\partial x^i}(x_0^1, \cdots, x_0^n), \cdots, \frac{\partial y^N}{\partial x^i}(x_0^1, \cdots, x_0^n)\right) \quad (i = 1, \cdots, n) \qquad (2.22)$$

を基底とする，$\mathbf{R}^N$ の n 次元部分ベクトル空間である．

この定義を見るだけで接ベクトル空間の意味することがわかっていただける人も多いと思うが，もう少し身近な例でこの定義の意味することをかみ砕いてみよう．

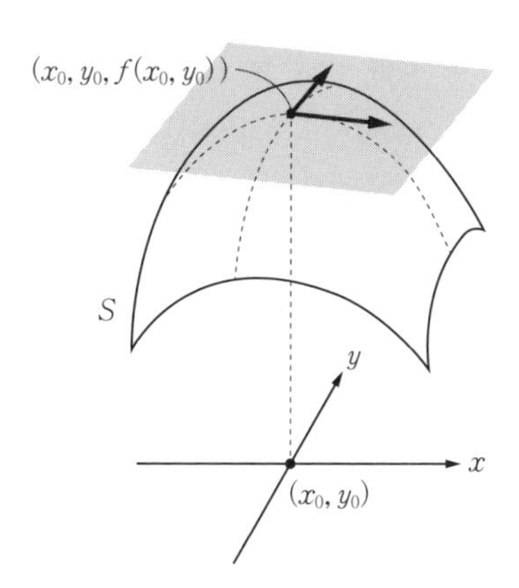

図 2.14　曲面 S の接平面

イメージしやすい2次元多様体の例として，$\mathbf{R}^2$ 上の滑らかな関数 $f(x, y)$ のグラフとして与えられる曲面 $S = \{(x, y, f(x, y)) \in \mathbf{R}^3 \mid x, y \in \mathbf{R}\}$ について考えてみよう．この曲面の点 $(x_0, y_0, f(x_0, y_0))$ における接平面の方程式は，1年生の微積分で習ったように

$$z - f(x_0, y_0) = \frac{\partial f}{\partial x}(x_0, y_0)(x - x_0) + \frac{\partial f}{\partial y}(x_0, y_0)(y - y_0)$$

で与えられる．そして，この接平面をパラメータ表示すると，次のように表せる．

$$\begin{pmatrix} x \\ y \\ z \end{pmatrix} = \begin{pmatrix} x_0 \\ y_0 \\ f(x_0, y_0) \end{pmatrix} + s \begin{pmatrix} 1 \\ 0 \\ \dfrac{\partial f}{\partial x}(x_0, y_0) \end{pmatrix} + t \begin{pmatrix} 0 \\ 1 \\ \dfrac{\partial f}{\partial y}(x_0, y_0) \end{pmatrix}$$

ここで，

$$\begin{pmatrix} 1 \\ 0 \\ \dfrac{\partial f}{\partial x}(x_0, y_0) \end{pmatrix} = \frac{\partial}{\partial x} \begin{pmatrix} x \\ y \\ f(x, y) \end{pmatrix} \Bigg|_{(x, y) = (x_0, y_0)},$$

$$\begin{pmatrix} 0 \\ 1 \\ \dfrac{\partial f}{\partial y}(x_0, y_0) \end{pmatrix} = \frac{\partial}{\partial y} \begin{pmatrix} x \\ y \\ f(x, y) \end{pmatrix} \Bigg|_{(x, y) = (x_0, y_0)}$$

に注意して接ベクトル空間の定義を見返すと，この曲面 S の場合，$(x_0, y_0, f(x_0, y_0))$ における接ベクトル空間とは，**その点における S の接平面をパラメータ表示したときの方向ベクトルで張られる部分ベクトル空間**に他ならないことがわかる．この例から逆に広げて考えると，多様体 M の $x \in M$ における接ベクトル空間 $T_x M$ とは，

> **x における M の接超平面（$\mathbf{R}^N$ の中の n 次元超平面）を考え，その接超平面をパラメータ表示したときの方向ベクトルで張られる部分ベクトル空間**

であると考えることができる．そうすると，図形的には接超平面を考えるこ

との方が意味がありそうな感じがするのに，なぜわざわざ方向ベクトルだけ取り出して接ベクトル空間というものを考えるのか，という疑問をもつ方もいると思う．これに答えておくと，多様体論の進んだ段階において，多様体の1点 $x \in M$ における接ベクトルを独立した対象として考えることが，多様体の大域的性質を調べる上で大きな意味をもってくるからである．それについては，後でまた触れることにする．

さて，多様体の1点 $x \in M$ における接ベクトルとは，今の定義でいうと接ベクトル空間のベクトル，つまり(2.22)で与えられる基底の一次結合

$$\sum_{i=1}^{n} A^i \frac{\partial \mathbf{y}}{\partial x^i}(x_0^1, \cdots, x_0^n) \in \mathbf{R}^N \tag{2.23}$$

のことであるが，これをもう少し図形的に考えてみよう．どういうことを考えるかというと，$x \in M$ を通る M 上の滑らかな曲線 $\varphi : (-\alpha, \alpha) \to M$ $(\alpha > 0,\ \varphi(0) = x)$ を考え，この写像を $\varphi(t) = \mathbf{y}(t) \in \mathbf{R}^N$ と書いたときの $t = 0$ における微分

$$\frac{d\mathbf{y}}{dt}(0) \in \mathbf{R}^N$$

として接ベクトルを考えよう，というわけである．

このように考えても接ベクトルは，(2.23)の形に表せることを確かめておこう．$x \in M$ における局所座標系 $\phi_x : U_x \to M \cap B^N(x; \varepsilon_x)$ をとり，必要なら α を小さくとり直して，写像

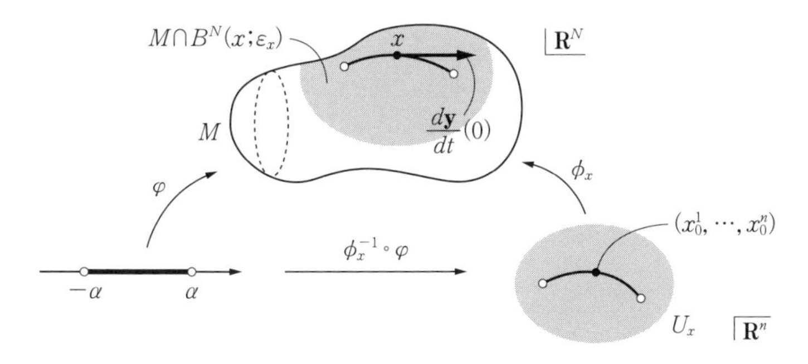

図 2.15 接ベクトルと微分

$$\phi_x^{-1}\circ\varphi : (-\alpha, \alpha) \to U_x,$$
$$\phi_x^{-1}\circ\varphi(t) = (x^1(t), \cdots, x^n(t)) \quad ((x^1(0), \cdots, x^n(0)) = (x_0^1, \cdots, x_0^n))$$

を考えよう．このとき，$\varphi(t) = \phi_x \circ \phi_x^{-1} \circ \varphi(t)$ より，

$$\mathbf{y}(t) = \mathbf{y}(x^1(t), \cdots, x^n(t))$$

が成り立つ．よって，合成関数の微分法の公式により，

$$\frac{d\mathbf{y}}{dt}(0) = \sum_{i=1}^{n} \frac{dx^i}{dt}(0) \frac{\partial \mathbf{y}}{\partial x^i}(x_0^1, \cdots, x_0^n)$$

となり，$A^i = \dfrac{dx^i}{dt}(0)$ とおくことで，確かに(2.23)の形に表せるのである．

演習問題 2.19　点 $x \in M$ における他の局所座標系 $\tilde{\phi}_x : \tilde{U}_x \to M \cap B^N(x; \tilde{\varepsilon}_x)$ をとったとしても，接ベクトル空間 T_xM は変わらない，つまり接ベクトル空間は局所座標のとり方によらないことを示せ．($\tilde{\phi}_x^{-1} \circ \phi_x$ が $(x_0^1, \cdots, x_0^n)$ の近傍で微分同相であることを用いよ．)

では，次に n 次元多様体 M が開被覆 $M = \bigcup_\alpha B_\alpha$ とそれに付随する局所座標系 $\phi_\alpha : U_\alpha \to B_\alpha$ (U_α は $\mathbf{R}^n$ の開集合) を用いて内在的に定義されている場合を考えよう．前に述べた通り，多様体の内在的な定義の基本的な着想は，外在的に与えられた場合に存在している $\mathbf{R}^N$ の情報をもつ $\mathbf{y}$ を消去して，局所座標のつながり具合だけを情報として残すことにある．したがって，外在的な接ベクトル空間を $\dfrac{\partial \mathbf{y}}{\partial x^i}(x_0)$ を基底とする $\mathbf{R}^N$ の部分ベクトル空間として定義したのと対照的に，$\mathbf{y}$ の情報が全くないことになる．そこで，今の場合，接空間 T_xM を以下のように，抽象的なベクトル空間として定義する．

定義 2.18　n 次元多様体 M が，開被覆 $M = \bigcup_\alpha B_\alpha$ とそれに付随する局所座標系 $\phi_\alpha : U_\alpha \to B_\alpha$ で定義されているとする．また，U_α の点を記述する座標を $(x_\alpha^1, \cdots, x_\alpha^n)$ と表す．このとき，$x \in B_\alpha$ に対して，x における**接ベク**

トル空間 T_xM を，記号 $\dfrac{\partial}{\partial x_\alpha^i}$ $(i=1,\cdots,n)$ を基底とする抽象的な実 n 次元ベクトル空間として定義する．ただし，$x\in B_\alpha\cap B_\beta$ ならば，2 組の基底 $\dfrac{\partial}{\partial x_\alpha^i}$ $(i=1,\cdots,n)$ と $\dfrac{\partial}{\partial x_\beta^i}$ $(i=1,\cdots,n)$ は偏微分の連鎖律

$$\frac{\partial}{\partial x_\beta^i}=\sum_{j=1}^n\frac{\partial x_\alpha^j}{\partial x_\beta^i}\frac{\partial}{\partial x_\alpha^j} \tag{2.24}$$

で結びつけられるものとする．

上の定義において，(2.24)の係数 $\dfrac{\partial x_\alpha^j}{\partial x_\beta^i}$ は座標変換 $\phi_\alpha^{-1}\circ\phi_\beta : (x_\beta^1,\cdots,x_\beta^n)\mapsto(x_\alpha^1(x_\beta^1,\cdots,x_\beta^n),\cdots,x_\alpha^n(x_\beta^1,\cdots,x_\beta^n))$ から求められる．数学の多様体論の教科書では，この抽象的な定義に幾何的説得力をもたせるために，多様体上の曲線の微分として与えられる接ベクトルの考え方を用いて難解な議論を繰り広げるのであるが，本書ではその代わりに外在的な定義の場合の接ベクトル空間の議論を詳しく書いておいたので，この定義についてはあえて説明を付け加えないことにする．なお，異なる基底の間の関係がなぜ(2.24)で与えられるのかについては，演習問題 2.19 を解くことで納得して欲しい．

さて，内在的に定義された多様体の場合は，接空間 T_xM に対してその双対ベクトル空間として余接空間 T_x^*M を定義できる．それを以下で定義しておこう．

定義 2.19 n 次元多様体 M が，開被覆 $M=\bigcup_\alpha B_\alpha$ とそれに付随する局所座標系 $\phi_\alpha : U_\alpha\to B_\alpha$ で定義されているとする．また，U_α の点を記述する座標を $(x_\alpha^1,\cdots,x_\alpha^n)$ と表す．このとき，$x\in B_\alpha$ に対して，x における**余接ベクトル空間** T_x^*M を，記号 dx_α^i $(i=1,\cdots,n)$ を基底とする抽象的な実 n 次元ベクトル空間として定義する．ただし，$x\in B_\alpha\cap B_\beta$ ならば，2 組の基底 dx_α^i $(i=1,\cdots,n)$ と dx_β^i $(i=1,\cdots,n)$ は関係式

$$dx_\beta^i = \sum_{i=1}^{n} \frac{\partial x_\beta^i}{\partial x_\alpha^j} dx_\alpha^j \tag{2.25}$$

で結びつけられるものとする.

演習問題 2.20　M を連結な多様体とする. $x \in B_\alpha$ に対する T_xM と T_x^*M の基底 $\dfrac{\partial}{\partial x_\alpha^i}$ $(i=1,\cdots,n)$ と dx_α^i $(i=1,\cdots,n)$ に対して, 双対空間の双対基底の関係式

$$dx_\alpha^j\left(\frac{\partial}{\partial x_\alpha^i}\right) = \delta_i^j$$

を定めると, この関係式は(2.24)と(2.25)により, 任意の $x \in M$ に対して保たれることを示せ（双対空間については附録を参照のこと).

2.2.4　多様体間の写像

m 次元多様体 M から n 次元多様体 N への写像 $f: M \to N$ とは, 写像の定義からすると, 任意の $x \in M$ に対して $f(x) \in N$ がただ1つに定まっている対応のことであるが, M と N はともに位相空間であるということで「f は連続」で, さらにともに局所座標が各点に対してとれるので「f は滑らか」という仮定を付けて考えることにする.

M の局所座標系を与える開被覆を $M = \bigcup_\alpha B_\alpha$, N の局所座標系を与える開被覆を $N = \bigcup_\beta C_\beta$ とおくと, $x \in B_\alpha$, $f(x) \in C_\beta$ となる α, β がとれるので, 各開集合における局所座標系を $\phi_\alpha: U_\alpha \to B_\alpha$, $\varphi_\beta: V_\beta \to C_\beta$ (U_α, V_β はそれぞれ $\mathbf{R}^m$, $\mathbf{R}^n$ の開集合）とおくと, $f: M \to N$ が**滑らか**であるかどうかを, $\varphi_\beta^{-1} \circ f \circ \phi_\alpha : \phi_\alpha^{-1}(f^{-1}(\varphi_\beta(V_\beta))) \to V_\beta$ が $\mathbf{R}^m$ の開集合から $\mathbf{R}^n$ の開集合への写像として滑らかかどうかで判定ができるのである*8. もちろん, $N = \mathbf{R}$ ととれば, $f: M \to \mathbf{R}$ は M で定義された滑らかな関数となり, こ

*8　この判定の仕方は, 局所座標系が M の滑らかさを指定する局所座標系と滑らかに座標変換されるという条件のもとで, 局所座標系のとり方によらない.

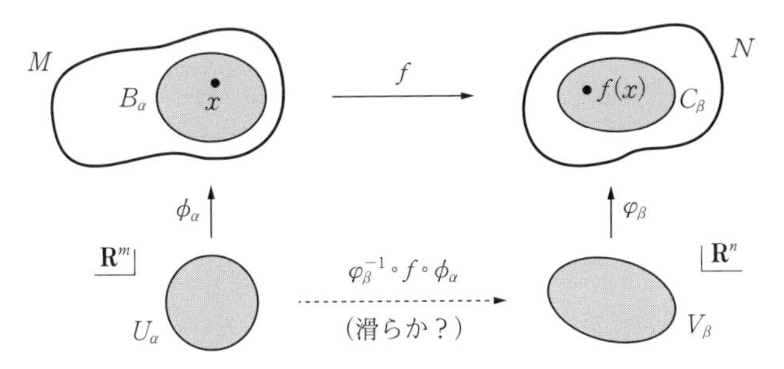

図 2.16　多様体間の滑らかな写像

れまでに議論されていた話題に戻る．

このように，多様体間の写像を考えることは，多様体上の関数を考えることの一般化ともいえるのであるが，この写像の大域的な性質を記述する量として，写像度というものを考えていくことにしよう．

多様体の向き付け可能性と写像度

まずここでは，多様体が向き付け可能であることの定義を導入しよう．

定義 2.20　M を n 次元多様体とする．M の開被覆 $M = \bigcup_\alpha B_\alpha$ とそれにする付随する局所座標系 $\phi_\alpha : U_\alpha \to B_\alpha$（$U_\alpha$ は $\mathbf{R}^n$ の開集合）で以下の条件を満たすものが存在するとき，M は**向き付け可能**であるという[*9]．

(＊)　$B_\alpha \cap B_\beta \neq \emptyset$ ならば，微分同相写像(座標変換)
$\phi_\beta^{-1} \circ \phi_\alpha : \phi_\alpha^{-1}(B_\alpha \cap B_\beta) \to \phi_\beta^{-1}(B_\alpha \cap B_\beta)$ のヤコビ行列式の符号が常に正となる．

この定義を見ると，向き付け可能性は条件 (＊) を満たす局所座標系の存在を用いて定義されているので，この定義をまともに用いてある多様体が向き付け可能であるかどうかを判定するのは難しいように感じられる人も多いのではないかと思う．しかし，実際には条件を満たす局所座標系を構成して

*9　実は (＊) を満たす開被覆と局所座標系が存在すれば，任意の開被覆に対して (＊) を満たす局所座標系が構成できることが示せる．

しまえば向き付け可能であることがいえるので，例を作るのが難しいわけではない．

例 2.13　n 次元ユークリッド空間 $\mathbf{R}^n$ は，1個の座標系 $(x^1, \cdots, x^n)$ で記述できるので，自動的に条件 $(*)$ が満たされ，向き付け可能であることがわかる．

例 2.14　n 次元球面 S^n の例 2.9 で考えた開被覆 $S^n = B_\mathrm{N} \cup B_\mathrm{S}$ と局所座標系 $\phi_\mathrm{N} : \mathbf{R}^n \to B_\mathrm{N}$，$\phi_\mathrm{S} : \mathbf{R}^n \to B_\mathrm{S}$ について考えてみよう．このとき，(2.7) で見たように，座標変換 $\phi_\mathrm{S}^{-1} \circ \phi_\mathrm{N} : \mathbf{R}^n - \{0\} \to \mathbf{R}^n - \{0\}$ は，

$$\begin{aligned}\phi_\mathrm{S}^{-1} \circ \phi_\mathrm{N}(y^1, \cdots, y^n) &= (z^1(y^1, \cdots, y^n), \cdots, z^n(y^1, \cdots, y^n)) \\ &= \left(\frac{y^1}{\sum_{k=1}^n (y^k)^2}, \cdots, \frac{y^n}{\sum_{k=1}^n (y^k)^2} \right)\end{aligned}$$

つまり，

$$z^i(y^1, y^2, \cdots, y^n) = \frac{y^i}{\sum_{k=1}^n (y^k)^2} \qquad (i = 1, \cdots, n)$$

で与えられる．したがって，ヤコビ行列の (i, j) 成分は

$$\frac{\partial z^i}{\partial y^j} = \frac{\delta^i_j \left(\sum_{k=1}^n (y^k)^2 \right) - 2y^i y^j}{\left(\sum_{k=1}^n (y^k)^2 \right)^2}$$

となり，その行列式は

$$\frac{\det(Y)}{\left(\sum_{k=1}^n (y^k)^2 \right)^{2n}} \qquad \left(Y = (Y_{ij}),\ Y_{ij} = \delta^i_j \left(\sum_{k=1}^n (y^k)^2 \right) - 2y^i y^j \right)$$

に等しくなる．

演習問題 2.21　$\det(Y) = -\left(\sum_{k=1}^n (y^k)^2 \right)^n$ となることを示せ．

これより，座標変換のヤコビ行列式は $-\dfrac{1}{\left(\sum_{k=1}^{n}(y^k)^2\right)^n}$ となり，常に負の値をとることになる．そこで，B_{N} の局所座標を

$$(\tilde{y}^1, \tilde{y}^2, \tilde{y}^3, \cdots, \tilde{y}^n) = (-y^1, y^2, y^3, \cdots, y^n)$$

ととり直してやれば，座標変換のヤコビ行列式は $\dfrac{1}{\left(\sum_{k=1}^{n}(\tilde{y}^k)^2\right)^n}$ となり，常に正の値をとることになる．また，今の場合，開集合は 2 つしかないからこれで条件 (∗) が満たされたことになり，n 次元球面 S^n は向き付け可能となる．

演習問題 2.22　M, N がともに向き付け可能であるならば，積多様体 $M \times N$ も向き付け可能であることを示せ．

この問題と例 2.14 により，n 次元トーラス $(S^1)^n$ なども向き付け可能な多様体であることがわかる．その他の例としては，例えばこれまでに紹介した $SO(n;\mathbf{R})$ などのリー群も向き付け可能であることが示せるのであるが，ここでは証明には立ち入らないことにする．

例 2.15　2 次元射影空間 RP^2（射影平面）は向き付け可能ではないが，3 次元射影空間 RP^3 は向き付け可能である．

まず RP^2 から見ていくことにしよう．小節 2.1.3 で議論したように，RP^2 は $\mathbf{R}^3-\{0\}$ の点 (X_1, X_2, X_3) のリー群 $GL(1;\mathbf{R}) = \mathbf{R}-\{0\}$ の作用による同値類 $[(X_1, X_2, X_3)] = (X_1 : X_2 : X_3)$ のなす集合

$$RP^2 = \{(X_1 : X_2 : X_3) | (X_1, X_2, X_3) \neq 0\}$$

として与えられ，開集合 $B_i := \{(X_1 : X_2 : X_3) | X_i \neq 0\}$ による開被覆 $RP^2 = B_1 \cup B_2 \cup B_3$ と，それに付随する局所座標系 $\phi_i : \mathbf{R}^2 \to B_i$ が以下のように与えられていた．

$$\phi_1(x^1, x^2) = (1 : x^1 : x^2), \qquad \phi_2(y^1, y^2) = (y^1 : 1 : y^2),$$
$$\phi_3(z^1, z^2) = (z^1 : z^2 : 1)$$

とりあえず，この局所座標系について，座標変換のヤコビ行列式を計算してみよう．$\phi_2^{-1} \circ \phi_1$ は

$$(y^1 : 1 : y^2) = (1 : x^1 : x^2) = \left(\frac{1}{x^1} : 1 : \frac{x^2}{x^1}\right)$$

より $(y^1(x^1, x^2), y^2(x^1, x^2)) = \left(\dfrac{1}{x^1}, \dfrac{x^2}{x^1}\right)$ で与えられるから，この座標変換のヤコビ行列式は

$$\begin{vmatrix} \dfrac{\partial y^1}{\partial x^1} & \dfrac{\partial y^1}{\partial x^2} \\ \dfrac{\partial y^2}{\partial x^1} & \dfrac{\partial y^2}{\partial x^2} \end{vmatrix} = \begin{vmatrix} -\dfrac{1}{(x^1)^2} & 0 \\ -\dfrac{x^2}{(x^1)^2} & \dfrac{1}{x^1} \end{vmatrix} = -\frac{1}{(x^1)^3}$$

となる．このとき，このヤコビ行列は $x^1 > 0$ ならば負の値をとり，$x^1 < 0$ ならば正の値をとるので，符号が一定しないことがわかる．この時点でもう RP^2 は向き付け可能ではないことがわかるのである．その理由をもう少し詳しく説明しよう．以下で定義される RP^2 内の閉曲線 $f : [0, 2\pi] \to RP^2$ を考えよう．

$$f(t) = \begin{cases} (1 : \cos(t) : \sin(t)) & (t \in [0, \pi]) \\ (\cos(t) : 1 : \sin(t)) & (t \in [\pi, 2\pi]) \end{cases}$$

この曲線は一見，$t = \pi$ でつながっていないように思えるが，$(1 : -1 : 0) = (-1 : 1 : 0)$ よりちゃんとつながった閉曲線になっている．また $f([0, \pi])$ は B_1 に含まれ，$f([\pi, 2\pi])$ は B_2 に含まれていることに注意しておく．

さて，ここで注意しておくと，向き付け可能であるということは，実は「多様体の各点における接空間（その基底は前に述べたように局所座標 $(x^1, \cdots, x^n)$ の偏微分記号 $\dfrac{\partial}{\partial x^i}$ $(i = 1, \cdots, n)$ で与えられる）の“向き”（表と裏を拡張した概念）を滑らかに一斉に揃えることができる」ことに他ならない（向きについては少し後で説明することにする）．そして，連結な開集合で局所座標 $(x^1, \cdots, x^n)$ を与えることは同時に，開集合で接空間の向きを

$\left(\dfrac{\partial}{\partial x^1}, \dfrac{\partial}{\partial x^2}, \cdots, \dfrac{\partial}{\partial x^n}\right)$ で与えられる向き（並べる順序で向きを指定している）に揃えられることを意味している．座標変換のヤコビ行列式を見ることは，異なる局所座標で指定された向きどうしが一致しているか，逆向きになっているかを見ることに他ならない．だから，向き付け可能の定義を満たしていることは，各局所座標で指定された向きが一斉に同じ向きであることを保証し，言葉通りの向き付け可能を意味するわけである．

以上のことを踏まえて，閉曲線 $f:[0,2\pi] \to RP^2$ に戻ってみよう．先ほどの説明を用いると，$f([0,\pi])$ では各点の接空間に $\left(\dfrac{\partial}{\partial x^1}, \dfrac{\partial}{\partial x^2}\right)$ で与えられる揃った向きを与えることができ，$f([\pi,2\pi])$ では接空間を $\left(\dfrac{\partial}{\partial y^1}, \dfrac{\partial}{\partial y^2}\right)$ の向きで揃えることができる．しかしヤコビ行列式を見ると，両者の向きは $f(\pi)$ では一致するが，$f(0)$ では逆になっているのである．

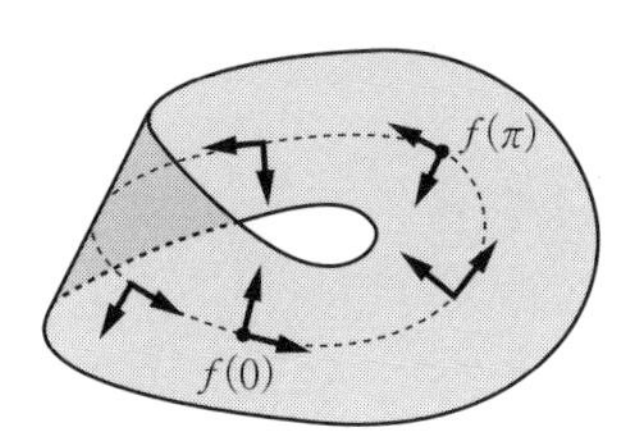

図 2.17 メビウスの帯

この状況は視覚的にいうと，2 本の帯を片方をねじって貼り付けるメビウスの帯ができていることを意味する．よく知られている通り，メビウスの帯は表裏が区別できない，つまり向き付け不可能であるから，これまでの議論で RP^2 はメビウスの帯を含む 2 次元多様体となり，向き付け不可能となるのである．この議論からわかるように，向き付け可能性は抽象的な存在を用いて定義されているが，向き付け可能であるかどうかの判定は，よく知っている開被覆に付随する局所座標系を調べることで，結構かたがつくのである．

では，RP^3 の議論に移ろう．RP^3 は集合としては，

$$RP^3 = \{(X_1 : X_2 : X_3 : X_4) \mid (X_1, X_2, X_3, X_4) \neq 0\}$$

として与えられ，開集合 $B_i \coloneqq \{(X_1 : X_2 : X_3 : X_4) \mid X_i \neq 0\}$ $(i = 1, 2, 3, 4)$ による開被覆 $RP^2 = B_1 \cup B_2 \cup B_3 \cup B_4$ と，それに付随する局所座標系 $\phi_i : \mathbf{R}^2 \to B_i$ が以下のように与えられる．

$$\phi_1(x^1, x^2, x^3) = (1 : x^1 : x^2, x^3), \quad \phi_2(y^1, y^2, y^3) = (y^1 : 1 : y^2 : y^3)$$
$$\phi_3(z^1, z^2, z^3) = (z^1 : z^2 : 1 : z^3), \quad \phi_4(w^1, w^2, w^3) = (w^1 : w^2 : w^3 : 1)$$

ここで，$\phi_2^{-1} \circ \phi_1$ は，

$$(y^1 : 1 : y^2 : y^3) = (1 : x^1 : x^2 : x^3) = \left(\frac{1}{x^1} : 1 : \frac{x^2}{x^1} : \frac{x^3}{x^1}\right)$$

より，

$$(y^1(x^1, x^2, x^3), y^2(x^1, x^2, x^3), y^3(x^1, x^2, x^3)) = \left(\frac{1}{x^1}, \frac{x^2}{x^1}, \frac{x^3}{x^1}\right)$$

となるので，ヤコビ行列式は

$$\begin{vmatrix} \dfrac{\partial y^1}{\partial x^1} & \dfrac{\partial y^1}{\partial x^2} & \dfrac{\partial y^1}{\partial x^3} \\ \dfrac{\partial y^2}{\partial x^1} & \dfrac{\partial y^2}{\partial x^2} & \dfrac{\partial y^2}{\partial x^3} \\ \dfrac{\partial y^3}{\partial x^1} & \dfrac{\partial y^3}{\partial x^2} & \dfrac{\partial y^3}{\partial x^3} \end{vmatrix} = \begin{vmatrix} -\dfrac{1}{(x^1)^2} & 0 & 0 \\ -\dfrac{x^2}{(x^1)^2} & \dfrac{1}{x^1} & 0 \\ -\dfrac{x^3}{(x^1)^2} & 0 & \dfrac{1}{x^1} \end{vmatrix} = -\frac{1}{(x^1)^4}$$

となる．つまり，ヤコビ行列式は負の値をとることになる．よって，例えば ϕ_2 を $\phi_2(y^1, y^2, y^3) = (-y^1 : 1 : y^2 : y^3)$ と変更すれば，ヤコビ行列式は正の値をとる．同様の考察を他の座標変換にも行なうと，以下のように ϕ_i を変更すれば，すべての座標変換のヤコビ行列式が正の値をとることが確かめられ，RP^3 は向き付け可能となることがわかる．

$$\phi_1(x^1, x^2, x^3) = (1 : x^1 : x^2, x^3), \quad \phi_2(y^1, y^2, y^3) = (-y^1 : 1 : y^2 : y^3),$$
$$\phi_3(z^1, z^2, z^3) = (z^1 : z^2 : 1 : z^3), \quad \phi_4(w^1, w^2, w^3) = (-w^1 : w^2 : w^3 : 1) \tag{2.26}$$

演習問題 2.23 (2.26)において，すべての座標変換のヤコビ行列式が正となっていることを確かめよ．

ここで行なった考察を一般化すると，RP^n は n が偶数のとき向き付け不可能で，奇数のとき向き付け可能であることがいえる．意欲のある人はやってみて欲しい．

さて，ここで向き付け可能な多様体に対して与えることのできる「向き」という概念を定義することにしよう．まず，n 次元実ベクトル空間 V に対して向きを定義する．

定義 2.21 V を n 次元実ベクトル空間とする．V の基底ベクトル $\mathbf{v}_i$ $(i=1,2,\cdots,n)$ を，順序を付けて左から並べた組 $(\mathbf{v}_1,\mathbf{v}_2,\cdots,\mathbf{v}_n)$ を V の**順序付き基底**という（並べ方の順序を変えると別のものになることに注意）．ここで，2つの V の順序付き基底 $(\mathbf{v}_1,\mathbf{v}_2,\cdots,\mathbf{v}_n)$ と $(\mathbf{w}_1,\mathbf{w}_2,\cdots,\mathbf{w}_n)$ に対し，

$$\mathbf{v}_i=\sum_{i=1}^{n}a_i^j\mathbf{w}_j \qquad (i=1,2,\cdots,n)$$

を満たす n 次正則行列 $A=(a_i^j)$ がただ1つ定まるが，このとき，以下の同値関係を V の順序付き基底全体の集合に対して導入する．

$$(\mathbf{v}_1,\mathbf{v}_2,\cdots,\mathbf{v}_n)\sim(\mathbf{w}_1,\mathbf{w}_2,\cdots,\mathbf{w}_n) \iff \det(A)>0$$

この同値関係により，V の順序付き基底全体の集合は2つの同値類に分けられるが，そのうちの一方に $+1$ の符号を与え，もう一方に -1 の符号を与えることを，V に**向きを与える**という．また，これにより V の順序付き基底に対して定まる符号を V の**向き**と呼ぶ．

ここで，n 次元多様体が向き付け可能であるとし，開被覆 $M=\bigcup_{\alpha\in\Lambda}B_\alpha$ と局所座標系 $\phi_\alpha:U_\alpha\to B_\alpha$ が定義 2.20 の条件を満たしているとする．条件を満たす $\mathbf{R}^n$ の開集合 U_α の局所座標を $(x_\alpha^1,\cdots,x_\alpha^n)$ とするとき，前にも述べたように，任意の $x\in B_\alpha$ に対して，T_xM の向きを**順序付き基底** $\left(\dfrac{\partial}{\partial x_\alpha^1},\dfrac{\partial}{\partial x_\alpha^2},\right.$

$\cdots, \dfrac{\partial}{\partial x_\alpha^n}\Big)$ **で与えられた向き**で定義することにしよう．このとき，定義 2.20 の条件より，**任意の $\boldsymbol{\alpha} \in \boldsymbol{\Lambda}$ に対して順序付き基底** $\left(\dfrac{\partial}{\partial x_\alpha^1}, \dfrac{\partial}{\partial x_\alpha^2}, \cdots, \dfrac{\partial}{\partial x_\alpha^n}\right)$ **が同じ向き（符号）を定める**ことになる．これこそがまさに向き付け可能の本当の意味であり，この $\left(\dfrac{\partial}{\partial x_\alpha^1}, \dfrac{\partial}{\partial x_\alpha^2}, \cdots, \dfrac{\partial}{\partial x_\alpha^n}\right)$ で与えられた向きが多様体の向きになるのである．

定義 2.22　n 次元多様体 M が向き付け可能であるとき，上の議論の設定のもとで，順序付き基底 $\left(\dfrac{\partial}{\partial x_\alpha^1}, \dfrac{\partial}{\partial x_\alpha^2}, \cdots, \dfrac{\partial}{\partial x_\alpha^n}\right)$ で T_xM に向きを与えることを，M に**向きを与える**といい，またその向きを M の**向き**という．

例 2.16　1 次元多様体 $\mathbf{R}$ に向きを与えるということは，感覚的にいうと数直線に正の進行方向を指定することにあたる．同様に，1 次元多様体 S^1 に向きを与えることは，時計回りと反時計回りのどちらを正の進行方向（ラジアンが増加する方向）と指定するかを決めることにあたる．

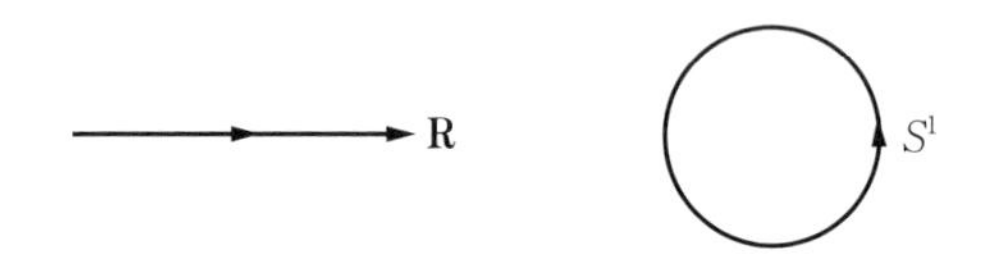

図 2.18　$\mathbf{R}$ と S^1 の向き

例 2.17　$\mathbf{R}^3$ 内の向き付け可能な 2 次元多様体（曲面）に対して向きを与えることは，面のどちらを表面と見て，どちらを裏面と見るかを指定することと直観的に捉えることができる．メビウスの帯が向き付け不可能であることも，表面だと思って面を 1 周すると裏面にいるという現象で体感的に理解できる．しかし，この理解の仕方は，曲面が 3 次元空間にあるという特性を利用して，内在的な基底の順序で与えられた 2 次元面の向きと右ねじの法則を組み合わせて決まる，正の法線方向から見える面を表面と理解していることになるので，曲面が 3 次元空間にあることを利用した理解の仕方になっている．本来の 2 次元面の向きは，接ベクトル空間の順序付き基底の観点から理解するべきもので，その意味では前の 1 次元多様体の向きの理解の仕方の方が正統的であるといえる．

以上で，多様体の向き付け可能性と向きの紹介が終わったのであるが，これらの準備のもとに，多様体間の写像の写像度を定義していくことにしよう．準備として，滑らかな多様体間の写像の微分を定義する．

定義 2.23　M を m 次元多様体，N を n 次元多様体として，$f: M \to N$ を滑らかな写像とする．$M = \bigcup_{\alpha} B_\alpha$ と $\phi_\alpha: U_\alpha \to B_\alpha$，および $N = \bigcup_{\beta} C_\beta$ と $\varphi_\beta: V_\beta \to C_\alpha$ をそれぞれの開被覆と局所座標系とする．$x \in B_\alpha$ に対し，$f(x) \in C_\beta$ であるとし，対応する $U_\alpha \subset \mathbf{R}^m$ の局所座標を $(x_\alpha^1, \cdots, x_\alpha^m)$，$V_\beta \subset \mathbf{R}^n$ の局所座標を $(y_\beta^1, \cdots, y_\beta^n)$ とおく．このとき，

$$\begin{aligned} &\varphi_\beta^{-1} \circ f \circ \phi_\alpha : U_\alpha \to V_\beta, \\ &(x_\alpha^1, \cdots, x_\alpha^m) \longmapsto (y_\beta^1(x_\alpha^1, \cdots, x_\alpha^m), \cdots, y_\beta^n(x_\alpha^1, \cdots, x_\alpha^m)) \end{aligned}$$

から定まる接空間の間の線形写像

$$\sum_{i=1}^{m} A^i \frac{\partial}{\partial x_\alpha^i} \longmapsto \sum_{i=1}^{m}\sum_{j=1}^{n} A^i \frac{\partial y_\beta^j}{\partial x_\alpha^i} \frac{\partial}{\partial y_\beta^j} \qquad (A^i \in \mathbf{R})$$

を写像 f の**微分**といい，$df_x: T_xM \to T_{f(x)}N$ と表す*10.

写像の微分を定義すると，写像の正則値の概念を定義することができる．

定義 2.24　M を m 次元多様体，N を n 次元多様体として，$f: M \to N$ を滑らかな写像とする．$y \in N$ が f の**正則値**であるとは，任意の $x \in f^{-1}(y)$ に対して $df_x: T_xM \to T_yN$ が全射であることをいう．特に，$f^{-1}(y) = \emptyset$ ならば，この $y \in N$ は正則値である．また，f の正則値でない点 $y \in N$ を f の**臨界値**と呼ぶ．

---

*10　この写像を $f_*: T_xM \to T_{f(x)}N$ と書くこともある．

ここで証明なしではあるが，多様体間の滑らかな写像に対して成り立つ非常に重要な定理として，サードの定理を紹介しておこう（証明については[11]等を参照して欲しい）.

定理 2.7 （サードの定理）
M を m 次元多様体，N を n 次元多様体として，$f: M \to N$ を滑らかな写像とする．このとき，f の臨界値集合は N において測度零（体積零）である．つまり，ほとんどすべての N の点は f の正則値である．

ただし，上の定理の測度零（体積零）等の概念は局所座標系を通じて定義されるのであるが，細かい議論は割愛しておく．必要なのは，「ほとんどすべての N の点は f の正則値である」という事実である．

次に，写像度を定義する際に有用となる以下の定理を証明しておこう．この定理は，古い言い方ではあるが「レコードの積み重ね定理」とも呼ばれる．

定理 2.8　M と N をともに n 次元多様体とし，また M はコンパクトであるとする．$f: M \to N$ を滑らかな写像とし，$y \in N$ が f の正則値であるとする．このとき，$f^{-1}(y)$ は有限個の点の集合 $\{x_1, \cdots, x_m\}$ となり，y の開近傍 U を十分小さくとると，各 x_i の開近傍 V_i が存在して，$V_i \cap V_j = \emptyset$

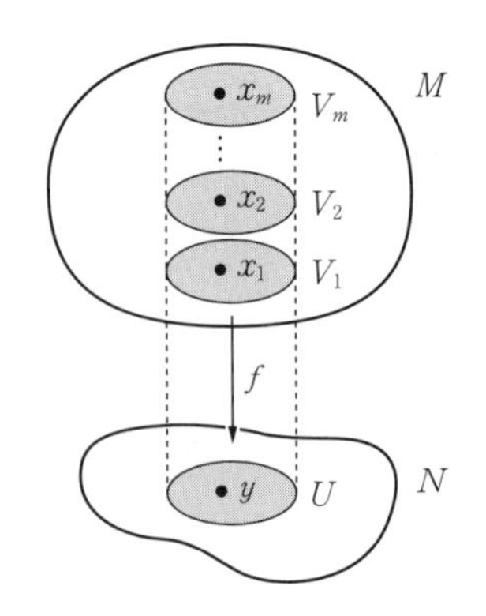

図 2.19　レコードの積み重ね定理

$(1 \leq i < j \leq m)$ かつ $f|_{V_i} : V_i \to U$ は微分同相写像となる.

[証明]　$x \in f^{-1}(y)$ をとる．このとき，$df_x : T_xM \to T_yN$ は全射となるが，T_xM と T_yN はともに n 次元実ベクトル空間ゆえ，df_x は同型写像となる．よって逆関数定理（定理 2.2）により，y の開近傍 U を十分小さくとると，x の開近傍 V_x が存在して $f|_{V_x} : V_x \to U$ は微分同相写像である．これより，$x \in f^{-1}(y)$ は M の孤立点（ある M の開集合 V が存在して $f^{-1}(y) \cap V = \{x\}$ が成立）であり，したがって $f^{-1}(y)$ は M の孤立点からなる離散集合 $\{x_\alpha \in M \mid \alpha \in \Lambda\}$ となる．一方，$\{y\}$ は N の閉集合で f は連続ゆえ，$f^{-1}(y)$ は M の閉集合となる．M はコンパクトゆえ $f^{-1}(y)$ はコンパクト集合の閉部分集合となるので，定理 1.12 より $f^{-1}(y)$ もコンパクト集合となる*11．よって孤立点の添字集合 Λ は有限集合となり，$f^{-1}(y) = \{x_1, \cdots, x_m\}$ がいえる．このとき，各 V_{x_i} について $f|_{V_{x_i}} : V_{x_i} \to U$ は微分同相となるが，$V_{x_i} \cap V_{x_j} \neq \emptyset$ となるようであれば，U を小さくとり直して $V_{x_i} \cap V_{x_j} = \emptyset$ $(1 \leq i < j \leq m)$ が成り立つようにして，$V_i = V_{x_i}$ とおけばよい．□

いよいよ写像度を定義する議論に入ることにしよう．M, N を n 次元多様体とし，また M はコンパクトであるとする．さらに，両者はともに向き付け可能で向きをもつとしよう．$f : M \to N$ を滑らかな写像とし，$y \in N$ を f の正則値とする．このとき，定理 2.8 により $f^{-1}(y) = \{x_1, \cdots, x_m\}$ であり，$df_{x_i} : T_{x_i}M \to T_yN$ は同型写像となる．ここで，$M = \bigcup_\alpha B_\alpha$ と $\phi_\alpha : U_\alpha \to B_\alpha$ を局所座標系とし，各 U_α の局所座標 $(x_\alpha^1, \cdots, x_\alpha^n)$ は $\left(\dfrac{\partial}{\partial x_\alpha^1}, \cdots, \dfrac{\partial}{\partial x_\alpha^n}\right)$ が正の向きをとるように定められているものとする．$x_i \in B_{\alpha_i}$ とするとき，各 x_i の**符号** $\mathrm{sgn}(x_i)$ を以下で定める．

*11　定理 1.12 はユークリッド空間の部分集合についての定理であるが，主張自体は一般の位相空間でも成り立つ．

$$\mathrm{sgn}(x_i) := T_yN \text{ の順序付き基底} \left(df_{x_i}\left(\frac{\partial}{\partial x_{\alpha_i}^1}\right), \cdots, df_{x_i}\left(\frac{\partial}{\partial x_{\alpha_i}^n}\right)\right) \text{ の向き}$$

定義 2.25　以上の準備のもとで，$f : M \to N$ の**写像度** $\deg(f)$ を以下で定める．

$$\deg(f) := \sum_{i=1}^{m} \mathrm{sgn}(x_i)$$

この定義を用いると，具体的な多様体 M, N と写像 $f : M \to N$ が与えられれば，サードの定理よりほとんどすべての $y \in N$ は f の正則値であるので，$\deg(f)$ を計算することは可能となる．しかし，この写像度については色々と考えたい点があるので，それを挙げておこう．

（i）写像度の定義は明らかに $y \in N$ の位置に依存した形で与えられているが，実際には依存しているのか？

（ii）写像度は f の連続的な変形に対して変化するのか？

これに関しては，まず直観的なイメージで考えてみることにしよう．直観が働きやすいのは，$f : S^1 \to S^1$ の場合の写像度である．この場合，f を「輪ゴムを茶筒に巻き付ける巻き付け方（図 2.20）」と考えて，写像度を「茶筒に輪ゴムが何回巻き付いているか」の（符号付き）回数と考えればよいのである．

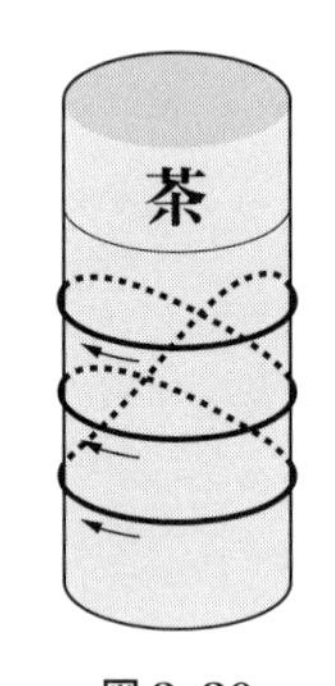

図 2.20

このとき，定義域の S^1 は輪ゴムであり，値域の S^1 は茶筒の周囲の円環面を真上から見て S^1 とみなすことである．2 つの S^1 に向きを与えることは，輪ゴムと茶筒の周囲に右向きの進行方向を指定することにあたる．向きを与えると，巻き付き数に符号が与えられることは納得していただけると思う．このイメージの図から定義 2.25 に基づいて写像度を計算してみることは，非常に勉強になると思うので是非やっていただきたい．

さて，こう考えると，上の(ⅰ)の疑問点については，巻き付き数は $y \in S^1$ の位置によらないと考えることができるので，「依存しない」という予想がつく．また(ⅱ)の連続的な変形とは，茶筒が上下に無限に伸びていると仮定して，輪ゴムを切ったりしないで巻きつけ方を変えることだと考えれば，これまた「変化しない」と予想がつく．

問題は，これらの直観に基づく予想をどのように数学的に証明するかであるが，そのやり方の概略をこれから説明しよう（本格的な議論については[11]を参照して欲しい）．まず(ⅱ)の方から議論していくことにしよう．準備として，「写像の連続的な変形」を数学的に定義する．

定義 2.26　M, N を多様体とし，$\mathbf{R}$ の閉区間 $[0,1]$ を I とおく．ここで，$F: I \times M \to N$ を滑らかな写像とし，M から N への滑らかな写像 $f: M \to N$ と $g: M \to N$ が以下で与えられるとする．

$$f(x) = F(0,x) \qquad (\text{任意の } x \in M)$$
$$g(x) = F(1,x) \qquad (\text{任意の } x \in M)$$

このとき，f と g は**ホモトピー同値**であるといい，$f \simeq g$ と表す．また，F を f と g をつなぐ**ホモトピー**であるという．

この定義の言っていることは，f と g がホモトピー同値であるということは，「f を連続的に変形させることによって g が得られる」ということである．というのも，$f_t(x) := F(t,x)$ （$t \in [0,1]$，任意の $x \in M$）とおけば，$f_t: M \to N$ によって連続的な変形の途中経過を見ることができるからである．さて，ここで(ⅱ)に関する先ほどの予想は，以下の定理の形で正当化される．

定理 2.9　M, N をともに向き付け可能で向きをもつ n 次元多様体とし，特に M はコンパクトであるとする．$f: M \to N$ と $g: M \to N$ を滑らかな写像とし，$y \in N$ が f と g 両方の正則値であるとする．（サードの定理より，このような $y \in N$ を見つけるのは容易である．）このとき，f と g がホモトピー同値であるならば，

$$\deg(f) = \deg(g)$$

が成り立つ．

［略証］ f と g をつなぐホモトピーを $F: I\times M \to N$ とおく．このとき，I も向き付け可能であるので，$I\times M$ に積の向き

$$\operatorname{sgn}\left(\frac{\partial}{\partial t}, \frac{\partial}{\partial x^1}, \cdots, \frac{\partial}{\partial x^n}\right) = \operatorname{sgn}\left(\frac{\partial}{\partial t}\right)\operatorname{sgn}\left(\frac{\partial}{\partial x^1}, \cdots, \frac{\partial}{\partial x^n}\right)$$

（t は I，$(x^1, \cdots, x^n)$ は M の局所座標）を入れることによって，$I\times M$ を向きをもつ境界のある $(n+1)$ 次元多様体にできる．（境界は $(\{0\}\times M)\cup(\{1\}\times M)$ である．）ここで，境界のある多様体 X について，その境界を ∂X と表すことにして，I に増加方向の向きを入れると，$I\times M$ の境界は向きも込めて

$$\partial(I\times X) = (\{1\}\times M) - (\{0\}\times M) \tag{2.27}$$

と書くことができる．次に，F を上手く選んで $y\in N$ が F の正則値になるようにとると，境界のある場合の逆像定理により，$F^{-1}(y)$ は境界のある向き付けられた1次元多様体であり，しかも M がコンパクトゆえ，コンパクトになる．したがって，$F^{-1}(y)$ は有限個の向き付けられた S^1 と I に微分同相な多様体の交わりのない和集合になる．ここで，S^1 と，I の境界の向きの数を以下のように定める．S^1 は境界がないから0と定め，I の境界は $\{0\}$ と $\{1\}$ であるが，0は始点で1は終点だからやはり，$1-1=0$ と定める．したがって，$F^{-1}(y)$ の境界の向きの数も0となる．この結果を次のように表そう．

$$\partial(F^{-1}(y)) = 0 \tag{2.28}$$

ここで，$F|_{\{0\}\times M} = f$，$F|_{\{1\}\times M} = g$ に注意して，(2.27)を参考に，(2.28)を以下のように変形しよう．

$$\begin{aligned} 0 &= \partial(F^{-1}(y)) \\ &= (\partial F)^{-1}(y) \\ &= (F|_{\{1\}\times M})^{-1}(y) - (F|_{\{0\}\times M})^{-1}(y) \end{aligned}$$

$$= g^{-1}(y) - f^{-1}(y)$$
$$= \deg(g) - \deg(f)$$

ただし，1行目から2行目の変形では，境界のある多様体についての逆像定理の結果を用い（∂F とは F の境界への制限を意味する），4行目から5行目の変形では写像度が「向きも込めた逆像の個数」と解釈できることを用いた．この等式の両端を比較することにより定理の主張がいえる．□

準備的な定義を大幅に省略したために，感覚的な議論が多めになったが，この説明で納得していただきたい．では，(ｉ)の予想の答えにあたる定理を紹介することにしよう．

定理 2.10　M, N をともに向き付け可能で向きをもつ n 次元多様体とし，特に M はコンパクトであるとする．また $f: M \to N$ を滑らかな写像とする．N が連結ならば，f の写像度は計算する $y \in N$ の位置によらない．

［略証］　$y \in N$ を任意の点とする．y が f の正則値でなくても，定理 2.9 を用いて写像を連続的に変形して正則値にでき，またこの変形により写像度は変化しないことに注意する．(この議論には[11]の「横断性の包括性」という結果を用いている．)　よって，この $y \in N$ は写像の正則値であり，このとき定理 2.8（レコードの積み重ね定理）により y の開近傍 U が存在して，任意の $\tilde{y} \in U$ で写像度を計算しても写像度は一定値となる．よって，任意の $y \in N$ の開近傍で写像度は一定であり，また N は連結であるので，写像度は任意の $y \in N$ で一定値をとることになる．□

N が連結でない場合，例えば $N = (S^1)_1 \cup (S^1)_2$ （$(S^1)_1 \cap (S^1)_2 = \emptyset$）で与えられるように，$N$ が2つの S^1 の非交和集合になっているような場合，$f: S^1 \to N$ の写像度は，$y \in (S^1)_1$ で計算すると1，$y \in (S^1)_2$ で計算すると0になっていることがある．この状況を絵に描いてみることは，よい演習問題であろう．

演習問題 2.24　n 次元球面 S^n から $\mathbf{R}^n$ への任意の滑らかな写像の写像度は 0 であることを示せ.

2 次元球面から 2 次元球面への正則写像

これまで写像度の説明に紙数を割いてきたが，詳しく論じた具体的な例としては，S^1 から S^1 への滑らかな写像を挙げるにとどまっている．もちろん，この例は写像度が任意の整数となる写像を具体的に絵に描いて想像することができるので，教育的な例である．しかし，ここではもう少し複雑な例として，S^2 から S^2 への写像で任意の 0 以上の整数の写像度をもつものを大量生産してみようと思う．そのために使うトリックは，S^2 に複素多様体の構造を入れて，複素関数論を使うことである.

まず，S^2 を開被覆 $S^2 = B_{\mathrm{N}} \cup B_{\mathrm{S}}$ とそれに付随する局所座標系 $\phi_{\mathrm{N}}: \mathbf{R}^2 \to B_{\mathrm{N}}$，$\phi_{\mathrm{S}}: \mathbf{R}^2 \to B_{\mathrm{S}}$ を用いて内在的に定義するやり方を思い出そう．ϕ_{N} の定義域の $\mathbf{R}^2$ を表す座標を (x^1, x^2)，ϕ_{S} の定義域の $\mathbf{R}^2$ を表す座標を (y^1, y^2) とおくと，座標変換 $\phi_{\mathrm{S}}^{-1} \circ \phi_{\mathrm{N}}: \mathbf{R}^2 - \{0\} \to \mathbf{R}^2 - \{0\}$ は以下で与えられる.

$$\phi_{\mathrm{S}}^{-1} \circ \phi_{\mathrm{N}}(x^1, x^2) = \left(\frac{x^1}{(x^1)^2 + (x^2)^2}, \frac{x^2}{(x^1)^2 + (x^2)^2} \right)$$

ここで，$\iota: \mathbf{R}^2 \to \mathbf{R}^2$ を $\iota(y^1, y^2) = (y^1, -y^2)$ と定義して，$\phi_{\mathrm{S}} \circ \iota$ を新たに ϕ_{S} としておき直そう．（これは，ϕ_{S} の定義域を表す座標を (y^1, y^2) から $(y^1, -y^2)$ に変更することと同じである.）このとき，上の座標変換は以下のように変更される.

$$\begin{aligned} \phi_{\mathrm{S}}^{-1} \circ \phi_{\mathrm{N}}(x^1, x^2) &= \left(\frac{x^1}{(x^1)^2 + (x^2)^2}, -\frac{x^2}{(x^1)^2 + (x^2)^2} \right) \\ &= (y^1, y^2) \end{aligned} \tag{2.29}$$

ここで，$\mathbf{R}^2$ を複素数平面 $\mathbf{C}$ と同一視して，以下のように複素座標を導入しよう.

$$x^1 + ix^2 = z, \qquad y^1 + iy^2 = w$$

このとき，(2.29)で与えられる座標変換は以下のように書き直される.

$$w=\frac{x^1-ix^2}{(x^1)^2+(x^2)^2}=\frac{x^1-ix^2}{(x^1+ix^2)(x^1-ix^2)}=\frac{1}{x^1+ix^2}=\frac{1}{z}$$

つまり，複素座標を用いると，座標変換 $\phi_S^{-1}\circ\phi_N:\mathbf{C}-\{0\}\to\mathbf{C}-\{0\}$ は以下で与えられることになる．

$$\phi_S^{-1}\circ\phi_N(z)=\frac{1}{z}=w \tag{2.30}$$

これにより，S^2 の座標変換は，複素座標を用いると（定義域で）正則な関数として与えられることがわかる．このように，局所座標を複素数を用いて表したときに，すべての座標変換が複素座標の正則関数として書ける多様体を**複素多様体**という．その意味で，S^2 は複素多様体という性格ももっているのである．

さて，ここで複素変数 z についての多項式で与えられる複素関数

$$f_d(z)=\sum_{i=0}^{d}a_iz^i \qquad (a_i\in\mathbf{C},\ a_d\neq 0)$$

について考えてみよう．これは $\mathbf{C}$ から $\mathbf{C}$ への写像であるが，この写像から逆に，写像 $\varphi_d:S^2\to S^2$ で $\phi_N{}^{-1}\circ\varphi_d\circ\phi_N(z)=f_d(z)$ となるようなものを構成できないかと考えてみよう．ここで，複素関数論で出てきたリーマン球面のアイディアを借用して，B_N に微分同相で写される $\mathbf{C}$（z-平面）を主役にして，北極点 N を無限遠点 ∞ とおいて $S^2=\mathbf{C}\cup\{\infty\}$ として考えることにしよう．$\phi_N{}^{-1}\circ\varphi_d\circ\phi_N(z)=f_d(z)$ を仮定した場合，$\varphi_d(\mathrm{N})=\varphi_d(\infty)$ が唯一決まっていない像である．一方，$\lim_{|z|\to\infty}|f_d(z)|=\infty$ であるから，$\varphi_d(\mathrm{N})=\varphi_d(\infty)=\infty=\mathrm{N}$ と定義するのが妥当に思える．これが上手くいくかどうかを見るには，複素座標変換(2.33)を用いて $\phi_S^{-1}\circ\varphi_d\circ\phi_S(w)$ を計算し，それが N（$w=0$）で滑らかであることを見ればよいことになる．この計算は簡単で，結果は

$$\phi_S^{-1}\circ\varphi_d\circ\phi_S(w)=\frac{1}{\sum_{i=0}^{d}a_iw^{-i}}=\frac{w^d}{\sum_{i=0}^{d}a_iw^{d-i}}$$

となり，$a_d\neq 0$ より明らかに $w=0$ で滑らかである．よって，多項式 f_d に

対して，$\phi_{\mathrm{N}}^{-1}\circ\varphi_d\circ\phi_{\mathrm{N}}(z)=f_d(z)$ を満たす滑らかな写像 $\varphi_d : S^2\to S^2$ がただ1つに決まることがわかった．

次に，φ_d の写像度を計算しよう．まず，複素変数を実変数に戻して，$f_d : \mathbf{C}\to\mathbf{C}$ を $\mathbf{R}^2$ から $\mathbf{R}^2$ への写像へ読み直す．定義域の $\mathbf{C}$ の座標を x^1+ix^2，値域の $\mathbf{C}$ の座標を u^1+iu^2 とおくと，f_d は以下のように書ける．

$$f_d(x^1+ix^2)=u^1+iu^2$$

つまり，$\mathbf{R}^2$ から $\mathbf{R}^2$ への写像

$$f_d(x^1,x^2)=(u^1(x^1,x^2),u^2(x^1,x^2))$$

と読み直せるのである．このとき，f_d が正則関数であることから，

$$\frac{df_d(z)}{dz}=\frac{\partial}{\partial x^1}(u^1+iu^2)=\frac{1}{i}\frac{\partial}{\partial x^2}(u^1+iu^2)$$

が成り立つので，以下のコーシー－リーマン方程式を得る．

$$\frac{\partial u^1}{\partial x^1}=\frac{\partial u^2}{\partial x^2},\qquad \frac{\partial u^2}{\partial x^1}=-\frac{\partial u^1}{\partial x^2}$$

これより，$\mathbf{R}^2$ から $\mathbf{R}^2$ への写像としてのヤコビ行列は，

$$\begin{pmatrix}\dfrac{\partial u^1}{\partial x^1} & \dfrac{\partial u^1}{\partial x^2}\\ \dfrac{\partial u^2}{\partial x^1} & \dfrac{\partial u^2}{\partial x^2}\end{pmatrix}=\begin{pmatrix}\dfrac{\partial u^1}{\partial x^1} & -\dfrac{\partial u^2}{\partial x^1}\\ \dfrac{\partial u^2}{\partial x^1} & \dfrac{\partial u^1}{\partial x^1}\end{pmatrix}$$

となる．よって行列式は $\left(\dfrac{\partial u^1}{\partial x^1}\right)^2+\left(\dfrac{\partial u^2}{\partial x^1}\right)^2=\left|\dfrac{df_d(z)}{dz}\right|^2$ となるので，写像の微分 $d(f_d)_x : T_x\mathbf{R}^2\to T_u\mathbf{R}^2$ が全射となる必要十分条件は $\dfrac{df_d(z)}{dz}\neq 0$ となることであり，またこのとき行列式は正値となる．これより，定義域の $\mathbf{R}^2$（同時に S^2）の向きと値域の $\mathbf{R}^2$（同時に S^2）の向きを

$$\mathrm{sgn}\left(\frac{\partial}{\partial x^1},\frac{\partial}{\partial x^2}\right)=1,\qquad \mathrm{sgn}\left(\frac{\partial}{\partial u^1},\frac{\partial}{\partial u^2}\right)=1$$

で与えておくと，$d(f_d)_x$ が全射となる任意の $x\in\mathbf{R}^2$（$\subset S^2$）で

$$\mathrm{sgn}\left(d(f_d)_x\left(\frac{\partial}{\partial x^1}\right),d\left((f_d)_x\left(\frac{\partial}{\partial x^2}\right)\right)\right)=1 \tag{2.31}$$

が成り立つことになる．

さて，φ_d の写像度を計算する話に戻ると，写像度を計算する正則値 $y \in S^2$ を B_{N} の点からとることにすると，計算は f_d を考えるだけで行なえることになり，これまでの議論が使える．f_d の臨界値は，$\dfrac{df_d(z)}{dz} = 0$ が成り立つ高々 $(d-1)$ 個の点 $\alpha_1, \cdots, \alpha_m$ $(m \leq d-1)$ の像 $f_d(\alpha_i)$ $(i = 1, \cdots, m)$ で与えられる．（高々 $(d-1)$ 個であることは，$\dfrac{df_d(z)}{dz}$ が $(d-1)$ 次多項式であることから出る．）よって，正則値 $y \in \mathbf{C}$ $(= \mathbf{R}^2)$ はこれら以外の点を好きに選べばよい．またこのとき，$f_d^{-1}(y)$ は相異なる d 個の点 $z_1, z_2, \cdots, z_d$ として得られる．

演習問題 2.25 y が f_d の正則値ならば，z についての方程式

$$f_d(z) = y \iff a_0 + a_1 z + a_2 z^2 + \cdots + a_d z^d = y$$

は相異なる d 個の解をもつことを示せ．

このとき，φ_d の写像度は，各 z_i の符号 $\mathrm{sgn}(z_i)$（定義 2.25 のすぐ前の記述で定められている）を $i = 1, 2, \cdots, d$ について和をとって得られるが，(2.31)より，それらはすべて 1 であることがわかる．よって，

$$\deg(\varphi_d) = d$$

を得るのである．

さて，これまでは $\mathbf{C}$ の複素座標 z の d 次多項式 f_d から得られる写像 φ_d: $S^2 \to S^2$ に関して考えてきた．この写像は写像度 d をもち，しかも $(d+1)$ 個の独立な複素パラメータ $a_0, a_1, a_2, \cdots, a_d$ を用いて連続的に変形できるので，かなり変化に富んだ写像の族を作れてはいるのであるが，$\varphi_d(\infty) = \infty$ $(\iff \varphi_d(\mathrm{N}) = \mathrm{N})$ という条件に拘束されている．そこで，この拘束を外して $\varphi_d(\mathrm{N})$ が S^2 の他の点をとり得るように，この写像の族を拡張していくことにしよう．そのために，S^2 を 1 次元**複素射影空間** CP^1 と同一視することにする．CP^1 とは，集合

$$\mathbf{C}^2-\{(0,0)\} := \{(X_1, X_2) \in \mathbf{C}^2 \mid (X_1, X_2) \neq (0,0)\}$$

にリー群 $\mathbf{C}^\times := \mathbf{C}-\{0\}$（群の積は複素数の積で定義される）の作用を

$$(X_1, X_2) \longmapsto (\lambda X_1, \lambda X_2) \qquad (\lambda \in \mathbf{C}^\times)$$

で定め，この群作用による同値類をとって得られる商空間 $(\mathbf{C}^2-\{(0,0)\})/\mathbf{C}^\times$ のことである．この $\mathbf{C}^\times$ の作用で同値類をとることは，2 つの複素数の比を考えることと解釈できるので，(X_1, X_2) の属する同値類 $[(X_1, X_2)]$ を，実射影空間のときと同様に $(X_1 : X_2)$ と書くことにする．したがって，CP^1 を以下のように表すこともできる．

$$CP^1 = \{(X_1 : X_2) \mid X_i \in \mathbf{C}\ (i=1,2),\ (X_1, X_2) \neq (0,0)\}$$

ここで，$B_i := \{(X_1 : X_2) \mid X_i \neq 0\}$ とおくと，開被覆 $CP^1 = B_1 \cup B_2$ が得られ，以下の微分同相写像が構成できる．

$$\phi_1 : \mathbf{C} \to B_1 \qquad (\phi_1(z) = (1 : z)),$$

$$\phi_2 : \mathbf{C} \to B_2 \qquad (\phi_2(w) = (w : 1))$$

このとき，座標変換 $\phi_2^{-1} \circ \phi_1 : \mathbf{C}-\{0\} \to \mathbf{C}-\{0\}$ を計算すると以下のようになる．

$$\phi_2^{-1} \circ \phi_1(z) = \phi_2^{-1}(1 : z) = \phi_2^{-1}\left(\frac{1}{z} : 1\right) = \frac{1}{z} = w$$

この座標変換が(2.30)で与えられる複素多様体としての S^2 の座標変換と一致するので，S^2 と CP^1 を同一視することができるのである．

ここで，2 変数 s, t を用いた 2 つの d 次斉次多項式

$$p(s,t) = \sum_{j=0}^{d} p_j s^{d-j} t^j, \qquad q(s,t) = \sum_{j=0}^{d} q_j s^{d-j} t^j$$

を考え，これから以下のように定義される写像 $\varphi_d : CP^1 \to CP^1$ を考えよう．

$$\varphi_d(s : t) = (p(s,t) : q(s,t)) \tag{2.32}$$

ただし，$p(s,t), q(s,t)$ は代数学の基本定理により，複素数の範囲内で d 個の斉次 1 次式の積に因数分解できるのであるが，写像 φ_d が上手く定義されるために，以下の条件が満たされているものとする．

（＊）　$p(s,t)$ と $q(s,t)$ は共通の斉次 1 次式 $\beta s-\alpha t$ （$(\alpha,\beta)\neq(0,0)$）で割り切れない．

上の条件が満たされない，つまり $p(s,t)$ と $q(s,t)$ がともに $\beta s-\alpha t$ で割り切れるとしよう．このとき，$p(\alpha,\beta)=q(\alpha,\beta)=0$ となり，(2.32) では $(\alpha:\beta)\in CP^1$ の像が定まらないことになる．逆にこの条件が満たされてさえいれば，

$$p(\lambda s,\lambda t)=\lambda^d p(s,t), \qquad q(\lambda s,\lambda t)=\lambda^d q(s,t)$$

が成り立つことにより，(2.32) で CP^1 から CP^1 への滑らかな写像が定義されていることは納得していただけると思う．

さて，これが d 次多項式 $\sum_{j=0}^{d}a_jz^j$ から得られる $\varphi_d:S^2\to S^2$ をどのように一般化しているかを見るには，(2.32) で与えられている写像の表示を，定義域と値域がともに B_1 に制限されている場合に考えてみればよい．このとき，$z=\dfrac{t}{s}$ $(s\neq 0)$ とおいて，

$$\begin{aligned}\varphi_d(s:t)&=\varphi_d(1:z)=(p(s,t):q(s,t))\\&=(s^dp(1,z):s^dq(1,z))\\&=\left(1:\frac{q(1,z)}{p(1,z)}\right)\end{aligned}$$

となるので，B_1 を z を座標とする複素平面 $\mathbf{C}$ と同一視すると，φ_d は $\mathbf{C}$ から $\mathbf{C}$ への写像としては有理関数で与えられる写像

$$z\longmapsto\frac{q(1,z)}{p(1,z)}=\frac{\sum_{j=0}^{d}q_jz^j}{\sum_{j=0}^{d}p_jz^j}$$

と見なせることがわかる．もっとも，これは数学的にはいささか乱暴な議論で，$\sum_{j=0}^{d}p_js^{d-j}t^j=\prod_{j=1}^{d}(\beta_js-\alpha_jt)$ と因数分解したときに，$z=\dfrac{\beta_j}{\alpha_j}$ となる点では，像は無限遠点 $\infty=\mathrm{N}$ となり，$\mathbf{C}$ からはみ出してしまっている．（分母

が0になっているときは，条件（∗）により，分子は0でないことに注意せよ.）一方，無限遠点 $\infty(=\mathrm{N})$ の像は，CP^1 においては $\infty=(0:1)$ であることに注意すると，

$$\varphi_d(0:1)=(p_d:q_d)$$

であり，条件（∗）より p_d と q_d が同時に0になることはないので，ちゃんと定まることになる．これらの考察からわかるように，(2.32)は拘束条件 $\varphi_d(\mathrm{N})=\mathrm{N}$ に縛られない，より一般的な写像の族を与えていることになる．

d 次多項式 $\sum_{j=0}^{d} a_j z^j$ から得られる写像に戻るには，

$$p(s,t)=p_0 s^d, \qquad q(s,t)=\sum_{j=0}^{d} a_j s^{d-j} t^j \quad (a_d \neq 0)$$

と特殊化すればよい．なお，上の場合も条件（∗）が満たされていることに注意して欲しい．したがって，(2.32)は d 次多項式を d 次多項式の比で書ける有理関数に拡張して得られる写像を考えていると解釈することができる．そして条件（∗）は，分母と分子の共通因子が約分されて多項式の次数が d より下がってしまうことを防ぐための条件なのである．

演習問題 2.26　(2.32)で与えられる写像 $\varphi_d: S^2 \to S^2$ の写像度が d であることを示せ．

$p(s,t)$ と $q(s,t)$ を同時に同じ定数で定数倍しても，$\mathbf{C}^\times$ の作用による同一視で同じ写像になってしまうので，この構成による φ_d では，粗く見積もって $2(d+1)-1=2d+1$ 個の複素パラメータで連続的に変化する写像度 d の S^2 から S^2 への滑らかな写像の族が得られたことになる．しかし，これで写像度が d の S^2 から S^2 の滑らかな写像をすべて尽くしたことになるのであろうか？　それは，素朴に考えても違うと思うであろう．一般には，滑らかな写像の変形の自由度は，量子力学等の直観で考えると無限次元の自由度があるはずであるし，実際そうである．実は，これまでに考えた写像は，S^2 を複素多様体として考えたとき，写像が局所複素座標を用いてそれらの正則

関数で表される「正則写像」というものになっている．そして，実は(2.32)で構成された写像は，写像度 d の $S^2 = CP^1$ から $S^2 = CP^1$ への正則写像をすべて尽くしているのである．このような正則写像は，筆者の専門としている位相的弦理論において大きな役割を果たすことをここで注意しておく．

2.3 接ベクトル場と微分形式

2.3.1 接ベクトル場

この節では，まず多様体の接ベクトル場の話から始めることにしよう．M を n 次元多様体としよう．このとき，各 $x \in M$ に対して，M の接ベクトル空間 T_xM という n 次元実ベクトル空間を定義した．ここで，M 上の接ベクトル場 V とは，手短にいえば，**各点 $\boldsymbol{x} \in \boldsymbol{M}$ に対して接ベクトル $\boldsymbol{v}(\boldsymbol{x}) \in \boldsymbol{T_x M}$ を滑らかに対応させる対応**のことである．物理的イメージを用いるならば，多様体の各点において“流れ”（風とか水流）の向きと速さを与えることと言ってよい．

まず簡単のため，多様体が n 次元ユークリッド空間 $\mathbf{R}^n$ である場合を考えてみよう．このとき，大域的な座標系 $(x^1, x^2, \cdots, x^n)$ がとれ，$T_x\mathbf{R}^n$ の基底はどの点でも共通に $\dfrac{\partial}{\partial x^1}, \dfrac{\partial}{\partial x^2}, \cdots, \dfrac{\partial}{\partial x^n}$ がとれる．したがって，$\mathbf{R}^n$ 上の接ベクトル場 V は，n 個の $\mathbf{R}^n$ 上の滑らかな関数 $v^1(x^1, \cdots, x^n), v^2(x^1, \cdots, x^n), \cdots, v^n(x^1, \cdots, x^n)$ を用いて，以下のように表すことができる．

$$V : (x^1, x^2, \cdots, x^n) \longmapsto \sum_{j=1}^{n} v^j(x^1, x^2, \cdots, x^n) \frac{\partial}{\partial x^j}$$

したがって，今の場合ベクトル場 V は，$(x^1, \cdots, x^n) \in \mathbf{R}^n$ に対して $\mathbf{R}^n$ の点 $(v^1(x^1, \cdots, x^n), \cdots, v^n(x^1, \cdots, x^n))$ を対応させる滑らかな写像 $\phi_V : \mathbf{R}^n \to \mathbf{R}^n$ とも見なせるのである．もちろん，このような同一視は，$\mathbf{R}^n$ が大域的な座標系をもつからできるのであって，一般にこのような見方ができるわけではない．しかし，このような見方も後で重要になってくることは注意しておく．

さて，次に内在的に定義された n 次元多様体 M 上のベクトル場について考えることにしよう．このとき，M は開被覆 $M = \bigcup_\alpha B_\alpha$ とそれに付随する局所座標系 $\phi_\alpha : U_\alpha \to B_\alpha$ (U_α は $\mathbf{R}^n$ の開集合）が与えられている．このとき，$x \in M$ の接ベクトル空間 T_xM とは，$x \in B_\alpha$ であるとき，局所座標 $(x_\alpha^1, \cdots, x_\alpha^n)$ を用いて形式的な基底 $\dfrac{\partial}{\partial x_\alpha^1}, \cdots, \dfrac{\partial}{\partial x_\alpha^n}$ で張られる実ベクトル空間であると定義した．ただし，$x \in B_\beta$ であるときは，2組の基底 $\dfrac{\partial}{\partial x_\alpha^1}, \cdots, \dfrac{\partial}{\partial x_\alpha^n}$ と $\dfrac{\partial}{\partial x_\beta^1}, \cdots, \dfrac{\partial}{\partial x_\beta^n}$ の間には基底変換の関係式

$$\frac{\partial}{\partial x_\alpha^i} = \sum_{j=1}^n \frac{\partial x_\beta^j}{\partial x_\alpha^i} \frac{\partial}{\partial x_\beta^j}$$

が成り立っている．ここで，$\dfrac{\partial x_\alpha^j}{\partial x_\alpha^i}$ は座標変換 $\phi_\beta^{-1} \circ \phi_\alpha : (x_\alpha^1, \cdots, x_\alpha^n) \mapsto (x_\beta^1(x_\alpha^1, \cdots, x_\alpha^n), \cdots, x_\beta^n(x_\alpha^1, \cdots, x_\alpha^n))$ から求められる．これらのことが用意されているので，M 上の接ベクトル場は以下のように定義すればよいことになる．

定義 2.27 M を n 次元多様体とし，開被覆 $M = \bigcup_\alpha B_\alpha$ とそれに付随する局所座標系 $\phi_\alpha : U_\alpha \to B_\alpha$ が与えられているものとする．このとき，M 上の滑らかな**接ベクトル場** V とは，各 U_α 上で滑らかな n 個の関数の組 $(v_\alpha^1(x_\alpha^1, \cdots, x_\alpha^n), \cdots, v_\alpha^n(x_\alpha^1, \cdots, x_\alpha^n))$ を用いて

$$\sum_{i=1}^n v_\alpha^i(x_\alpha^1, \cdots, x_\alpha^n) \frac{\partial}{\partial x_\alpha^i}$$

と表され*12，また $B_\alpha \cap B_\beta \neq \emptyset$ ならば，

*12 記号が示唆するように，後にリー微分を扱う際に，ベクトル場 V を M 上の滑らかな関数に対する微分演算子と見た議論を行なう．

$$\sum_{i=1}^{n} v_{\alpha}^{i}(x_{\alpha}^{1}, \cdots, x_{\alpha}^{n}) \frac{\partial}{\partial x_{\alpha}^{i}} = \sum_{i=1}^{n}\sum_{j=1}^{n} v_{\alpha}^{i}(x_{\alpha}^{1}, \cdots, x_{\alpha}^{n}) \frac{\partial x_{\beta}^{j}}{\partial x_{\alpha}^{i}} \frac{\partial}{\partial x_{\beta}^{j}}$$
$$= \sum_{j=1}^{n} v_{\beta}^{j}(x_{\beta}^{1}, \cdots, x_{\beta}^{n}) \frac{\partial}{\partial x_{\beta}^{j}}$$

つまり

$$\sum_{i=1}^{n} v_{\alpha}^{i}(x_{\alpha}^{1}, \cdots, x_{\alpha}^{n}) \frac{\partial x_{\beta}^{j}}{\partial x_{\alpha}^{i}} = v_{\beta}^{j}(x_{\beta}^{1}(x_{\alpha}^{1}, \cdots, x_{\alpha}^{n}), \cdots, x_{\beta}^{n}(x_{\alpha}^{1}, \cdots, x_{\alpha}^{n})) \tag{2.33}$$

が成り立つもののことをいう.

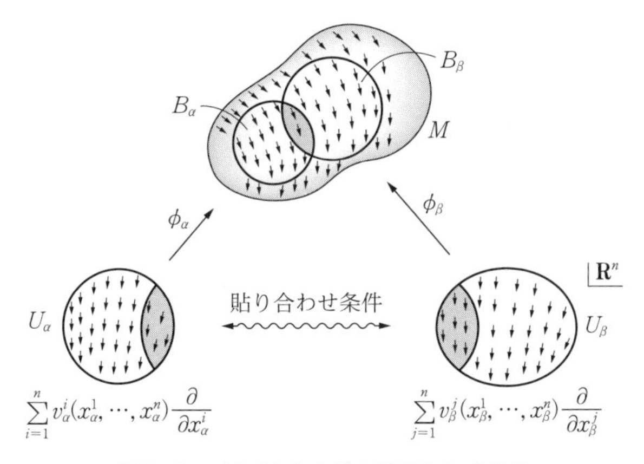

図 2.21 接ベクトル場の貼り合わせ条件

煎じ詰めていえば, M 上の接ベクトル場 V とは, 各 U_α で定義された滑らかなベクトル値関数 $(v_{\alpha}^{1}, \cdots, v_{\alpha}^{n})$ の集合 $\{(v_{\alpha}^{1}, \cdots, v_{\alpha}^{n})\}$ で, $B_\alpha \cap B_\beta \neq \emptyset$ ならば貼り合わせ条件(2.33)が成り立っているもののことなのである. 一般の多様体の場合は, 共通の大域的な座標系がとれないので, 局所座標で定義しておいて, つなぎ目で貼り合わせ条件を満たしていることを明記しておくわけである. このような定義の仕方は, 多様体上で大域的な微分形式やテンソル場などを定義していく際にも同様に用いられる.

なお, 参考のために, 多様体 M がユークリッド空間 $\mathbf{R}^N$ の部分集合として外在的に定義されている場合の接ベクトル場の定義についても触れておこ

う．この場合，$x \in M$ の近傍で与えられた M のパラメータ付け（局所座標）

$$\begin{aligned}
&\phi_x : U_x \to B^N(x, \varepsilon_x) \cap M, \\
&\phi_x(x^1, \cdots, x^n) = (y^1(x^1, \cdots, x^n), \cdots, y^N(x^1, \cdots, x^n)) \\
&\qquad\qquad\qquad = {}^t\mathbf{y}(x^1, \cdots, x^n)
\end{aligned}$$

（U_x は $\mathbf{R}^n$ の開集合）を用いると，M 上の滑らかな接ベクトル場 V とは，各点 $x \in M$ で上のパラメータ付けを用いて

$$\begin{aligned}
&\sum_{i=1}^{n} v^i(x^1, \cdots, x^n) \frac{\partial \mathbf{y}}{\partial x^i}(x^1, \cdots, x^n) \\
&= \sum_{i=1}^{n} v^i(x^1, \cdots, x^n) \begin{pmatrix} \dfrac{\partial y^1}{\partial x^i}(x^1, \cdots, x^n) \\ \vdots \\ \dfrac{\partial y^N}{\partial x^i}(x^1, \cdots, x^n) \end{pmatrix}
\end{aligned}$$

（ただし，各 $v^i(x^1, \cdots, x^n)$ は U_x 上の滑らかな関数）として表されるもののことである．もちろん，$x \in M$ で異なるパラメータ付け

$$\begin{aligned}
&\varphi_x : V_x \to B^N(x, \varepsilon'_x) \cap M, \\
&\varphi_x(z^1, \cdots, z^n) = (y^1(z^1, \cdots, z^n), \cdots, y^N(z^1, \cdots, z^n)) \\
&\qquad\qquad\qquad = {}^t\mathbf{y}(z^1, \cdots, z^n)
\end{aligned}$$

が存在するときには，その場合の V の表示

$$\sum_{i=1}^{n} w^i(z^1, \cdots, z^n) \frac{\partial \mathbf{y}}{\partial z^i}(z^1, \cdots, z^n)$$

ともとの表示を比べたときに，それらが $\mathbf{R}^N$ のベクトルとして等しくならなければならないことから，等式

$$\begin{aligned}
&\sum_{i=1}^{n} \sum_{i=1}^{n} v^i(x^1, \cdots, x^n) \frac{\partial z^j}{\partial x^i} \frac{\partial \mathbf{y}}{\partial z^j} \\
&= \sum_{i=1}^{n} w^j(z^1(x^1, \cdots, x^n), \cdots, z^n(x^1, \cdots, x^n)) \frac{\partial \mathbf{y}}{\partial z^j}
\end{aligned}$$

が要請される．この条件は，内在的な場合の貼り合わせの条件(2.33)に対応している．

例 2.18　S^n 上の接ベクトル場を考えてみよう．前に紹介したように，開被覆 $S^n = B_{\mathrm{N}} \cup B_{\mathrm{S}}$ をとり，付随する局所座標系 $\phi_{\mathrm{N}} : \mathbf{R}^n \to B_{\mathrm{N}}$，$\phi_{\mathrm{S}} : \mathbf{R}^n \to B_{\mathrm{S}}$ で考えることにする．ただし，B_{N} の局所座標を $(x_{\mathrm{N}}^1, \cdots, x_{\mathrm{N}}^n)$，$B_{\mathrm{S}}$ の局所座標を $(x_{\mathrm{S}}^1, \cdots, x_{\mathrm{S}}^n)$ とし，$\phi_{\mathrm{S}}^{-1} \circ \phi_{\mathrm{N}} : \mathbf{R}^n - \{0\} \to \mathbf{R}^n - \{0\}$ は以下で与えられるものとする．

$$\phi_{\mathrm{S}}^{-1} \circ \phi_{\mathrm{N}}(x_{\mathrm{N}}^1, \cdots, x_{\mathrm{N}}^n)$$
$$= \left(\frac{-x_{\mathrm{N}}^1}{\sum_{i=1}^n (x_{\mathrm{N}}^i)^2}, \frac{x_{\mathrm{N}}^2}{\sum_{i=1}^n (x_{\mathrm{N}}^i)^2}, \frac{x_{\mathrm{N}}^3}{\sum_{i=1}^n (x_{\mathrm{N}}^i)^2}, \cdots, \frac{x_{\mathrm{N}}^n}{\sum_{i=1}^n (x_{\mathrm{N}}^i)^2} \right) = (x_{\mathrm{S}}^1, x_{\mathrm{S}}^2, x_{\mathrm{S}}^3, \cdots, x_{\mathrm{S}}^n)$$

このように定義しておくと，$\det\left(\dfrac{\partial x_{\mathrm{S}}^i}{\partial x_{\mathrm{N}}^j}\right) > 0$ が成り立ち，向きを保存する局所座標系となる（例 2.14）．このとき，S^n 上の滑らかなベクトル場 V は，B_{N} の局所座標系を用いて，

$$\sum_{i=1}^n v_{\mathrm{N}}^i(x_{\mathrm{N}}^1, \cdots, x_{\mathrm{N}}^n) \frac{\partial}{\partial x_{\mathrm{N}}^i},$$

B_{S} 上の局所座標系を用いて，

$$\sum_{i=1}^n v_{\mathrm{S}}^i(x_{\mathrm{S}}^1, \cdots, x_{\mathrm{S}}^n) \frac{\partial}{\partial x_{\mathrm{S}}^i}$$

と表される．ただし，$v_{\mathrm{N}}^i, v_{\mathrm{S}}^i$ はともに $\mathbf{R}^n$ 上の滑らかな関数で，

$$\sum_{i=1}^n v_{\mathrm{N}}^i(x_{\mathrm{N}}^1, \cdots, x_{\mathrm{N}}^n) \frac{\partial x_{\mathrm{S}}^j}{\partial x_{\mathrm{N}}^i} = v_{\mathrm{S}}^j(x_{\mathrm{S}}^1(x_{\mathrm{N}}^1, \cdots, x_{\mathrm{N}}^n), \cdots, x_{\mathrm{S}}^n(x_{\mathrm{N}}^1, \cdots, x_{\mathrm{N}}^n)),$$

つまり，$j = 1$ ならば，

$$\sum_{i=1}^n v_{\mathrm{N}}^i(x_{\mathrm{N}}^1, \cdots, x_{\mathrm{N}}^n) \frac{2x_{\mathrm{N}}^i x_0^1 - \delta_i^1 \left(\sum_{i=1}^n (x_{\mathrm{N}}^l)^2 \right)}{\left(\sum_{l=1}^n (x_{\mathrm{N}}^l)^2 \right)^2}$$

$$= v_{\mathrm{S}}^1 \left(\frac{-x_{\mathrm{N}}^1}{\sum_{i=1}^n (x_{\mathrm{N}}^i)^2}, \frac{x_{\mathrm{N}}^2}{\sum_{i=1}^n (x_{\mathrm{N}}^i)^2}, \cdots, \frac{x_{\mathrm{N}}^n}{\sum_{i=1}^n (x_{\mathrm{N}}^i)^2} \right) \qquad (2.34)$$

$j>1$ならば,

$$\sum_{i=1}^{n} v_{\mathrm{N}}^{i}(x_{\mathrm{N}}^{1},\cdots,x_{\mathrm{N}}^{n})\frac{\delta_{i}^{j}\left(\sum_{l=1}^{n}(x_{\mathrm{N}}^{l})^{2}\right)-2x_{\mathrm{N}}^{i}x_{\mathrm{N}}^{j}}{\left(\sum_{l=1}^{n}(x_{\mathrm{N}}^{l})^{2}\right)^{2}}$$

$$=v_{\mathrm{S}}^{j}\left(\frac{-x_{\mathrm{N}}^{1}}{\sum_{i=1}^{n}(x_{\mathrm{N}}^{i})^{2}},\frac{x_{\mathrm{N}}^{2}}{\sum_{i=1}^{n}(x_{\mathrm{N}}^{i})^{2}},\cdots,\frac{x_{\mathrm{N}}^{n}}{\sum_{i=1}^{n}(x_{\mathrm{N}}^{i})^{2}}\right) \tag{2.35}$$

を満たしている.

2.3.2　ポアンカレ-ホップの定理

この小節では,「n次元多様体M上の接ベクトル場Vと,M上のn次元ベクトル値関数$f:M\to\mathbf{R}^n$はどのように違うのか」ということについて掘り下げていきたいと思う.前小節で述べたとおり,開被覆$M=\bigcup_{\alpha}B_\alpha$とそれに付随する局所座標系$\phi_\alpha:U_\alpha\to B_\alpha$($U_\alpha$は$\mathbf{R}^n$の開集合)が与えられているとき,$M$上の接ベクトル場$V$は,$U_\alpha$上では

$$\sum_{i=1}^{n} v_{\alpha}^{i}(x_{\alpha}^{1},\cdots,x_{\alpha}^{n})\frac{\partial}{\partial x_{\alpha}^{i}}$$

と表されている.つまり,1つのU_αで考える限り,接ベクトル場VはU_α上のベクトル値関数$f_\alpha:U_\alpha\to\mathbf{R}^n$,

$$f_\alpha(x_{\alpha}^{1},\cdots,x_{\alpha}^{n})=(v_{\alpha}^{1}(x_{\alpha}^{1},\cdots,x_{\alpha}^{n}),\cdots,v_{\alpha}^{n}(x_{\alpha}^{1},\cdots,x_{\alpha}^{n}))$$

と区別がつかないのである.しかし,接ベクトル場はベクトル値関数と違って,$B_\alpha\cap B_\beta\neq\emptyset$での貼り合わせ条件

$$\sum_{i=1}^{n} v_{\alpha}^{i}(x_{\alpha}^{1},\cdots,x_{\alpha}^{n})\frac{\partial x_{\beta}^{j}}{\partial x_{\alpha}^{i}}=v_{\beta}^{j}(x_{\beta}^{1}(x_{\alpha}^{1},\cdots,x_{\alpha}^{n}),\cdots,x_{\beta}^{n}(x_{\alpha}^{1},\cdots,x_{\alpha}^{n}))$$

に従わなければならない.この式が接ベクトル場とベクトル値関数との間にどのような違いを生み出すのかが今ひとつ具体的にわからないことと思う.そこで,n次元球面S^n上の接ベクトル場Vについて,この貼り合わせ条件

を詳しく見ていくことにしよう．

例 2.18 で見たように，開被覆 $S^n = B_{\mathrm{N}} \cup B_{\mathrm{S}}$ とそれに付随する局所座標系 $\phi_{\mathrm{N}} : \mathbf{R}^n \to B_{\mathrm{N}}$，$\phi_{\mathrm{S}} : \mathbf{R}^n \to B_{\mathrm{S}}$ を

$$\phi_{\mathrm{S}}^{-1} \circ \phi_{\mathrm{N}}(x_{\mathrm{N}}^1, \cdots, x_{\mathrm{N}}^n)$$
$$= \left(\frac{-x_{\mathrm{N}}^1}{\sum_{i=1}^n (x_{\mathrm{N}}^i)^2}, \frac{x_{\mathrm{N}}^2}{\sum_{i=1}^n (x_{\mathrm{N}}^i)^2}, \frac{x_{\mathrm{N}}^3}{\sum_{i=1}^n (x_{\mathrm{N}}^i)^2}, \cdots, \frac{x_{\mathrm{N}}^n}{\sum_{i=1}^n (x_{\mathrm{N}}^i)^2} \right) = (x_0^1, x_{\mathrm{S}}^2, x_{\mathrm{S}}^3, \cdots, x_{\mathrm{S}}^n)$$

となるようにとると，貼り合わせ条件は(2.34), (2.35)で与えられる．ここで，これらの関係式に

$$(x_{\mathrm{N}}^1, \cdots, x_{\mathrm{N}}^n) = \left(\frac{-x_{\mathrm{S}}^1}{\sum_{l=1}^n (x_{\mathrm{S}}^l)^2}, \frac{x_{\mathrm{S}}^2}{\sum_{l=1}^n (x_{\mathrm{S}}^l)^2}, \frac{x_{\mathrm{S}}^3}{\sum_{l=1}^n (x_{\mathrm{S}}^l)^2}, \cdots, \frac{x_{\mathrm{S}}^n}{\sum_{l=1}^n (x_{\mathrm{S}}^l)^2} \right)$$

を代入して，以下のように書き直してやることにしよう．

$$v_{\mathrm{S}}^1(x_{\mathrm{S}}^1, \cdots, x_{\mathrm{S}}^n)$$
$$= v_{\mathrm{N}}^1\left(\frac{-x_{\mathrm{S}}^1}{\sum_{l=1}^n (x_{\mathrm{S}}^l)^2}, \frac{x_{\mathrm{S}}^2}{\sum_{l=1}^n (x_{\mathrm{S}}^l)^2}, \cdots, \frac{x_{\mathrm{S}}^n}{\sum_{l=1}^n (x_{\mathrm{S}}^l)^2} \right)\left(2(x_{\mathrm{S}}^1)^2 - \sum_{l=1}^n (x_{\mathrm{S}}^l)^2 \right)$$
$$- \sum_{i=2}^n v_{\mathrm{N}}^i\left(\frac{-x_{\mathrm{S}}^1}{\sum_{l=1}^n (x_{\mathrm{S}}^l)^2}, \frac{x_{\mathrm{S}}^2}{\sum_{l=1}^n (x_{\mathrm{S}}^l)^2}, \cdots, \frac{x_{\mathrm{S}}^n}{\sum_{l=1}^n (x_{\mathrm{S}}^l)^2} \right)(2x_{\mathrm{S}}^1 x_{\mathrm{S}}^i),$$

$$v_{\mathrm{S}}^j(x_{\mathrm{S}}^1, \cdots, x_{\mathrm{S}}^n)$$
$$= v_{\mathrm{N}}^1\left(\frac{-x_{\mathrm{S}}^1}{\sum_{l=1}^n (x_{\mathrm{S}}^l)^2}, \frac{x_{\mathrm{S}}^2}{\sum_{l=1}^n (x_{\mathrm{S}}^l)^2}, \cdots, \frac{x_{\mathrm{S}}^n}{\sum_{l=1}^n (x_{\mathrm{S}}^l)^2} \right)(2x_{\mathrm{S}}^1 x_{\mathrm{S}}^j)$$
$$- \sum_{i=2}^n v_{\mathrm{N}}^i\left(\frac{-x_{\mathrm{S}}^1}{\sum_{l=1}^n (x_{\mathrm{S}}^l)^2}, \frac{x_{\mathrm{S}}^2}{\sum_{l=1}^n (x_{\mathrm{S}}^l)^2}, \cdots, \frac{x_{\mathrm{S}}^n}{\sum_{l=1}^n (x_{\mathrm{S}}^l)^2} \right)\left(\delta_i^j \left(\sum_{i=1}^n (x_{\mathrm{S}}^l)^2 \right) - 2x_{\mathrm{S}}^i x_{\mathrm{S}}^j \right)$$
$$(2 \leq j \leq n) \qquad (2.36)$$

これで，$v_{\mathrm{N}}^{i}(x_{\mathrm{N}}^{1},\cdots,x_{\mathrm{N}}^{n})$ を具体的に与えてやれば，$(x_{\mathrm{S}}^{1},\cdots,x_{\mathrm{S}}^{n})\neq 0$ で $v_{\mathrm{S}}^{i}(x_{\mathrm{S}}^{1},\cdots,x_{\mathrm{S}}^{n})$ が定まり，また滑らかさの条件により

$$\lim_{(x_{\mathrm{S}}^{1},\cdots,x_{\mathrm{S}}^{n})\to 0} v_{\mathrm{S}}^{i}(x_{\mathrm{S}}^{1},\cdots,x_{\mathrm{S}}^{n})$$

が滑らかさを崩すことなく定まれば，S^n 全体で定義された接ベクトル場が得られることになる．

手始めに，

$$v_{\mathrm{N}}^{i}(x_{\mathrm{N}}^{1},\cdots,x_{\mathrm{N}}^{n}) = x_{\mathrm{N}}^{i} \qquad (i=1,\cdots,n) \tag{2.37}$$

とおいて $v_{\mathrm{S}}^{i}(x_{\mathrm{S}}^{1},\cdots,x_{\mathrm{S}}^{n})$ を求めてみよう．簡単な計算により，

$$v_{\mathrm{S}}^{i}(x_{\mathrm{S}}^{1},\cdots,x_{\mathrm{S}}^{n}) = -x_{\mathrm{S}}^{i} \qquad (i=1,\cdots,n) \tag{2.38}$$

であることがわかる．ということで，ナイーブに考えると $v_{\mathrm{N}}^{i}(x_{\mathrm{N}}^{1},\cdots,x_{\mathrm{N}}^{n}) = x_{\mathrm{N}}^{i}$ は $(x_{\mathrm{N}}^{1},\cdots,x_{\mathrm{N}}^{n})\to\infty$ で発散するように見えるのであるが，貼り合わせの規則により，無限遠点に対応する $(x_{\mathrm{S}}^{1},\cdots,x_{\mathrm{S}}^{n})=0$ では接ベクトル場の値は 0 となるのである．これにより，貼り合わせの規則(2.36)は非自明な情報を含んでいることがわかる．

演習問題 2.27　(2.38)を導出せよ．

(2.37)と(2.38)で指定される S^n 上の接ベクトル場を V_1 とおくと，V_1 の零点（接ベクトルが零ベクトルとなる点）は南極 S（$(x_{\mathrm{N}}^{1},\cdots,x_{\mathrm{N}}^{n})=0$）と北

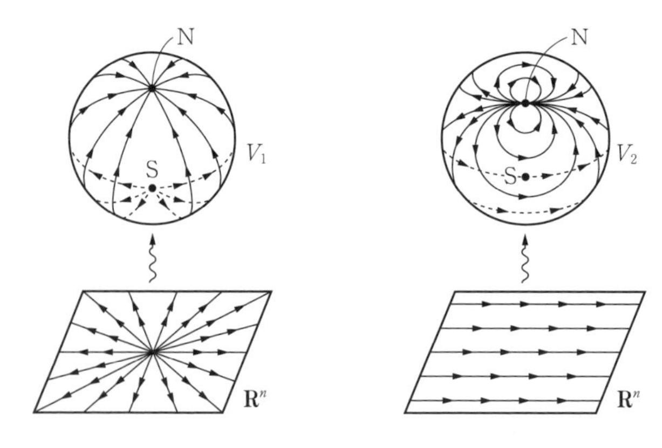

図 2.22
S^n 上の接ベクトル場

極 N $((x_S^1, \cdots, x_S^n) = 0)$ であることがわかる．

次に，

$$v_N^i(x_N^1, \cdots, x_N^n) = \delta_1^i \qquad (i = 1, \cdots, n) \tag{2.39}$$

とおいてみよう．これは何を意図しているかというと，任意の点で同じベクトルの値をとるような接ベクトル場を作れるかという試みである．上式は，任意の点で $(1, 0, \cdots, 0)$ という値をとる接ベクトル場をイメージしている．しかし，よく考えてみると S^n 全体で同じ座標はとれない上に，接ベクトルの成分表示は座標のとり方に依存するので，このようなイメージで接ベクトル場をそもそも作れるのかという疑問が湧いてくる．実際，上の表示を貼り合わせの規則(2.36)で B_S の座標での表示に変換すると，

$$v_S^i(x_S^1, \cdots, x_S^n) = -\delta_1^i\left(\sum_{i=1}^{n}(x_S^l)^2\right) + 2x_S^1 x_S^i \qquad (i = 1, \cdots, n) \tag{2.40}$$

となる．よって(2.39), (2.40)で指定される接ベクトル場を V_2 とおくと，V_2 は零点として北極 N をもつことがわかる．したがって，S^n 上で一定の零でない値をとる接ベクトル場を作ろうとしたのであるが，結果的に北極に零点をもつ接ベクトル場ができたわけである．

では，S^n 上で零点をもたない接ベクトル場は作れないのであろうか？ S^{2n-1} の以下で与えられる接ベクトル場を考えてみよう．

$$v_N^{2i-1}(x_N^1, \cdots, x_N^{2n-1}) = x_N^{2i} - x_N^{2n-1} x_N^{2i-1} \qquad (1 \le i \le n-1),$$

$$v_N^{2i}(x_N^1, \cdots, x_N^{2n-1}) = -x_N^{2i-1} - x_N^{2n-1} x_N^{2i} \qquad (1 \le i \le n-1),$$

$$v_N^{2n-1}(x_N^1, \cdots, x_N^{2n-1}) = \frac{1}{2}\left(-1 + \sum_{l=1}^{2n-1}(x_N^l)^2\right) - (x_N^{2n-1})^2 \tag{2.41}$$

貼り合わせの規則(2.36)を使うと，B_S での表示は以下のようになる．

$$v_S^1(x_S^1, \cdots, x_S^{2n-1}) = -x_S^2 + x_S^{2n-1} x_S^1,$$

$$v_S^2(x_S^1, \cdots, x_S^{2n-1}) = x_S^1 + x_S^{2n-1} x_S^2,$$

$$v_S^{2i-1}(x_S^1, \cdots, x_S^{2n-1}) = x_S^{2i} + x_S^{2n-1} x_S^{2i-1} \qquad (2 \le i \le n-1),$$

$$v_S^{2i}(x_S^1, \cdots, x_S^{2n-1}) = -x_S^{2i-1} + x_S^{2n-1} x_S^{2i} \qquad (2 \le i \le n-1),$$

$$v_S^{2n-1}(x_S^1, \cdots, x_S^{2n-1}) = \frac{1}{2}\left(1 - \sum_{l=1}^{2n-1}(x_S^l)^2\right) + (x_S^{2n-1})^2 \tag{2.42}$$

演習問題 2.28

（i） (2.42)を導出せよ．

（ii） (2.41), (2.42)で定まる S^{2n-1} 上の接ベクトル場を V_3 とおく．V_3 は零点をもたないことを示せ．

このように，奇数次元の球面には零点をもたない接ベクトル場が存在することがわかった．では，偶数次元の接ベクトル場の場合はどうなのだろうか？　実は，偶数次元の球面の接ベクトル場には必ず零点が存在することが示されるのである．その根拠となるのがポアンカレ－ホップの定理なのであるが，ここではまずその定理の主張を紹介することにしよう．準備として，接ベクトル場の孤立零点の局所的指数を定義する．

定義 2.28　M を向きをもつコンパクト n 次元多様体とし，V を M の接ベクトル場とする．$Z(V)$ を V の零点集合とし，$p \in Z(V)$ を V の**孤立零点**，つまりある p の開近傍 B_p が存在して $B_p \cap Z(V) = \{p\}$ が成り立つものとする．ここで，$\phi_p : U_p \to B_p$ を正の向きをもつ局所座標系とし，また U_p は $0 \in \mathbf{R}^n$ の開近傍で $\phi_p(0) = p$ を満たすものとする．この座標での V の表現を

$$\sum_{i=1}^{n} v^i(x^1, \cdots, x^n) \frac{\partial}{\partial x^i}$$

とし，また

$$\| v(x^1, \cdots, x^n) \| = \sqrt{\sum_{i=1}^{n} (v^i(x^1, \cdots, x^n))^2}$$

とおく．$\varepsilon > 0$ を十分小さくとると，

$$S^{n-1}(\varepsilon) := \left\{ (x^1, \cdots, x^n) \in \mathbf{R}^n \,\middle|\, \sum_{i=1}^{n} (x^i)^2 = \varepsilon^2 \right\}$$

は U_p に含まれるので，以下の写像 $f_p^V : S^{n-1}(\varepsilon) \to S^{n-1}$ が定義される．（以下の式では $(x^1, \cdots, x^n)$ を x と略記する．）

$$f_p^V : x \in S^{n-1}(\varepsilon) \longmapsto \left(\frac{v^1(x)}{\|v(x)\|}, \cdots, \frac{v^n(x)}{\|v(x)\|}\right) \in S^{n-1}$$

このとき，f_p^V の写像度で，$p \in Z(V)$ の**局所的指数** $\mathrm{ind}_V(p)$ を定義する．

$$\mathrm{ind}_V(p) := \deg(f_p^V)$$

この定義を見て気になるのは，局所的指数が座標のとり方や ε のとり方に依存しているように思えるところであるが，前に議論したように，写像度は写像の連続的な変形で不変であるので，これらに依存しないことが保証される．

では，早速前に紹介した S^n 上の接ベクトル場 V_1 と V_2 の零点について，局所的指数を計算してみることにしよう．まず V_1 についてであるが，$Z(V_1) = \{\mathrm{S}, \mathrm{N}\}$ であり，使う座標系としては $B_\mathrm{N}, B_\mathrm{S}$ での座標系がそのまま使える．(2.37), (2.38) を見ると，$\varepsilon = 1$ ととって，$f_\mathrm{S}^{V_1}$，$f_\mathrm{N}^{V_1}$ はそれぞれ以下のようにとることができる．

$$f_\mathrm{S}^{V_1} : (x_\mathrm{N}^1, \cdots, x_\mathrm{N}^n) \in S^{n-1} \longmapsto (x_\mathrm{N}^1, \cdots, x_\mathrm{N}^n) \in S^{n-1},$$
$$f_\mathrm{N}^{V_1} : (x_\mathrm{S}^1, \cdots, x_\mathrm{S}^n) \in S^{n-1} \longmapsto (-x_\mathrm{S}^1, \cdots, -x_\mathrm{S}^n) \in S^{n-1}$$

明らかに，$f_\mathrm{S}^{V_1}$ は S^1 の恒等写像であるから，$\deg(f_\mathrm{S}^{V_1}) = 1$ である．そこで，$\deg(f_\mathrm{N}^{V_1})$ を計算しよう．ここでは，これまでの定義に忠実に計算してみることにする．まず，開被覆 $S^{n-1} = B_\mathrm{N} \cup B_\mathrm{S}$ に付随する局所座標を $(y_\mathrm{N}^1, \cdots, y_\mathrm{N}^{n-1})$，$(y_\mathrm{S}^1, \cdots, y_\mathrm{S}^{n-1})$ とおき，$\phi_\mathrm{N} : \mathbf{R}^{n-1} \to B_\mathrm{N}$，$\phi_\mathrm{S} : \mathbf{R}^{n-1} \to B_\mathrm{S}$ とし，2 つの局所座標の向きが揃うように，

$$\phi_\mathrm{N}(y_\mathrm{N}^1, \cdots, y_\mathrm{N}^{n-1}) =$$
$$\left(\frac{2y_\mathrm{N}^1}{1+\sum_{l=1}^{n-1}(y_\mathrm{N}^l)^2}, \cdots, \frac{2y_\mathrm{N}^{n-1}}{1+\sum_{l=1}^{n-1}(y_\mathrm{N}^l)^2}, \frac{-1+\sum_{l=1}^{n-1}(y_\mathrm{N}^l)^2}{1+\sum_{l=1}^{n-1}(y_\mathrm{N}^l)^2}\right),$$

$$\phi_{\mathrm{S}}(y_{\mathrm{S}}^1, \cdots, y_{\mathrm{S}}^{n-1}) =$$
$$\left(\frac{-2y_{\mathrm{S}}^1}{1+\sum_{l=1}^{n-1}(y_{\mathrm{S}}^l)^2}, \frac{2y_{\mathrm{S}}^2}{1+\sum_{l=1}^{n-1}(y_{\mathrm{S}}^l)^2}, \cdots, \frac{2y_{\mathrm{S}}^{n-1}}{1+\sum_{l=1}^{n-1}(y_{\mathrm{S}}^l)^2}, \frac{1-\sum_{l=1}^{n-1}(y_{\mathrm{S}}^l)^2}{1+\sum_{l=1}^{n-1}(y_{\mathrm{S}}^l)^2} \right)$$

とおいておく．このとき，$f_{\mathrm{N}}^{V_1}$ を ϕ_{S} で与えられる局所座標で表現すると以下のようになる．

$$f_{\mathrm{N}}^{V_1} : (y_{\mathrm{S}}^1, y_{\mathrm{S}}^2, \cdots, y_{\mathrm{S}}^{n-1}) \longmapsto (y_{\mathrm{S}}^1, -y_{\mathrm{S}}^2, \cdots, -y_{\mathrm{S}}^{n-1})$$

これより，$\deg(f_{\mathrm{N}}^{V_1}) = (-1)^{n-2} = (-1)^n$ であることがわかる．

次に V_2 について考えてみよう．この場合は $Z(V_2) = \{\mathrm{N}\}$ であり，B_{S} での局所座標系がそのまま使える．このとき，(2.40)を参考に，以下の写像を考えてみよう．

$$f_{\mathrm{N}}^{V_1} : (x_{\mathrm{S}}^1, \cdots, x_{\mathrm{S}}^n) \longmapsto \left(-\sum_{l=1}^{n}(x_{\mathrm{S}}^l)^2 + 2(x_{\mathrm{S}}^1)^2, 2x_{\mathrm{S}}^1 x_{\mathrm{S}}^2, 2x_{\mathrm{S}}^1 x_{\mathrm{S}}^3, \cdots, 2x_{\mathrm{S}}^1 x_{\mathrm{S}}^n \right)$$

演習問題 2.29

（i）$f_{\mathrm{N}}^{V_1}$ が，$\sum_{i=1}^{n}(x_{\mathrm{S}}^i)^2 = 1$ $(\Longleftrightarrow \varepsilon = 1)$ のもとで S^{n-1} から S^{n-1} への写像となっていることを示せ．

（ii）$\deg(f_{\mathrm{N}}^{V_1}) = 1 + (-1)^n$ であることを示せ．

以上の結果をまとめてみよう．

$$\sum_{p \in Z(V_1)} \mathrm{ind}_{V_1}(p) = \mathrm{ind}_{V_1}(\mathrm{S}) + \mathrm{ind}_{V_1}(\mathrm{N}) = \deg(f_{\mathrm{S}}^{V_1}) + \deg(f_{\mathrm{N}}^{V_1})$$
$$= 1 + (-1)^n,$$
$$\sum_{p \in Z(V_2)} \mathrm{ind}_{V_2}(p) = \mathrm{ind}_{V_2}(\mathrm{N}) = \deg(f_{\mathrm{N}}^{V_2}) = 1 + (-1)^n$$

また，S^{2n-1} の接ベクトル場 V_3 には零点がなく，$Z(V_3) = \emptyset$ であったわけであるが，これも $1 + (-1)^{2n-1} = 0$ であることに注意すると，以下のような期待ができる．

「S^n の接ベクトル場 V が孤立零点しかもたない場合，各零点での局所的指数の和 $\sum_{p \in Z(V)} \mathrm{ind}_V(p)$ は V によらず $1+(-1)^n$ で一定となるのではないだろうか？」

実は，この $1+(-1)^n$ は S^n のオイラー数 $\chi(S^n)$ という位相不変量であることが知られている．（オイラー数は第3章で紹介する．）このような期待をより一般的な形で保証するのが，以下で紹介するポアンカレ - ホップの定理なのである．

定理 2.11　**（ポアンカレ - ホップの定理）**

M を向き付け可能な n 次元コンパクト多様体とする．M の接ベクトル場 V が孤立零点しかもたないならば，各零点での局所的指数の和は，M のオイラー数 $\chi(M)$ に等しくなる．

$$\sum_{p \in Z(V)} \mathrm{ind}_V(p) = \chi(M)$$

この定理により，偶数次元の球面 S^{2n} のオイラー数は2であるので，S^{2n} の接ベクトル場には必ず零点が存在することになる．具体的な例を挙げると，地球の表面がすべて海だったとすると，必ずどこかの地点で水の流れがゼロとなるのである．この定理の証明については，位相的交点理論を用いるアプローチがわかりやすいと思うが，例えば[11]などを参照されるとよい．本書では体系立てた議論で証明を与えることはしないが，定理の応用については今後触れることもあるであろう．

本小節の冒頭に述べたことに戻ると，ベクトル値関数 $f: M \to \mathbf{R}^n$ は当たり前に滑らかなものとして定値関数 $f: M \to v \in \mathbf{R}^n$ $(v \neq 0)$ がとれるので，零点をもたないものは容易に作れる．しかし，ポアンカレ - ホップの定理により，$\chi(M) \neq 0$ ならば，**どう頑張っても零点をもたない接ベクトル場は作れない**ことになる．このように，局所的には両者は同じと見なせても，大域的には本質的な違いがあるのである．

2.3.3　全微分と1次微分形式

読者の方々は，大学1年生の微積分の授業で2変数関数 $f(x^1, x^2)$ の「全微分」

$$df := \frac{\partial f}{\partial x^1}dx^1 + \frac{\partial f}{\partial x^2}dx^2 \tag{2.43}$$

というものに出会ったことと思う．この全微分というものは，記号的に非常に便利なものである．2変数の変数変換

$$x^1 = x^1(y^1, y^2), \qquad x^2 = x^2(y^1, y^2)$$

を考えてみよう．このとき，x^1 と x^2 を y^1 と y^2 の2変数関数と思ったときの全微分

$$dx^1 = \frac{\partial x^1}{\partial y^1}dy^1 + \frac{\partial x^1}{\partial y^2}dy^2, \qquad dx^2 = \frac{\partial x^2}{\partial y^1}dy^1 + \frac{\partial x^2}{\partial y^2}dy^2$$

を記号的に(2.43)に代入しよう．

$$\begin{aligned} df &= \frac{\partial f}{\partial x^1}\left(\frac{\partial x^1}{\partial y^1}dy^1 + \frac{\partial x^1}{\partial y^2}dy^2\right) + \frac{\partial f}{\partial x^2}\left(\frac{\partial x^2}{\partial y^1}dy^1 + \frac{\partial x^2}{\partial y^2}dy^2\right) \\ &= \left(\frac{\partial f}{\partial x^1}\frac{\partial x^1}{\partial y^1} + \frac{\partial f}{\partial x^2}\frac{\partial x^2}{\partial y^1}\right)dy^1 + \left(\frac{\partial f}{\partial x^1}\frac{\partial x^1}{\partial y^2} + \frac{\partial f}{\partial x^2}\frac{\partial x^2}{\partial y^2}\right)dy^2 \\ &= \frac{\partial f}{\partial y^1}dy^1 + \frac{\partial f}{\partial y^2}dy^2 \end{aligned}$$

ただし，ここでは合成関数の偏微分公式

$$\begin{aligned} \frac{\partial f}{\partial y^1} &= \frac{\partial f}{\partial x^1}\frac{\partial x^1}{\partial y^1} + \frac{\partial f}{\partial x^2}\frac{\partial x^2}{\partial y^1}, \\ \frac{\partial f}{\partial y^2} &= \frac{\partial f}{\partial x^1}\frac{\partial x^1}{\partial y^2} + \frac{\partial f}{\partial x^2}\frac{\partial x^2}{\partial y^2} \end{aligned}$$

を用いた．これが何を意味しているかというと，「全微分は座標のとり方によらない」ということである．このことに着目すると，n 次元多様体 M 上の滑らかな関数 $f : M \to \mathbf{R}$ に対する全微分を定義できる．

定義 2.29　M を n 次元多様体とし，$M=\bigcup_{\alpha} B_\alpha$ を開被覆，またそれに付随する局所座標系を $\phi_\alpha : U_\alpha \to B_\alpha$，局所座標を $(x_\alpha^1, \cdots, x_\alpha^n)$ とする．このとき，M 上の滑らかな関数 $f: M \to \mathbf{R}$ の**全微分**を以下で定める．

$$df := \sum_{i=1}^{n} \frac{\partial f}{\partial x_\alpha^i}(x_\alpha^1, \cdots, x_\alpha^n) dx_\alpha^i$$

このように定義しておくと，$B_\alpha \cap B_\beta \neq \emptyset$ で $x_\beta^i = x_\beta^i(x_\alpha^1, \cdots, x_\alpha^n)$ という座標変換があるとき，

$$\begin{aligned}
&\sum_{i=1}^{n} \frac{\partial f}{\partial x_\beta^i}(x_\beta^1, \cdots, x_\beta^n) dx_\beta^i \\
&\quad = \sum_{i=1}^{n} \frac{\partial f}{\partial x_\beta^i}(x_\beta^1(x_\alpha^1, \cdots, x_\alpha^n), \cdots, x_\beta^n(x_\alpha^1, \cdots, x_\alpha^n)) \left(\sum_{j=1}^{n} \frac{\partial x_\beta^i}{\partial x_\alpha^j} dx_\alpha^j \right) \\
&\quad = \sum_{j=1}^{n} \left(\sum_{i=1}^{n} \frac{\partial f}{\partial x_\beta^i}(x_\beta^1(x_\alpha^1, \cdots, x_\alpha^n), \cdots, x_\beta^n(x_\alpha^1, \cdots, x_\alpha^n)) \frac{\partial x_\beta^i}{\partial x_\alpha^j} \right) dx_\alpha^j \\
&\quad = \sum_{j=1}^{n} \frac{\partial f}{\partial x_\alpha^j}(x_\alpha^1, \cdots, x_\alpha^n) dx_\alpha^j
\end{aligned}$$

が成り立ち，全微分が大域的に上手く定義されることになるのである．

さて，この全微分の定義に用いられた記号 dx_α^i は，座標関数の全微分として捉えることによって，全微分の定義が座標によらないという性質を導いてくれたのだが，演習問題 2.20 で取り上げたように接ベクトル空間の基底 $\dfrac{\partial}{\partial x_\alpha^i}$ の双対基底として考えることもできる．すると，この関数 f の全微分 df は，以下で定義される M の余接ベクトル場の一種としても解釈することができる．

定義 2.30　M を n 次元多様体とし，$M=\bigcup_{\alpha} B_\alpha$ を開被覆，またそれに付随する局所座標系を $\phi_\alpha : U_\alpha \to B_\alpha$，局所座標を $(x_\alpha^1, \cdots, x_\alpha^n)$ とする．このとき，M の**余接ベクトル場** ω とは，各 B_α において，B_α の各点に対して M の余接ベクトル

$$\sum_{i=1}^{n} \omega_i^{\alpha}(x_\alpha^1, \cdots, x_\alpha^n) dx_\alpha^i$$

を滑らかに対応させるもので，また $B_\alpha \cap B_\beta \neq \emptyset$ ならば，

$$\begin{aligned}
&\sum_{i=1}^{n} \omega_i^{\beta}(x_\beta^1, \cdots, x_\beta^n) dx_\beta^i \\
&\quad = \sum_{i=1}^{n} \omega_i^{\beta}(x_\beta^1(x_\alpha^1, \cdots, x_\alpha^n), \cdots, x_\beta^n(x_\alpha^1, \cdots, x_\alpha^n)) \left(\sum_{j=1}^{n} \frac{\partial x_\beta^i}{\partial x_\alpha^j} dx_\alpha^j \right) \\
&\quad = \sum_{j=1}^{n} \left(\sum_{i=1}^{n} \omega_i^{\beta}(x_\beta^1(x_\alpha^1, \cdots, x_\alpha^n), \cdots, x_\beta^n(x_\alpha^1, \cdots, x_\alpha^n)) \frac{\partial x_\beta^i}{\partial x_\alpha^j} \right) dx_\alpha^j \\
&\quad = \sum_{j=1}^{n} \omega_j^{\alpha}(x_\alpha^1, \cdots, x_\alpha^n) dx_\alpha^j
\end{aligned}$$

が成り立つものとする．なお，上式は成分関数については

$$\sum_{i=1}^{n} \omega_i^{\beta}(x_\beta^1(x_\alpha^1, \cdots, x_\alpha^n), \cdots, x_\beta^n(x_\alpha^1, \cdots, x_\alpha^n)) \frac{\partial x_\beta^i}{\partial x_\alpha^j} = \omega_j^{\alpha}(x_\alpha^1, \cdots, x_\alpha^n) \tag{2.44}$$

が成り立つことと同値である．なお，M 上の余接ベクトル場 ω を，M 上の **1 次微分形式** ω とも呼ぶことにする．

ここで，上の定義では余接ベクトル場を 1 次微分形式と呼ぶ呼び方を導入している．これは，もちろん一般的にそう呼ばれているからここでもその呼称を紹介しているわけだが，なぜそう呼ばれるのかという理由が，実は座標変換に対する貼り合わせ法則(2.44)から読み取れるのである．対応する接ベクトル場の貼り合わせ規則を思い出してみよう．

$$\sum_{i=1}^{n} v_\alpha^i(x_\alpha^1, \cdots, x_\alpha^n) \frac{\partial x_\beta^j}{\partial x_\alpha^i} = v_\beta^j(x_\beta^1(x_\alpha^1, \cdots, x_\alpha^n), \cdots, x_\beta^n(x_\alpha^1, \cdots, x_\alpha^n)) \tag{2.45}$$

比べてみると，微妙な違いであるが，「余接ベクトル場の方が変数変換に対して良い振る舞いをしている」と感じられるのではないかと思う．どういうことかというと，「偏微分 $\dfrac{\partial x_\beta^i}{\partial x_\alpha^j}$ を計算するには $x_\beta^i = x_\beta^i(x_\alpha^1, \cdots, x_\alpha^n)$ という関

数形をちゃんと求めておくことが必要であるが，この関数形が(2.45)では偏微分が必要とされる側と逆側に入っているのに対し，(2.44)では同じ側に入っている」のである．もちろん，この変数変換に逆変換 $x_\alpha^i = x_\alpha^i(x_\beta^1, \cdots, x_\beta^n)$ がある場合には，これを(2.45)の両辺に代入して，実用的な変数変換公式を得ることができるし，実際前の小節ではその作業を実行して議論したのだが，計算上はいささか手間である．ところが，(2.44)の場合には，

「偏微分と $\dfrac{\partial x_\beta^i}{\partial x_\alpha^j}$ とそれを計算するのに必要な関数形
$x_\beta^i = x_\beta^i(x_\alpha^1, \cdots, x_\alpha^n)$ が同じ側にあるので，変数変換に逆変換が
存在しない一般の写像の場合にも(2.44)を拡張することができる」

のである．例えば，n 次元多様体 $N = \bigcup_\alpha C_\alpha$ から m 次元多様体 $M = \bigcup_\beta B_\beta$ への写像 $f : N \to M$ を考え，その写像の C_α における局所座標 $(x_\alpha^1, \cdots, x_\alpha^n)$ と B_β における局所座標 $(y_\beta^1, \cdots, y_\beta^m)$ による表示が $y_\beta^i = y_\beta^i(x_\alpha^1, \cdots, x_\alpha^n)$ $(i = 1, \cdots, m)$ で与えられていたとしよう．このとき，M 上の余接ベクトル場，あるいは1次微分形式 $\omega = \sum_{i=1}^m \omega_i^\beta(y_\beta^1, \cdots, y_\beta^m) dy_\beta^i$ は規則

$$\sum_{i=1}^m \omega_i^\beta(y_\beta^1(x_\alpha^1, \cdots, x_\alpha^n), \cdots, y_\beta^m(x_\alpha^1, \cdots, x_\alpha^n)) \frac{\partial y_\beta^i}{\partial x_\alpha^j} =: \tilde{\omega}_\alpha^j(x_\alpha^1, \cdots, x_\alpha^n) \qquad (j = 1, \cdots, n)$$

で N 上の余接ベクトル場, あるいは1次微分形式 $\tilde{\omega} := \sum_{i=1}^n \tilde{\omega}_\alpha^j(x_\alpha^1, \cdots, x_\alpha^n) dx_\alpha^j$ に変換されるのである．なお，この変換規則は座標関数の全微分

$$dy_\beta^i(x_\alpha^*) = \sum_{j=1}^n \frac{\partial y_\beta^i}{\partial x_\alpha^j} dx_\alpha^j$$

を用いると（$x_\alpha^* = (x_\alpha^1, \cdots, x_\alpha^n)$ と略記した），

$$\sum_{j=1}^n \tilde{\omega}_\alpha^j(x_\alpha^1, \cdots, x_\alpha^n) dx_\alpha^j$$
$$= \sum_{i=1}^m \omega_i^\beta(y_\beta^1(x_\alpha^1, \cdots, x_\alpha^n), \cdots, y_\beta^m(x_\alpha^1, \cdots, x_\alpha^n)) dy_\beta^i(x_\alpha^*)$$

と簡潔にまとめられる．このように，余接ベクトル場の場合，記号 dx_α^i は単なる基底を陽に表す記号としてだけではなく，変数変換の際に座標関数の全微分として積極的な働きをするので，1次微分形式と呼ぶ呼び方が生まれたわけである．次の小節では，この微分形式を i 次微分形式（$0 \leq i \leq n$（$=$ 多様体の次元））に拡張していくことにする．なお，多様体 M 上の滑らかな関数全体のなす集合を $\Omega^0(M)$，1次微分形式全体のなす集合を $\Omega^1(M)$ とおくと，これらはともに実ベクトル空間の構造をもち，$f \in \Omega^0(M)$ から全微分 $df \in \Omega^1(M)$ を得る操作は，線形写像

$$d : \Omega^0(M) \longrightarrow \Omega^1(M),$$

$$f \longmapsto \sum_{i=1}^{n} \frac{\partial f}{\partial x_\alpha^i} dx_\alpha^i$$

で定式化されることを注意しておく．この写像も，次の小節で i 次微分形式に対して拡張されていくことになる．

2.3.4　多様体上の微分形式

まず，手始めに $\mathbf{R}^n$ の開集合 U 上の微分形式を定義していくことにしよう．最初の段階では，U の座標 $(x^1, x^2, \cdots, x^n)$ に対して，基底 $dx^1, dx^2, \cdots, dx^n$ で張られる U の点 x 上の余接ベクトル空間 T_x^*U を考え，$\mathbf{a}, \mathbf{b} \in T_x^*U$ に対して**外積** $\wedge$ という2項演算を導入する．ただし，この2項演算の結果の行き先を $\bigwedge^2 T_x^*U$ とおいておく．この演算は，以下の**反可換性**と**双線形性**で特徴づけられる．

$$\mathbf{a} \wedge \mathbf{b} = -\mathbf{b} \wedge \mathbf{a},$$

$$(\alpha\mathbf{a} + \beta\mathbf{b}) \wedge \mathbf{c} = \alpha(\mathbf{a} \wedge \mathbf{c}) + \beta(\mathbf{b} \wedge \mathbf{c}) = -\mathbf{c} \wedge (\alpha\mathbf{a} + \beta\mathbf{b})$$

$$(\mathbf{a}, \mathbf{b}, \mathbf{c} \in T_x^*U, \ \ \alpha, \beta \in \mathbf{R})$$

演習問題 2.30　$dx^i \wedge dx^i = 0$ が成り立つことを示せ．

このとき，$\bigwedge^2 T_x^*U$ は $dx^i \wedge dx^j$ $(1 \leq i < j \leq n)$ で基底が与えられる $\binom{n}{2} = \frac{n(n-1)}{2}$ 次元の実ベクトル空間となる．このベクトル空間を2次の**外積余接ベクトル空間**と呼ぶことにする．

この2項演算として定義された外積に，結合律

$$(\mathbf{a}_1 \wedge \mathbf{a}_2) \wedge \mathbf{a}_3 = \mathbf{a}_1 \wedge (\mathbf{a}_2 \wedge \mathbf{a}_3) =: \mathbf{a}_1 \wedge \mathbf{a}_2 \wedge \mathbf{a}_3 \quad (\mathbf{a}_1, \mathbf{a}_2, \mathbf{a}_3 \in T_x^*U)$$

を要請して，3個の T_x^*M の元の外積を定義する．この3個の外積全体のなす実ベクトル空間を $\bigwedge^3 T_x^*U$ とおく．このとき，以下が成り立つ．

$$\mathbf{a}_{\sigma(1)} \wedge \mathbf{a}_{\sigma(2)} \wedge \mathbf{a}_{\sigma(3)} = \operatorname{sgn}(\sigma)(\mathbf{a}_1 \wedge \mathbf{a}_2 \wedge \mathbf{a}_3) \tag{2.46}$$

ただし，σ は3文字 $1, 2, 3$ の置換であり，$\operatorname{sgn}(\sigma)$ は置換の符号である．

演習問題 2.31　(2.46)が成り立つことを示せ．

この結果により，$\bigwedge^3 T_x^*U$ は $dx^{i_1} \wedge dx^{i_2} \wedge dx^{i_3}$ $(1 \leq i_1 < i_2 < i_3 \leq n)$ を基底とする $\binom{n}{3} = \frac{n(n-1)(n-2)}{6}$ 次元の実ベクトル空間であることがわかる．これを3次の**外積余接ベクトル空間**と呼ぶことにする．

以下，帰納的に結合律

$$\begin{aligned}
&\mathbf{a}_1 \wedge (\mathbf{a}_2 \wedge \cdots \wedge \mathbf{a}_p) \\
&= (\mathbf{a}_1 \wedge \mathbf{a}_2) \wedge (\mathbf{a}_3 \wedge \cdots \wedge \mathbf{a}_p) \\
&= (\mathbf{a}_1 \wedge \mathbf{a}_2 \wedge \mathbf{a}_3) \wedge (\mathbf{a}_4 \wedge \cdots \wedge \mathbf{a}_p) \\
&\quad \cdots \\
&= (\mathbf{a}_1 \wedge \cdots \wedge \mathbf{a}_{p-1}) \wedge \mathbf{a}_p \\
&=: \mathbf{a}_1 \wedge \mathbf{a}_2 \wedge \cdots \wedge \mathbf{a}_p \qquad (\mathbf{a}_1, \cdots, \mathbf{a}_p \in T_x^*U)
\end{aligned}$$

を要請することにより，p 個の T_x^*U の元の外積が定義され，すべての p 個の外積のなす実ベクトル空間を $\bigwedge^p T_x^*U$ とおく．

演習問題 2.32　以下を示せ.

（i）　$\mathbf{a}_1 \wedge \mathbf{a}_2 \wedge \cdots \wedge \mathbf{a}_p$ において, $\mathbf{a}_k$ と $\mathbf{a}_l$ $(1 \leq k < l \leq p)$ の位置を入れ替えると $-\mathbf{a}_1 \wedge \mathbf{a}_2 \wedge \cdots \wedge \mathbf{a}_p$ に等しくなる.

（ii）　$\mathbf{a}_{\sigma(1)} \wedge \mathbf{a}_{\sigma(2)} \wedge \cdots \wedge \mathbf{a}_{\sigma(p)} = \mathrm{sgn}(\sigma)(\mathbf{a}_1 \wedge \mathbf{a}_2 \wedge \cdots \wedge \mathbf{a}_p)$. ただし, σ は p 個の文字 $1, 2, \cdots, p$ の置換で $\mathrm{sgn}(\sigma)$ は置換の符号である.

（iii）　$p > n$ ならば, $dx^{i_1} \wedge dx^{i_2} \wedge \cdots \wedge dx^{i_p} = 0$ である.

この結果により, $\bigwedge^p T_x^* U$ は基底 $dx^{i_1} \wedge dx^{i_2} \wedge \cdots \wedge dx^{i_p}$ $(1 \leq i_1 < i_2 < \cdots < i_p \leq n)$ で張られる $\binom{n}{p}$ 次元の実ベクトル空間で, $p > n$ ならば $\bigwedge^p T_x^* U = \{0\}$ であることがわかる. この $\bigwedge^p T_x^* U$ を p 次の**外積余接ベクトル空間**と呼ぶことにする.

以上の準備のもとに, U 上の p 次微分形式を導入しよう.

定義 2.31　$\mathbf{R}^n = \{(x^1, \cdots, x^n) \mid x^i \in \mathbf{R}\ (i = 1, 2, \cdots, n)\}$ とし, $U \subset \mathbf{R}^n$ を開集合とする. このとき, U 上の 0 次微分形式を U 上の滑らかな関数と定義する. $p \geq 1$ のとき, U 上の $\boldsymbol{p}$ **次微分形式**（あるいは p 形式）を

$$\omega = \sum_{1 \leq i_1 < i_2 < \cdots < i_p \leq n} f_{i_1 i_2 \cdots i_p}(x) dx^{i_1} \wedge dx^{i_2} \wedge \cdots \wedge dx^{i_p}$$

で定義する. ただし, $f_{i_1 i_2 \cdots i_p}(x)$ は U 上の滑らかな関数である. また U 上の p 次微分形式全体のなす集合を $\Omega^p(U)$ とおく. $\Omega^p(U)$ は関数の和と定数倍を通して自然に（無限次元）実ベクトル空間となる. また, $p > n$ ならば, $\Omega^p(U) = \{0\}$ となる.

2 つの微分形式に対して, 以下のように外積が定義される.

定義 2.32　$\omega \in \Omega^p(U)$ と $\eta \in \Omega^q(U)$ を以下のようにおく.

$$\omega = \sum_{1 \leq i_1 < i_2 < \cdots < i_p \leq n} f_{i_1 i_2 \cdots i_p}(x) dx^{i_1} \wedge dx^{i_2} \wedge \cdots \wedge dx^{i_p},$$

$$\eta = \sum_{1 \leq j_1 < j_2 < \cdots < j_q \leq n} g_{j_1 j_2 \cdots j_q}(x) dx^{j_1} \wedge dx^{j_2} \wedge \cdots \wedge dx^{j_q}$$

このとき，ω と η の**外積** $\omega\wedge\eta\in\Omega^{p+q}(U)$ を以下で定める．

$$\omega\wedge\eta:=\sum_{\substack{1\le i_1<i_2\\<\cdots<i_p\le n}}\sum_{\substack{1\le j_1<j_2\\<\cdots<j_q\le n}} f_{i_1i_2\cdots i_p}(x)g_{j_1j_2\cdots j_q}(x)\,dx^{i_1}\wedge dx^{i_2}\wedge\cdots\wedge dx^{i_p}\wedge dx^{j_1}\wedge dx^{j_2}\wedge\cdots\wedge dx^{j_q}$$

例 2.19 $\omega=A\,dx+B\,dy+C\,dz\in\Omega^1(\mathbf{R}^3)$ と $\eta=P\,dx+Q\,dy+R\,dz\in\Omega^1(\mathbf{R}^3)$ の外積を計算してみよう．ただし，A,B,C,P,Q,R はいずれも $\mathbf{R}^3$ 上の滑らかな関数である．

$$\begin{aligned}\omega\wedge\eta&=(A\,dx+B\,dy+C\,dz)\wedge(P\,dx+Q\,dy+R\,dz)\\&=AP\,dx\wedge dx+BP\,dy\wedge dx+CP\,dz\wedge dx\\&\quad+AQ\,dx\wedge dy+BQ\,dy\wedge dy+CQ\,dz\wedge dy\\&\quad+AR\,dx\wedge dz+BR\,dy\wedge dz+CR\,dz\wedge dz\\&=(AQ-BP)\,dx\wedge dy+(BR-CQ)\,dy\wedge dz+(CP-AR)\,dz\wedge dx\end{aligned}$$

今度は，ω と $\phi=X\,dy\wedge dz+Y\,dz\wedge dx+Z\,dx\wedge dy\in\Omega^2(\mathbf{R}^3)$ の外積も計算してみよう．ここでも，X,Y,Z は $\mathbf{R}^3$ 上の滑らかな関数である．

$$\begin{aligned}\omega\wedge\phi&=(A\,dx+B\,dy+C\,dz)\wedge(X\,dy\wedge dz+Y\,dz\wedge dx+Z\,dx\wedge dy)\\&=AX\,dx\wedge dy\wedge dz+BX\,dy\wedge dy\wedge dz+CX\,dz\wedge dy\wedge dz\\&\quad+AY\,dx\wedge dz\wedge dx+BY\,dy\wedge dz\wedge dx+CY\,dz\wedge dz\wedge dx\\&\quad+AZ\,dx\wedge dx\wedge dy+BZ\,dy\wedge dx\wedge dy+CZ\,dz\wedge dx\wedge dy\\&=(AX+BY+CZ)\,dx\wedge dy\wedge dz\end{aligned}$$

演習問題 2.33 $\omega\in\Omega^p(U)$ と $\eta\in\Omega^q(U)$ の外積について，以下が成り立つことを示せ．

(i) $\omega\wedge\eta=(-1)^{pq}\eta\wedge\omega$.

(ii) $p+q>n$ ならば，$\omega\wedge\eta=0$.

また，m 個 $(m\ge 3)$ の微分形式 $\omega_i\in\Omega^{p_i}(U)$ $(i=1,2,\cdots,m)$ に対しても，結合律

$$\omega_1\wedge(\omega_2\wedge\cdots\wedge\omega_m)=(\omega_1\wedge\omega_2)\wedge(\omega_3\wedge\cdots\wedge\omega_m)$$

$$
\begin{aligned}
&= (\omega_1 \wedge \omega_2 \wedge \omega_3) \wedge (\omega_4 \wedge \cdots \wedge \omega_m) \\
&\quad \cdots \\
&= (\omega_1 \wedge \cdots \wedge \omega_{m-1}) \wedge \omega_m \\
&=: \omega_1 \wedge \omega_2 \wedge \cdots \wedge \omega_m
\end{aligned}
$$

を要請して，m 個の微分形式の**外積** $\omega_1 \wedge \omega_2 \wedge \cdots \wedge \omega_m \in \Omega^{\sum_{i=1}^{m} p_i}(U)$ を定義しておく．

演習問題 2.34　n 個の 1 形式 $\omega_i = \sum_{j=1}^{n} f_{ij}(x)dx^j \in \Omega^1(U)$ $(i = 1, 2, \cdots, n)$ を考える．このとき，

$$\omega_1 \wedge \omega_2 \wedge \cdots \wedge \omega_n = \det(f_{ij}(x))dx^1 \wedge dx^2 \wedge \cdots \wedge dx^n$$

が成り立つことを示せ．ただし，$(f_{ij}(x))$ とは (i, j) 成分が $f_{ij}(x)$ で与えられる n 次正方行列のことである．

次に，関数に対する全微分を p 次微分形式に対して拡張する「外微分」を定義しよう．

定義 2.33　$\Omega^p(U)$ から $\Omega^{p+1}(U)$ への線形写像 $d : \Omega^p(U) \to \Omega^{p+1}(U)$ を以下で定める．なお，この写像を**外微分**と呼ぶ．

$$
\begin{aligned}
&d\left(\sum_{1 \le i_1 < i_2 < \cdots < i_p \le n} f_{i_1 i_2 \cdots i_p}(x) dx^{i_1} \wedge dx^{i_2} \wedge \cdots \wedge dx^{i_p}\right) \\
&\quad := \sum_{1 \le i_1 < i_2 < \cdots < i_p \le n} \sum_{j=1}^{n} \frac{\partial f_{i_1 i_2 \cdots i_p}(x)}{\partial x^j} dx^j \wedge dx^{i_1} \wedge dx^{i_2} \wedge \cdots \wedge dx^{i_p} \\
&\quad = \sum_{1 \le i_1 < i_2 < \cdots < i_p \le n} (df_{i_1 i_2 \cdots i_p}(x)) \wedge (dx^{i_1} \wedge dx^{i_2} \wedge \cdots \wedge dx^{i_p})
\end{aligned}
$$

ただし，最後の行の $df_{i_1 i_2 \cdots i_p}(x) \in \Omega^1(U)$ は，滑らかな U 上の関数 $f_{i_1 i_2 \cdots i_p}(x)$ の全微分である．

例 2.20　$\mathbf{R}^3$ 上の 0 形式 f，1 形式 $\omega = A\,dx + B\,dy + C\,dz$，2 形式 $\eta = P\,dy \wedge dz + Q\,dz \wedge dx + R\,dx \wedge dy$ に対して，それぞれ外微分 $df, d\omega, d\eta$ を計算してみよう．

$$df = \frac{\partial f}{\partial x}dx + \frac{\partial f}{\partial y}dy + \frac{\partial f}{\partial z}dz,$$

$$\begin{aligned} d\omega &= \left(\frac{\partial A}{\partial x}dx + \frac{\partial A}{\partial y}dy + \frac{\partial A}{\partial z}dz\right)\wedge dx + \left(\frac{\partial B}{\partial x}dx + \frac{\partial B}{\partial y}dy + \frac{\partial B}{\partial z}dz\right)\wedge dy \\ &\quad + \left(\frac{\partial C}{\partial x}dx + \frac{\partial C}{\partial y}dy + \frac{\partial C}{\partial z}dz\right)\wedge dz \\ &= \left(\frac{\partial C}{\partial y} - \frac{\partial B}{\partial z}\right)dy\wedge dz + \left(\frac{\partial A}{\partial z} - \frac{\partial C}{\partial x}\right)dz\wedge dx + \left(\frac{\partial B}{\partial x} - \frac{\partial A}{\partial y}\right)dx\wedge dy, \end{aligned}$$

$$\begin{aligned} d\eta &= \left(\frac{\partial P}{\partial x}dx + \frac{\partial P}{\partial y}dy + \frac{\partial P}{\partial z}dz\right)\wedge dy\wedge dz \\ &\quad + \left(\frac{\partial Q}{\partial x}dx + \frac{\partial Q}{\partial y}dy + \frac{\partial Q}{\partial z}dz\right)\wedge dz\wedge dx \\ &\quad + \left(\frac{\partial R}{\partial x}dx + \frac{\partial R}{\partial y}dy + \frac{\partial R}{\partial z}dz\right)\wedge dx\wedge dy \\ &= \left(\frac{\partial P}{\partial x} + \frac{\partial Q}{\partial y} + \frac{\partial R}{\partial z}\right)dx\wedge dy\wedge dz \end{aligned}$$

ここで，1 形式 $A\,dx + B\,dy + C\,dz$ に $\mathbf{R}^3$ 上のベクトル場 (A, B, C) を対応させる写像を φ_1，2 形式 $P\,dy\wedge dz + Q\,dz\wedge dx + R\,dx\wedge dy$ に $\mathbf{R}^3$ 上のベクトル場 (P, Q, R) を対応させる写像を φ_2，3 形式 $g\,dx\wedge dy\wedge dz$ に関数 g を対応させる写像を φ_3 とそれぞれおくと，

$$\begin{aligned} \varphi_1(df) &= \left(\frac{\partial f}{\partial x}, \frac{\partial f}{\partial y}, \frac{\partial f}{\partial z}\right) = \mathrm{grad}(f), \\ \varphi_2(d{\varphi_1}^{-1}(A, B, C)) &= \left(\frac{\partial C}{\partial y} - \frac{\partial B}{\partial z},\ \frac{\partial A}{\partial z} - \frac{\partial C}{\partial x},\ \frac{\partial B}{\partial x} - \frac{\partial A}{\partial y}\right) \\ &= \mathrm{rot}(A, B, C), \\ \varphi_3(d{\varphi_2}^{-1}(P, Q, R)) &= \frac{\partial P}{\partial x} + \frac{\partial Q}{\partial y} + \frac{\partial R}{\partial z} = \mathrm{div}(P, Q, R) \end{aligned}$$

と，外微分がベクトル解析の勾配，回転，発散に相当する演算を生み出していることがわかる．

命題 2.4

(i) $\omega \in \Omega^p(U)$ と $\eta \in \Omega^q(U)$ に対して，以下が成り立つ．

$$d(\omega\wedge\eta) = (d\omega)\wedge\eta + (-1)^p\omega\wedge(d\eta)$$

（ii）　$\omega\in\Omega^p(U)$ に対して，以下が成り立つ．

$$d(d\omega) = d\circ d(\omega) = 0$$

つまり，$\boldsymbol{d\circ d=0}$ が任意の $p\geq 0$ に対して成り立つ．

[証明]　（i）　まず，$\omega\in\Omega^p(U)$ と $\eta\in\Omega^q(U)$ を以下のようにおく．

$$\omega = \sum_{1\leq i_1<i_2<\cdots<i_p\leq n} f_{i_1i_2\cdots i_p}(x)\,dx^{i_1}\wedge dx^{i_2}\wedge\cdots\wedge dx^{i_p},$$

$$\eta = \sum_{1\leq j_1<j_2<\cdots<j_q\leq n} g_{j_1j_2\cdots j_q}(x)\,dx^{j_1}\wedge dx^{j_2}\wedge\cdots\wedge dx^{j_q}$$

このとき，左辺を計算すると，

$$\begin{aligned}
&d(\omega\wedge\eta)\\
&= d\left(\sum_{\substack{1\leq i_1<i_2\\<\cdots<i_p\leq n}}\sum_{\substack{1\leq j_1<j_2\\<\cdots<j_q\leq n}} f_{i_1i_2\cdots i_p}(x)g_{j_1j_2\cdots j_q}(x)\,dx^{i_1}\wedge dx^{i_2}\wedge\cdots\wedge dx^{i_p}\right.\\
&\qquad\qquad\left.\wedge dx^{j_1}\wedge dx^{j_2}\wedge\cdots\wedge dx^{j_q}\right)\\
&= \sum_{\substack{1\leq i_1<i_2\\<\cdots<i_p\leq n}}\sum_{\substack{1\leq j_1<j_2\\<\cdots<j_q\leq n}}\sum_{l=1}^{n}\left(\frac{\partial f_{i_1i_2\cdots i_p}(x)}{\partial x^l}g_{j_1j_2\cdots j_q}(x) + f_{i_1i_2\cdots i_p}(x)\frac{\partial g_{j_1j_2\cdots j_q}(x)}{\partial x^l}\right)dx^l\\
&\qquad\qquad\wedge dx^{i_1}\wedge dx^{i_2}\wedge\cdots\wedge dx^{i_p}\wedge dx^{j_1}\wedge dx^{j_2}\wedge\cdots\wedge dx^{j_q}\\
&= \sum_{\substack{1\leq i_1<i_2\\<\cdots<i_p\leq n}}\sum_{\substack{1\leq j_1<j_2\\<\cdots<j_q\leq n}}\sum_{l=1}^{n}\frac{\partial f_{i_1i_2\cdots i_p}(x)}{\partial x^l}g_{j_1j_2\cdots j_q}(x)\,dx^l\wedge dx^{i_1}\wedge dx^{i_2}\wedge\cdots\\
&\qquad\qquad\wedge dx^{i_p}\wedge dx^{j_1}\wedge dx^{j_2}\wedge\cdots\wedge dx^{j_q}\\
&\quad + \sum_{\substack{1\leq i_1<i_2\\<\cdots<i_p\leq n}}\sum_{\substack{1\leq j_1<j_2\\<\cdots<j_q\leq n}}\sum_{l=1}^{n} f_{i_1i_2\cdots i_p}(x)\frac{\partial g_{j_1j_2\cdots j_q}(x)}{\partial x^l}dx^l\wedge dx^{i_1}\wedge dx^{i_2}\wedge\cdots\\
&\qquad\qquad\wedge dx^{i_p}\wedge dx^{j_1}\wedge dx^{j_2}\wedge\cdots\wedge dx^{j_q}\\
&= \sum_{\substack{1\leq i_1<i_2\\<\cdots<i_p\leq n}}\sum_{\substack{1\leq j_1<j_2\\<\cdots<j_q\leq n}}\sum_{l=1}^{n}\frac{\partial f_{i_1i_2\cdots i_p}(x)}{\partial x^l}g_{j_1j_2\cdots j_q}(x)\,dx^l\wedge dx^{i_1}\wedge dx^{i_2}\wedge\cdots\\
&\qquad\qquad\wedge dx^{i_p}\wedge dx^{j_1}\wedge dx^{j_2}\wedge\cdots\wedge dx^{j_q}
\end{aligned}$$

$$+(-1)^p \sum_{\substack{1\le i_1<i_2\\<\cdots<i_p\le n}} \sum_{\substack{1\le j_1<j_2\\<\cdots<j_q\le n}} \sum_{l=1}^{n} f_{i_1i_2\cdots i_p}(x) \frac{\partial g_{j_1j_2\cdots j_q}(x)}{\partial x^l} dx^{i_1}\wedge dx^{i_2}\wedge\cdots \wedge dx^{i_p}\wedge dx^l\wedge dx^{j_1}\wedge dx^{j_2}\wedge\cdots\wedge dx^{j_q}$$

と変形できる．ただし，最後の変形で dx^l と dx^{i_m} $(m=1,\cdots,p)$ の位置を次々と入れ替えることにより，符号 $(-1)^p$ が現れていることに注意して欲しい．さらに変形を進めると，

$$\begin{aligned}
&=\left(\sum_{1\le i_1<i_2<\cdots<i_p\le n}\sum_{l=1}^{n}\frac{\partial f_{i_1i_2\cdots i_p}(x)}{\partial x^l}dx^l\wedge dx^{i_1}\wedge dx^{i_2}\wedge\cdots\wedge dx^{i_p}\right)\\
&\qquad\wedge\left(\sum_{1\le j_1<j_2<\cdots<j_q\le n} g_{j_1j_2\cdots j_q}(x)\,dx^{j_1}\wedge dx^{j_2}\wedge\cdots\wedge dx^{j_q}\right)\\
&\quad+(-1)^p\left(\sum_{1\le i_1<i_2<\cdots<i_p\le n} f_{i_1i_2\cdots i_p}(x)\,dx^{i_1}\wedge dx^{i_2}\wedge\cdots\wedge dx^{i_p}\right)\\
&\qquad\wedge\left(\sum_{1\le j_1<j_2<\cdots<j_q\le n}\sum_{l=1}^{n}\frac{\partial g_{j_1j_2\cdots j_q}(x)}{\partial x^l}dx^l\wedge dx^{j_1}\wedge dx^{j_2}\wedge\cdots\wedge dx^{j_q}\right)\\
&=(d\omega)\wedge\eta+(-1)^p\omega\wedge(d\eta)
\end{aligned}$$

となり，証明が終わる．

（ii）　ω を以下のようにおく．

$$\omega=\sum_{1\le i_1<i_2<\cdots<i_p\le n} f_{i_1i_2\cdots i_p}(x)\,dx^{i_1}\wedge dx^{i_2}\wedge\cdots\wedge dx^{i_p}$$

定義に従って計算すると，

$$\begin{aligned}
&d(d\omega)\\
&=d\left(\sum_{1\le i_1<i_2<\cdots<i_p\le n}\sum_{j=1}^{n}\frac{\partial f_{i_1i_2\cdots i_p}(x)}{\partial x^j}dx^j\wedge dx^{i_1}\wedge dx^{i_2}\wedge\cdots\wedge dx^{i_p}\right)\\
&=\sum_{1\le i_1<i_2<\cdots<i_p\le n}\sum_{j=1}^{n}\sum_{k=1}^{n}\frac{\partial^2 f_{i_1i_2\cdots i_p}(x)}{\partial x^k\partial x^j}dx^k\wedge dx^j\wedge dx^{i_1}\wedge\cdots\wedge dx^{i_p}
\end{aligned}$$

となる．ここで，$dx^k\wedge dx^j=-dx^j\wedge dx^k$，$dx^k\wedge dx^k=0$（外積の性質より）および $\dfrac{\partial^2 f_{i_1i_2\cdots i_p}(x)}{\partial x^k\partial x^j}=\dfrac{\partial^2 f_{i_1i_2\cdots i_p}(x)}{\partial x^j\partial x^k}$ に注意して変形を進めると，

$$
\begin{aligned}
&= \sum_{1\le i_1<i_2<\cdots<i_p\le n} \sum_{j<k} \frac{\partial^2 f_{i_1 i_2\cdots i_p}(x)}{\partial x^k \partial x^j} dx^k \wedge dx^j \wedge dx^{i_1} \wedge \cdots \wedge dx^{i_p} \\
&\quad + \sum_{\substack{1\le i_1<i_2 \\ <\cdots<i_p\le n}} \sum_{k<j} \frac{\partial^2 f_{i_1 i_2\cdots i_p}(x)}{\partial x^k \partial x^j} dx^k \wedge dx^j \wedge dx^{i_1} \wedge \cdots \wedge dx^{i_p} \\
&= \sum_{1\le i_1<i_2<\cdots<i_p\le n} \sum_{j<k} \frac{\partial^2 f_{i_1 i_2\cdots i_p}(x)}{\partial x^k \partial x^j} dx^k \wedge dx^j \wedge dx^{i_1} \wedge \cdots \wedge dx^{i_p} \\
&\quad - \sum_{1\le i_1<i_2<\cdots<i_p\le n} \sum_{k<j} \frac{\partial^2 f_{i_1 i_2\cdots i_p}(x)}{\partial x^j \partial x^k} dx^j \wedge dx^k \wedge dx^{i_1} \wedge \cdots \wedge dx^{i_p} \\
&= \sum_{1\le i_1<i_2<\cdots<i_p\le n} \sum_{j<k} \frac{\partial^2 f_{i_1 i_2\cdots i_p}(x)}{\partial x^k \partial x^j} dx^k \wedge dx^j \wedge dx^{i_1} \wedge \cdots \wedge dx^{i_p} \\
&\quad - \sum_{1\le i_1<i_2<\cdots<i_p\le n} \sum_{j<k} \frac{\partial^2 f_{i_1 i_2\cdots i_p}(x)}{\partial x^k \partial x^j} dx^k \wedge dx^j \wedge dx^{i_1} \wedge \cdots \wedge dx^{i_p} \\
&= 0
\end{aligned}
$$

となり，証明が終わる．ただし，下から2行目で添え字 j, k の名前を付け替えていることに注意して欲しい．□

これらの証明は，微分形式に慣れている人にとっては常識であるが，初学者のためにあえて冗長に紹介してある．

次に，$\mathbf{R}^n$ の開集合 U から $\mathbf{R}^m$ の開集合 V への写像 $\varphi: U \to V$ が与えられている際に，微分形式の引き戻しというものを定義しよう．

定義 2.34　上の写像 $\varphi: U \to V$ に対して，

$$\varphi(x^1, \cdots, x^n) = (y^1(x^1, \cdots, x^n), \cdots, y^m(x^1, \cdots, x^n))$$

とおく．このとき，V 上の p 形式

$$\omega = \sum_{1\le i_1<i_2<\cdots<i_p\le m} \omega_{i_1 i_2\cdots i_p}(y) dy^{i_1} \wedge dy^{i_2} \wedge \cdots \wedge dy^{i_p} \in \Omega^p(V)$$

の φ による**引き戻し** $\varphi^*(\omega) \in \Omega^p(U)$ を以下で定義する．

$$\varphi^*(\omega) = \sum_{1\le i_1<i_2<\cdots<i_p\le m} \omega_{i_1 i_2\cdots i_p}(y(x)) dy^{i_1}(x) \wedge dy^{i_2}(x) \wedge \cdots \wedge dy^{i_p}(x)$$

ただし，$dy^{i_j}(x)$ は座標関数 $y^{i_j}(x)$ の全微分 $\displaystyle\sum_{l_j=1}^{n} \frac{\partial y^{i_j}}{\partial x^{l_j}} dx^{l_j}$ で，これを略さず

に書くと，以下のようになる．

$$\varphi^*(\omega) = \sum_{1\le i_1<\cdots<i_p\le m} \sum_{l_1=1}^{n} \cdots \sum_{l_p=1}^{n} \omega_{i_1 i_2 \cdots i_p}(y(x)) \frac{\partial y^{i_1}}{\partial x^{l_1}} \cdots \frac{\partial y^{i_p}}{\partial x^{l_p}} dx^{l_1} \wedge \cdots \wedge dx^{l_p}$$

演習問題 2.35 以下が成り立つことを示せ．

（i） $\psi : U \to V$, $\varphi : V \to W$ (U, V, W はそれぞれ $\mathbf{R}^n$, $\mathbf{R}^m$, $\mathbf{R}^l$ の開集合）とするとき，$\omega \in \Omega^p(W)$ に対して，$(\varphi\circ\psi)^*(\omega) = \psi^*(\varphi^*(\omega)) = (\psi^*\circ\varphi^*)(\omega)$ が成り立つ．

（ii） $\varphi : U \to V$, $\omega \in \Omega^p(V)$, $\eta \in \Omega^q(V)$ に対して，$\varphi^*(\omega\wedge\eta) = \varphi^*(\omega) \wedge \varphi^*(\eta)$ が成り立つ．

例 2.21 $\varphi : \mathbf{R} \to \mathbf{R}^3$ を $\varphi(t) = (1, t, t^2)$ とおく．このとき，$\omega = x\,dx + y\,dy + z\,dz \in \Omega^1(\mathbf{R}^3)$ に対して，

$$\begin{aligned} \varphi^*(\omega) &= 1\,d(1) + t\,d(t) + t^2 d(t^2) \\ &= t\,dt + t^2(2t\,dt) \\ &= (t+2t^3)\,dt \end{aligned}$$

となる．また $\eta = y\,dz - z\,dy \in \Omega^1(\mathbf{R}^3)$ とおくと，

$$\begin{aligned} \varphi^*(\eta) &= t\,d(t^2) - t^2 dt \\ &= t(2t\,dt) - t^2 dt = t^2\,dt \end{aligned}$$

を得る．また $\mathbf{R}$ 上には 2 次以上の微分形式が存在しないので，$\omega \in \Omega^p(\mathbf{R}^3)$ $(p > 1)$ のとき，$\varphi^*(\omega) = 0$ となる．実際，

$$\begin{aligned} \varphi^*(dy\wedge dz) &= d(t)\wedge d(t^2) \\ &= dt\wedge 2t\,dt = 2t\,dt\wedge dt = 0 \end{aligned}$$

である．

次に，$\psi : \mathbf{R}^3 \to \mathbf{R}$ を $\psi(x, y, z) = xyz$ とおいたとき，$\omega = t\,dt \in \Omega^1(\mathbf{R})$ に対して $\psi^*(\omega)$ を計算すると，

$$\begin{aligned} \psi^*(\omega) &= xyz\,d(xyz) \\ &= xyz(yz\,dx + xz\,dy + xy\,dz) \\ &= (xyz)^2\left(\frac{dx}{x} + \frac{dy}{y} + \frac{dz}{z}\right) \end{aligned}$$

となる．

演習問題 2.36

（i）$\mathbf{R}^3$ の極座標変換 $\varphi(r,\theta,\phi) = (r\sin(\theta)\cos(\phi), r\sin(\theta)\sin(\phi), r\cos(\theta)) = (x,y,z)$ に対して，$\varphi^*(dx\wedge dy\wedge dz)$ を求めよ．

（ii）一般に，座標変換 $\varphi(u,v,w) = (x(u,v,w), y(u,v,w), z(u,v,w))$ に対して，$\varphi^*(dx\wedge dy\wedge dz) = \dfrac{\partial(x,y,z)}{\partial(u,v,w)} du\wedge dv\wedge dw$ となることを示せ．ただし，$\dfrac{\partial(x,y,z)}{\partial(u,v,w)}$ は座標変換のヤコビ行列式である．

ここで，引き戻しと外微分の可換性に関する命題を証明しておこう．

命題 2.5　U，V をそれぞれ $\mathbf{R}^n$，$\mathbf{R}^m$ の開集合とし，$\varphi : U \to V$ とする．このとき，

$$\varphi^* \circ d = d \circ \varphi^*$$

が成り立つ．つまり，以下の図式が可換となる．

$$\begin{array}{ccc} \Omega^p(V) & \xrightarrow{d} & \Omega^{p+1}(V) \\ {\scriptstyle \varphi^*}\downarrow & & {\scriptstyle \varphi^*}\downarrow \\ \Omega^p(U) & \xrightarrow{d} & \Omega^{p+1}(U) \end{array}$$

［証明］　$\omega \in \Omega^p(V)$ を

$$\omega = \sum_{1\leq i_1<i_2<\cdots<i_p\leq m} \omega_{i_1 i_2\cdots i_p}(y)\, dy^{i_1}\wedge dy^{i_2}\wedge\cdots\wedge dy^{i_p}$$

とおき，$d\circ\varphi^*(\omega) = d(\varphi^*(\omega))$ を計算しよう．

$$\begin{aligned} & d(\varphi^*(\omega)) \\ &= d\left(\sum_{1\leq i_1<i_2<\cdots<i_p\leq m} \omega_{i_1 i_2\cdots i_p}(y(x))\, dy^{i_1}(x)\wedge dy^{i_2}(x)\wedge\cdots\wedge dy^{i_p}(x)\right) \\ &= \sum_{1\leq i_1<i_2<\cdots<i_p\leq m} \sum_{j=1}^{n} \frac{\partial\omega_{i_1 i_2\cdots i_p}(y(x))}{\partial x^j} dx^j\wedge dy^{i_1}(x)\wedge dy^{i_2}(x)\wedge\cdots\wedge dy^{i_p}(x) \end{aligned}$$

となる．ただし，ここで命題 2.4 と，それから従う $d(d(y^{i_k}(x))) = 0$ を用

いた．ここで，合成関数の微分法の公式

$$\frac{\partial \omega_{i_1 i_2 \cdots i_p}(y(x))}{\partial x^j} = \sum_{l=1}^{m} \frac{\partial \omega_{i_1 i_2 \cdots i_p}(y(x))}{\partial y^l} \frac{\partial y^l}{\partial x^j}$$

を用いてさらに書き直していくと，

$$\begin{aligned}
& d(\varphi^*(\omega)) \\
&= \sum_{\substack{1 \le i_1 < i_2 \\ < \cdots < i_p \le m}} \sum_{j=1}^{n} \sum_{l=1}^{m} \frac{\partial \omega_{i_1 i_2 \cdots i_p}(y(x))}{\partial y^l} \frac{\partial y^l}{\partial x^j} dx^j \wedge dy^{i_1}(x) \wedge dy^{i_2}(x) \wedge \cdots \wedge dy^{i_p}(x) \\
&= \sum_{1 \le i_1 < i_2 < \cdots < i_p \le m} \sum_{l=1}^{m} \frac{\partial \omega_{i_1 i_2 \cdots i_p}(y(x))}{\partial y^l} dy^l(x) \wedge dy^{i_1}(x) \wedge \cdots \wedge dy^{i_p}(x) \\
&= \varphi^* \left(\sum_{1 \le i_1 < i_2 < \cdots < i_p \le m} \sum_{l=1}^{m} \frac{\partial \omega_{i_1 i_2 \cdots i_p}(y)}{\partial y^l} dy^l \wedge dy^{i_1} \wedge \cdots \wedge dy^{i_p} \right) \\
&= \varphi^*(d(\omega))
\end{aligned}$$

となり，証明が終わる．□

特に，φ が座標変換を表すとき，上の命題は，外微分を行なってから座標変換した結果と，座標変換してから外微分を行なった結果が同じ，つまり**「外微分が座標のとり方に依存しない」**ことを意味している．したがって，$\mathbf{R}^n$ の開集合上の微分形式を局所座標系で貼り合わせた多様体上の微分形式を考えることになっても，多様体上の微分形式の外微分が上手く定義されることが保証されることになるのである．

以上で一旦，$\mathbf{R}^n$ の開集合上の微分形式の話は打ち切りにして，n 次元多様体 M 上の微分形式の話に移ることにしよう．以降の話を進める準備として，ここで「アインシュタインの記法」を導入する．

定義 2.35 （**アインシュタインの記法**）

$\mathbf{R}^n$ の開集合上で定義されたベクトル場や微分形式の添字について，上付き添字と下付き添字で同じ文字が重複して出てきた場合，自動的にその添字について 1 から n までの和をとる規則を導入し，総和記号 $\sum$ を省略することにする．例えば，これまで

$$\sum_{i=1}^{n} V^i \frac{\partial}{\partial x^i}$$

と表記してきた接ベクトル場は,

$$V^i \frac{\partial}{\partial x^i}$$

と表記することにする．また，これまで

$$\sum_{1 \le i_1 < \cdots < i_p \le n} \omega_{i_1 i_2 \cdots i_p}(x) dx^{i_1} \wedge dx^{i_2} \wedge \cdots \wedge dx^{i_p}$$

と表記してきた p 次微分形式 ω は，添字に対する（**完全**）**反対称性**

$$\omega_{i_1 \cdots i_k \cdots i_l \cdots i_p}(x) = -\omega_{i_1 \cdots i_l \cdots i_k \cdots i_p}(x) \qquad (1 \le k < l \le p)$$

を導入して,

$$\frac{1}{p!} \omega_{i_1 i_2 \cdots i_p}(x) dx^{i_1} \wedge dx^{i_2} \wedge \cdots \wedge dx^{i_p}$$

と表すことにする.

では，n 次元多様体 M 上の p 次微分形式を定義することにしよう.

定義 2.36　n 次元多様体 M が開被覆 $M = \bigcup_{\alpha} B_\alpha$ と，それに付随する局所座標系 $\phi_\alpha : U_\alpha \to B_\alpha$ で定義されているとする．また U_α の点 x_α を記述する座標を $(x_\alpha^1, \cdots, x_\alpha^n)$ と表す．このとき，M 上の $\boldsymbol{p}$ **次微分形式**（あるいは p 形式）ω を，各 U_α 上で定義された微分形式

$$\frac{1}{p!} \omega^\alpha_{i_1 \cdots i_p}(x_\alpha) dx_\alpha^{i_1} \wedge dx_\alpha^{i_2} \wedge \cdots \wedge dx_\alpha^{i_p}$$

で，$B_\alpha \cap B_\beta \neq \emptyset$ ならば $\phi_\alpha^{-1}(B_\alpha \cap B_\beta)$ 上で

$$\begin{aligned} &\frac{1}{p!} \omega^\alpha_{i_1 \cdots i_p}(x_\alpha) dx_\alpha^{i_1} \wedge dx_\alpha^{i_2} \wedge \cdots \wedge dx_\alpha^{i_p} \\ &= \frac{1}{p!} \omega^\beta_{j_1 \cdots j_p}(x_\beta(x_\alpha)) \frac{\partial x_\beta^{j_1}}{\partial x_\alpha^{i_1}} \cdots \frac{\partial x_\beta^{j_p}}{\partial x_\alpha^{i_p}} dx_\alpha^{i_1} \wedge dx_\alpha^{i_2} \wedge \cdots \wedge dx_\alpha^{i_p} \end{aligned}$$

を満たすものの集合 $\left\{ \frac{1}{p!} \omega^\alpha_{i_1 \cdots i_p}(x_\alpha) dx_\alpha^{i_1} \wedge dx_\alpha^{i_2} \wedge \cdots \wedge dx_\alpha^{i_p} \right\}$ として定義する（なお，$p = 0$ のときは M 上の C^∞ 級関数である）.

また，M 上の p 次微分形式全体の集合を $\Omega^p(M)$ と表す．多様体上の微分形式には自然に和と定数倍が定義されるので，$\Omega^p(M)$ は自然に（無限次元）実ベクトル空間となる．

命題 2.5 より，$\Omega^p(M)$ の元 $\omega = \left\{ \frac{1}{p!} \omega^{\alpha}_{i_1 \cdots i_p}(x_\alpha) dx^{i_1}_\alpha \wedge dx^{i_2}_\alpha \wedge \cdots \wedge dx^{i_p}_\alpha \right\}$ に対して，各 U_α 上の $(p+1)$ 次微分形式の集合 $\left\{ \frac{1}{p!} \frac{\partial \omega^{\alpha}_{i_1 \cdots i_p}(x_\alpha)}{\partial x^j_\alpha} dx^j_\alpha \wedge dx^{i_1}_\alpha \wedge dx^{i_2}_\alpha \wedge \cdots \wedge dx^{i_p}_\alpha \right\}$ を考えると，これは $\Omega^{p+1}(M)$ の元となる．これにより，M 上の $(p+1)$ 次微分形式 $d\omega \in \Omega^{p+1}(M)$ が定まる．

定義 2.37 $\omega \in \Omega^p(M)$ の元に対して，上で定まる $d\omega \in \Omega^{p+1}(M)$ を対応させる線形写像を $d : \Omega^p(M) \to \Omega^{p+1}(M)$，あるいは次数を明記する場合は $d_p : \Omega^p(M) \to \Omega^{p+1}(M)$ と表記し，M 上の**外微分作用素**と呼ぶ．命題 2.4 により，外微分作用素は

$$d_{p+1} \circ d_p = 0 \qquad (p \geq 0) \tag{2.47}$$

を満たす．また，これらの線形写像から得られる系列

$$0 \longrightarrow \Omega^0(M) \xrightarrow{d_0} \Omega^1(M) \xrightarrow{d_1} \cdots \xrightarrow{d_{n-1}} \Omega^n(M) \xrightarrow{d_n} 0$$

を M の**ド・ラム複体**と呼ぶ．また，$\Omega^p(M)$ の部分ベクトル空間

$$Z^p(M) := \mathrm{Ker}(d_p),$$
$$B^p(M) := \mathrm{Im}(d_{p-1}) \qquad (B^0(M) = \{0\} \text{ と定義})$$

を考えると，(2.47) より $B^p(M) \subset Z^p(M)$ が成り立つが，ここで商ベクトル空間

$$H^p_{DR}(M) := Z^p(M)/B^p(M)$$

を M の $\boldsymbol{p}$ **次ド・ラムコホモロジー群**と呼ぶ．

M のド・ラムコホモロジー群については，ここでは定義を述べるだけにとどめておいて，第 3 章で詳しく議論することにする．

2.4　接ベクトル場と 1 - パラメータ変換群

2.4.1　多様体の接ベクトル場の積分曲線と 1 - パラメータ変換群

この節では，多様体 M 上の接ベクトル場 V について改めて考えることにする．接ベクトル場 V が M 上に定常的な「流れ」を導入していると考えよう．今，M 内が空気（気体）あるいは水（液体）で満たされているとする．このとき，接ベクトル場 V のもたらす「流れ」によって，気体あるいは液体の粒子が移動していくことになる．M が満遍なく気体あるいは液体で満たされているとすると，時刻 $t=0$ での粒子の位置 $x_0 = x \in M$ は，多様体の点 x をラベル付けすると考えることができる．ここで，「V で与えられる流れによって，粒子が移動していく」という描像を数式を使って表すことにしよう．それは，$t=0$ で x_0 にあった粒子の時刻 t における位置を $x(t;x_0)$ とおくと，粒子の時刻 t における速度ベクトル $\dfrac{dx(t;x_0)}{dt}$ が，接ベクトル場 V の与える $x(t;x_0)$ における接ベクトル $v(x(t;x_0))$ に等しくなる，つまり

$$\frac{dx(t;x_0)}{dt} = v(x(t;x_0)) \tag{2.48}$$

が成り立つと要請すればよいのである．もちろん，物理としては液体や気体の密度に依存する比例定数を左辺にかける必要があろうが，今は数学なので比例定数は 1 とする．速度ベクトル $\dfrac{dx(t;x_0)}{dt}$ は，明らかに多様体 M の点 $x(t;x_0)$ における接ベクトルであるから，上の方程式は座標系のとり方によらない．また，微分方程式を具体的に解く必要が生じた場合には，$x(t;x_0)$ を覆う局所座標 $(x^1, \cdots, x^n) \in U$（U は $\mathbf{R}^n$ の開集合）を用意し，$x(t;x_0)$ における接ベクトルを

$$v(x(t;x_0)) = v^i(x^1(t;x_0), \cdots, x^n(t;x_0))\frac{\partial}{\partial x^i}$$

と表して（アインシュタインの記法），上の方程式を

$$\frac{dx^i(t;x_0)}{dt} = v^i(x^1(t;x_0), \cdots, x^n(t;x_0)) \qquad (i = 1, \cdots, n) \tag{2.49}$$

と書き直してやれば，数学における微分方程式の問題として解の存在を議論するなり，解ける場合には具体的に解を求めることができるのである．

さて，この方程式の解 $x(t;x_0)$ が，とりあえず「任意の $x_0 \in M$，任意の $t \in \mathbf{R}$ について存在する」と仮定しよう．すると，粒子の移動する軌跡 $x(t;x_0)$ $(t \in \mathbf{R})$ が得られるのだが，これを接ベクトル場 V の $x_0 \in M$ を初期値とする**積分曲線**という．また，初期値 x_0 を変化させることによって，積分曲線の族

$$\{x(t;x_0) \mid x_0 \in M\}$$

を考えることができる．さらに，この族を利用して，写像 $\phi_t : M \to M$ を

$$\phi_t(x_0) \coloneqq x(t;x_0)$$

と定義することができる．この写像 ϕ_t について考えてみよう．数学的な議論の前に，物理的直観で考えていくことにしよう．まず，接ベクトル場が滑らか，つまり多様体上の位置の滑らかな変化に関して流れが滑らかに変化するならば，$x(t;x_0)$ が x_0 の変化に対して滑らかに変化すると考えられる．そこで，ϕ_t は滑らかな写像であると結論付けられる．

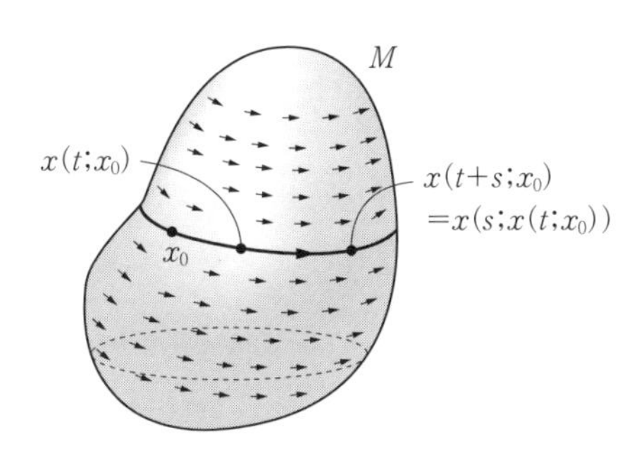

図 2.23 積分曲線

今度は，ϕ_t が全射であるか，また単射であるかについて考えることにしてみよう．そのためには，この流れが「定常的である」，つまり時間 t によらない流れであることに着目しよう．このとき，時刻 t に位置 $x(t;x_0)$ にある粒子の位置は，時刻 $t+s$ には位置

$$x(s;x(t;x_0))$$

にあることがわかる．なぜなら，流れが時間変化しないので，粒子の動きは，時刻 t に位置 $x(t;x_0)$ にあるならば，時刻 $t+s$ での位置は時刻 0 に $x(t;x_0)$ にある粒子の時刻 s での位置と同じだからである．これは，写像 ϕ_t について次のことが成り立つことを意味している．

$$\phi_{t+s}(x_0) = x(t+s;x_0) = x(s;x(t;x_0)) = \phi_s(\phi_t(x_0))$$
$$(\forall x_0 \in M,\ \forall t, s \in \mathbf{R})$$
$$\phi_{t+s} = \phi_s \circ \phi_t \qquad (\forall t, s \in \mathbf{R})$$

明らかに $\phi_0 = 1_M$，つまり M の恒等写像となるので，$s = -t$ とおくと，

$$\phi_0 = 1_M = \phi_{-t} \circ \phi_t \qquad (\forall t \in \mathbf{R})$$

が成り立つ．ゆえに，任意の $\phi_t : M \to M$ は逆写像をもち，したがって全単射となる．ϕ_t は滑らかでもあるので，自動的に ϕ_t は M から自分自身への微分同相写像となるわけである．

さて，多様体 M から自分自身への微分同相写像全体の集合は，写像の合成を積と見なすことで群となり，それを記号 $\mathrm{Aut}(M)$ で表し，M の**自己同型群**という．（当然，この群は真面目に考えると無限次元のリー群になることが予想されるが，それについては今は深く考えないことにする．）

定義 2.38　n 次元多様体 M と，M 上の滑らかな接ベクトル場 V が与えられているとする．このとき，任意の $t \in \mathbf{R}$ と任意の $x_0 \in M$ に対して，微分方程式

$$\frac{dx(t;x_0)}{dt} = v(x(t;x_0)) \qquad (x(0;x_0) = x_0)$$

の解 $x(t;x_0)$ が存在するとする（ここで，$v(x(t;x_0))$ は V で与えられる

$x(t;x_0)$ における接ベクトルである). このとき, 各 $x_0 \in M$ に対して $\phi_t(x_0) = x(t;x_0) \in M$ で定まる写像 $\phi_t : M \to M$ は微分同相写像となり, また写像の族 $\{\phi_t \,|\, t \in \mathbf{R}\}$ を考えると,

$$\phi_{t+s} = \phi_s \circ \phi_t, \qquad \phi_0(M) = 1_M \quad (\text{恒等写像})$$

が成り立つので, この族は写像の合成を積として $\mathrm{Aut}(M)$ の部分群となる. このようにして得られる $\mathrm{Aut}(M)$ の部分群 $\{\phi_t \,|\, t \in \mathbf{R}\}$ を, M 上の接ベクトル場 V から得られる**1-パラメータ変換群**という.

もちろん, ここでいう1-パラメータ変換群 $\{\phi_t \,|\, t \in \mathbf{R}\}$ は接ベクトル場 V に依存して決まるものである. したがって, それを強調して $\{\phi_t^V \,|\, t \in \mathbf{R}\}$ と書いた方がよい場合もあるので, 必要な場合はこちらの記法を使うことにする. 感じをつかむために, いくつか簡単な例で具体的に計算してみよう.

例 2.22　$\mathbf{R}^2 = \{(x, y) \,|\, x, y \in \mathbf{R}\}$ 上の接ベクトル場 $V_0 \coloneqq a\dfrac{\partial}{\partial x} + b\dfrac{\partial}{\partial y}$ (a, b は実定数) に対する1-パラメータ変換群を求めよう. $\mathbf{R}^2$ は大域的な座標系がとれているので, 接ベクトル場の積分曲線を求めるには, (2.49)を用いて微分方程式

$$\frac{dx(t;(x_0, y_0))}{dt} = a, \qquad \frac{dy(t;(x_0, y_0))}{dt} = b$$

$$(x(0;(x_0, y_0)) = x_0, \;\; y(0;(x_0, y_0)) = y_0)$$

を解けばよい. これは簡単に積分できて, 解は

$$x(t;(x_0, y_0)) = x_0 + at, \qquad y(t;(x_0, y_0)) = y_0 + bt$$

となる. したがって, 1-パラメータ変換群は

$$\phi_t(x_0, y_0) = (x_0 + at, y_0 + bt)$$

で与えられるが, この変換が $\phi_0 = 1_{\mathbf{R}^2}$, $\phi_s \circ \phi_t = \phi_{s+t}$ を満たすことは容易に確かめられる. この1-パラメータ変換が, $\mathbf{R}^2$ 上の一定の流れから引き起こされる平行移動に対応していることは, 物理的直観からも明らかであろう.

例 2.23　もう少し難しくして，$\mathbf{R}^2$ 上の接ベクトル場 $V_1 := x\dfrac{\partial}{\partial x}+y\dfrac{\partial}{\partial y}$ に対する 1-パラメータ変換群を求めよう．この場合も，接ベクトル場の積分曲線を求めるには，(2.49)を用いて微分方程式

$$\frac{dx(t;(x_0,y_0))}{dt} = x(t;(x_0,y_0)), \qquad \frac{dy(t;(x_0,y_0))}{dt} = y(t;(x_0,y_0))$$

$$(x(0;(x_0,y_0)) = x_0,\ \ y(0;(x_0,y_0)) = y_0)$$

を解けばよい．これは，本質的に 1 変数の線形 1 階微分方程式なので，簡単に積分できて，解は

$$x(t;(x_0,y_0)) = x_0e^t, \qquad y(t;(x_0,y_0)) = y_0e^t$$

となる．したがって，1-パラメータ変換は，

$$\phi_t(x_0,y_0) = (x_0e^t, y_0e^t)$$

で与えられる．$\phi_0 = 1_{\mathbf{R}^2}$ はすぐわかるので，$\phi_s\circ\phi_t = \phi_t$ を確かめておこう．

$$\begin{aligned}\phi_s(\phi_t(x_0,y_0)) &= \phi_s(x_0e^t, y_0e^t) = ((x_0e^t)e^s, (y_0e^t)e^s)\\ &= (x_0e^{s+t}, y_0e^{s+t}) = \phi_{s+t}(x_0,y_0)\end{aligned}$$

この 1-パラメータ変換は，接ベクトル場 $V_1 := x\dfrac{\partial}{\partial x}+y\dfrac{\partial}{\partial y}$ がスケール変換の無限小変換に対応していることを意味している．

物理学科生なら，この接ベクトル場の 1-パラメータ変換が，量子力学における対称性の無限小変換の議論を含んでいることに気付くであろう．

例 2.24　もう 1 つ典型的な例として，$\mathbf{R}^2$ 上の接ベクトル場 $V_2 := x\dfrac{\partial}{\partial y}-y\dfrac{\partial}{\partial x}$ に対する 1-パラメータ変換群を求めておこう．この場合も，(2.49)を用いて微分方程式

$$\frac{dx(t;(x_0,y_0))}{dt} = -y(t;(x_0,y_0)), \qquad \frac{dy(t;(x_0,y_0))}{dt} = x(t;(x_0,y_0))$$

$$(x(0;(x_0,y_0)) = x_0,\ \ y(0;(x_0,y_0)) = y_0)$$

を解けばよい．$y(t;(x_0,y_0))$ を消去すると，$x(t;(x_0,y_0))$ についての 2 階の

線形微分方程式

$$\frac{d^2x(t;(x_0,y_0))}{dt^2} = -x(t;(x_0,y_0))$$

$$\left(x(0;(x_0,y_0)) = x_0,\ \ \frac{dx(0;(x_0,y_0))}{dt} = -y_0\right)$$

を得るので，これを解くと解は以下のようになる．

$$x(t;(x_0,y_0)) = x_0\cos(t) - y_0\sin(t),\quad y(t;(x_0,y_0)) = x_0\sin(t) + y_0\cos(t)$$

よって1-パラメータ変換は，行列を用いて以下の形に書ける．

$$\phi_t(x_0,y_0) = {}^t\!\left(\begin{pmatrix}\cos(t) & -\sin(t)\\ \sin(t) & \cos(t)\end{pmatrix}\begin{pmatrix}x_0\\ y_0\end{pmatrix}\right)$$

$\mathbf{R}^2$の回転行列が現れているので，$\phi_0 = 1_{\mathbf{R}^2}$と$\phi_s\circ\phi_t = \phi_{s+t}$が成り立つことはすぐにわかる．この結果は，$V_2 := x\dfrac{\partial}{\partial y} - y\dfrac{\partial}{\partial x}$が平面の回転の無限小変換であることに対応している．

例2.25　一連の例の最後として，$\mathbf{R}^2$上の接ベクトル場

$$V_3 := (x^2-y^2)\frac{\partial}{\partial x} + 2xy\frac{\partial}{\partial y}$$

に対する1-パラメータ変換群を求めることを試みよう．この場合も，(2.49)を用いて微分方程式

$$\frac{dx(t;(x_0,y_0))}{dt} = (x(t;(x_0,y_0)))^2 - (y(t;(x_0,y_0)))^2,$$

$$\frac{dy(t;(x_0,y_0))}{dt} = 2x(t;(x_0,y_0))y(t;(x_0,y_0))$$

$$(x(0;(x_0,y_0)) = x_0,\ \ y(0;(x_0,y_0)) = y_0) \tag{2.50}$$

を解けばよいのであるが，この場合は非線形連立微分方程式となり，いきなり難しくなる．しかし，複素座標$z = x+iy$を用いて，$z^2 = x^2-y^2+2ixy$が成り立つことに着目すると突破口が開けるのである．

$$z(t;z_0) = x(t;(x_0,y_0)) + iy(t;(x_0,y_0)) \qquad (z_0 = x_0+iy_0)$$

とおいて，(2.50)を書き直すと以下のようになる．

$$\frac{dz(t;z_0)}{dt} = (z(t;z_0))^2 \qquad (z(0;z_0) = z_0)$$

これは1変数の変数分離形の微分方程式なので簡単に解けて，解は以下のようになる．

$$z(t;z_0) = \frac{z_0}{1-z_0 t} \tag{2.51}$$

ここで，t は実数であるが，z_0 は複素数であることに注意して欲しい．なお，1-パラメータ変換を形式的に書き下すと以下のようになる．

$$\phi_t(z_0) = \frac{z_0}{1-z_0 t} \tag{2.52}$$

$\phi_0 = 1_{\mathbf{C}} = 1_{\mathbf{R}^2}$ はすぐにわかるが，念のために $\phi_s \circ \phi_t = \phi_t$ も確かめておこう．

$$\begin{aligned}
\phi_s(\phi_t(z_0)) &= \phi_s\left(\frac{z_0}{1-z_0 t}\right) = \frac{\dfrac{z_0}{1-z_0 t}}{1-\dfrac{z_0}{1-z_0 t}s} \\
&= \frac{z_0}{1-z_0 t - z_0 s} = \frac{z_0}{1-z_0(s+t)} \\
&= \phi_{s+t}(z_0)
\end{aligned}$$

ということで，今の場合も1-パラメータ変換が求まってめでたしめでたし，といきたいところであるが，実はこれまでの議論には大きな見落としがあるのである．それは，**「流れの微分方程式（2.48）の解が，任意の $\boldsymbol{x_0} \in \boldsymbol{M}$ と任意の $\boldsymbol{t} \in \mathbf{R}$ について存在している」という前提条件が満たされていない**ということである．(2.51)において，$y_0 = 0$ とおいて $z_0 = x_0 \in \mathbf{R}$ で考えてみよう．このとき，$t \to \dfrac{1}{x_0}$ で解が無限に発散してしまう．今，微分方程式を $t = 0$ の初期条件から解いているので，これは $x_0 > 0$ (< 0) ならば解は $t < \dfrac{1}{x_0}\left(> \dfrac{1}{x_0}\right)$ の範囲でしか存在しないことになる．したがって，1-パラメータ変換 ϕ_t が $\mathbf{R}^2$ から $\mathbf{R}^2$ への微分同相写像になっているという結果も成り立っていないのである．これは，(2.52)の式の形を見れば明らかであろう．

例2.25のような現象を区別するために，多様体論では以下のような概念を導入する．

定義 2.39 n 次元多様体 M の滑らかな接ベクトル場 V に対して，流れの微分方程式(2.48)の解が任意の $x_0 \in M$ と任意の $t \in \mathbf{R}$ について存在しているならば，V は**完備**であるという．

これまでの $\mathbf{R}^2$ の接ベクトル場の例でいえば，V_0, V_1, V_2 は完備であるが，V_3 は完備でないことがわかる．さて，流れの微分方程式が具体的に解けなくても完備かどうかを判定したい場合も当然出てくるのであるが，多様体論では次の結果が知られている．

定理 2.12 n 次元多様体 M がコンパクトならば，任意の M 上の滑らかな接ベクトル場 V は完備である．

証明に興味のある方は，[6]等の多様体論の本格的な教科書にあたって欲しい．

演習問題 2.37 例2.25の接ベクトル場を，$S^2 = B_\mathrm{N} \cup B_\mathrm{S}$ の接ベクトル場 V の局所座標系 $\phi_\mathrm{N} : \mathbf{R}^2 \to B_\mathrm{N}$ における局所座標 (y^1, y^2) による表示

$$((y^1)^2 - (y^2)^2)\frac{\partial}{\partial y^1} + 2y^1 y^2 \frac{\partial}{\partial y^2}$$

と見なすことにしよう．

(i) $\phi_\mathrm{S} : \mathbf{R}^2 \to B_\mathrm{S}$ の局所座標 (z^1, z^2) との座標変換

$$(z^1(y^1, y^2), z^2(y^1, y^2)) = \left(\frac{y^1}{(y^1)^2 + (y^2)^2}, \frac{y^2}{(y^1)^2 + (y^2)^2}\right)$$

を用いて，V の (z^1, z^2) による表示を求めよ．

(ii) (2.52)の変換が，S^2 上の微分同相写像として上手く定義されていることを確かめよ．

2.4.2　多様体のテンソル場とリー微分

前小節で多様体上の接ベクトル場から得られる1-パラメータ変換群を紹介したので，ここではそれに付随する話題として，多様体上のテンソル場に対するリー微分を紹介することにしよう．これまで，多様体上の接ベクトル場と余接ベクトル場というものを考えてきた．多様体 M 上の接（余接）ベクトル場とは，多様体の各点 $x \in M$ に対してその点におけるに接（余接）ベクトル，つまり接（余接）空間 T_xM (T_x^*M) の元を滑らかに対応させる場と考えられる．これを拡張して，多様体 M 上の $\boldsymbol{(p,q)}$ **テンソル場**とは，多様体の各点 $x \in M$ に対して，その点における接空間 T_xM と余接空間 T_x^*M のテンソル積として得られるベクトル空間 $(T_xM)^{\otimes p} \otimes (T_x^*M)^{\otimes q}$ の元を滑らかに対応させる場である（テンソル積については附録を参照のこと）．この意味で，接ベクトル場は $(1,0)$ テンソル場であり，余接ベクトル場は $(0,1)$ テンソル場である．さらに，多様体 M 上の q 次微分形式とは，添字の入れ替えについて完全反対称性をもつテンソル場であるということもできる．n 次元多様体 M が，自身の開被覆 $\bigcup_\alpha B_\alpha$ に付随する局所座標系 $\phi_\alpha : U_\alpha \subset \mathbf{R}^n \to B_\alpha$ をもつとき，M 上の接ベクトル場 V が各局所座標 $(x_\alpha^1, \cdots, x_\alpha^n)$ で表された U_α 上の滑らかなベクトル値関数 $(v_\alpha^1, \cdots, v_\alpha^n)$ の集合 $\{(v_\alpha^1, \cdots, v_\alpha^n)\}$ として記述されたように，(p,q) テンソル場 T も各 U_α 上で定義された n^{p+q} 個の成分をもつ滑らかな多成分関数

$$(T_\alpha)^{i_1 i_2 \cdots i_p}_{j_1 j_2 \cdots j_q}(x_\alpha^1, \cdots, x_\alpha^n)$$
$$(1 \leq i_1, i_2, \cdots, i_p \leq n,\ 1 \leq j_1, j_2, \cdots, j_q \leq n)$$

の集合として記述される．ただし，$B_\alpha \cap B_\beta \neq \emptyset$ ならば，

$$\phi_\alpha^{-1} \circ \phi_\beta(x_\beta^1, \cdots, x_\beta^n) = (x_\alpha^1(x_\beta^1, \cdots, x_\beta^n), \cdots, x_\alpha^n(x_\beta^1, \cdots, x_\beta^n))$$

を用いて，以下の関係式を満たす（アインシュタインの記法）．

$$
\begin{aligned}
&(T_\beta)^{i_1 i_2 \cdots i_p}_{j_1 j_2 \cdots j_q}(x^1_\beta, \cdots, x^n_\beta) \\
&\quad = (T_\alpha)^{m_1 m_2 \cdots m_p}_{l_1 l_2 \cdots l_q}(x^1_\alpha(x^1_\beta, \cdots, x^n_\beta), \cdots, x^n_\alpha(x^1_\beta, \cdots, x^n_\beta)) \\
&\qquad\qquad \times \frac{\partial x^{i_1}_\beta}{\partial x^{m_1}_\alpha} \frac{\partial x^{i_2}_\beta}{\partial x^{m_2}_\alpha} \cdots \frac{\partial x^{i_p}_\beta}{\partial x^{m_p}_\alpha} \frac{\partial x^{l_1}_\alpha}{\partial x^{j_1}_\beta} \frac{\partial x^{l_2}_\alpha}{\partial x^{j_2}_\beta} \cdots \frac{\partial x^{l_q}_\alpha}{\partial x^{j_q}_\beta}
\end{aligned} \tag{2.53}
$$

このようなテンソル場を考えることは，話をいたずらに複雑にするような感じもするが，後で取り扱うリーマン幾何学で頻繁に使うことになるので，あらかじめここで用意しておくことにする．

さて，リー微分とは，このテンソル場を微分する際の1つの方法である．安易に考えると，テンソル場とは座標の変化に対して滑らかに変化する多成分関数と考えられるので，ただ単に座標で偏微分すればよいではないか，と言いたいところであるが，ここで幾何学的に意味のある制約として，「微分した結果もテンソル場の性質を保つ」という制約を課すことにする．ここで，安易な偏微分がこの制約にどのように抵触するかを見るために，(2.53)の両辺を x^n_β で偏微分してみよう．すると，左辺にはテンソル場の微分 $\dfrac{\partial (T_\beta)^{i_1 i_2 \cdots i_p}_{j_1 j_2 \cdots j_q}}{\partial x^n_\beta}$ が現れる．一方，右辺の $(T_\alpha)^{m_1 m_2 \cdots m_p}_{l_1 l_2 \cdots l_q}$ の偏微分は，合成関数の偏微分法から $\dfrac{\partial (T_\alpha)^{m_1 m_2 \cdots m_p}_{l_1 l_2 \cdots l_q}}{\partial x^p_\alpha} \dfrac{\partial x^p_\alpha}{\partial x^n_\beta}$ が出てきて調子がよさそうに見えるが，続いて現れる座標どうしの偏微分の項から $\dfrac{\partial^2 x^{i_1}_\beta}{\partial x^{m_1}_\alpha \partial x^p_\alpha} \dfrac{\partial x^p_\alpha}{\partial x^n_\beta}$ や $\dfrac{\partial^2 x^{l_1}_\alpha}{\partial x^{j_1}_\beta \partial x^n_\beta}$ 等の座標の2階微分の項が現れてしまう．つまり，**テンソル場の偏微分 $\dfrac{\partial (T_\beta)^{i_1 i_2 \cdots i_p}_{j_1 j_2 \cdots j_q}}{\partial x^n_\beta}$ は $(p, q+1)$ テンソル場としては振る舞わない**のである．

この問題を解消するにはいくつかの方法がある．1つは，完全反対称性という性質を導入して，座標の2階微分という入れ替えに対して対称な性質をもつ項がそもそも出てこないようにすることである．このようにして定義されたのが，既に紹介した微分形式に対する外微分である．もう1つは，リーマン計量を導入し，それから得られる接続係数というものを使って都合の悪い座標の2階微分から生じる項を相殺してしまうことである．これが，リーマン幾何学において重要な役割を果たす共変微分であり，後に紹介することになる．そして，第3の方法が，微分を接ベクトル場の作用と捉えて，接ベクトル場の作用を多様体の1-パラメータ変換に持ち上げ，1-パラメータ t に関する微分として定義することでテンソル性を保つようにするというリー微分の着想である．このリー微分は，(p, q) テンソルを微分した結果が，やはり同じ (p, q) テンソルになるという点で，前の2つの方法とは少し異なる着想である．

言葉で説明しようとして回りくどくなったので，早速定義に入ることにしよう．まず n 次元多様体 M 上の接ベクトル場 V を用意し，それから得られる1-パラメータ変換を $\phi_t : M \to M$ とおく．（ここでは，t は微小と考えるので，必ずしも V は完備でなくともよいとする．）ここで，局所座標が定義された開集合 $B \subset M$ を固定し，そこでの局所座標を $(x^1, \cdots, x^n) \in U \subset \mathbf{R}^n$ とする．（ここでは開集合を固定して考えているので，開集合を区別する添字は明記しないことにする．）さて，この座標によって1-パラメータ変換が以下のように表されると仮定しよう．

$$\phi_t(x^1, \cdots, x^n) = (x_t^1(x^1, \cdots, x^n), \cdots, x_t^n(x^1, \cdots, x^n))$$

前小節の記法を用いるなら，$x_t^i(x^1, \cdots, x^n) = x^i(t; (x^1, \cdots, x^n))$ となるが，ここでは上のように表しておく．今，t は微小と考えているので，同じ座標系を使える（つまり ϕ_t の像が B に含まれる）と考えていることに注意する．ここで，(2.53)の関係式を参考にして，写像 ϕ_t による (p, q) テンソル場 $(T)^{i_1 \cdots i_p}_{j_1 \cdots j_q}(x^1, \cdots, x^n)$ の**引き戻し** $(\phi_t^*(T))^{i_1 \cdots i_p}_{j_1 \cdots j_q}$ を以下で定義しよう（アインシュタインの記法）．

$$\begin{aligned}
&(\phi_t^*(T))^{i_1 \cdots i_p}_{j_1 \cdots j_q}(x^1, \cdots, x^n) \\
&\quad := (T)^{m_1 \cdots m_p}_{l_1 \cdots l_q}(x_t^1(x^1, \cdots, x^n), \cdots, x_t^n(x^1, \cdots, x^n)) \\
&\qquad \times \frac{\partial x^{i_1}}{\partial x_t^{m_1}} \cdots \frac{\partial x^{i_p}}{\partial x_t^{m_p}} \frac{\partial x_t^{l_1}}{\partial x^{j_1}} \cdots \frac{\partial x_t^{l_q}}{\partial x^{j_q}}
\end{aligned}$$

以上の準備のもとに，リー微分は以下のように定義される．

定義 2.40　n 次元多様体 M 上の (p,q) テンソル場 $(T)^{i_1\cdots i_p}_{j_1\cdots j_q}(x^1,\cdots,x^n)$ の M 上の接ベクトル場 V による**リー微分** $L_V(T)$ は，以下で与えられる．

$$L_V(T) \coloneqq \lim_{t\to 0}\frac{\phi_t^*(T)-T}{t}$$

この定義から，リー微分を具体的に計算してみることにしよう．積の微分法を思い返してみれば，上の微分を求めるには，ϕ_t のヤコビ行列 $\left(\dfrac{\partial x_t^i}{\partial x^j}\right)$ について以下の極限を決定する必要がある．

$$\lim_{t\to 0}\frac{\dfrac{\partial x_t^i}{\partial x^j}-\delta_j^i}{t}$$

ここで，V の局所座標による表示を $v^i(x^1,\cdots,x^n)\dfrac{\partial}{\partial x^i}$ とおくと，流れの方程式(2.49)より，

$$\frac{dx_t^i}{dt} = v^i(x_t^1,\cdots,x_t^n)$$

が成り立つので，t が微小であるとき

$$x_t^i = x^i+tv^i(x^1,\cdots,x^n)+\mathcal{O}(t^2)$$
$$\Longrightarrow\quad \frac{\partial x_t^i}{\partial x^j} = \delta_j^i+t\frac{\partial v^i}{\partial x^j}+\mathcal{O}(t^2) \tag{2.54}$$

が成り立つ（ここで $\mathcal{O}(t^2)$ はランダウの記号である）．よって

$$\lim_{t\to 0}\frac{\dfrac{\partial x_t^i}{\partial x^j}-\delta_j^i}{t} = \frac{\partial v^i}{\partial x^j}$$

を得る．一方，行列 $\left(\dfrac{\partial x^i}{\partial x_t^j}\right)$ がヤコビ行列 $\left(\dfrac{\partial x_t^i}{\partial x^j}\right)$ の逆行列であることに注意すれば，

$$\lim_{t\to 0}\frac{\dfrac{\partial x^i}{\partial x_t^j}-\delta_j^i}{t} = -\frac{\partial v^i}{\partial x^j} \tag{2.55}$$

であることもわかる．

演習問題 2.38　(2.55)を導出せよ．

最後に，(2.54)の1行目に注意すれば，

$$\lim_{t\to 0}\frac{(T)^{m_1\cdots m_p}_{l_1\cdots l_q}(x^1_t(x^1,\cdots,x^n),\cdots,x^n_t(x^1,\cdots,x^n))-(T)^{m_1\cdots m_p}_{l_1\cdots l_q}(x^1,\cdots,x^n)}{t}$$

$$=v^i(x^1,\cdots,x^n)\frac{\partial(T)^{m_1\cdots m_p}_{l_1\cdots l_q}}{\partial x^i}(x^1,\cdots,x^n)$$

を得る．以上の結果を総合すると，リー微分 $L_V(T)$ は以下のように具体的に書けることがわかる．($(x^1,\cdots,x^n)$ は省略する．)

$$L_V(T)^{i_1\cdots i_p}_{j_1\cdots j_q}=v^l\frac{\partial(T)^{i_1\cdots i_p}_{j_1\cdots j_q}}{\partial x^l}-\sum_{k=1}^{p}\frac{\partial v^{i_k}}{\partial x^{m_k}}(T)^{i_1\cdots i_{k-1}m_k i_{k+1}\cdots i_p}_{j_1\cdots j_q}$$
$$+\sum_{k=1}^{q}\frac{\partial v^{m_k}}{\partial x^{j_k}}(T)^{i_1\cdots i_p}_{j_1\cdots j_{k-1}m_k j_{k+1}\cdots j_q} \tag{2.56}$$

演習問題 2.39　(p,q) テンソル場 T のリー微分 $L_V(T)$ が座標変換に対して (p,q) テンソル場として振る舞うことを，(2.56)を用いて確かめよ．

特に，(1,0) テンソル場，つまり接ベクトル場 $W=w^i\dfrac{\partial}{\partial x^i}$ の接ベクトル場 $V=v^i\dfrac{\partial}{\partial x^i}$ によるリー微分 $L_V(W)$ を考えよう．(2.56)より，

$$L_V(W)^i=v^l\frac{\partial w^i}{\partial x^l}-w^l\frac{\partial v^i}{\partial x^l}$$
$$\iff\quad L_V(W):=L_V(W)^i\frac{\partial}{\partial x^i}=v^l\frac{\partial w^i}{\partial x^l}\frac{\partial}{\partial x^i}-w^l\frac{\partial v^i}{\partial x^l}\frac{\partial}{\partial x^i}$$
$$\iff\quad L_V(W)=VW-WV=[V,W]$$

を得る．ただし，最後の行 $[V,W]$ は，V と W を微分演算子と見たときの交換子積を意味する．前小節で見た通り，多様体 M の滑らかな接ベクトル場は M の滑らかな自己同型写像のなす無限次元の群 $\mathrm{Aut}(M)$ の無限小変換

として捉えることができ，したがって Aut(M) を無限次元のリー群と見ると，M 上の滑らかな接ベクトル場全体の集合は Aut(M) のリー環と見なすことができる．そして，$L_V(W)$ が微分演算子としての交換子積で与えられるということは，リー微分がリー群の無限小変換としてのリー環における交換子積を幾何的に実現する動機で定義されたと想像することができる．この方向の考察は，また後のリー群の章で追求していく予定である．

第3章

多様体のトポロジー

前章までの流れを振り返っておこう．まず，第1章において一般位相を紹介し，「連続性とは何か」を開集合の概念を基礎として論理的な言葉で定義し，位相空間を分類する上で基本的な役割を果たす「連続写像」と「同相写像」，そして「同相」という概念を導入した．第2章においては，多様体を高校までで習った3次元空間内の曲線や曲面を高次元に拡張する幾何学的対象として導入し，数学的には n 次元多様体を「局所的にユークリッド空間 $\mathbf{R}^n$ の開集合に微分同相な位相空間」として定義し，「$\mathbf{R}^n$ の開集合を局所座標系を用いて貼り合わせる」ことで数学的な議論を進めていく方法を紹介した．第2章では，「貼り合わせ」が存在するために単純なユークリッド空間を想像するだけでは起きない現象を紹介することに重点をおいたのであるが，その実例として主に用いたのは，身近な2次元球面 S^2，およびその n 次元的拡張である n 次元球面 S^n であった．これらの例のいいところは，貼り合わせる開集合が2枚で済むので，貼り合わせによって起こる自明でない現象を深いところまで紹介できる点である．しかし，これまでの議論でも n 次特殊直交群 $SO(n;\mathbf{R})$ や k 次元トーラス T^k，グラスマン多様体 $Gr(k,n)$ といった例が出てきていることからわかるように，S^n より複雑な多様体がたくさん存在することが容易に想像される．実際，コンパクト多様体（有界かつ閉な多様体といってよい）に限ったとしても，多様体の同相による分類が満足にできているのは2次元多様体までで，3次元多様体の分類については，私が耳学問で聞いたところによると，ペレルマンによる3次元ポアンカレ予想の証明によって大幅に進展したそうであるが，普通の教科書で紹介できるほど簡単ではなさそうである．一方，現代の最先端の物理学においては，超弦理論（特にミラー対称性）の研究で様々な複素3次元（実6次元）多様体が研究対象として取り上げられ，また物性理論でもトポロジカル絶縁体の研究などで多様体のトポロジー的性質の深い結果が応用されているなど，高次元の多様体のトポロジー的な性質を理解することの必要性が高まっているのである．

そこで，高次元の多様体にどのような複雑なものが出てくるかということに関して，手がかりとなる情報を得ることが肝要になってくるのであるが，位相幾何学においては一応，高次元多様体がどういうものかをイメージできる一連の「位相不変量」といわれるものがある．この章では，その代表的な例として「n次元多様体Mのk次ホモロジー群とk次コホモロジー群」，およびそれらから得られる「k次ベッチ数」というものを紹介したいと思う．これらは，いわゆる多様体の「位相不変量」の例で，それは同相写像で写り合う多様体では等しくなる「数学的対象」で，わかりやすい場合には「数」である．この章では，議論を簡略化するために，ホモロジー群やコホモロジー群の係数環として実数環$\mathbf{R}$を用いることにするので，今の場合，k次ホモロジー群とk次コホモロジー群は，有限次元実ベクトル空間として与えられ，ベッチ数はその次元として与えられる非負整数となる．

位相不変量のいいところは，同相ならば等しくなることが保証されているので，2つの多様体で位相不変量が異なっていると，それらの多様体は「同相ではない」，つまりトポロジー的に異なっていると宣言できることになる．だから，位相不変量で多様体をラベル付けしていけば，トポロジー的に異なる多様体を分類できるわけである．一方，位相不変量の取りつきにくいところは，一般に「定義がわかりにくい」という点である．直観的にいうと，n次元多様体Mのk次ベッチ数とは，「Mのk次元的な穴の数」とまとめることができるが，そもそも「k 次元的な穴」とはどういうものかを説明するのもなかなか難しい．そして，その穴を数えるのになぜ k 次ホモロジー群，あるいは k 次コホモロジー群などのベクトル空間を経由しなければならないのか，という点はまた初等的に説明するのが難しいのである．

この章では，まず k 次ホモロジー群を多様体の単体分割を用いて導入し，その定義がどのように多様体の「k 次元的な穴」を数えることと結びついているかを説明したいと思う．しかし，具体的なホモロジー群の計算については単体分割を用いた定義を利用せず，代わりに前章で導入した微分形式のド・ラムコホモロジーをマイヤー－ビートリス長完全系列を用いて具体的に計算するという方向で進めていくことにする．そして，k 次ホモロジー群と k 次ド・ラムコホモロジー群が互いに双対ベクトル空間であることを主張するド・ラムの定理を証明し，ホモロジー群，ド・ラムコホモロジー群のどちらを用いてもベッチ数が数えられることを見ることをひとまずの目標とする．

ことわっておくと，ここでは係数環を $\mathbf{R}$ にとるという簡略化を行なっているので，通常のトポロジーの教科書で扱われる整数係数のホモロジー群と比べると，捩れ係数などの情報が省略されている．また，この章の内容をすべて消化したとしても，任意の多様体のベッチ数が自在に求められるノウハウが得られるわけではなく，具体的な多様体のベッチ数の計算には，状況に応じた種々の技術をその都度開発，適用する必要があることを注意しておく．それでも，ホモロジー群，コホモロジー群やベッチ数の具体例にいくつか触れることで，多様体の位相幾何学的なバリエーションがどういう形で現れるかのイメージをつかむには大いに役立つことと思う．

3.1　多様体の単体分割と単体複体のホモロジー群

3.1.1　コンパクト多様体の単体分割と単体複体

この節では，多様体の単体分割のアイディアを説明していくことにしよう．まず，ここでは n 次元コンパクト多様体 M を考えることにする．さらに，第2章の最初の段階の設定に戻って，M は十分高い次元のユークリッド空間 $\mathbf{R}^N$ の部分集合として与えられているとする．さて，ここでこの M の単体分割を考えるための基本的ブロックとなる，i 次元単体という $\mathbf{R}^N$ の部分集合を導入しよう．

定義3.1　$\mathbf{R}^N$ の $(i+1)$ 点 A_m $(m=0,1,\cdots,i)$ が**一般の位置**にあるとは，$\mathbf{R}^N$ の i 個のベクトル $\overrightarrow{\mathrm{A}_0\mathrm{A}_1}, \overrightarrow{\mathrm{A}_0\mathrm{A}_2}, \cdots, \overrightarrow{\mathrm{A}_0\mathrm{A}_i}$ が1次独立であることをいう．また，$\mathrm{A}_0, \mathrm{A}_1, \cdots, \mathrm{A}_i$ が一般の位置にあるとき，これらの点で張られる ***i* 次元単体**（または i 単体）$|\mathrm{A}_0\mathrm{A}_1\cdots\mathrm{A}_i| \subset \mathbf{R}^N$ を以下で定める．

$$|\mathrm{A}_0\mathrm{A}_1\cdots\mathrm{A}_i| =$$
$$\left\{t_0\mathrm{A}_0+t_1\mathrm{A}_1+\cdots+t_i\mathrm{A}_i \in \mathbf{R}^N \,\middle|\, t_m \geq 0\ (m=0,1,\cdots,i),\ \sum_{m=0}^{i} t_m = 1\right\}$$

ここで，高校生のときに用いた矢印を使ったベクトルの表記が出てきたが，この表記は単体分割の説明をする際に便利なので，今後も適宜用いることにする．この i 次元単体 $|\mathrm{A}_0\mathrm{A}_1\cdots\mathrm{A}_i|$ とは，$\mathrm{A}_0, \cdots, \mathrm{A}_i$ を頂点とする i 次元的な広がりをもつ $\mathbf{R}^N$ 内の $(i+1)$ 面体のことであり，$i=0$ のときは点，$i=1$ のときは線分，$i=2$ のときは中身の詰まった三角形，$i=3$ のときは中身の詰まった四面体を表している．これらが高次元に拡張できることは，幾何的な想像力を働かせれば理解できるであろう．ここで，細かいことではあるが，この i 次元単体が頂点の並べ方の順序によらない，つまり

$$|\mathrm{A}_{\sigma(0)}\mathrm{A}_{\sigma(1)}\cdots\mathrm{A}_{\sigma(i)}| = |\mathrm{A}_0\mathrm{A}_1\cdots\mathrm{A}_i|$$
$$(\sigma \in S_{i+1} \text{ は } (i+1) \text{ 個の文字 } 0,1,\cdots,i \text{ の置換})$$

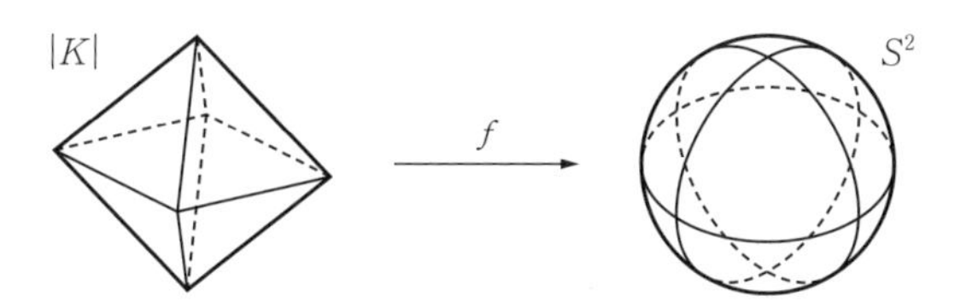

図 3.1　球面 S^2 の多面体 $|K|$ による近似

が成り立つことを注意しておく．

さて，この i 次元単体を用いて何を考えるかというと，**$\mathbf{R}^N$ 内の n 次元多様体 M を R^N 内の n 次元単体をつなぎ合わせて得られる n 次元多面体で近似しよう**というわけである．もう少しわかりやすくするために，$\mathbf{R}^3$ 内のコンパクト 2 次元多様体，つまり**閉曲面** M を考えよう．この閉曲面を，$\mathbf{R}^3$ の三角形をつなぎ合わせて得られる角ばった 2 次元多面体で近似しようというわけである．具体的な例でいうと，$\mathbf{R}^3$ 内の 2 次元球面 S^2 を $\mathbf{R}^3$ 内の正四面体，あるいは正八面体，さらには正二十面体の表面として与えられる角ばった 2 次元多面体で近似するのである．ここで，これらの正多面体を選んだのは，面がすべて正三角形で与えられていることが理由の 1 つとして挙げられる．

では，これらの 2 次元多面体が，球面 S^2 を近似しているということを数学的に定式化するには，どうすればよいであろうか？　それは，第 1 章で導入した「同相」という概念を用いればよいのである．つまり，2 次元多面体 $|K|$ が球面 S^2 を近似しているとは，「同相写像 $f : |K| \to S^2$ が存在する」ことであると定義するのである．このとき，S^2 は滑らかであるが，$|K|$ は角ばった図形であるので，f が滑らかであることは要請しないものとする．f が同相写像であることは，第 1 章で紹介したように「連続な全単射で逆写像も連続である」ことであるが，これを感覚的に捉えると，「2 次元多面体 $|K|$ を切ったり貼ったりせずに，曲げ伸ばし（角を滑らかにする操作も含める）だけで S^2 にもっていくことができる」と解釈することができる．この意味で，前に挙げた正四面体，正八面体，正二十面体の表面として得られる 2 次元多面体が S^2 を近似していることは理解していただけることと思う．

これを一般化して，n 次元多様体 M を n 次元多面体 $|K|$ で近似することを以下のように数学的に定義する．（ただし，n 次元多面体の定義自体は少しぼかしたままにしておく．）

定義 3.2　M を $\mathbf{R}^N$ 内のコンパクト n 次元多様体とし，$|K|$ を $\mathbf{R}^N$ 内の n 次元単体をつなぎ合わせて（貼り合わせて）得られる n 次元多面体とする．ここで，$|K|$ が M の**単体分割**であるとは，$|K|$ を構成する n 次元単体の個数が有限で，かつ同相写像 $f:|K|\to M$ が存在することをいう．

わかりやすさを優先して，n 次元多面体の定義，つまり n 次元単体の貼り合わせ方をぼかしたまま単体分割の定義をしたが，以下で貼り合わせ方の定義をはっきりさせていくことにしよう．そのために，n 次元単体の辺単体を導入する．

定義 3.3　n 次元単体 $|\mathrm{A}_0\mathrm{A}_1\cdots\mathrm{A}_n|$ の $\boldsymbol{i}$ **次元辺単体**とは，$\{j_0, j_1, \cdots, j_i\}\subset\{0, 1, 2, \cdots, n\}$ を用いて $|\mathrm{A}_{j_0}\mathrm{A}_{j_1}\cdots\mathrm{A}_{j_i}|$ で与えられる i 次元単体のことである．したがって，$|\mathrm{A}_0\mathrm{A}_1\cdots\mathrm{A}_n|$ は $\begin{pmatrix} n+1 \\ i+1 \end{pmatrix}$ 個の i 次元辺単体をもつ．（単体の表記は頂点の並べ方の順序によらないことに注意せよ．）また，$|\mathrm{A}_0\mathrm{A}_1\cdots\mathrm{A}_n|$ の n 以下の次元の辺単体をまとめて $|\mathrm{A}_0\mathrm{A}_1\cdots\mathrm{A}_n|$ の**辺単体**と呼ぶ．

これを用いて，$\mathbf{R}^N$ 内の n 次元単体を貼り合わせて得られる n 次元多面体の定義をすることにしよう．

定義 3.4　$|\Delta^i_{(n)}|$ $(i=1, 2, \cdots, M_K)$ を $\mathbf{R}^N$ 内の相異なる n 次元単体とする．

$$|K| = \bigcup_{i=1}^{M_K} |\Delta^i_{(n)}|$$

が，以下の条件を満たすとき，$|K|$ を $\mathbf{R}^N$ 内の n 次元単体を貼り合わせて得られる $\boldsymbol{n}$ **次元多面体**という．

（i）　$|\Delta^i_{(n)}|\cap|\Delta^j_{(n)}|\neq\emptyset$ $(i\neq j)$ ならば，$|\Delta^i_{(n)}|\cap|\Delta^j_{(n)}|$ は両者の辺単体である．

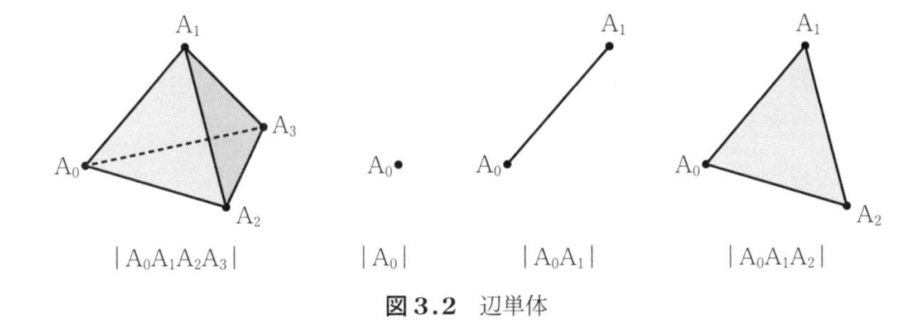

図 3.2　辺単体

（ii）　$|\Delta^i_{(n)}|$ の $(n+1)$ 個の $(n-1)$ 次元辺単体は，それぞれ異なる 1 個の n 次元単体と共有されている．

（iii）　任意の $x \in |K|$ に対して，十分小さい $\varepsilon_x > 0$ をとると，$\mathbf{R}^N$ の開球 $B^N(x;\varepsilon_x)$ と $|K|$ の交わりが $\mathbf{R}^n$ の開球に同相（微分同相でなくてもよい）になる．

一言注意しておくと，上の条件の（ii），（iii）は多面体 $|K|$ が n 次元コンパクト多様体の単体分割となるために付けられた条件で，後で導入する数学における一般的な単体複体を定義するのに使われる条件は（i）である．

さて，ここでこれまでの作業で何を意図しているかというと，M の単体分割であるところの M と同相な多面体 $|K|$ を用意して，M のトポロジーを調べることを多面体 $|K|$ のトポロジーを調べることに置き換えようとしているのである．なぜ，$|K|$ がトポロジーを調べるのに便利かというと，それが有限個の n 次元単体をつなぎ合わせて得られる図形だからである．お気付きの方も多いとは思うが，n 次元単体それ自身は n 次元閉球体 $\{x \in \mathbf{R}^n \mid |x| \leq 1\}$ に同相で，何の穴も開いていない自明なトポロジーをもつ図形である．であるから，多面体 $|K|$ のトポロジーの情報は n 次元単体どうしの貼り合わせ方を調べることで取り出せることになる．しかし，n 次元単体の個数は有限個であるから，貼り合わせ方の情報の個数も有限個で済むので，多様体 M のトポロジーという一見つかみどころのない情報を，有限

個のデータを調べることに帰着させることができるのである．そして，n 次元単体の貼り合わせ方の情報は，それらに共有される辺単体の情報から読み取ることができる．

以上の着想から，n 次元多面体 $|K|$ から得られる単体複体 K を以下のように定義する．

定義 3.5　$|\Delta^j_{(i)}|$ $(j=1,2,\cdots,M^i_K)$ を相異なる $\mathbf{R}^N$ 内の i 次元単体とする．

$$K=\{\,|\Delta^j_{(i)}|\,|\,j=1,2,\cdots,M^i_K,\ \ 0\le i\le n\}$$

が $\mathbf{R}^N$ の n 次元多面体 $|K|$ の**単体複体**であるとは，K が以下の条件を満たすことをいう．

（i）　$|\Delta^j_{(n)}|$ $(j=1,2,\cdots,M^n_K)$ は n 次元多面体 $|K|$ を構成する n 次元単体である．

（ii）　$|\Delta^j_{(n)}|$ $(j=1,2,\cdots,M^n_K)$ の任意の辺単体は K の元である．

（iii）　$|\Delta^j_{(i)}|$ $(j=1,2,\cdots,M^i_K,\ \ 0\le i\le n-1)$ は K のある n 次元単体の辺単体である．

要するに，$|K|$ の単体複体 K とは，$|K|$ を構成する n 次元単体とそれらの辺単体を重複を許さずにすべて列挙したものである．

例 3.1　$\mathrm{A}_0,\mathrm{A}_1,\mathrm{A}_2,\mathrm{A}_3$ を $\mathbf{R}^3$ 内の正四面体の頂点とする．このとき，正四面体の表面として得られる2次元多面体 $|K|$ は

$$|K|=|\mathrm{A}_0\mathrm{A}_1\mathrm{A}_2|\cup|\mathrm{A}_3\mathrm{A}_0\mathrm{A}_1|\cup|\mathrm{A}_2\mathrm{A}_3\mathrm{A}_0|\cup|\mathrm{A}_1\mathrm{A}_2\mathrm{A}_3|$$

として与えられ，$|K|$ の単体複体 K は以下で与えられる．

$$K=\{|\mathrm{A}_0\mathrm{A}_1\mathrm{A}_2|,|\mathrm{A}_3\mathrm{A}_0\mathrm{A}_1|,|\mathrm{A}_2\mathrm{A}_3\mathrm{A}_0|,|\mathrm{A}_1\mathrm{A}_2\mathrm{A}_3|,|\mathrm{A}_0\mathrm{A}_1|,|\mathrm{A}_0\mathrm{A}_2|,$$
$$|\mathrm{A}_0\mathrm{A}_3|,|\mathrm{A}_1\mathrm{A}_2|,|\mathrm{A}_1\mathrm{A}_3|,|\mathrm{A}_2\mathrm{A}_3|,|\mathrm{A}_0|,|\mathrm{A}_1|,|\mathrm{A}_2|,|\mathrm{A}_3|\}$$

原理的には，この単体複体 K の中に，n 次元単体の貼り合わせ方の情報が入っているのであるが，これからホモロジー群とトポロジーの情報を取り出すために，次小節で単体に「向き」という情報を付加し，ホモロジー群を計算するのに必要な道具を用意する．

3.1.2　単体の向き，鎖群とホモロジー群

定義 3.6　$|\mathrm{A}_0\mathrm{A}_1\cdots\mathrm{A}_i| \subset \mathbf{R}^N$ を $\mathrm{A}_0, \cdots, \mathrm{A}_i \in \mathbf{R}^N$ を頂点とする i 次元単体とする．このとき，頂点の並べ方に対して決まる**向きの付いた i 次元単体** $\langle \mathrm{A}_{\sigma(0)}\mathrm{A}_{\sigma(1)}\cdots\mathrm{A}_{\sigma(i)}\rangle$ $(\sigma \in S_{i+1})$ を以下の規則により定める．

$$\langle \mathrm{A}_{\sigma(0)}\mathrm{A}_{\sigma(1)}\cdots\mathrm{A}_{\sigma(i)}\rangle = \mathrm{sgn}(\sigma)\,\langle \mathrm{A}_0\mathrm{A}_1\cdots\mathrm{A}_i\rangle$$

これは，単体 $\langle \mathrm{A}_{\sigma(0)}\mathrm{A}_{\sigma(1)}\cdots\mathrm{A}_{\sigma(i)}\rangle$ には $\langle \mathrm{A}_0\mathrm{A}_1\cdots\mathrm{A}_i\rangle$ から $\mathrm{sgn}(\sigma) \in \{-1, 1\}$ だけ異なる向きが入ることを意味しているが，この定義の幾何学的意味を考えてみよう．まず，定義 2.21 で与えられた n 次元ベクトル空間 V の向きの定義を思い出そう．そこでは，V の 2 つの順序付き基底 $(\mathbf{v}_1, \mathbf{v}_2, \cdots, \mathbf{v}_n)$ と $(\mathbf{w}_1, \mathbf{w}_2, \cdots, \mathbf{w}_n)$ が n 次正方行列 $A = (a_i^j)$ によって，

$$\mathbf{v}_i = \sum_{i=1}^{n} a_i^j \mathbf{w}_j \qquad (i = 1, 2, \cdots, n)$$

と結びつけられているとき，$\det(A) > 0$ ならば両者は同じ向き，$\det(A) < 0$ ならば反対の向きと定義したのであった．ここで，$|\mathrm{A}_0\mathrm{A}_1\cdots\mathrm{A}_i|$ が i 次元単体となるとき，$\langle \overrightarrow{\mathrm{A}_0\mathrm{A}_1}, \overrightarrow{\mathrm{A}_0\mathrm{A}_2}, \cdots, \overrightarrow{\mathrm{A}_0\mathrm{A}_i}\rangle_{\mathbf{R}}$ が $\mathbf{R}^N$ の i 次元部分ベクトル空間になるのであるが，$\langle \overrightarrow{\mathrm{A}_{\sigma(0)}\mathrm{A}_{\sigma(1)}}, \overrightarrow{\mathrm{A}_{\sigma(0)}\mathrm{A}_{\sigma(2)}}, \cdots, \overrightarrow{\mathrm{A}_{\sigma(0)}\mathrm{A}_{\sigma(i)}}\rangle_{\mathbf{R}}$ も同じベクトル空間になることに注意する*1．そこで，同じ部分ベクトル空間の 2 つの順序付き基底 $(\overrightarrow{\mathrm{A}_0\mathrm{A}_1}, \overrightarrow{\mathrm{A}_0\mathrm{A}_2}, \cdots, \overrightarrow{\mathrm{A}_0\mathrm{A}_i})$ と $(\overrightarrow{\mathrm{A}_{\sigma(0)}\mathrm{A}_{\sigma(1)}}, \overrightarrow{\mathrm{A}_{\sigma(0)}\mathrm{A}_{\sigma(2)}}, \cdots, \overrightarrow{\mathrm{A}_{\sigma(0)}\mathrm{A}_{\sigma(i)}})$ の向きを比較してみよう．

演習問題 3.1

(i)　$(\overrightarrow{\mathrm{A}_{\sigma(0)}\mathrm{A}_{\sigma(1)}}, \overrightarrow{\mathrm{A}_{\sigma(0)}\mathrm{A}_{\sigma(2)}}, \cdots, \overrightarrow{\mathrm{A}_{\sigma(0)}\mathrm{A}_{\sigma(i)}}) = (\overrightarrow{\mathrm{A}_0\mathrm{A}_1}, \overrightarrow{\mathrm{A}_0\mathrm{A}_2}, \cdots, \overrightarrow{\mathrm{A}_0\mathrm{A}_i})\,U(\sigma)$ となる i 次正則行列 $U(\sigma) = (u_k^l)$ が以下で与えられることを示せ．

$$u_k^l = \delta_{\sigma(k)}^l - \delta_{\sigma(0)}^l \qquad (1 \le k, l \le i)$$

(ii)　$\det(U(\sigma)) = \mathrm{sgn}(\sigma)$ であることを示せ．

---

*1　向きの付いた単体と部分ベクトル空間の記号が重なっているが，後者は添字に係数体 $\mathbf{R}$ を付けることで区別する．

これにより，向きの付いた単体 $\langle A_{\sigma(0)}A_{\sigma(1)}\cdots A_{\sigma(i)}\rangle$ の向きが，順序付き基底 $(\overrightarrow{A_{\sigma(0)}A_{\sigma(1)}}, \overrightarrow{A_{\sigma(0)}A_{\sigma(2)}}, \cdots, \overrightarrow{A_{\sigma(0)}A_{\sigma(i)}})$ により与えられる i 次元部分ベクトル空間 $\langle\overrightarrow{A_0A_1}, \overrightarrow{A_0A_2}, \cdots, \overrightarrow{A_0A_i}\rangle_{\mathbf{R}}$ の向きに一致するように定義されていることがわかる．

さて，i 次元単体に向きを定義したところで，前小節で導入した単体複体

$$K = \{\,|\Delta^j_{(i)}|\;|\; j = 1, 2, \cdots, M^i_K,\ \ 0 \leq i \leq n\}$$

に戻ろう．ここに出てくる i 次元単体 $|\Delta^j_{(i)}|$ には向きが付いていないが，これにある頂点の順序を指定して向きを付けたものを $\Delta^j_{(i)}$ と書くことにする．ただし，1つの単体 $|\Delta^j_{(i)}|$ に対し，向きの付いた単体 $\Delta^j_{(i)}$ は1つしか考えないものとする．

定義 3.7　単体複体 K に対し，***i* 次元鎖**と呼ばれる $\Delta^j_{(i)}$ $(j = 1, 2, \cdots, M^i_K)$ の実数係数の形式的な1次結合

$$\sum_{j=1}^{M^i_K} a_j \Delta^j_{(i)} \qquad (a_j \in \mathbf{R})$$

を考え，K の i 次元鎖全体のなす M^i_K 次元実ベクトル空間を ***i* 次元鎖群** $C_i(K;\mathbf{R})$ と呼ぶ．

$$C_i(K;\mathbf{R}) \;:=\left\{\sum_{j=1}^{M^i_K} a_j \Delta^j_{(i)} \;\middle|\; a_j \in \mathbf{R}\ (j = 1, 2, \cdots, M^i_K)\right\}$$

この定義において注意して欲しいのは，$(-1)\Delta^j_{(i)} = -\Delta^j_{(i)}$ が $\Delta^j_{(i)}$ と反対の向きをもつ単体1個を表していること，あるいは，向きが反対の単体1個は (-1) 個と数えるということである．そして，この i 次元鎖が何を表しているかであるが，特に a_j が整数 m_j である場合，つまり

$$\sum_{j=1}^{M^i_K} m_j \Delta^j_{(i)} \qquad (m_j \in \mathbf{Z})$$

となるような場合には，$\Delta^j_{(i)}$ がそのユークリッド空間 $\mathbf{R}^N$ における位置に m_j 個重なって存在している状況をイメージしていただければ，これから説明するホモロジー群を理解する助けになることと思う．そして，係数を整数から

実数に広げて考えるのは，イメージよりも数学的な計算の簡便さを優先した便宜的な拡張であると考えてもらって構わない．

i 次元鎖群を定義したところで，いよいよホモロジー群の定義の鍵となる境界写像を定義しよう．

定義 3.8　K を単体複体とし，$|\Delta^j_{(i)}| = |\mathrm{A}^j_0\mathrm{A}^j_1\cdots\mathrm{A}^j_i|$ を K の i 次元単体とし，$\Delta^j_{(i)} = \langle \mathrm{A}^j_0\mathrm{A}^j_1\cdots\mathrm{A}^j_i \rangle$ を対応する向きのついた i 次元単体とする．ここで，$\Delta^j_{(i)}$ の**境界** $\partial\Delta^j_{(i)}$ を $(i-1)$ 次元鎖として，以下のように定義する．

$$\partial_i\Delta^j_{(i)} = \sum_{l=0}^{i}(-1)^l\langle \mathrm{A}^j_0\cdots\mathrm{A}^j_{l-1}\widehat{\mathrm{A}^j_l}\mathrm{A}^j_{l+1}\cdots\mathrm{A}^j_i \rangle \tag{3.1}$$

ただし，上式において $\widehat{*}$ は点 $*$ を取り除くことを意味する．これを線形に拡張して得られる線形写像 $\partial_i : C_i(K;\mathbf{R}) \to C_{i-1}(K;\mathbf{R})$,

$$\partial_i\left(\sum_{j=1}^{M^i_K} a_j\Delta^j_{(i)}\right) := \sum_{j=1}^{M^i_K} a_j(\partial_i\Delta^j_{(i)}) \qquad (a_j \in \mathbf{R})$$

を**境界写像**あるいは**境界作用素**と呼ぶ．なお，$i=0$ のときは，∂_0 を自明な零写像 $\partial_0 : C_0(K;\mathbf{R}) \to \{\mathbf{0}\}$ として定義する．

境界写像の図形的意味を考えてみよう．それは，まさに「図形の境界をとる」操作を意味している．(3.1)を振り返ってみよう．そこで境界をとる対象になっているのは i 次元単体 $|\mathrm{A}^j_0\mathrm{A}^j_1\cdots\mathrm{A}^j_i|$ である．その境界点集合が $(i-1)$ 次元面の和集合

$$\bigcup_{l=0}^{i}|\mathrm{A}^j_0\cdots\mathrm{A}^j_{l-1}\widehat{\mathrm{A}^j_l}\mathrm{A}^j_{l+1}\cdots\mathrm{A}^j_i|$$

で表され，前に述べた $(i-1)$ 次元鎖の幾何学的描像から，これを $(i-1)$ 次元鎖で表そうとすると

$$\sum_{l=0}^{i} m_l\langle \mathrm{A}^j_0\cdots\mathrm{A}^j_{l-1}\widehat{\mathrm{A}^j_l}\mathrm{A}^j_{l+1}\cdots\mathrm{A}^j_i \rangle \qquad (m_l \in \{-1, 1\})$$

となることは容易に想像がつく．問題は，m_l の符号がどのような考え方で定まっているのかということである．実は，これは「外向きの境界の向き」

という考え方から定まっている．以下，しばらくこの考え方の説明をしよう．$\mathbf{R}^N$ 内の $|A_0^jA_1^j\cdots A_i^j|$ を含む i 次元平面 $\Pi_{(i)}^j$ がただ1つ定まることは納得していただけると思うが，$\Pi_{(i)}^j$ に順序付き基底

$$(\overrightarrow{A_0^jA_1^j}, \overrightarrow{A_0^jA_2^j}, \cdots, \overrightarrow{A_0^jA_i^j})$$

から定まる向き（つまり表と裏の区別）を与えておく．この向きは $\Delta_{(i)}^j = \langle A_0^jA_1^j\cdots A_i^j\rangle$ の向きに一致していることに注意して欲しい．次に，向きの付いた $(i-1)$ 次元面 $\langle A_0^j\cdots A_{l-1}^j\widehat{A_l^j}A_{l+1}^j\cdots A_i^j\rangle$ の $\langle A_0^jA_1^j\cdots A_i^j\rangle$ に対する外向きの向きの数を以下で定める．

定義 3.9　$\Pi_{(i)}^j$ において，$|A_0^jA_1^j\cdots A_i^j|$ の内部の点から $(i-1)$ 次元面 $|A_0^j\cdots A_{l-1}^j\widehat{A_l^j}A_{l+1}^j\cdots A_i^j|$ を通って外側に向かう $\langle\overrightarrow{A_0^jA_1^j}, \overrightarrow{A_0^jA_2^j}, \cdots, \overrightarrow{A_0^jA_i^j}\rangle_{\mathbf{R}}$ のベクトルを $\mathbf{n}$ とおく．このとき，順序付き基底

$$(\mathbf{n}, \overrightarrow{A_0^jA_1^j}, \cdots, \widehat{\overrightarrow{A_0^jA_l^j}}, \cdots, \overrightarrow{A_0^jA_i^j})$$

$$(l=0\ のときは，(\mathbf{n}, \overrightarrow{A_1^jA_2^j}, \cdots, \overrightarrow{A_1^jA_i^j}))$$

は i 次元ベクトル空間 $\langle\overrightarrow{A_0^jA_1^j}, \overrightarrow{A_0^jA_2^j}, \cdots, \overrightarrow{A_0^jA_i^j}\rangle_{\mathbf{R}}$ の向きを定めるが，この向きと $(\overrightarrow{A_0^jA_1^j}, \overrightarrow{A_0^jA_2^j}, \cdots, \overrightarrow{A_0^jA_i^j})$ の向きが一致するなら1，反対の向きなら -1 と定めたものを，$\langle A_0^j\cdots A_{l-1}^j\widehat{A_l^j}A_{l+1}^j\cdots A_i^j\rangle$ の $\langle A_0^jA_1^j\cdots A_i^j\rangle$ に対する**外向きの向きの数**と呼ぶ．

演習問題 3.2

（i）　上の向きの数の定義が $\mathbf{n}$ のとり方によらないことを示せ．

（ii）　$\mathbf{n} = \overrightarrow{A_l^jA_0^j}$ $(l=0$ のときは $\overrightarrow{A_0^jA_1^j})$ ととることにより，$\langle A_0^j\cdots A_{l-1}^j\widehat{A_l^j}A_{l+1}^j\cdots A_i^j\rangle$ の $\langle A_0^jA_1^j\cdots A_i^j\rangle$ に対する外向きの向きの数が $(-1)^l$ となることを示せ．

これにより，(3.1)の係数 $(-1)^l$ が外向きの向きの数から定まっていることが確かめられた．

以上の議論からわかる通り，境界写像は図形的に意味があるので，「i 次元単体の境界点集合には境界がない」という事実に対応する以下の性質が成り立つ．

命題 3.1　K を単体複体とし，$\partial_i : C_i(K;\mathbf{R}) \to C_{i-1}(K;\mathbf{R})$ を境界写像とする．このとき，任意の 0 以上の整数 i に対して，以下が成り立つ．

$$\partial_{i-1} \circ \partial_i = 0$$

ただし，∂_{-1} は自明な零写像 $\partial_{-1} : \{\mathbf{0}\} \to \{\mathbf{0}\}$ と定めておく．

[証明]　$i = 0, 1$ のときは自明に成り立つから，$i \geq 2$ のとき示せばよいが，線形性より $\partial_{i-1} \circ \partial_i(\langle \mathrm{A}_0^j \mathrm{A}_1^j \cdots \mathrm{A}_i^j \rangle) = 0$ であることを示せば十分である．実際，計算すると

$$\begin{aligned}
&\partial_{i-1} \circ \partial_i(\langle \mathrm{A}_0^j \mathrm{A}_1^j \cdots \mathrm{A}_i^j \rangle) \\
&= \partial_{i-1}\left(\sum_{l=0}^{i} (-1)^l \langle \mathrm{A}_0^j \cdots \widehat{\mathrm{A}_l^j} \cdots \mathrm{A}_i^j \rangle \right) \\
&= \sum_{l=0}^{i} (-1)^l \partial_{i-1}(\langle \mathrm{A}_0^j \cdots \widehat{\mathrm{A}_l^j} \cdots \mathrm{A}_i^j \rangle) \\
&= \sum_{l=0}^{i} (-1)^l \sum_{m=0}^{l-1} (-1)^m \langle \mathrm{A}_0^j \cdots \widehat{\mathrm{A}_m^j} \cdots \widehat{\mathrm{A}_l^j} \cdots \mathrm{A}_i^j \rangle \\
&\qquad + \sum_{l=0}^{i} (-1)^l \sum_{m=l+1}^{i} (-1)^{m-1} \langle \mathrm{A}_0^j \cdots \widehat{\mathrm{A}_l^j} \cdots \widehat{\mathrm{A}_m^j} \cdots \mathrm{A}_i^j \rangle \\
&= \sum_{m<l} (-1)^{l+m} \langle \mathrm{A}_0^j \cdots \widehat{\mathrm{A}_m^j} \cdots \widehat{\mathrm{A}_l^j} \cdots \mathrm{A}_i^j \rangle \\
&\qquad + \sum_{l<m} (-1)^{l+m-1} \langle \mathrm{A}_0^j \cdots \widehat{\mathrm{A}_l^j} \cdots \widehat{\mathrm{A}_m^j} \cdots \mathrm{A}_i^j \rangle \\
&= 0
\end{aligned}$$

と成り立つことが確かめられる．□

この性質を利用して，単体複体 K の実係数ホモロジー群が以下のように定義される．

定義 3.10　K を単体複体とし，$\partial_i : C_i(K;\mathbf{R}) \to C_{i-1}(K;\mathbf{R})$ を境界写像とする．このとき，***i* 次輪体群** $Z_i(K;\mathbf{R})$ と ***i* 次境界群** $B_i(K;\mathbf{R})$ と呼ばれる実ベクトル空間を以下で定義する．

$$Z_i(K;\mathbf{R}) \coloneqq \mathrm{Ker}(\partial_i) \subset C_i(K;\mathbf{R}),$$
$$B_i(K;\mathbf{R}) \coloneqq \mathrm{Im}(\partial_{i+1}) \subset C_i(K;\mathbf{R})$$

命題3.1より $\partial_i \circ \partial_{i+1} = 0$ が成り立つので，$B_i(K;\mathbf{R})$ は $Z_i(K;\mathbf{R})$ の部分ベクトル空間となる．これらを用いて，K の実係数 **i 次ホモロジー群** $H_i(K;\mathbf{R})$ と呼ばれるベクトル空間を以下で定義する．

$$H_i(K;\mathbf{R}) \coloneqq Z_i(K;\mathbf{R})/B_i(K;\mathbf{R}) = \mathrm{Ker}(\partial_i)/\mathrm{Im}(\partial_{i+1})$$

また，K の i 次の**ベッチ数** $b_i(K)$ を以下で定める．

$$b_i(K) \coloneqq \dim_{\mathbf{R}}(H_i(K;\mathbf{R}))$$

もちろん，このホモロジー群には図形的な意味があるのであるが，それを解説する前に，まず例3.1の単体複体についてホモロジー群を具体的に計算してみることにしよう．

例3.2　正四面体の表面として得られる多面体で，2次元球面の単体分割にあたる例3.1の単体複体 K は以下で与えられた．

$$K = \{|\mathrm{A}_0\mathrm{A}_1\mathrm{A}_2|, |\mathrm{A}_3\mathrm{A}_0\mathrm{A}_1|, |\mathrm{A}_2\mathrm{A}_3\mathrm{A}_0|, |\mathrm{A}_1\mathrm{A}_2\mathrm{A}_3|, |\mathrm{A}_0\mathrm{A}_1|, |\mathrm{A}_0\mathrm{A}_2|,$$
$$|\mathrm{A}_0\mathrm{A}_3|, |\mathrm{A}_1\mathrm{A}_2|, |\mathrm{A}_1\mathrm{A}_3|, |\mathrm{A}_2\mathrm{A}_3|, |\mathrm{A}_0|, |\mathrm{A}_1|, |\mathrm{A}_2|, |\mathrm{A}_3|\}$$

ここで，この単体複体から得られる i 次元鎖群（$i = 0, 1, 2$）を具体的に書き下すと，以下のようになる．

$$C_2(K;\mathbf{R}) \coloneqq \{\alpha_1 \langle \mathrm{A}_0\mathrm{A}_1\mathrm{A}_2\rangle + \alpha_2 \langle \mathrm{A}_3\mathrm{A}_0\mathrm{A}_1\rangle + \alpha_3 \langle \mathrm{A}_2\mathrm{A}_3\mathrm{A}_0\rangle + \alpha_4 \langle \mathrm{A}_1\mathrm{A}_2\mathrm{A}_3\rangle$$
$$\mid \alpha_1, \alpha_2, \alpha_3, \alpha_4 \in \mathbf{R}\}$$
$$C_1(K;\mathbf{R}) \coloneqq \{\beta_1 \langle \mathrm{A}_0\mathrm{A}_1\rangle + \beta_2 \langle \mathrm{A}_0\mathrm{A}_2\rangle + \beta_3 \langle \mathrm{A}_0\mathrm{A}_3\rangle + \beta_4 \langle \mathrm{A}_1\mathrm{A}_2\rangle$$
$$+ \beta_5 \langle \mathrm{A}_1\mathrm{A}_3\rangle + \beta_6 \langle \mathrm{A}_2\mathrm{A}_3\rangle \mid \beta_1, \beta_2, \beta_3, \beta_4, \beta_5, \beta_6 \in \mathbf{R}\}$$
$$C_0(K;\mathbf{R}) \coloneqq \{\gamma_1 \langle \mathrm{A}_0\rangle + \gamma_2 \langle \mathrm{A}_1\rangle + \gamma_3 \langle \mathrm{A}_2\rangle + \gamma_4 \langle \mathrm{A}_3\rangle \mid \gamma_1, \gamma_2, \gamma_3, \gamma_4 \in \mathbf{R}\}$$

もちろん，$i = 0, 1, 2$ 以外の鎖群 $C_i(K;\mathbf{R})$ は $\{\mathbf{0}\}$ と定義する．ここで，定義に従って境界写像 $\partial_2 : C_2(K;\mathbf{R}) \to C_1(K;\mathbf{R})$ を具体的に計算してみよう．

$$\partial_2(\alpha_1 \langle \mathrm{A}_0\mathrm{A}_1\mathrm{A}_2\rangle + \alpha_2 \langle \mathrm{A}_3\mathrm{A}_0\mathrm{A}_1\rangle + \alpha_3 \langle \mathrm{A}_2\mathrm{A}_3\mathrm{A}_0\rangle + \alpha_4 \langle \mathrm{A}_1\mathrm{A}_2\mathrm{A}_3\rangle)$$
$$= \alpha_1(\langle \mathrm{A}_1\mathrm{A}_2\rangle - \langle \mathrm{A}_0\mathrm{A}_2\rangle + \langle \mathrm{A}_0\mathrm{A}_1\rangle) + \alpha_2(\langle \mathrm{A}_0\mathrm{A}_1\rangle - \langle \mathrm{A}_3\mathrm{A}_1\rangle + \langle \mathrm{A}_3\mathrm{A}_0\rangle)$$
$$+ \alpha_3(\langle \mathrm{A}_3\mathrm{A}_0\rangle - \langle \mathrm{A}_2\mathrm{A}_0\rangle + \langle \mathrm{A}_2\mathrm{A}_3\rangle) + \alpha_4(\langle \mathrm{A}_2\mathrm{A}_3\rangle - \langle \mathrm{A}_1\mathrm{A}_3\rangle + \langle \mathrm{A}_1\mathrm{A}_2\rangle)$$

$$= (\alpha_1+\alpha_2)\langle A_0A_1\rangle + (-\alpha_1+\alpha_3)\langle A_0A_2\rangle + (-\alpha_2-\alpha_3)\langle A_0A_3\rangle$$
$$+ (\alpha_1+\alpha_4)\langle A_1A_2\rangle + (\alpha_2-\alpha_4)\langle A_1A_3\rangle + (\alpha_3+\alpha_4)\langle A_2A_3\rangle$$

ただし，ここでは $\langle A_2A_0\rangle = -\langle A_0A_2\rangle$ 等の関係式を用いている．この結果を，$C_2(K;\mathbf{R})$ を $\mathbf{R}^4 = \{{}^t(\alpha_1,\alpha_2,\alpha_3,\alpha_4)\}$，$C_1(K;\mathbf{R})$ を $\mathbf{R}^6 = \{{}^t(\beta_1,\beta_2,\beta_3,\beta_4,\beta_5,\beta_6)\}$ と同一視することにより行列表示すると，以下のようになる．

$$\partial_2 = \begin{pmatrix} 1 & 1 & 0 & 0 \\ -1 & 0 & 1 & 0 \\ 0 & -1 & -1 & 0 \\ 1 & 0 & 0 & 1 \\ 0 & 1 & 0 & -1 \\ 0 & 0 & 1 & 1 \end{pmatrix} =: D_2$$

同様の計算により，さらに $C_0(K;\mathbf{R})$ を $\mathbf{R}^4 = \{{}^t(\gamma_1,\gamma_2,\gamma_3,\gamma_4)\}$ と同一視して，$\partial_1 : C_1(K;\mathbf{R}) \to C_0(K;\mathbf{R})$ を行列表示すると以下を得る．

$$\partial_1 = \begin{pmatrix} -1 & -1 & -1 & 0 & 0 & 0 \\ 1 & 0 & 0 & -1 & -1 & 0 \\ 0 & 1 & 0 & 1 & 0 & -1 \\ 0 & 0 & 1 & 0 & 1 & 1 \end{pmatrix} =: D_1$$

ここで，$\mathrm{Ker}(\partial_i)$ と $\mathrm{Im}(\partial_i)$ $(i=1,2)$ を求めるために，D_1, D_2 を狭義階段行列に変形すると以下のようになる．

$$D_2 \to \begin{pmatrix} 1 & 0 & 0 & 1 \\ 0 & 1 & 0 & -1 \\ 0 & 0 & 1 & 1 \\ 0 & 0 & 0 & 0 \\ 0 & 0 & 0 & 0 \\ 0 & 0 & 0 & 0 \end{pmatrix},$$

$$D_1 \to \begin{pmatrix} 1 & 0 & 0 & -1 & -1 & 0 \\ 0 & 1 & 0 & 1 & 0 & -1 \\ 0 & 0 & 1 & 0 & 1 & 1 \\ 0 & 0 & 0 & 0 & 0 & 0 \end{pmatrix}$$

これより，$\mathrm{Ker}(\partial_i)$ と $\mathrm{Im}(\partial_i)$ $(i=1,2)$ は次のように具体的に求められる*2.

*2 計算過程がわからない人は線形代数を復習して欲しい．

$$\begin{aligned}
\mathrm{Ker}(\partial_2) &= \langle \langle \mathrm{A}_1\mathrm{A}_2\mathrm{A}_3\rangle - \langle \mathrm{A}_0\mathrm{A}_2\mathrm{A}_3\rangle + \langle \mathrm{A}_0\mathrm{A}_1\mathrm{A}_3\rangle - \langle \mathrm{A}_0\mathrm{A}_1\mathrm{A}_2\rangle \rangle_{\mathbf{R}}, \\
\mathrm{Im}(\partial_2) &= \langle \langle \mathrm{A}_0\mathrm{A}_1\rangle - \langle \mathrm{A}_0\mathrm{A}_2\rangle + \langle \mathrm{A}_1\mathrm{A}_2\rangle, \langle \mathrm{A}_0\mathrm{A}_1\rangle - \langle \mathrm{A}_0\mathrm{A}_3\rangle + \langle \mathrm{A}_1\mathrm{A}_3\rangle, \\
&\qquad \langle \mathrm{A}_1\mathrm{A}_2\rangle - \langle \mathrm{A}_1\mathrm{A}_3\rangle + \langle \mathrm{A}_2\mathrm{A}_3\rangle \rangle_{\mathbf{R}} \\
&= \mathrm{Ker}(\partial_1), \\
\mathrm{Im}(\partial_1) &= \langle \langle \mathrm{A}_1\rangle - \langle \mathrm{A}_0\rangle, \langle \mathrm{A}_2\rangle - \langle \mathrm{A}_0\rangle, \langle \mathrm{A}_3\rangle - \langle \mathrm{A}_0\rangle \rangle_{\mathbf{R}}
\end{aligned}$$

明らかに，$\mathrm{Im}(\partial_3) = \{\mathbf{0}\}$，$\mathrm{Ker}(\partial_i) = \{\mathbf{0}\}$ $(i \geq 3)$，$\mathrm{Ker}(\partial_0) = C_0(K;\mathbf{R})$ であるから，ホモロジー群 $H_i(K;\mathbf{R})$ は以下のようになる．

$$\begin{aligned}
H_i(K;\mathbf{R}) &= \{\mathbf{0}\} \qquad (i \geq 3,\ i = 1), \\
H_2(K;\mathbf{R}) &= \langle \langle \mathrm{A}_1\mathrm{A}_2\mathrm{A}_3\rangle - \langle \mathrm{A}_0\mathrm{A}_2\mathrm{A}_3\rangle + \langle \mathrm{A}_0\mathrm{A}_1\mathrm{A}_3\rangle - \langle \mathrm{A}_0\mathrm{A}_1\mathrm{A}_2\rangle \rangle_{\mathbf{R}} \simeq \mathbf{R}, \\
H_0(K;\mathbf{R}) &= \langle [\langle \mathrm{A}_0\rangle] \rangle_{\mathbf{R}} \simeq \mathbf{R}
\end{aligned}$$

ただし，$H_0(K;\mathbf{R})$ において用いられている $[*]$ の記法は，商ベクトル空間における $*$ の同値類を意味し，上では $\mathrm{Im}(\partial_1)$ の計算結果より，

$$\begin{aligned}
&[\langle \mathrm{A}_1\rangle - \langle \mathrm{A}_0\rangle] = [\langle \mathrm{A}_2\rangle - \langle \mathrm{A}_0\rangle] = [\langle \mathrm{A}_3\rangle - \langle \mathrm{A}_0\rangle] = 0 \\
\iff\ &[\langle \mathrm{A}_0\rangle] = [\langle \mathrm{A}_1\rangle] = [\langle \mathrm{A}_2\rangle] = [\langle \mathrm{A}_3\rangle]
\end{aligned}$$

が成り立つことから，$H_0(K;\mathbf{R})$ の基底として $[\langle \mathrm{A}_0\rangle]$ がとれることを用いている．なお，ベッチ数は，

$$\begin{aligned}
b_i(K) &= 0 \qquad (i \geq 3,\ i = 1) \\
b_2(K) &= b_0(K) = 1
\end{aligned}$$

となるが，ベッチ数を求めるだけなら，線形代数の次元公式より

$$\dim(C_i(K;\mathbf{R})) = \dim(\mathrm{Ker}(\partial_i)) + \dim(\mathrm{Im}(\partial_i))$$

が成り立ち，また

$$\begin{aligned}
\dim(\mathrm{Im}(\partial_i)) &= \mathrm{rank}(D_i) \qquad (i = 1, 2), \\
\dim(H_i(K;\mathbf{R})) &= \dim(\mathrm{Ker}(\partial_i)) - \dim(\mathrm{Im}(\partial_{i+1}))
\end{aligned}$$

も成り立つので，$\mathrm{rank}(D_2) = \mathrm{rank}(D_1) = 3$ を用いて以下のように計算できる．

$$\begin{aligned}
b_2(K) &= 4 - 3 = 1, \\
b_1(K) &= (6 - 3) - 3 = 0, \\
b_0(K) &= 4 - 3 = 1
\end{aligned}$$

演習問題 3.3　$\mathbf{R}^N$ 内の以下の単体複体 K を考える．

$$K = \{|A_0A_1|, |A_1A_2|, |A_2A_0|, |B_0B_1|, |B_1B_2|, |B_2B_0|,\\ |A_0|, |A_1|, |A_2|, |B_0|, |B_1|, |B_2|\}$$

(i)　K の表す多面体 $|K|$ を図示せよ．

(ii)　以下の結果を確かめよ．

$$H_1(K;\mathbf{R}) = \langle\langle A_0A_1\rangle + \langle A_1A_2\rangle + \langle A_2A_0\rangle, \langle B_0B_1\rangle + \langle B_1B_2\rangle + \langle B_2B_0\rangle\rangle_{\mathbf{R}} \simeq \mathbf{R}^2,$$

$$H_0(K;\mathbf{R}) = \langle[\langle A_0\rangle], [\langle B_0\rangle]\rangle_{\mathbf{R}} \simeq \mathbf{R}^2,$$

$$H_i(K;\mathbf{R}) = \{\mathbf{0}\} \qquad (i \neq 0, 1)$$

では，ここまでで挙げた例の計算結果を見ながら，単体複体のホモロジー群の図形的な意味を説明していくことにしよう．まず，ホモロジー群の定義を振り返ってみると，$Z_i(K;\mathbf{R}) = \mathrm{Ker}(\partial_i)$ で定義される i 次輪体群というものが出てくるが，これは何をしているかというと

- **多面体 $|K|$ に含まれる i 次元の広がりをもった境界のない図形を取り出す**

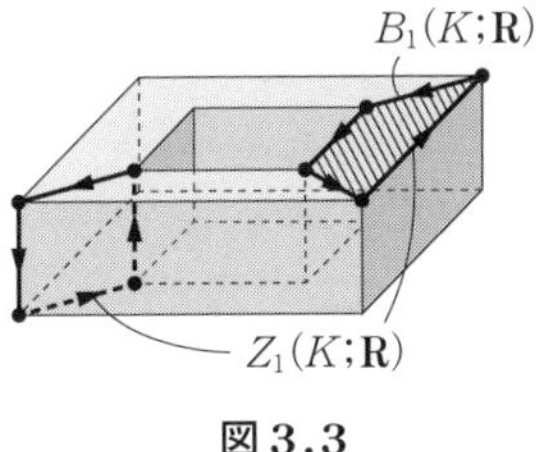

図 3.3

という作業をしているのである．次に，i 次境界群 $B_i(K;\mathbf{R}) = \mathrm{Im}(\partial_{i+1})$ が何をしているかというと

- **多面体 $|K|$ に含まれる i 次元の広がりをもった境界のない図形の中で，$|K|$ 内の $(i+1)$ 次元の広がりをもった図形の境界として与えられるものを取り出す**

という作業をしていることと解釈される．これは，平面上で 2 次元的な広がりをもった閉領域を考えると，その境界は必ず 1 次元的な広がりをもった閉曲線になる，あるいは空間内で 3 次元的な広がりをもつ閉領域を考えると，その境界は必ず 2 次元的な広がりをもった閉曲面になるという事実を，i 次元に拡張して得られる直観を背景としていることに注意して欲しい．なお前にも指摘したが (p. 190 参照)，この直観を数学的に記述しているのが，

$\partial_i \circ \partial_{i+1} = 0$ という関係式なのである．では，いよいよ $Z_i(K;\mathbf{R})/B_i(K;\mathbf{R})$ として定義される i 次ホモロジー群 $H_i(K;\mathbf{R})$ の意味を考えてみよう．ベクトル空間 $Z_i(K;\mathbf{R})$ をその部分ベクトル空間 $B_i(K;\mathbf{R})$ で割るということは，$B_i(K;\mathbf{R})$ のベクトルを $\mathbf{0}$ ベクトルと見なす，つまり「無き者」として扱うことを意味している．よって，$H_i(K;\mathbf{R}) = Z_i(K;\mathbf{R})/B_i(K;\mathbf{R})$ がしていることの意味は

（i）**多面体 $|\boldsymbol{K}|$ に含まれる $\boldsymbol{i}$ 次元の広がりをもった境界のない図形の中で，$|\boldsymbol{K}|$ 内の $(\boldsymbol{i}+\mathbf{1})$ 次元の広がりをもった図形の境界になっていないものを取り出す**

ことに他ならない．

これまでの考え方で得たホモロジー群の直観的解釈（i）をもとに，例3.2と演習問題3.3の計算結果を振り返ってみよう．はじめに，例3.2の計算結果を見てみよう．まず $i \geq 3$ のときに $H_i(K;\mathbf{R}) = \{\mathbf{0}\}$ であるが，これはそもそも多面体 $|K|$ が2次元的な広がりしかもっていないから，当たり前であるといえる．次に $H_2(K;\mathbf{R})$ は

$$\langle \mathrm{A}_1\mathrm{A}_2\mathrm{A}_3 \rangle - \langle \mathrm{A}_0\mathrm{A}_2\mathrm{A}_3 \rangle + \langle \mathrm{A}_0\mathrm{A}_1\mathrm{A}_3 \rangle - \langle \mathrm{A}_0\mathrm{A}_1\mathrm{A}_2 \rangle$$

を基底とする1次元ベクトル空間であるが，この基底は正四面体の「外向きの境界の向き」を与えられた境界としての閉曲面

$$|\mathrm{A}_1\mathrm{A}_2\mathrm{A}_3| \cup |\mathrm{A}_0\mathrm{A}_2\mathrm{A}_3| \cup |\mathrm{A}_0\mathrm{A}_1\mathrm{A}_3| \cup |\mathrm{A}_0\mathrm{A}_1\mathrm{A}_2|$$

に対応している．そして今，多面体 $|K|$ は正四面体の内部は含んでいないから，この閉曲面が $|K|$ 内の3次元の広がりをもった図形の境界ではないことも明らかである．したがって，$H_2(K;\mathbf{R})$ の計算結果は先ほどの考え方で解釈できることになる．

さらに進んで，$H_1(K;\mathbf{R})$ について考えてみよう．$|K|$ 内の1次元的な広がりをもった図形，つまり閉曲線の候補としては，1次元単体の和集合として表せるものとして例えば

$$|\mathrm{A}_0\mathrm{A}_1| \cup |\mathrm{A}_1\mathrm{A}_2| \cup |\mathrm{A}_2\mathrm{A}_0|$$

が挙げられる．これは，向きも込めて $C_1(K;\mathbf{R})$ の元として書くと

$$\langle A_0A_1\rangle + \langle A_1A_2\rangle + \langle A_2A_0\rangle = \langle A_1A_2\rangle - \langle A_0A_2\rangle + \langle A_0A_1\rangle$$

と表されるが，

$$\partial_2(\langle A_0A_1A_2\rangle) = \langle A_1A_2\rangle - \langle A_0A_2\rangle + \langle A_0A_1\rangle$$

と 2 次元単体 $|A_0A_1A_2|$ の境界となるので，ホモロジー群の元としては採用されないことになる．同様に，他の 1 次元単体の和集合として表される $|K|$ 内の閉曲線も 2 次元単体の境界として表されるので，$H_1(K;\mathbf{R}) = \{\mathbf{0}\}$ という結果が得られることになる．

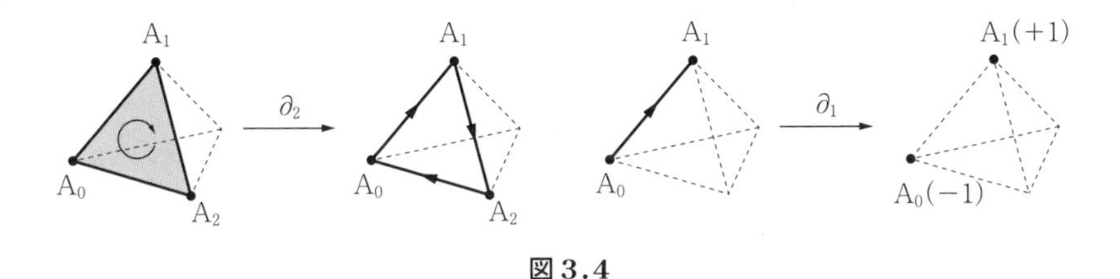

図 3.4

最後に $H_0(K;\mathbf{R})$ についてであるが，0 次元的な広がりをもった図形，つまり点には境界がないから，0 次元単体 $|A_0|$，$|A_1|$，$|A_2|$，$|A_3|$ がすべて $H_0(K;\mathbf{R})$ の元の候補となる．ところが，

$$\partial_1(\langle A_0A_1\rangle) = \langle A_1\rangle - \langle A_0\rangle,$$
$$\partial_1(\langle A_0A_2\rangle) = \langle A_2\rangle - \langle A_0\rangle,$$
$$\partial_1(\langle A_0A_3\rangle) = \langle A_3\rangle - \langle A_0\rangle$$

が成り立っているので，$H_0(K;\mathbf{R})$ においては p. 194 で述べたが $[\langle A_0\rangle] = [\langle A_1\rangle] = [\langle A_2\rangle] = [\langle A_3\rangle]$ が成り立つことになる．これは，ホモロジー群においては「$|A_0|$ と $|A_1|$ と $|A_2|$ と $|A_3|$ は互いに区別できない」ことを意味しており，その理由は「$|K|$ 内の 1 次元単体に沿って連続的に移動することによって重ね合わせることができるから」ということになる．ここで用いた「$(i+1)$ 次元の広がりをもつ図形の境界として与えられる i 次

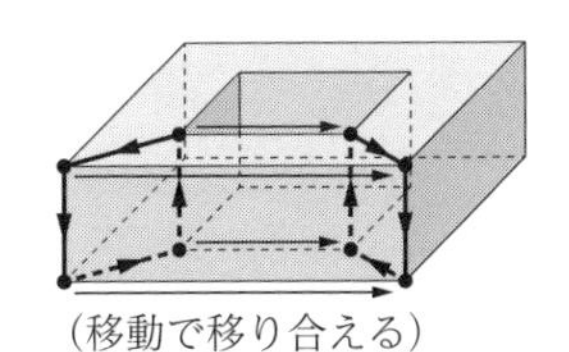

（移動で移り合える）

図 3.5

元の閉じた図形を無き者にして考える」考え方の解釈をもとに，ホモロジー群の直観的解釈(ｉ)に次のような補足を付け加えることにしよう．

（ⅱ）**2つの多面体 $|\boldsymbol{K}|$ に含まれる $\boldsymbol{i}$ 次元の広がりをもった境界のない図形どうしが多面体 $|\boldsymbol{K}|$ 内の連続的な変形で移り合えるならば，それらは同じものとみなす．**

この考え方により，$H_0(K;\mathbf{R})$ は $[\langle \mathrm{A}_0 \rangle]$ を基底とする1次元ベクトル空間であることがわかるのである．

演習問題 3.4　同様の議論により，演習問題 3.3 の結果を直観的に解釈せよ．

ここで展開した議論は，ホモロジー群の直観的な解釈を理解していただくために，あえて厳密な論理展開を逸脱した話の進め方をしていることには注意して欲しい．上で記したホモロジー群の直観的解釈(ｉ)と(ⅱ)はホモロジー群を理解する上で大きな助けとなるに違いないと筆者は思っているが，すべての計算結果をもれなく説明するほど厳密ではない，ということは言っておく必要があるであろう．

なお，上の(ｉ)と(ⅱ)でホモロジー群を解釈する立場からは，なぜ多面体 $|K|$（もともとは多様体と同相な位相空間として用意したことに注意）を単体分割して単体複体を考える必要があるのかがわからなくなった人もいるかと思われる．というのも，「多面体 $|K|$ に含まれる i 次元の広がりをもった境界のない図形の中で，$|K|$ 内の $(i+1)$ 次元の広がりをもった図形の境界になっていないものを取り出す」という作業は，単体分割を考えなくてもできそうだからである．しかし，これをまともにやろうとすると，「無限個の候補」を考えなければならないという問題に直面することは明らかであろう．それを避けるために，「境界のない i 次元的な図形，および境界のある $(i+1)$ 次元的な図形の候補として，対応する次元の単体の和集合として書けるものだけをとる」という一種の「粗視化」を用いることによって，問題を有限の手順で済むものに置き換えているわけである．

また，この直観的な解釈を前面に押し出せば，ホモロジー群とベッチ数が多面体 $|K|$ の位相不変量であることは推測できるのであるが，問題はそれを数学的に示すこと，つまり「粗視化」のトリックを使って計算される単体複体のホモロジー群 $H_i(K;\mathbf{R})$ が実際に $|K|$ の位相不変量であることの証明である．この証明はまた $|K|$ のホモロジー群が単体分割の仕方によらないことの証明を含んでいる．初学者の立場から考えてみても，この証明が非常に困難であることの予想はつくし，実際トポロジーにおけるホモロジー群の教科書でも，この証明に多くのページが割かれているわけであるが，本書ではこの証明にあたる議論を，既に紹介したド・ラムコホモロジー群を経由して行なうことにする．

ここで，ベッチ数の位相不変量としての意味のわかりやすい例として，証明なしに以下の定理を紹介しておこう．

定理 3.1 K を単体複体とする．このとき，$b_0(K) = \dim(H_0(K;\mathbf{R}))$ は多面体 $|K|$ の連結成分の個数に等しい．

演習問題 3.5 上の定理の証明を自分なりに考えてみよ．

この 0 次ベッチ数，つまり 0 次元ホモロジー群の次元の幾何学的な解釈を i 次ベッチ数に一般化すると，要するに **「i 次ベッチ数 $b_i(K)$ とは多面体 $|K|$ に開いた i 次元的な穴の個数である」** と解釈することもできる．

数直線 $\mathbf{R}$ から k 個の相異なる点を取り除いて穴を開けると，数直線が $(k+1)$ 個の連結成分に分かれる事実を思い浮かべて欲しい．そうすると，数直線から点を取り除いてできる穴を 0 次元的な穴と考えることによって，0 次元的な穴の数と連結成分の個数が結びつくことがわかる．次に，2 次元平面から k 個の点を取り除く（穴を開ける）と，その穴 1 個を囲む閉曲線は穴の開いた平面に含まれる閉領域の境界としては表せないことに気付くであろう．なぜなら，閉曲線の囲む領域は穴が開いているがゆえに閉集合ではなくなっているからである（この説明がわかりにくい方は，点の代わりに開

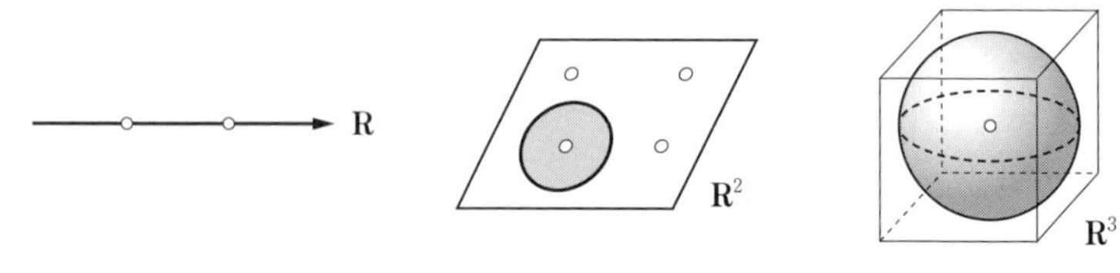

図 3.6　i 次元的な穴

円板を取り除いて穴を開けると，先ほどの閉曲線で囲まれる領域の境界としてこの穴の境界が出現し，閉曲線単独を境界としてもつ閉領域がとれなくなっていると考えてもよい）．このように考えると，2 次元平面から点を取り除いて開けた 1 次元的な穴の個数が 1 次ベッチ数 $b_1(K)$ と結びつくことがイメージできる．同様に，3 次元空間から点を取り除いた 2 次元的な穴を考え，その穴を囲む閉曲面を思い浮かべると，2 次元的な穴の個数と 2 次ベッチ数 $b_2(K)$ が結びつき，さらに $\mathbf{R}^n$ から点を取り除いて $(n-1)$ 次元的な穴を作り，その穴を囲む $(n-1)$ 次元の閉じた超曲面を思い浮かべると，$(n-1)$ 次元的な穴の個数と $(n-1)$ 次ベッチ数 $b_{n-1}(K)$ を結びつけることができるようになる．

もちろん，一般的な多面体（多様体）の場合にこの穴を直観的にどう捉えるかは簡単とはいえず，逆にホモロジー群の計算結果から直観を育てていくという面もあるのであるが，代表的な結果をいくつか列挙していくことによって感覚をつかんでいただくことにしよう．例えば，円 S^1 は連結で 1 次元的な穴が 1 個開いているので $b_0(S^1) = b_1(S^1) = 1$ で，他のベッチ数は 0 である[*3]．同様に，n 次元球面 S^n のベッチ数は

$$b_i(S^n) = \begin{cases} 1 & (i = 0, n) \\ 0 & (i \neq 0, 1) \end{cases}$$

で与えられ，連結で n 次元的な穴が 1 個開いた多様体となっている．これらより少し複雑な例として，2 次元トーラス T^2 のベッチ数は以下のようになる．

[*3] 単体複体を経由せずに，単体分割の仕方によらないことを仮定して多様体のベッチ数が定義できることを認める表記になっているが，ご容赦いただきたい．

$$b_i(T^2) = \begin{cases} 1 & (i = 0, 2) \\ 2 & (i = 1) \\ 0 & (i \neq 0, 1, 2) \end{cases}$$

つまり，T^2 は連結で，1 次元的な穴が 2 個，2 次元的な穴が 1 個開いている多様体であるということになる．2 次元的な穴の個数が 1 個であることを納得するには，T^2 を 3 次元空間におくと，空間を T^2 に囲まれる内部と外部に分けることをイメージすればよい．1 次元的な穴が 2 個であることを納得するには，3 次元空間内の T^2 の内部の空洞を 1 周するようにロープを渡して両端を結んで輪を作ると内部で引っかかってしまうこと，また外部で T^2 の輪をくぐるかたちでロープを渡し両端を結んで輪を作ると，やはり引っかかてしまうことをイメージすればよい（図 3.7 を参照のこと）．

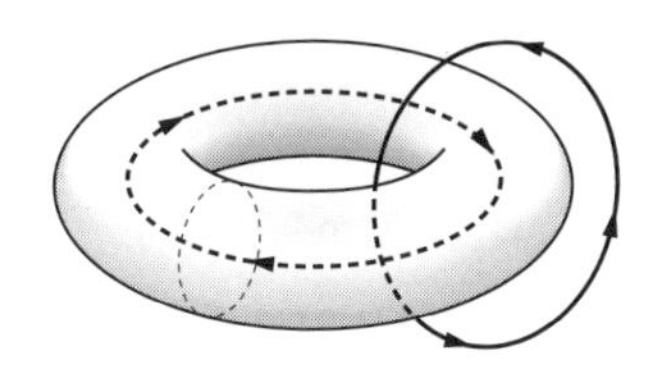

図 3.7

このように，親しみやすい多様体について計算結果と直観をすり合わせる作業は楽しいものであるし，それに慣れると，身近ではない多様体のホモロジー群を調べる興味も湧いてくることと思う．

さて，この直観の応用例として，1 個の n 次元単体 $|A_0A_1\cdots A_n|$ からなる多面体を記述する単体複体 K を考えると，この多面体には明らかに穴が開いてないので，$b_0(K) = 1$，$b_i(K) = 0\ (i \geq 1)$ となることが予想されるのであるが，この予想を定義から示す演習問題を出しておくことにしよう[*4]．

演習問題 3.6 単体複体 K を n 次元単体 $|A_0A_1\cdots A_n|$，およびそのすべての辺単体からなる単体複体とする．

---

*4 この多面体は，うるさいことをいうと，これまで仮定していたあるコンパクト多様体 M に同相であるという条件を満たしていないのであるが，教育的な例として挙げることにした．この例も含まれるように単体複体の定義を広げる作業は，次小節の冒頭で行なう．

$$K = \{ |\mathrm{A}_{i_0}\mathrm{A}_{i_1}\cdots\mathrm{A}_{i_r}| \mid 0 \leq i_0 < i_1 < \cdots < i_r \leq n,\ r = 0, 1, \cdots, n \}$$

$\mathrm{B} \in \{\mathrm{A}_0, \mathrm{A}_1, \cdots, \mathrm{A}_n\}$，および K の単体 $\langle \mathrm{A}_{i_0}\mathrm{A}_{i_1}\cdots\mathrm{A}_{i_q} \rangle$ に対して，次のような演算（**ジョイン**と呼ばれる）を定義する．

$$\mathrm{B} * \langle \mathrm{A}_{i_0}\mathrm{A}_{i_1}\cdots\mathrm{A}_{i_q} \rangle = \begin{cases} \langle \mathrm{B}\,\mathrm{A}_{i_0}\mathrm{A}_{i_1}\cdots\mathrm{A}_{i_q} \rangle & (\mathrm{B} \notin \{\mathrm{A}_{i_0}, \mathrm{A}_{i_1}, \cdots, \mathrm{A}_{i_q}\}) \\ 0 & (\mathrm{B} \in \{\mathrm{A}_{i_0}, \mathrm{A}_{i_1}, \cdots, \mathrm{A}_{i_q}\}) \end{cases}$$

また，これを線形に拡張して得られる線形写像を $\mathrm{B} * : C_q(K) \to C_{q+1}(K)$ とおく．

（i）　$q \geq 1$ のとき，$c \in C_q(K)$ に対し以下が成り立つことを示せ．

$$\partial_{q+1}(\mathrm{B} * c) = c - \mathrm{B} * (\partial_q c)$$

（ii）　以下を示せ[*5]．

$$H_i(K; \mathbf{R}) = \begin{cases} \mathbf{R} & (i = 0) \\ \{\mathbf{0}\} & (i \geq 1) \end{cases}$$

3.1.3　オイラー数およびいくつかの代数的補足

これまでの話の流れでは，K の表す多面体 $|K|$ はあるコンパクト多様体 M に同相であると仮定していた．しかし，$|K|$ があるコンパクト多様体 M に同相であるという条件は，単体複体の条件を定義する上では必須とは限らないので，ここでこの条件を外した単体複体の定義を導入することにする．

定義 3.11　$|\Delta^j_{(i)}|$ $(j = 1, 2, \cdots, M^i_K)$ を相異なる $\mathbf{R}^N$ 内の i 次元単体とする．

$$K = \{ |\Delta^j_{(i)}| \mid j = 1, 2, \cdots, M^i_K,\ 0 \leq i \leq n \}$$

が $\mathbf{R}^N$ の**単体複体**であるとは，K が以下の条件を満たすことをいう．

（i）　$|\Delta^j_{(i)}|$ $(j = 1, 2, \cdots, M^i_K,\ 0 \leq i \leq n)$ の任意の辺単体は K の元である．

（ii）　$|\Delta_1|, |\Delta_2| \in K$ について，$|\Delta_1| \cap |\Delta_2| \neq \emptyset$ が成り立つならば，$|\Delta_1| \cap |\Delta_2| \subset \mathbf{R}^N$ は $|\Delta_1|$ と $|\Delta_2|$ の共通の辺単体となる．

このように定義を広げておくと，例えば図のように「漢字」の単体分割を

[*5] これまでホモロジー群の計算結果を記す場合に同型 $\simeq$ の記号を用いてきたが，以後簡略化のため，等号 $=$ も用いることにする．

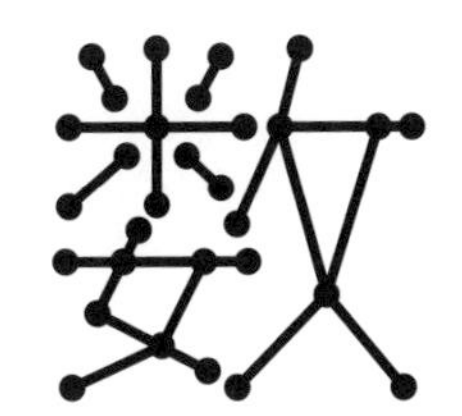

図 3.8 「漢字」の単体分割

考え，対応する単体複体を定義することもできるようになる．

この定義のもとで，単体複体の次元を定義しておく．

定義 3.12 K を単体複体とする．K に含まれる単体の次元の最大値を K の**次元**と呼び，$\dim(K)$ と表す．

ホモロジー群の定義より $\dim(K) = n$ ならば，$i > n$ のとき $H_i(K;\mathbf{R}) = \{\mathbf{0}\}$ かつ $b_i(K) = 0$ となることも従う．また前に仮定していたように，$|K|$ があるコンパクト多様体 M に同相で $\dim(M) = n$ ならば，当然 $\dim(K) = n$ である．ここで，単体複体 K のオイラー数を定義しよう．

定義 3.13 K を単体複体とし，$\dim(K) = n$ とする．このとき，K の**オイラー数** $\chi(K)$ を以下で定義する．

$$\chi(K) := \sum_{i=0}^{n} (-1)^i b_i(K) = \sum_{i=0}^{n} (-1)^i \dim(H_i(K;\mathbf{R}))$$

要するにオイラー数とは，K のベッチ数の交代和をとったものである．後で示すように，K のベッチ数は多面体 $|K|$ の位相不変量（同相写像で写り合うなら同じ値をとる量）であるので，K があるコンパクト多様体 M の単体分割となっているならば，$\chi(K)$ は M のオイラー数 $\chi(M)$ と解釈することもできる．この考え方については，前小節の脚注*3でも触れておいた．

では，もともとのベッチ数だけではなく交代和をとったオイラー数をわざわざ考えるのはなぜであろうか？　それは，以下のような「オイラーの多面体定理」の拡張にあたる定理が成り立つからである．

定理 3.2　定義 3.13 の設定のもとで，さらに以下の等式が成り立つ．

$$\chi(K) = \sum_{i=0}^{n}(-1)^i \dim(C_i(K;\mathbf{R})) = \sum_{i=0}^{n}(-1)^i \cdot (K \text{ の } i \text{ 次元単体の個数})$$

［証明］　まず，K のホモロジー群の定義より以下の等式が成り立つ．

$$\begin{aligned}\dim(H_i(K;\mathbf{R})) &= \dim(\mathrm{Ker}(\partial_i)/\mathrm{Im}(\partial_{i+1})) \\ &= \dim(\mathrm{Ker}(\partial_i)) - \dim(\mathrm{Im}(\partial_{i+1}))\end{aligned}$$

一方，$\partial_i : C_i(K;\mathbf{R}) \to C_{i-1}(K;\mathbf{R})$ についての準同型定理から，以下の等式も成り立つ．

$$\dim(C_i(K;\mathbf{R})) = \dim(\mathrm{Im}(\partial_i)) + \dim(\mathrm{Ker}(\partial_i))$$

これらを用いると，以下のようにして等式が示される．

$$\begin{aligned}&\sum_{i=0}^{n}(-1)^i \dim(C_i(K;\mathbf{R})) \\ &= \sum_{i=0}^{n}(-1)^i(\dim(\mathrm{Im}(\partial_i)) + \dim(\mathrm{Ker}(\partial_i))) \\ &= \sum_{i=-1}^{n-1}(-1)^{i+1}\dim(\mathrm{Im}(\partial_{i+1})) + \sum_{i=0}^{n}(-1)^i \dim(\mathrm{Ker}(\partial_i)) \\ &= -\sum_{i=0}^{n}(-1)^i \dim(\mathrm{Im}(\partial_{i+1}) + \sum_{i=0}^{n}(-1)^i \dim(\mathrm{Ker}(\partial_i)) \\ &= \sum_{i=0}^{n}(-1)^i(\dim(\mathrm{Ker}(\partial_i) - \dim(\mathrm{Im}(\partial_{i+1}))) \\ &= \sum_{i=0}^{n}(-1)^i \dim(H_i(K;\mathbf{R})) \\ &= \chi(K)\end{aligned}$$

ただし，$\dim(\mathrm{Im}(\partial_0)) = \dim(\mathrm{Im}(\partial_{n+1})) = 0$ であることを用いた．□

この定理より，ベッチ数に比べてオイラー数は**「単体の数を数えることにより得られるより素朴な（基本的な）位相不変量」**として特徴づけられるのである．この位相不変量は，すでに「ポアンカレ - ホップの定理」において登場しているし，またリーマン幾何の章（第 4 章）で「ガウス - ボンネの定理」においても再登場することになる．

さて，ここからはこれまでに出てきた登場人物を整理して，次節のより代数的な議論を展開するための準備をすることにしよう．

定義 3.14 K, L をともに $\mathbf{R}^N$ の単体複体とする．$L \subset K$ が成り立つとき，L を K の**部分複体**という．このとき，任意の $q \geq 0$ に対して $C_q(L;\mathbf{R})$ は $C_q(K;\mathbf{R})$ の部分ベクトル空間となる．このとき，包含写像

$$i_q : C_q(L;\mathbf{R}) \hookrightarrow C_q(K;\mathbf{R})$$

を考えると，明らかに，$\partial_q^K \circ i_q = i_{q-1} \circ \partial_q^L$ が成り立つ（どちらの境界写像かを明記するために，上付き添字 K と L を付けておいた）．したがって，

$$Z_q(L;\mathbf{R}) \subset Z_q(K;\mathbf{R}), \qquad B_q(L;\mathbf{R}) \subset B_q(K;\mathbf{R})$$

が成り立つので，線形写像の系列[*6]

$$\begin{aligned} H_q(L;\mathbf{R}) = Z_q(L;\mathbf{R})/B_q(L;\mathbf{R}) &\hookrightarrow Z_q(K;\mathbf{R})/B_q(L;\mathbf{R}) \\ &\twoheadrightarrow Z_q(K;\mathbf{R})/B_q(K;\mathbf{R}) = H_q(K;\mathbf{R}) \end{aligned} \tag{3.2}$$

からホモロジー群の間の写像

$$i_{*,q} : H_q(L;\mathbf{R}) \to H_q(K;\mathbf{R})$$

が定まる．

次に，商ベクトル空間 $C_q(K, L;\mathbf{R}) \coloneqq C_q(K;\mathbf{R})/C_q(L;\mathbf{R})$ を考え，これを**相対鎖群**と呼ぶ．$\alpha \in C_q(K;\mathbf{R})$ とし，α を代表元とする $C_q(K, L;\mathbf{R})$ の元（同値類）を $\alpha + C_q(L;\mathbf{R})$ と表すことにすると，

$$\begin{aligned} \tilde{\partial}_q(\alpha + C_q(L;\mathbf{R})) &= \partial_q^K \alpha + \partial_q^K C_q(L;\mathbf{R}) \\ &\longmapsto \partial_q^K \alpha + C_{q-1}(L;\mathbf{R}) \in C_{q-1}(K, L;\mathbf{R}) \end{aligned}$$

により，境界写像

$$\tilde{\partial}_q : C_q(K, L;\mathbf{R}) \to C_{q-1}(K, L;\mathbf{R})$$

が定まり，$\tilde{\partial}_{q-1} \circ \tilde{\partial}_q = 0$ が成り立つ．したがって，

$$Z_q(K, L;\mathbf{R}) \coloneqq \mathrm{Ker}(\tilde{\partial}_q), \qquad B_q(K, L;\mathbf{R}) \coloneqq \mathrm{Im}(\tilde{\partial}_{q+1})$$

[*6] 記号 $\hookrightarrow$ は包含から得られる単射を表し，記号 $\twoheadrightarrow$ は全射を表す．

とおくと，ホモロジー群

$$H_q(K,L;\mathbf{R}) := Z_q(K,L;\mathbf{R})/B_q(K,L;\mathbf{R})$$

が定まる．これを**相対ホモロジー群**と呼ぶ．

最後に，商写像

$$j_q : C_q(K;\mathbf{R}) \twoheadrightarrow C_q(K,L;\mathbf{R})$$

を考える．このとき，$j_{q-1} \circ \partial_q^K = \tilde{\partial}_q \circ j_q$ が成り立つので，

$$j_q(Z_q(K;\mathbf{R})) \subset Z_q(K;L;\mathbf{R}), \qquad j_q(B_q(K;\mathbf{R})) \subset B_q(K,L;\mathbf{R})$$

より，(3.2)と同様にしてホモロジー群の間の写像

$$j_{*,q} : H_q(K;\mathbf{R}) \to H_q(K,L;\mathbf{R})$$

が定まる．

例 3.3　$\mathbf{R}^2$ の2次元単体 $|\mathrm{A}_0\mathrm{A}_1\mathrm{A}_2|$ を多面体と見た場合の単体複体

$$K = \{|\mathrm{A}_0\mathrm{A}_1\mathrm{A}_2|, |\mathrm{A}_0\mathrm{A}_1|, |\mathrm{A}_0\mathrm{A}_2|, |\mathrm{A}_1\mathrm{A}_2|, |\mathrm{A}_0|, |\mathrm{A}_1|, |\mathrm{A}_2|\}$$

およびその部分複体

$$L = \{|\mathrm{A}_0\mathrm{A}_1|, |\mathrm{A}_0\mathrm{A}_2|, |\mathrm{A}_1\mathrm{A}_2|, |\mathrm{A}_0|, |\mathrm{A}_1|, |\mathrm{A}_2|\}$$

を考えよう．このとき，計算過程は略すが K と L のホモロジー群は，

$$H_q(K;\mathbf{R}) = \begin{cases} \mathbf{R} & (q=0) \\ \{\mathbf{0}\} & (q \geq 1) \end{cases}$$

$$H_q(L;\mathbf{R}) = \begin{cases} \mathbf{R} & (q=0,1) \\ \{\mathbf{0}\} & (q \geq 2) \end{cases}$$

となる（演習問題3.3，3.4参照）．また，$C_2(K;\mathbf{R}) = \langle\langle \mathrm{A}_0\mathrm{A}_1\mathrm{A}_2 \rangle\rangle_{\mathbf{R}}$ かつ $C_2(L;\mathbf{R}) = \{\mathbf{0}\}$ であるが，$q \neq 2$ で $C_q(K;\mathbf{R}) = C_q(L;\mathbf{R})$ であることから，

$$C_q(K,L;\mathbf{R}) = \begin{cases} \mathbf{R} & (q=2) \\ \{\mathbf{0}\} & (q \neq 2) \end{cases}$$

となるが，これより明らかに

$$H_q(K,L;\mathbf{R}) = \begin{cases} \mathbf{R} & (q=2) \\ \{\mathbf{0}\} & (q \neq 2) \end{cases}$$

を得る．これらの結果がどのように関連するのかは，今の時点ではよくわからないかもしれないが，次節でもう一度振り返ることにする．

さて，定義 3.14 を可換図式を使って整理してみよう．その定義は，結局のところ可換図式

$$
\begin{array}{ccccccc}
C_q(L;\mathbf{R}) & \xrightarrow{i_q} & C_q(K;\mathbf{R}) & \quad & C_q(K;\mathbf{R}) & \xrightarrow{j_q} & C_q(K,L;\mathbf{R}) \\
{\scriptstyle \partial_q^L}\downarrow & & {\scriptstyle \partial_q^K}\downarrow & & {\scriptstyle \partial_q^K}\downarrow & & {\scriptstyle \bar{\partial}_q}\downarrow \\
C_{q-1}(L;\mathbf{R}) & \xrightarrow{i_{q-1}} & C_{q-1}(K;\mathbf{R}) & & C_{q-1}(K;\mathbf{R}) & \xrightarrow{j_{q-1}} & C_{q-1}(K,L;\mathbf{R})
\end{array}
$$

からホモロジー群の間の写像

$$i_{*,q} : H_q(L;\mathbf{R}) \to H_q(K;\mathbf{R}),$$
$$j_{*,q} : H_q(K;\mathbf{R}) \to H_q(K,L;\mathbf{R})$$

が得られるという枠組みを作ったことになる．この枠組みを一般化する定義を以下で導入しよう．

定義 3.15 ベクトル空間の列 $\{A_q \mid 0 \leq q\}$（ただし，ある自然数 n が存在して $q > n$ ならば $A_q = \{\mathbf{0}\}$）と，$\partial_q \circ \partial_{q+1} = 0$ $(q \geq 0)$ を満たす線形写像 $\partial_q : A_q \to A_{q-1}$（$A_{-1} = \{\mathbf{0}\}$ かつ ∂_0 は零写像と定義する）の組 (A_*, ∂_*) を**鎖複体**と呼び，以下の図式で表す[*7]．

$$0 \longrightarrow A_n \xrightarrow{\partial_n} A_{n-1} \xrightarrow{\partial_{n-1}} \cdots \xrightarrow{\partial_3} A_2 \xrightarrow{\partial_2} A_1 \xrightarrow{\partial_1} A_0 \xrightarrow{\partial_0} 0$$

また，この鎖複体に対して $\mathrm{Ker}(\partial_q)/\mathrm{Im}(\partial_{q+1})$ で定義されるベクトル空間を鎖複体 (A_*, ∂_*) の **q 次ホモロジー群**といい，$H_q(A)$ で表す．

定義 3.16 $(A_*, \partial_*^A), (B_*, \partial_*^B)$ を鎖複体とする．線形写像の列

$$\{f_q : A_q \to B_q \mid q \geq 0\}$$

で，任意の $q \geq 0$ について $f_q \circ \partial_{q+1}^A = \partial_{q+1}^B \circ f_{q+1}$，つまり可換図式

$$
\begin{array}{ccc}
A_{q+1} & \xrightarrow{f_{q+1}} & B_{q+1} \\
{\scriptstyle \partial_{q+1}^A}\downarrow & & {\scriptstyle \partial_{q+1}^B}\downarrow \\
A_q & \xrightarrow{f_q} & B_q
\end{array}
$$

---

*7 この定義から，自明な零ベクトルのみからなるベクトル空間 $\{\mathbf{0}\}$ を単に 0 と表記することにする．

を満たすものを**鎖写像**と呼び，$f: A_* \to B_*$ と表すことにする．

命題 3.2　$(A_*, \partial^A_*), (B_*, \partial^B_*)$ を鎖複体とし，$f: A_* \to B_*$ を鎖写像とする．このとき，f から自然にホモロジー群の間の写像

$$f_{*,q}: H_q(A) \to H_q(B)$$

が誘導される．この写像を $f_*: H_*(A) \to H_*(B)$ と表す．

［証明］　鎖写像の満たすべき条件 $f_q \circ \partial^A_{q+1} = \partial^B_{q+1} \circ f_{q+1}$ より，

$$f_q(\mathrm{Ker}(\partial^A_q)) \subset \mathrm{Ker}(\partial^B_q), \qquad f_q(\mathrm{Im}(\partial^A_{q+1})) \subset \mathrm{Im}(\partial^B_{q+1})$$

が成り立つので，$\alpha \in \mathrm{Ker}(\partial^A_q)$ を代表元とする $\alpha + \mathrm{Im}(\partial^A_{q+1}) \in H_q(A)$ に対し，

$$f_{*,q}(\alpha + \mathrm{Im}(\partial^A_{q+1})) := f_q(\alpha) + \mathrm{Im}(\partial^B_{q+1})$$

と定義すれば，$H_q(A)$ から $H_q(B)$ への写像 $f_{*,q}$ が定まる．□

例 3.4　明らかに，単体複体 K とその部分複体 L の対応する単体鎖のベクトル空間とその境界写像の組 $(C_*(K;\mathbf{R}), \partial^K_*)$, $(C_*(L;\mathbf{R}), \partial^L_*)$，および相対鎖のなすベクトル空間とその境界写像の組 $(C_*(K, L;\mathbf{R}), \tilde{\partial}_*)$ は鎖複体の例である．また，定義 3.14 における $i_q: C_q(L;\mathbf{R}) \to C_q(K;\mathbf{R})$, $j_q: C_q(K;\mathbf{R}) \to C_q(K, L;\mathbf{R})$ は鎖写像の例であり，それらから誘導される $i_*: H_*(L;\mathbf{R}) \to H_*(K;\mathbf{R})$，$j_*: H_*(K;\mathbf{R}) \to H_*(K, L;\mathbf{R})$ は鎖写像から誘導されるホモロジー群の間の写像の例である．

例 3.5　M をコンパクト m 次元多様体とする．M 上の q 次微分形式全体のなす（無限次元）ベクトル空間 $\Omega^q(M)$ $(q \geq 0)$ と外微分作用素 $d_q: \Omega^q(M) \to \Omega^{q+1}(M)$ の組 (Ω^*, d_*) からなるド・ラム複体

$$0 \longrightarrow \Omega^0(M) \xrightarrow{d_0} \Omega^1(M) \xrightarrow{d_1} \cdots \xrightarrow{d_{m-1}} \Omega^m(M) \xrightarrow{d_m} 0$$

も，次数と矢印の向きの関係が逆となるが，鎖複体の例と見なすことができる（この場合に得られるホモロジー群に対応するものは，一般に**コホモロジー群**と呼ばれる）．また，N をコンパクト n 次元多様体とし，多様体の間の滑

らかな写像 $f : M \to N$ から引き起こされる微分形式の引き戻し写像 $f^* : \Omega^q(N) \to \Omega^q(M)$ は $f^* \circ d_q = d_q \circ f^*$ を満たすので，鎖写像の一種と考えることができる．実際，この小節の議論と同様の議論で，f^* はド・ラムコホモロジー群の間の写像 $f^* : H^q_{DR}(N) \to H^q_{DR}(M)$ を誘導することがわかる．

この章の後半で，M のド・ラムコホモロジー $H^q_{DR}(M)$ と M の単体分割 K から得られるホモロジー群 $H_q(K;\mathbf{R})$ が互いに双対な（したがって次元が等しい）ベクトル空間であることを証明する．

3.2　鎖複体のホモロジー群と完全系列

この節では，まずベクトル空間とその間の線形写像の系列が完全系列であるという性質を定義することにしよう．

定義 3.17　ベクトル空間とその間の線形写像の系列

$$0 \longrightarrow A_0 \xrightarrow{f_0} A_1 \xrightarrow{f_1} A_2 \xrightarrow{f_2} \cdots \xrightarrow{f_{n-2}} A_{n-1} \xrightarrow{f_{n-1}} A_n \longrightarrow 0$$

が，$\mathrm{Im}(f_{i-1}) = \mathrm{Ker}(f_i)$ $(i = 1, 2, \cdots, n-1)$，$\mathrm{Ker}(f_0) = 0$，$\mathrm{Im}(f_{n-1}) = A_n$ を満たすとき，この系列は**完全系列**または**完全列**であるという．また，特に $n = 2$ の場合の系列

$$0 \longrightarrow A_0 \xrightarrow{f_0} A_1 \xrightarrow{f_1} A_2 \longrightarrow 0$$

が完全列，つまり $\mathrm{Ker}(f_0) = 0$，$\mathrm{Im}(f_0) = \mathrm{Ker}(f_1)$，$\mathrm{Im}(f_1) = A_2$ が成り立つとき，特にこの系列を**短完全列**であるという．なお，線形写像の系列が完全系列であるとき，

$$0 \longrightarrow A_0 \xrightarrow{f_0} A_1 \xrightarrow{f_1} A_2 \longrightarrow 0 \quad (完全)$$

と末尾に（完全）と書いて表すことにする．

例 3.6　K を単体複体とし，L をその部分複体とする．このとき，鎖群 $C_q(K;\mathbf{R})$，$C_q(L;\mathbf{R})$ および相対鎖群 $C_q(K, L;\mathbf{R})$ に対して，系列

$$0 \longrightarrow C_q(L;\mathbf{R}) \xrightarrow{i_q} C_q(K;\mathbf{R}) \xrightarrow{j_q} C_q(K,L;\mathbf{R}) \longrightarrow 0$$

を考えると，これは短完全列となる.

次に，鎖複体の間の鎖写像に対して短完全列を導入しよう.

定義 3.18　(A_*, ∂_*^A), (B_*, ∂_*^B), (C_*, ∂_*^C) を鎖複体とし，$f: A_* \to B_*$, $g: B_* \to C_*$ を鎖写像とする．このとき，任意の $q \geq 0$ に対して系列

$$0 \longrightarrow A_q \xrightarrow{f_q} B_q \xrightarrow{g_q} C_q \longrightarrow 0$$

が短完全列となっているとき，これらの鎖写像の系列は**完全**であるといい，

$$0 \longrightarrow A_* \xrightarrow{f} B_* \xrightarrow{g} C_* \longrightarrow 0 \quad (\text{完全})$$

と表すことにする.

例 3.7　前節の議論より，例 3.6 の写像 i_q, j_q から鎖写像 $i: C_*(L;\mathbf{R}) \to C_*(K;\mathbf{R})$，$j: C_*(K;\mathbf{R}) \to C_*(K,L;\mathbf{R})$ が得られ，系列

$$0 \longrightarrow C_*(L;\mathbf{R}) \xrightarrow{i} C_*(K;\mathbf{R}) \xrightarrow{j} C_*(K,L;\mathbf{R}) \longrightarrow 0 \quad (\text{完全})$$

は鎖写像の短完全列となる.

さて，前節の議論において，鎖写像 $f: A_* \to B_*$ に対してそれぞれのホモロジー群の間の写像 $f_*: H_*(A) \to H_*(B)$ が得られることを見た．したがって，鎖写像の完全系列

$$0 \longrightarrow A_* \xrightarrow{f} B_* \xrightarrow{g} C_* \longrightarrow 0 \quad (\text{完全}) \tag{3.3}$$

に対して，以下のホモロジー群の写像の系列が得られる.

$$H_q(A) \xrightarrow{f_{*,q}} H_q(B) \xrightarrow{g_{*,q}} H_q(C) \tag{3.4}$$

ここで，さらに**連結準同型**と呼ばれる $H_q(C)$ から $H_{q-1}(A)$ への線形写像を導入することにしよう．まず，鎖写像の完全系列から得られる以下の可換図式を見て欲しい.

$$\begin{array}{ccccccccc} 0 & \longrightarrow & A_q & \xrightarrow{f_q} & B_q & \xrightarrow{g_q} & C_q & \longrightarrow & 0 \quad (\text{完全}) \\ & & \downarrow \partial_q^A & & \downarrow \partial_q^B & & \downarrow \partial_q^C & & \\ 0 & \longrightarrow & A_{q-1} & \xrightarrow{f_{q-1}} & B_{q-1} & \xrightarrow{g_{q-1}} & C_{q-1} & \longrightarrow & 0 \quad (\text{完全}) \\ & & \downarrow \partial_{q-1}^A & & \downarrow \partial_{q-1}^B & & \downarrow \partial_{q-1}^C & & \\ 0 & \longrightarrow & A_{q-2} & \xrightarrow{f_{q-2}} & B_{q-2} & \xrightarrow{g_{q-2}} & C_{q-2} & \longrightarrow & 0 \quad (\text{完全}) \end{array}$$

ここで，$\partial_q^C(\gamma) = 0$ を満たす $\gamma \in C_q$ に対して $\gamma + \mathrm{Im}(\partial_{q+1}^C) \in H_q(C)$ を考えよう．g_q は全射であるから，$g_q(\beta) = \gamma$ を満たす $\beta \in B_q$ がとれる．次に，$\partial_q^B(\beta)$ を考えると，図式の可換性より $g_{q-1}(\partial_q^B(\beta)) = \partial_q^C(g_q(\beta)) = \partial_q^C(\gamma) = 0$ が成り立つから，$\partial_q^B(\beta) \in \mathrm{Ker}(g_{q-1}) \, (= \mathrm{Im}(f_{q-1}))$ である．したがって，$f_{q-1}(\alpha) = \partial_q^B(\beta)$ を満たす $\alpha \in A_{q-1}$ がとれる．さらに，$f_{q-2}(\partial_{q-1}^A(\alpha)) = \partial_{q-1}^B(f_{q-1}(\alpha)) = \partial_{q-1}^B \circ \partial_q^B(\beta) = 0$ が成り立ち，また f_{q-2} は単射であるので $\partial_{q-1}^A(\alpha) = 0$ がいえる．したがって，$H_{q-1}(A)$ の元 $\alpha + \mathrm{Im}(\partial_q^A)$ が得られることになる．

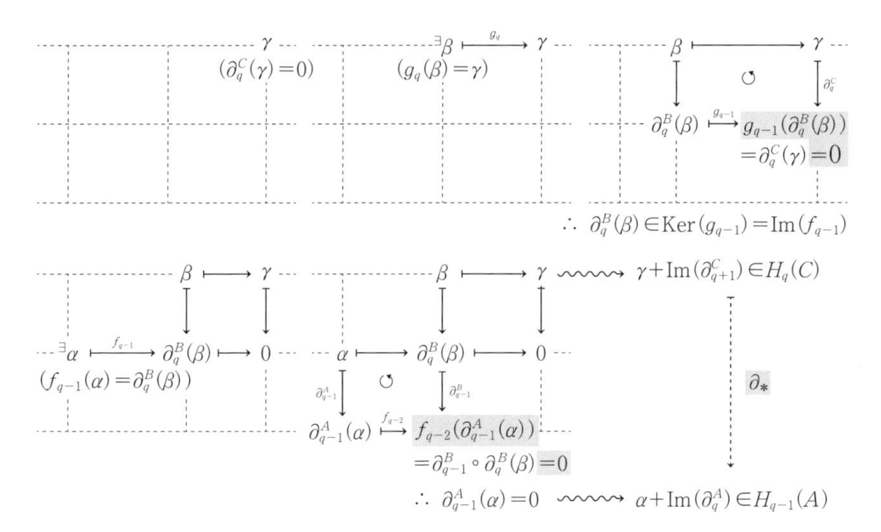

図 3.9 diagram chasing（連結準同型）

演習問題 3.7　上の手順で得られる $\alpha+\mathrm{Im}(\partial_q^A)\in H_{q-1}(A)$ は $\gamma+\mathrm{Im}(\partial_{q+1}^C)\in H_q(C)$ の代表元 $\gamma\in C_q$ のとり方によらないことを示せ．(ヒント：$\gamma_1,\gamma_2\in C_q$ $(\partial_q^C(\gamma_1)=\partial_q^C(\gamma_2)=0)$ が $\gamma_1-\gamma_2\in\mathrm{Im}(\partial_{q+1}^C)$ を満たすならば，上の手順で得られる $\alpha_1,\alpha_2\in A_{q-1}$ $(\partial_{q-1}^A(\alpha_1)=\partial_{q-1}^A(\alpha_2)=0)$ が $\alpha_1-\alpha_2\in\mathrm{Im}(\partial_q^A)$ を満たすことを示せばよい．またこの議論により，$\alpha+\mathrm{Im}(\partial_q^A)\in H_{q-1}(A)$ が β のとり方によらないこともいえる．)

定義 3.19　これまでの議論で得られた，$\gamma+\mathrm{Im}(\partial_{q+1}^C)\in H_q(C)$ に対して $\alpha+\mathrm{Im}(\partial_q^A)\in H_{q-1}(A)$ を対応させる写像 $\partial_*: H_q(C)\to H_{q-1}(A)$ を**連結準同型**と呼ぶ．

この連結準同型と(3.4)で得られていたホモロジー群の写像の系列を組み合わせると，以下のようなホモロジー群の間の線形写像の系列が得られる(写像の次数 q は省略している)．

$$\cdots\xrightarrow{g_*}H_{q+1}(C)\xrightarrow{\partial_*}H_q(A)\xrightarrow{f_*}H_q(B)\xrightarrow{g_*}H_q(C)\xrightarrow{\partial_*}\cdots$$
$$\cdots\cdots\cdots\cdots\cdots\cdots$$
$$\cdots\xrightarrow{g_*}H_1(C)\xrightarrow{\partial_*}H_0(A)\xrightarrow{f_*}H_0(B)\xrightarrow{g_*}H_0(C)\longrightarrow 0 \qquad (3.5)$$

以上の準備のもとで，以下のホモロジー群における基本的な定理を証明する．

定理 3.3　(3.5)の系列は完全である．つまり，$\partial_{*,q}: H_q(C)\to H_{q-1}(A)$，$f_{*,q}: H_q(A)\to H_q(B)$，$g_{*,q}: H_q(B)\to H_q(C)$ と次数 q を表記することにすると，

$$\mathrm{Im}(\partial_{*,q+1})=\mathrm{Ker}(f_{*,q}),\qquad \mathrm{Im}(f_{*,q})=\mathrm{Ker}(g_{*,q}),$$
$$\mathrm{Im}(g_{*,q})=\mathrm{Ker}(\partial_{*,q})$$

が成り立つ．また，このホモロジー群の完全列を，鎖複体の短完全列(3.3)から得られるホモロジー群の**長完全列**という．

[証明]　まず，$\mathrm{Im}(f_{*,q}) = \mathrm{Ker}(g_{*,q})$ から示す．

$\beta + \mathrm{Im}(\partial_{q+1}^B) \in H_q(B)$ $(\partial_q^B(\beta) = 0)$ が $\beta + \mathrm{Im}(\partial_{q+1}^B) \in \mathrm{Im}(f_{*,q})$ を満たすと仮定すると，$f_q(\alpha) + \mathrm{Im}(\partial_{q+1}^B) = \beta + \mathrm{Im}(\partial_{q+1}^B)$ を満たす $\alpha \in A_q$ $(\partial_q^A(\alpha) = 0)$ がとれる．このとき，鎖写像の系列の完全性より $\mathrm{Im}(f_q) = \mathrm{Ker}(g_q)$ が成り立つから，$g_{*,q}(\beta + \mathrm{Im}(\partial_{q+1}^B)) = g_q(f_q(\alpha) + \mathrm{Im}(\partial_{q+1}^B)) = g_q \circ f_q(\alpha) + \mathrm{Im}(\partial_{q+1}^C) = \mathrm{Im}(\partial_{q+1}^C) = 0$ ($H_q(B)$ の元として) を得る．よって $\beta + \mathrm{Im}(\partial_{q+1}^B) \in \mathrm{Ker}(g_{*,q})$ が成り立つので，$\mathrm{Im}(f_{*,q}) \subset \mathrm{Ker}(g_{*,q})$ がいえる．

逆に，$\beta + \mathrm{Im}(\partial_{q+1}^B) \in H_q(B)$ $(\partial_q^B(\beta) = 0)$ が $\beta + \mathrm{Im}(\partial_{q+1}^B) \in \mathrm{Ker}(g_{*,q})$，つまり $g_{*,q}(\beta + \mathrm{Im}(\partial_{q+1}^B)) = 0$ を満たすと仮定すると，$g_q(\beta) \in \mathrm{Im}(\partial_{q+1}^C)$ が成り立つ（命題 3.2）ので，$g_q(\beta) = \partial_{q+1}^C(\gamma)$ を満たす $\gamma \in C_{q+1}$ が存在する．$g_{q+1} : B_{q+1} \to C_{q+1}$ は全射ゆえ，$g_{q+1}(\theta) = \gamma$ を満たす $\theta \in B_{q+1}$ がとれ，$g_q(\beta) = \partial_{q+1}^C \circ g_{q+1}(\theta) = g_q \circ \partial_{q+1}^B(\theta) = g_q(\partial_{q+1}^B(\theta))$ が成り立つ．ゆえに，$g_q(\beta - \partial_{q+1}^B(\theta)) = 0$ を得る．$\mathrm{Im}(f_q) = \mathrm{Ker}(g_q)$ であるから，$f_q(\alpha) = \beta - \partial_{q+1}^B(\theta)$ を満たす $\alpha \in (A_q)$ がとれるが，$\partial_q^B(\beta - \partial_{q+1}^B(\theta)) = 0 = \partial_q^B \circ f_q(\alpha) = f_{q-1} \circ \partial_q^A(\alpha) = f_{q-1}(\partial_q^A(\alpha))$ となり，f_{q-1} は単射ゆえ $\partial_q^A(\alpha) = 0$ となる．よって $f_{*,q}(\alpha + \mathrm{Im}(\partial_{q+1}^A)) = f_q(\alpha) + \mathrm{Im}(\partial_{q+1}^B) = \beta - \partial_{q+1}^B(\theta) + \mathrm{Im}(\partial_{q+1}^B) = \beta + \mathrm{Im}(\partial_{q+1}^B)$ となるので，$\beta + \mathrm{Im}(\partial_{q+1}^B) \in \mathrm{Im}(f_{*,q})$ となり，$\mathrm{Ker}(g_{*,q}) \subset \mathrm{Im}(f_{*,q})$ がいえた．

以上から，$\mathrm{Im}(f_{*,q}) = \mathrm{Ker}(g_{*,q})$ であることがいえた．

次に，$\mathrm{Im}(g_{*,q}) = \mathrm{Ker}(\partial_{*,q})$ を示す．

$\gamma + \mathrm{Im}(\partial_{q+1}^C) \in H_q(C)$ $(\partial_q^C(\gamma) = 0)$ が $\gamma + \mathrm{Im}(\partial_{q+1}^C) \in \mathrm{Im}(g_{*,q})$ を満たすと仮定すると，$\partial_q^B(\beta) = 0$ を満たす $\beta \in B_q$ が存在して $g_q(\beta) = \gamma + \partial_{q+1}^C(\kappa)$ $(\kappa \in C_{q+1})$ が成り立つ．g_{q+1} の全射性より，$g_{q+1}(\theta) = \kappa$ を満たす $\theta \in B_{q+1}$ がとれるので，$g_q(\beta) = \gamma + \partial_{q+1}^C(g_{q+1}(\theta)) = \gamma + g_q(\partial_{q+1}^B(\theta))$ であるから $\gamma = g_q(\beta - \partial_{q+1}^B(\theta))$ を得る．ここで，∂_* の構成で用いられた $g_q(\beta) = \gamma$ を満たす β として，この $\beta - \partial_{q+1}^B(\theta)$ を用いると，$\partial_q^B(\beta - \partial_{q+1}^B(\theta)) = 0$ が成り立つから，∂_* の構成で用いられた $\alpha \in A_q$ は 0 となる．これより $\gamma + \mathrm{Im}(\partial_{q+1}^C) \in$

$\mathrm{Ker}(\partial_{*,q})$ となるので，$\mathrm{Im}(g_{*,q}) \subset \mathrm{Ker}(\partial_{*,q})$ がいえる．

逆に，$\gamma+\mathrm{Im}(\partial^C_{q+1}) \in H_q(C)$ $(\partial_q(\gamma)=0)$ が $\gamma+\mathrm{Im}(\partial^C_{q+1}) \in \mathrm{Ker}(\partial_{*,q})$ を満たすと仮定する．このとき，連結準同型の議論と同様にして，$\gamma = g_q(\beta)$ となる $\beta \in B_q$ をとり，$f_{q-1}(\alpha) = \partial^B_q(\beta)$ となる $\alpha \in A_{q-1}$ をとると，$\alpha+\mathrm{Im}(\partial^A_q) = \partial_{*,q}(\gamma+\mathrm{Im}(\partial^C_{q+1})) = 0$，つまり $\alpha = \partial^A_q(\psi)$ を満たす $\psi \in A_q$ がとれる．よって，$\partial^B_q(\beta) = f_{q-1}(\partial^A_q(\psi)) = \partial^B_q(f_q(\psi))$ が成り立つから，$\partial^B_q(\beta - f_q(\psi)) = 0$ が成り立つ．したがって，$\beta - f_q(\psi) + \mathrm{Im}(\partial^B_{q+1}) \in H_q(B)$ であるが，$g_{*,q}(\beta - f_q(\psi) + \mathrm{Im}(\partial^B_{q+1})) = g_q(\beta) - g_q \circ f_q(\psi) + \mathrm{Im}(\partial^C_{q+1}) = \gamma + \mathrm{Im}(\partial^C_{q+1})$ が成り立つので（鎖写像の短完全列より $g_q \circ f_q = 0$），$\gamma+\mathrm{Im}(\partial^C_{q+1}) \in \mathrm{Im}(g_{*,q})$ がいえ，$\mathrm{Ker}(\partial_{*,q}) \subset \mathrm{Im}(g_{*,q})$ がいえる．

以上から，$\mathrm{Im}(g_{*,q}) = \mathrm{Ker}(\partial_{*,q})$ であることがいえた．

最後に，$\mathrm{Im}(\partial_{*,q+1}) = \mathrm{Ker}(f_{*,q})$ を示す．

$\alpha+\mathrm{Im}(\partial^A_{q+1}) \in H_q(A)$ $(\partial^A_q(\alpha)=0)$ が $\alpha+\mathrm{Im}(\partial^A_{q+1}) \in \mathrm{Im}(\partial_{*,q+1})$ を満たすと仮定する．このとき，$\partial^C_{q+1}(\gamma) = 0$ を満たす $\gamma \in C_{q+1}$ が存在して，$g_{q+1}(\beta) = \gamma$ を満たす $\beta \in B_{q+1}$ を上手くとると，$f_q(\alpha) = \partial^B_{q+1}(\beta)$ が成り立つ．よって，$f_{*,q}(\alpha+\mathrm{Im}(\partial^A_{q+1})) = \partial^B_{q+1}(\beta) + \mathrm{Im}(\partial^B_{q+1}) = \mathrm{Im}(\partial^B_{q+1}) = 0$（$H_q(B)$ の元として）となり，$\alpha+\mathrm{Im}(\partial^A_{q+1}) \in \mathrm{Ker}(f_{*,q})$ となる．これより $\mathrm{Im}(\partial_{*,q+1}) \subset \mathrm{Ker}(f_{*,q})$ がいえる．

逆に，$\alpha+\mathrm{Im}(\partial^A_{q+1}) \in H_q(A)$ $(\partial^A_q(\alpha)=0)$ が $\alpha+\mathrm{Im}(\partial^A_{q+1}) \in \mathrm{Ker}(f_{*,q})$ を満たすと仮定する．このとき，$f_q(\alpha) = \partial^B_{q+1}(\beta)$ を満たす $\beta \in B_{q+1}$ が存在するが，ここで $g_{q+1}(\beta) = \gamma \in C_{q+1}$ を考えると，$\partial^C_{q+1}(\gamma) = \partial^C_{q+1}(g_{q+1}(\beta)) = g_q(\partial^B_{q+1}(\beta)) = g_q(f_q(\alpha)) = 0$（鎖写像の完全性より，$g_q \circ f_q = 0$）が成り立つ．よって，この γ を用いて $\gamma+\mathrm{Im}(\partial^C_{q+2}) \in H_{q+1}(C)$ を考えると，$\partial_{*,q+1}(\gamma+\mathrm{Im}(\partial^C_{q+2})) = \alpha+\mathrm{Im}(\partial^A_{q+1})$ が成り立つ．したがって $\mathrm{Ker}(f_{*,q}) \in \mathrm{Im}(\partial_{*,q+1})$ がいえた．

以上から，$\mathrm{Im}(\partial_{*,q+1}) = \mathrm{Ker}(f_{*,q})$ であることがいえた．□

例 3.8 例 3.3 で取り上げた，$\mathbf{R}^2$ の 2 次元単体 $|A_0A_1A_2|$ を多面体と見た場合の単体複体

$$K = \{|A_0A_1A_2|, |A_0A_1|, |A_0A_2|, |A_1A_2|, |A_0|, |A_1|, |A_2|\}$$

およびその部分複体

$$L = \{|A_0A_1|, |A_0A_2|, |A_1A_2|, |A_0|, |A_1|, |A_2|\}$$

を再び考えよう．このとき，鎖複体の短完全列（例 3.7）

$$0 \longrightarrow C_*(L;\mathbf{R}) \xrightarrow{i} C_*(K;\mathbf{R}) \xrightarrow{j} C_*(K,L;\mathbf{R}) \longrightarrow 0 \quad (\text{完全})$$

から，以下のホモロジー群の長完全列が得られる．

$$\begin{aligned}
0 &\xrightarrow{\partial_{*,3}} H_2(L;\mathbf{R}) \xrightarrow{i_{*,2}} H_2(K;\mathbf{R}) \xrightarrow{j_{*,2}} H_2(K,L;\mathbf{R}) \\
&\xrightarrow{\partial_{*,2}} H_1(L;\mathbf{R}) \xrightarrow{i_{*,1}} H_1(K;\mathbf{R}) \xrightarrow{j_{*,1}} H_1(K,L;\mathbf{R}) \\
&\xrightarrow{\partial_{*,1}} H_0(L;\mathbf{R}) \xrightarrow{i_{*,0}} H_0(K;\mathbf{R}) \xrightarrow{j_{*,0}} H_0(K,L;\mathbf{R}) \xrightarrow{\partial_{*,0}} 0
\end{aligned} \quad (3.6)$$

ここで，この完全系列を利用して，$H_*(K;\mathbf{R})$ と $H_*(L;\mathbf{R})$ を既知として $H_*(K,L;\mathbf{R})$ を求めることを考えてみよう．例 3.3 で見たように，それらは

$$H_q(K;\mathbf{R}) = \begin{cases} \mathbf{R} & (q=0) \\ \{\mathbf{0}\} & (q \geq 1) \end{cases}$$

$$H_q(L;\mathbf{R}) = \begin{cases} \mathbf{R} & (q=0,1) \\ \{\mathbf{0}\} & (q \geq 2) \end{cases}$$

で与えられるから，これらの結果を(3.6)に代入すると，以下のようになる．

$$\begin{aligned}
0 &\xrightarrow{\partial_{*,3}} 0 \xrightarrow{i_{*,2}} 0 \xrightarrow{j_{*,2}} H_2(K,L;\mathbf{R}) \\
&\xrightarrow{\partial_{*,2}} \mathbf{R} \xrightarrow{i_{*,1}} 0 \xrightarrow{j_{*,1}} H_1(K,L;\mathbf{R}) \\
&\xrightarrow{\partial_{*,1}} \mathbf{R} \xrightarrow{i_{*,0}} \mathbf{R} \xrightarrow{j_{*,0}} H_0(K,L;\mathbf{R}) \xrightarrow{\partial_{*,0}} 0
\end{aligned}$$

$C_0(K;\mathbf{R}) = C_0(L;\mathbf{R})$ であることから $C_0(K,L;\mathbf{R}) = 0$ が成り立つので，$H_0(K,L;\mathbf{R}) = 0$ が得られる．よって上の完全系列から，以下の 2 つの完全系列が得られる．

$$0 \xrightarrow{j_{*,2}} H_2(K,L;\mathbf{R}) \xrightarrow{\partial_{*,2}} \mathbf{R} \xrightarrow{i_{*,1}} 0 \quad (\text{完全}),$$

$$0 \xrightarrow{j_{*,1}} H_1(K,L;\mathbf{R}) \xrightarrow{\partial_{*,1}} \mathbf{R} \xrightarrow{i_{*,0}} \mathbf{R} \xrightarrow{j_{*,0}} 0 \quad (\text{完全})$$

上の完全系列からは，$\mathrm{Ker}(\partial_{*,2})=0$ かつ $\mathrm{Im}(\partial_{*,2})=\mathbf{R}$ がわかるので $\partial_{*,2}$ は全単射で同型写像となり，$H_2(K,L;\mathbf{R})=\mathbf{R}$ となることがわかる．下の完全系列からは，まず $\mathrm{Im}(i_{*,0})=\mathbf{R}$ となることから $i_{*,0}:\mathbf{R}\to\mathbf{R}$ が全射となることが従うが，定義域と値域が同じ次元のベクトル空間であることから同時に単射であることが従い，$\mathrm{Ker}(i_{*,0})=0=\mathrm{Im}(\partial_{*,1})=H_1(K,L;\mathbf{R})$ を得る．ただし，ここでは $\partial_{*,1}:H_1(K;L;\mathbf{R})\to\mathbf{R}$ が単射であることを用いた．

ホモロジー群の長完全列は，3つの鎖複体のホモロジー群の間の完全列であるが，この例のようにそのうちの2つの複体のホモロジー群がわかっている場合には，残りの1つのホモロジー群の情報を得るのに有効であることがわかる．

ここで，単体複体のホモロジー群を具体的に求める上で強力な武器となる，単体複体のマイヤー－ビートリス長完全系列を紹介しておこう．K を $\mathbf{R}^N$ の単体複体とし，L_1, L_2 を K の部分複体とする．また，$L_1\cup L_2=K$ が成り立つものとする．（$L_1\cup L_2$ は単体の集合として和集合をとることを意味する.）

このとき，単体の集合としての共通集合 $L_1\cap L_2$ はまた単体複体となるが，以上の設定で $C_*(K;\mathbf{R})$，$C_*(L_1;\mathbf{R})$，$C_*(L_2;\mathbf{R})$，$C_*(L_1\cap L_2;\mathbf{R})$ の4つの鎖複体が得られる．これらを用いて，以下の鎖複体の短完全列が得られる（直和の記号 $\oplus$ については附録を参照).

$$0\longrightarrow C_*(L_1\cap L_2;\mathbf{R})\xrightarrow{i_1\oplus i_2}C_*(L_1;\mathbf{R})\oplus C_*(L_2;\mathbf{R})$$
$$\xrightarrow{j_1-j_2}C_*(K;\mathbf{R})\longrightarrow 0\quad(\text{完全})$$

ここで，写像 $i_1\oplus i_2$，j_1-j_2 の定義を説明しよう．$L_1\cap L_2$ の q 次元単体の集合を $\{|D_1^q|,\cdots,|D_l^q|\}$ とし，L_1, L_2 の q 次元単体の集合をそれぞれ以下のようにおく．

$$L_1:\{|D_1^q|,\cdots,|D_l^q|\}\cup\{|A_1^q|,\cdots,|A_k^q|\},$$
$$L_2:\{|D_1^q|,\cdots,|D_l^q|\}\cup\{|B_1^q|,\cdots,|B_m^q|\}$$

このとき，$K=L_1\cup L_2$ の q 単体の集合は以下で与えられる．

$$K:\{|D_1^q|,\cdots,|D_l^q|\}\cup\{|A_1^q|,\cdots,|A_k^q|\}\cup\{|B_1^q|,\cdots,|B_m^q|\}$$

以上の準備のもとで，写像 $i_1\oplus i_2: C_q(L_1\cap L_2;\mathbf{R})\to C_q(L_1;\mathbf{R})\oplus C_q(L_2;\mathbf{R})$，$j_1-j_2: C_q(L_1;\mathbf{R})\oplus C_q(L_2;\mathbf{R})\to C_q(K;\mathbf{R})$ は以下のように具体的に与えられる．

$$(i_1\oplus i_2)\left(\sum_{j=1}^{l}\gamma_j D_j^q\right):=\left(\sum_{j=1}^{l}\gamma_j D_j^q,\ \sum_{j=1}^{l}\gamma_j D_j^q\right),$$

$$(j_1-j_2)\left(\sum_{j=1}^{l}\gamma_j D_j^q+\sum_{j=1}^{k}\alpha_j A_j^q,\ \sum_{j=1}^{l}\gamma_j' D_j^q+\sum_{j=1}^{m}\beta_j B_j^q\right)$$
$$:=\sum_{j=1}^{l}(\gamma_j-\gamma_j')D_j^q+\sum_{j=1}^{k}\alpha_j A_j^q-\sum_{j=1}^{m}\beta_j B_j^q$$

ここで，$C_q(L_1;\mathbf{R})\oplus C_q(L_2;\mathbf{R})$ において，同じ D_j^q でも左側に現れるものと右側に現れるものは別物と扱っていることに注意して欲しい（附録の注意 6.3 を参照）．この定義から，$i_1\oplus i_2$ が単射で，j_1-j_2 が全射であり，さらに $\mathrm{Im}(i_1\oplus i_2)=\mathrm{Ker}(j_1-j_2)$ が成り立つことは明らかであろう．ここで，$C_*(L_1;\mathbf{R})\oplus C_*(L_2;\mathbf{R})$ の境界写像を $\partial_*^{L_1}\oplus\partial_*^{L_2}$ で定義すると[*8]，上の単完全列は鎖写像の短完全列となり，$C_*(L_1;\mathbf{R})\oplus C_*(L_2;\mathbf{R})$ のホモロジー群は $H_*(L_1;\mathbf{R})\oplus H_*(L_2;\mathbf{R})$ となるから，以下のホモロジー群の長完全列を得る．

$$\cdots\xrightarrow{\partial_*}H_q(L_1\cap L_2;\mathbf{R})\xrightarrow{(i_1\oplus i_2)_*}H_q(L_1;\mathbf{R})\oplus H_q(L_2;\mathbf{R})\xrightarrow{(j_1-j_2)_*}H_q(K;\mathbf{R})$$
$$\xrightarrow{\partial_*}H_{q-1}(L_1\cap L_2;\mathbf{R})\xrightarrow{(i_1\oplus i_2)_*}H_{q-1}(L_1;\mathbf{R})\oplus H_{q-1}(L_2;\mathbf{R})\xrightarrow{(j_1-j_2)_*}\cdots$$
$$\cdots\cdots\cdots\cdots\cdots\cdots$$
$$\cdots\xrightarrow{\partial_*}H_0(L_1\cap L_2;\mathbf{R})\xrightarrow{(i_1\oplus i_2)_*}H_0(L_1;\mathbf{R})\oplus H_0(L_2;\mathbf{R})\xrightarrow{(j_1-j_2)_*}H_0(K;\mathbf{R})$$
$$\xrightarrow{\partial_*}0$$

これを（ホモロジー群の）**マイヤー - ビートリス長完全系列**という．これも 3 つのホモロジー群 $H_*(L_1\cap L_2;\mathbf{R})$，$H_*(L_1;\mathbf{R})\oplus H_*(L_2;\mathbf{R})$，$H_*(K;\mathbf{R})$ の間の関係を表しているが，どれか 2 つのホモロジー群が既知である場合，

---

*8 一般に線形写像 $f:A_1\to B_1$，$g:A_2\to B_2$ に対し，$f\oplus g: A_1\oplus A_2\to B_1\oplus B_2$ を $(a_1,a_2)\mapsto(f(a_1),f(a_2))$ により定める．

残りの1つのホモロジー群の情報を得るのに有効に使えることが多い.

例 3.9　$\mathbf{R}^2$ の単体複体

$K=\{|A_0A_1A_2|, |A_0A_1|, |A_0A_2|, |A_1A_2|, |A_0A_3|, |A_0|, |A_1|, |A_2|, |A_3|\}$

とその部分複体

$$L_1=\{|A_0A_1A_2|, |A_0A_1|, |A_0A_2|, |A_1A_2|, |A_0|, |A_1|, |A_2|\},$$
$$L_2=\{|A_0A_3|, |A_0|, |A_3|\}$$

を考える. K の多面体 $|K|$ は, 図を描いてみればわかる通り, 2次元単体 $|A_0A_1A_2|$ (内部の詰まった三角形) に1次元単体 $|A_0A_3|$ (線分) のひげを接着したものである. L_1 は2次元単体 $|A_0A_1A_2|$ に対応する単体複体, L_2 は1次元単体 $|A_0A_3|$ に対応する単体複体であり, また,

$$L_1 \cap L_2=\{|A_0|\}$$

である.

演習問題3.3の結果から, 以下のことがわかる.

$$H_q(L_1;\mathbf{R})=H_q(L_2;\mathbf{R})=H_q(L_1\cap L_2;\mathbf{R})=\begin{cases}\mathbf{R} & (q=0)\\ 0 & (q\geq 1)\end{cases}$$

よってマイヤー - ビートリス長完全系列から, 以下の完全列を得ることができる.

$$0 \xrightarrow{(j_1-j_2)_{*,q}} H_q(K;\mathbf{R}) \xrightarrow{\partial_{*,q}} 0 \quad (\text{完全}) \quad (q\geq 2),$$
$$0 \xrightarrow{(j_1-j_2)_{*,1}} H_1(K;\mathbf{R}) \xrightarrow{\partial_{*,1}} \mathbf{R} \xrightarrow{(i_1\oplus i_2)_{*,0}} \mathbf{R}\oplus\mathbf{R} \xrightarrow{(j_1-j_2)_{*,0}} \mathbf{R} \longrightarrow 0 \quad (\text{完全})$$

ただし, 下側の完全系列では, $|K|$ が連結であることから $H_0(K;\mathbf{R})=\mathbf{R}$

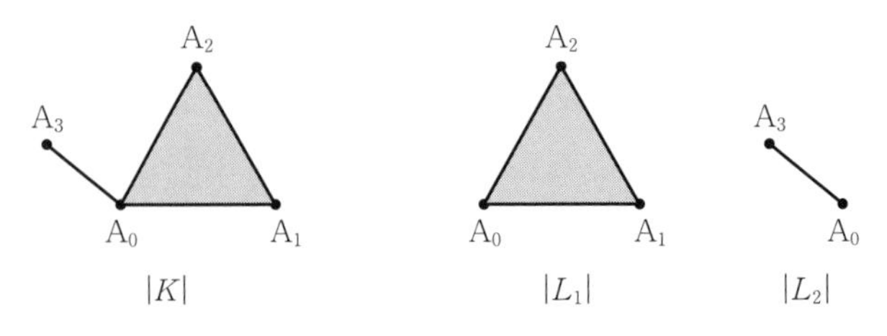

図 3.10

が成り立つことを用いた．これらの完全系列より，直ちに $H_q(K;\mathbf{R})=0$ $(q\geq 1)$ を得ることができる．

さて，マイヤー - ビートリス長完全系列から得られる，単体複体のホモロジー群の計算に有用な帰結を挙げておこう．

命題 3.3 K を $\mathbf{R}^N$ の単体複体，L_1, L_2 を $L_1\cup L_2=K$ を満たす K の部分複体とする．このとき，以下が成り立つ．

(i) $L_1\cap L_2=\emptyset$ ならば，$H_q(K;\mathbf{R})=H_q(L_1;\mathbf{R})\oplus H_q(L_2;\mathbf{R})$ $(q\geq 0)$ が成り立つ．

(ii) $L_1\cap L_2=\{|\mathrm{A}|\}$ と 0 単体 1 個のみからなる単体複体となり，かつ $H_0(L_1;\mathbf{R})=H_0(L_2;\mathbf{R})=H_0(K;\mathbf{R})=\mathbf{R}$ ならば，$H_q(K;\mathbf{R})=H_q(L_1;\mathbf{R})\oplus H_q(L_2;\mathbf{R})$ $(q\geq 1)$ が成り立つ．

(iii) $H_q(L_2;\mathbf{R})=H_q(L_1\cap L_2)=0$ $(q\geq 1)$ であり，かつ $H_0(L_1;\mathbf{R})=H_0(L_2;\mathbf{R})=H_0(L_1\cap L_2;\mathbf{R})=H_0(K;\mathbf{R})=\mathbf{R}$ ならば，$H_q(K;\mathbf{R})=H_q(L_1;\mathbf{R})$ $(q\geq 0)$ が成り立つ．

演習問題 3.8 上の命題を証明せよ．

例 3.10 命題 3.3 を使って，以下の $\mathbf{R}^2$ の単体複体 K（図 3.11 参照）のホモロジー群を求めよう．

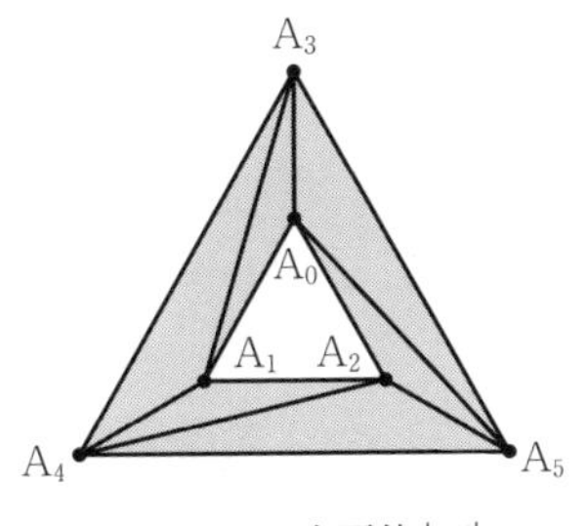

図 3.11 多面体 $|K|$

$$K = \{|A_0A_2A_5|, |A_0A_3A_5|, |A_1A_2A_4|, |A_2A_4A_5|, |A_1A_3A_4|, |A_0A_1A_3|, |A_0A_1|, |A_1A_2|, |A_2A_0|, |A_0A_3|, |A_0A_5|, |A_1A_3|, |A_1A_4|, |A_2A_4|, |A_2A_5|, |A_3A_4|, |A_4A_5|, |A_5A_3|, |A_0|, |A_1|, |A_2|, |A_3|, |A_4|, |A_5|\}$$

単体複体のホモロジー群は，定義が比較的簡単でわかりやすいという長所があるが，実際に計算しようとすると単体の枚数が多くなり，この章での最初の議論で行なったように，まともに定義から計算をしようとすると，大きなサイズの行列の行基本変形を行なわなければいけなくなり，図形的な直観を働かせにくくなるという短所がある．ここでは，その直接的な方法ではなく，命題 3.3 を使ったより幾何学的直観に訴える方法で計算しようというわけである．まず K の部分複体として，以下の L_1, L_2 をとる．

$$L_1 = K - \{|A_0A_3A_5|, |A_3A_5|\},$$
$$L_2 = \{|A_0A_3A_5|, |A_0A_3|, |A_0A_5|, |A_3A_5|, |A_0|, |A_3|, |A_5|\}$$

直観的に言うと，L_1 は $|K|$ から $|A_0A_3A_5| - (|A_0A_3| \cup |A_0A_5|)$ を取り除いた多面体を表す単体複体であり，L_2 は多面体としての $|A_0A_3A_5|$ を表す単体複体である．ここで，$L_1 \cap L_2$ は以下のようになる．

$$L_1 \cap L_2 = \{|A_0A_3|, |A_0A_5|, |A_0|, |A_3|, |A_5|\}$$

ここで，さらに $M_1 = \{|A_0A_3|, |A_0|, |A_3|\}$，$M_2 = \{|A_0A_5|, |A_0|, |A_5|\}$ とおくと，$M_1 \cup M_2 = L_1 \cap L_2$ で $M_1 \cap M_2 = \{|A_0|\}$ となる．M_1, M_2 はそれぞれ多面体としての $|A_0A_3|, |A_0A_5|$ を表す単体複体であるから，演習問題 3.3 の結果より，以下を得る．

$$H_q(M_1; \mathbf{R}) = H_q(M_2; \mathbf{R}) = \begin{cases} \mathbf{R} & (q = 0) \\ 0 & (q \geq 1) \end{cases}$$

よって $M_1 \cap M_2 = \{|A_0|\}$ であることに着目して，命題 3.3 の(ii)を適用すると，

$$H_q(L_1 \cap L_2; \mathbf{R}) = \begin{cases} \mathbf{R} & (q = 0) \\ 0 & (q \geq 1) \end{cases} \tag{3.7}$$

であることがわかる．さらに，L_2 が多面体としての 2 単体を表す単体複体であることに着目すると，やはり演習問題 3.3 の結果より，

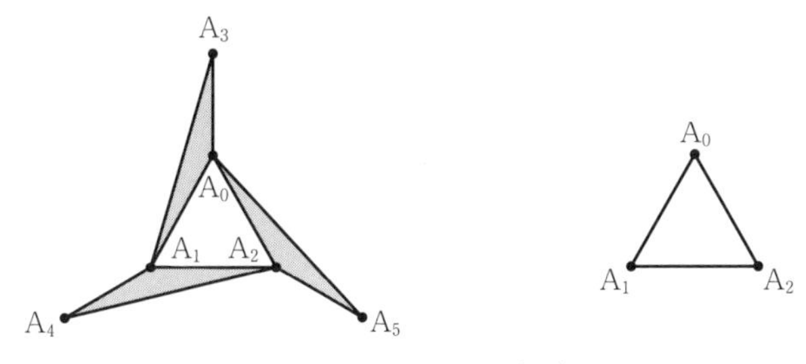

図 3.12　$|L|$（左） および $|M|$（右）

$$H_q(L_2;\mathbf{R}) = \begin{cases} \mathbf{R} & (q=0) \\ 0 & (q \geq 1) \end{cases} \tag{3.8}$$

を得る．(3.7), (3.8) より命題 3.3 の (iii) を適用すると，以下の結論を得る．

$$H_q(K;\mathbf{R}) = H_q(L_1;\mathbf{R}) \qquad (q \geq 0)$$

これは，**多面体** $|K|$ **から** $|\mathrm{A}_0\mathrm{A}_3\mathrm{A}_5| - (|\mathrm{A}_0\mathrm{A}_3| \cup |\mathrm{A}_0\mathrm{A}_5|)$ **を取り除いてもホモロジー群は変わらない**ことを意味している．同様の議論で，多面体 $|L_1|$ からさらに $|\mathrm{A}_1\mathrm{A}_3\mathrm{A}_4| - (|\mathrm{A}_1\mathrm{A}_3| \cup |\mathrm{A}_1\mathrm{A}_4|)$ と $|\mathrm{A}_2\mathrm{A}_4\mathrm{A}_5| - (|\mathrm{A}_2\mathrm{A}_4| \cup |\mathrm{A}_2\mathrm{A}_5|)$ を取り除いてもホモロジー群が不変であることを示せるので，K のホモロジー群は，以下の単体複体 L のホモロジー群に等しいことがわかる．

$$L = K - \{|\mathrm{A}_0\mathrm{A}_3\mathrm{A}_5|, |\mathrm{A}_1\mathrm{A}_3\mathrm{A}_4|, |\mathrm{A}_2\mathrm{A}_4\mathrm{A}_5|, |\mathrm{A}_3\mathrm{A}_5|, |\mathrm{A}_3\mathrm{A}_4|, |\mathrm{A}_4\mathrm{A}_5|\}$$

さらに，同様の議論で多面体 $|L|$ から $|\mathrm{A}_0\mathrm{A}_1\mathrm{A}_3| - |\mathrm{A}_0\mathrm{A}_1|$，$|\mathrm{A}_1\mathrm{A}_2\mathrm{A}_4| - |\mathrm{A}_1\mathrm{A}_2|$，$|\mathrm{A}_0\mathrm{A}_2\mathrm{A}_5| - |\mathrm{A}_0\mathrm{A}_2|$ を順次取り除いてもホモロジー群が変わらないことが示せるので，結局 K のホモロジー群は，以下の単体複体 M のホモロジー群に等しいことがわかる．

$$M = \{|\mathrm{A}_0\mathrm{A}_1|, |\mathrm{A}_0\mathrm{A}_2|, |\mathrm{A}_1\mathrm{A}_2|, |\mathrm{A}_0|, |\mathrm{A}_1|, |\mathrm{A}_2|\}$$

この単体複体のホモロジー群を求めることは，演習問題 3.3 をより簡単にした問題を解くことと同じで直接求められ，その答えは，

$$H_q(M;\mathbf{R}) = \begin{cases} \mathbf{R} & (q=0,1) \\ 0 & (q \geq 2) \end{cases}$$

となる．以上の議論から，K のホモロジー群は以下のように求まったこと

になる．

$$H_q(K;\mathbf{R}) = \begin{cases} \mathbf{R} & (q=0,1) \\ 0 & (q \geq 2) \end{cases}$$

例 3.11　ここでは，上のマイヤー - ビートリス長完全系列を用いてホモロジー群を求める手法のさらなる発展的な応用として，2 次元トーラス T^2（浮き輪）の単体分割を与える単体複体 K のホモロジー群を求めることにしよう．

まず，単体分割を構成するために，T^2 に同相な図 3.13 で与えられる $\mathbf{R}^3$ の多面体 $|K|$ を考えよう．ただ，この多面体の図では考えにくい人も多いと思うので，この多面体を辺（1 単体）$|A_0A_1|$，$|A_1A_2|$，$|A_2A_0|$ の和集合で与えられる三角形の周と，辺 $|A_0A_3|$，$|A_3A_6|$，$|A_6A_0|$ の和集合で与えられる三角形の周に沿って，切れ目を入れて切り開いて得られる図 3.14 の展開図で考えることにする．これらの図より，この多面体 $|K|$ に対応する単体複体 K は以下で与えられる．

$K=$

$\{|A_0A_3A_4|, |A_0A_4A_1|, |A_1A_4A_5|, |A_1A_5A_2|, |A_2A_5A_3|, |A_2A_3A_0|,$

$|A_3A_6A_7|, |A_3A_7A_4|, |A_4A_7A_8|, |A_4A_8A_5|, |A_5A_8A_6|, |A_5A_6A_3|,$

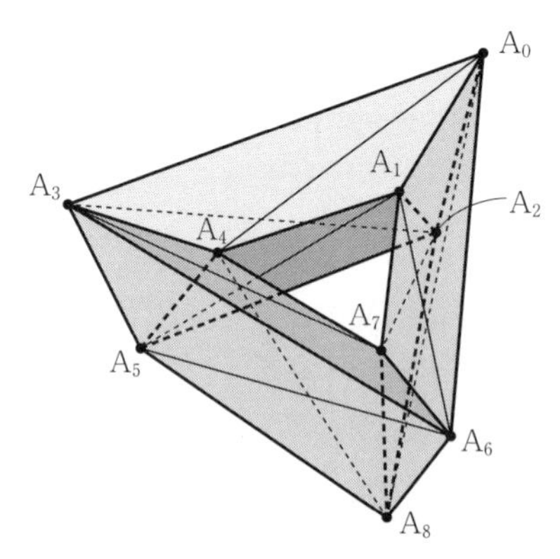

図 3.13　T^2 に同相な多面体

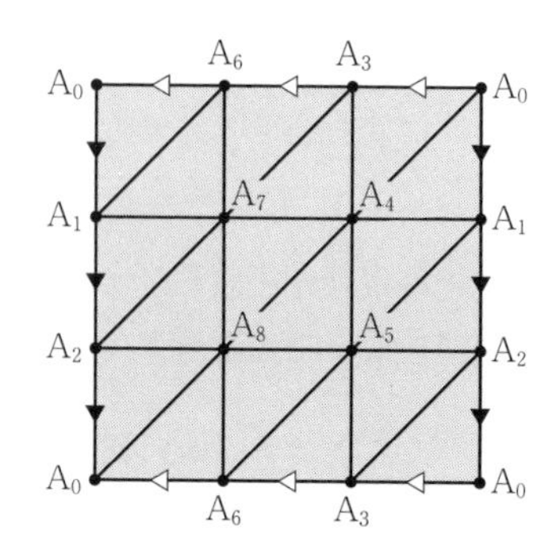

図 3.14　多面体の展開図

$|A_6A_0A_1|, |A_6A_1A_7|, |A_7A_1A_2|, |A_7A_2A_8|, |A_8A_2A_0|, |A_8A_0A_6|,$
$|A_0A_1|, |A_1A_2|, |A_2A_0|, |A_0A_4|, |A_1A_5|, |A_2A_3|, |A_0A_3|, |A_1A_4|, |A_2A_5|,$
$|A_3A_4|, |A_4A_5|, |A_5A_3|, |A_3A_7|, |A_4A_8|, |A_5A_6|, |A_3A_6|, |A_4A_7|, |A_5A_8|,$
$|A_6A_7|, |A_7A_8|, |A_8A_6|, |A_6A_1|, |A_7A_2|, |A_8A_0|, |A_6A_0|, |A_7A_1|, |A_8A_2|,$
$|A_0|, |A_1|, |A_2|, |A_3|, |A_4|, |A_5|, |A_6|, |A_7|, |A_8|\}$

書き出してみるとかなり単体の数が多いが，2 単体が 18 個，1 単体が 27 個，0 単体が 9 個あるので，オイラー数 $\chi(K)$ は $18-27+9=0$ であることがわかる．このホモロジー群を定義から直接計算しようとすると，非常に大きいサイズの行列の基本変形をすることになり，手計算ではあまりやる気にならない．そこで，部分的な計算による情報とマイヤー－ビートリス長完全系列から得られる情報を組み合わせて計算していくことにする．

はじめに，$H_2(K;\mathbf{R}) = \mathrm{Ker}(\partial_2)$ について考えてみよう．まず，2 次元トーラス T^2 が向き付け可能な境界のない閉曲面であることから，以下の等式が成り立つことがわかる（図形的な意味を考えれば明らかだが，実際に確かめることは演習とする）．

$$
\begin{aligned}
\partial_2(&\langle A_0A_3A_4\rangle + \langle A_0A_4A_1\rangle + \langle A_1A_4A_5\rangle + \langle A_1A_5A_2\rangle + \langle A_2A_5A_3\rangle \\
&+ \langle A_2A_3A_0\rangle + \langle A_3A_6A_7\rangle + \langle A_3A_7A_4\rangle + \langle A_4A_7A_8\rangle + \langle A_4A_8A_5\rangle \\
&+ \langle A_5A_6A_3\rangle + \langle A_6A_0A_1\rangle + \langle A_6A_1A_7\rangle + \langle A_7A_1A_2\rangle + \langle A_7A_2A_8\rangle \\
&+ \langle A_8A_2A_0\rangle + \langle A_8A_0A_6\rangle) = 0
\end{aligned}
$$

したがって，$\dim(H_2(K;\mathbf{R})) = \dim(\mathrm{Ker}(\partial_2)) \geq 1$ を得る．

次に，K の部分複体

$$
\begin{aligned}
L_1 &= K - \{|A_4A_7A_8|\}, \\
L_2 &= \{|A_4A_7A_8|, |A_4A_7|, |A_4A_8|, |A_7A_8|, |A_4|, |A_7|, |A_8|\}
\end{aligned}
$$

を考え，これらの部分複体に関するマイヤー－ビートリス長完全系列を考えることにしよう．まず，L_2 は多面体としての 2 単体 $|A_4A_7A_8|$ を記述する単体複体であるから，演習問題 3.3 より，

$$
H_q(L_2;\mathbf{R}) = \begin{cases} \mathbf{R} & (q=0) \\ 0 & (q \geq 1) \end{cases}
$$

である．また，

$$L_1 \cap L_2 = \{|\mathrm{A}_4\mathrm{A}_7|, |\mathrm{A}_4\mathrm{A}_8|, |\mathrm{A}_7\mathrm{A}_8|, |\mathrm{A}_4|, |\mathrm{A}_7|, |\mathrm{A}_8|\}$$

であるが，これは例 3.10 に出てきた単体複体 M と本質的に同じであるので，

$$H_q(L_1 \cap L_2; \mathbf{R}) = \begin{cases} \mathbf{R} & (q = 0, 1) \\ 0 & (q \geq 2) \end{cases}$$

であることがわかる．

次に，L_1 のホモロジー群について考えよう．これについては，多面体 $|L_1|$ は 2 単体 $|\mathrm{A}_4\mathrm{A}_7\mathrm{A}_8|$ を取り除いた穴が開いていることに着目する．例 3.10 の 2 単体を取り除いていく議論と同様にして，$|\mathrm{A}_4\mathrm{A}_7\mathrm{A}_8|$ に隣接している 2 単体から順次展開図の内側にある 2 単体を取り除いていっても，多面体のホモロジー群は変わらないことが示せる．したがって，最終的には展開図の周を除いた内部の 2 単体をすべて取り除くことができ，L_1 のホモロジー群は，以下の単体複体 L のホモロジー群に等しいことがわかる．

$$\begin{aligned} L = \{&|\mathrm{A}_0\mathrm{A}_1|, |\mathrm{A}_1\mathrm{A}_2|, |\mathrm{A}_2\mathrm{A}_0|, |\mathrm{A}_0\mathrm{A}_3|, |\mathrm{A}_3\mathrm{A}_6|, |\mathrm{A}_6\mathrm{A}_0|, \\ &|\mathrm{A}_0|, |\mathrm{A}_1|, |\mathrm{A}_2|, |\mathrm{A}_3|, |\mathrm{A}_6|\} \end{aligned}$$

この L のホモロジー群は，部分複体

$$M_1 = \{|\mathrm{A}_0\mathrm{A}_1|, |\mathrm{A}_1\mathrm{A}_2|, |\mathrm{A}_2\mathrm{A}_0|, |\mathrm{A}_0|, |\mathrm{A}_1|, |\mathrm{A}_2|\},$$

$$M_1 = \{|\mathrm{A}_0\mathrm{A}_3|, |\mathrm{A}_3\mathrm{A}_6|, |\mathrm{A}_6\mathrm{A}_0|, |\mathrm{A}_0|, |\mathrm{A}_3|, |\mathrm{A}_6|\}$$

を考え，M_1, M_2 が本質的に $L_1 \cap L_2$ と同じ単体複体で $M_1 \cap M_2 = \{\mathrm{A}_0\}$ であることに着目すると，命題 3.3 の(ii)から，

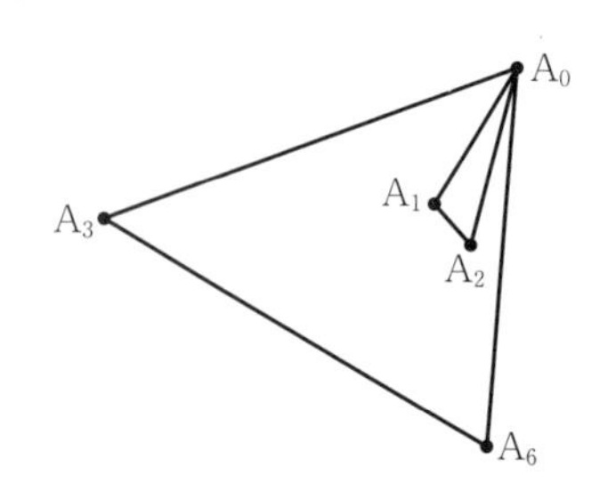

図 3.15　多面体 $|L|$

$$H_q(L;\mathbf{R}) = \begin{cases} \mathbf{R} & (q=0) \\ \mathbf{R}^2 & (q=1) \\ 0 & (q \geq 2) \end{cases}$$

であることがわかる．なお，前に述べたようにこれは $H_q(L_1;\mathbf{R})$ に等しい．

以上の結果と，L_1, L_2 に関するマイヤー - ビートリス長完全系列を組み合わせると，以下の完全系列を得る．

$$\begin{aligned} 0 &\xrightarrow{(j_1-j_2)_{*,2}} H_2(K;\mathbf{R}) \xrightarrow{\partial_{*,2}} \mathbf{R}\ (= H_1(L_1 \cap L_2;\mathbf{R})) \xrightarrow{(i_1 \oplus i_2)_{*,1}} \\ &\mathbf{R}^2\ (= H_1(L_1;\mathbf{R}) \oplus H_1(L_2;\mathbf{R})) \xrightarrow{(j_1-j_2)_{*,1}} H_1(K;\mathbf{R}) \xrightarrow{\partial_{*,1}} \\ &\mathbf{R}\ (= H_0(L_1 \cap L_2;\mathbf{R})) \xrightarrow{(i_1 \oplus i_2)_{*,0}} \mathbf{R}^2\ (= H_0(L_1;\mathbf{R}) \oplus H_0(L_2;\mathbf{R})) \\ &\xrightarrow{(j_1-j_2)_{*,0}} \mathbf{R}\ (= H_0(K;\mathbf{R})) \longrightarrow 0 \end{aligned}$$

ただし，ここでは $|K|$ が連結（$H_0(K;\mathbf{R}) = \mathbf{R}$）であることを用いている．これを見ると，まず $(j_1-j_2)_{*,0}$ が全射であることから，$\mathrm{Ker}((j_1-j_2)_{*,0}) = \mathrm{Im}((i_1 \oplus i_2)_{*,0}) = \mathbf{R}$ を得る．したがって，$(i_1 \oplus i_2)_{*,0}$ は単射となるので $\mathrm{Ker}((i_1 \oplus i_2)_{*,0}) = \mathrm{Im}(\partial_{*,1}) = 0$ を得る．したがって，$(j_1-j_2)_{*,1}$ は全射とならなければならない．一方，$\partial_{*,2}$ は単射であるが，最初の段階の議論で $\dim(H_2(K;\mathbf{R})) \geq 1$ であることがわかっているので，$H_1(L_1 \cap L_2;\mathbf{R}) = \mathbf{R}$ より，$\partial_{*,2}$ は同型写像でなければならず，$H_2(K;\mathbf{R}) = \mathbf{R}$ を得る．したがって，$\mathrm{Ker}((i_1 \oplus i_2)_{*,1}) = \mathrm{Im}(\partial_{*,2}) = H_1(L_1 \cap L_2;\mathbf{R})$ であるから $\mathrm{Im}((i_1 \oplus i_2)_{*,1}) = \mathrm{Ker}((j_1-j_2)_{*,1}) = 0$ となり，$(j_1-j_2)_{*,1}$ は全射かつ単射，すなわち同型となり，$H_1(K;\mathbf{R}) = \mathbf{R}^2$ を得る．結果をまとめると，以下のようになる．

$$H_q(K;\mathbf{R}) = \begin{cases} \mathbf{R} & (q=0,2) \\ \mathbf{R}^2 & (q=1) \\ 0 & (q \geq 3) \end{cases}$$

さて，これまでこの節では，鎖複体と完全系列にまつわる基礎理論とその応用について話をしてきたのであるが，最後に 5 項補題について触れておくことにしよう．それは，以下のようなものである．

命題 3.4　(5 項補題)

以下の実ベクトル空間の線形写像の可換図式において，2つの横の系列は完全で，h_2, h_4 が同型，h_1 が全射，h_5 が単射であるとする．このとき，h_3 は同型となる．

$$\begin{array}{ccccccccc} A_1 & \xrightarrow{f_1} & A_2 & \xrightarrow{f_2} & A_3 & \xrightarrow{f_3} & A_4 & \xrightarrow{f_4} & A_5 \\ {\scriptstyle h_1}\downarrow & & {\scriptstyle h_2}\downarrow & & {\scriptstyle h_3}\downarrow & & {\scriptstyle h_4}\downarrow & & {\scriptstyle h_5}\downarrow \\ B_1 & \xrightarrow{g_1} & B_2 & \xrightarrow{g_2} & B_3 & \xrightarrow{g_3} & B_4 & \xrightarrow{g_4} & B_5 \end{array}$$

［証明］　まず，h_3 が全射であることを示す．$\alpha \in B_3$ を任意にとり，$g_3(\alpha) \in B_4$ を考えると，h_4 は同型ゆえ $h_4(\beta) = g_3(\alpha)$ を満たす $\beta \in A_4$ がとれる．図式の可換性と下の横の列の完全性より $g_4(g_3(\alpha)) = 0 = g_4(h_4(\beta)) = h_5(f_4(\beta))$ が成り立つが，h_5 が単射ゆえ $f_4(\beta) = 0$ を得る．上の横の列の完全性から，$\beta = f_3(\gamma)$ を満たす $\gamma \in A_3$ がとれるが，図式の可換性より $h_4(\beta) = h_4(f_3(\gamma)) = g_3(h_3(\gamma)) = g_3(\alpha)$ を得る．したがって線形性より，$g_3(\alpha - h_3(\gamma)) = 0 \Longleftrightarrow \alpha - h_3(\gamma) \in \mathrm{Ker}(g_3)$ を得るので，横の列の完全性より $g_2(\kappa) = \alpha - h_3(\gamma)$ となる $\kappa \in B_2$ がとれ，さらに h_2 が同型ゆえ $h_2(\delta) = \kappa = \alpha - h_3(\gamma)$ を満たす $\delta \in A_2$ がとれる．このとき，図式の可換性より $g_2(h_2(\delta)) = h_3(f_2(\delta)) = g_2(\kappa) = \alpha - h_3(\gamma)$ が成り立ち，写像の線形性から $h_3(f_2(\delta)) = \alpha - h_3(\gamma) \Longleftrightarrow h_3(f_2(\delta) + \gamma) = \alpha$ を得る．よって，$\alpha \in \mathrm{Im}(h_3)$ となり，h_3 の全射性がいえた．

次に h_3 が単射であることを示す．$\alpha \in A_3$ が $h_3(\alpha) = 0$ を満たすとする．このとき，図式の可換性より $g_3(h_3(\alpha)) = 0 = h_4(f_3(\alpha))$ が成り立つが，h_4 が同型であることから $f_3(\alpha) = 0$ であることが従う．$\alpha \in \mathrm{Ker}(f_3)$ ゆえ，上の横の列の完全性より，$f_2(\beta) = \alpha$ となる $\beta \in A_2$ がとれる．図式の可換性より $h_3(f_2(\beta)) = h_3(\alpha) = 0 = g_2(h_2(\beta))$ であるから，$h_2(\beta) \in \mathrm{Ker}(g_2)$ となり，下の横の列の完全性から $g_1(\gamma) = h_2(\beta)$ を満たす $\gamma \in B_1$ がとれる．h_1 は全射であるから，さらに $h_1(\kappa) = \gamma$ を満たす $\kappa \in A_1$ がとれ，図式の可換性より $g_1(h_1(\kappa)) = g_1(\gamma) = h_2(\beta) = h_2(f_1(\kappa))$ を得るが，h_2 は同型ゆえ

$\beta = f_1(\kappa)$ が従う．よって，$\alpha = f_2(\beta) = f_2(f_1(\kappa)) = 0$ が上の横の列の完全性から従い，h_3 の単射性もいえた．□

この5項補題は，ホモロジー群や（ド・ラム）コホモロジー群の長完全系列と組み合わせて，異なるホモロジー群やコホモロジー群の同型性を示すのによく用いられる．この章の後の議論でも使う予定である．なお，この節で展開した可換図式をたどっていく議論は **diagram chasing** と呼ばれ，代数的位相幾何学で用いられる典型的な議論の1つである．最近は理論物理学の論文でも見られることが多くなってきたことでもあるし，それほど難解でもないので，この機会に証明を自分で再現できるようになっておくことをお勧めする．

3.3 $\mathbf{R}^n$ のド・ラムコホモロジー群とポアンカレの補題

この節からは，第2章の小節2.3.4で導入したド・ラムコホモロジー群について，より具体的に解説していくことにする．その定義を思い出しておこう．M を n 次元多様体とし，$\Omega^p(M)$ を M 上の滑らかな p 次微分形式全体のなす集合（無限次元実ベクトル空間でもある）とする．ただし，$p < 0$ または $p > n$ の場合は $\Omega^p(M) = \{\mathbf{0}\}$ と定義しておく．小節2.3.4で定義した外微分作用素 $d_p : \Omega^p(M) \to \Omega^{p+1}(M)$ と呼ばれる線形写像は，性質

$$d_{p+1} \circ d_p = 0$$

を満たすので，これから得られる線形写像の系列

$$0 \longrightarrow \Omega^0(M) \xrightarrow{d_0} \Omega^1(M) \xrightarrow{d_1} \cdots \xrightarrow{d_{n-1}} \Omega^n(M) \xrightarrow{d_n} 0$$

からなるド・ラム複体が得られる．この複体から，ド・ラムコホモロジー群が以下のように定義されるのであった．

$$H^p_{DR}(M) := \mathrm{Ker}(d_p)/\mathrm{Im}(d_{p-1})$$

ただし，$\mathrm{Im}(d_{-1}) = \{\mathbf{0}\}$ と定義しておく．

この章では，これまで単体複体のホモロジー群について議論してきたのであるが，その流れから予想がつくように，ド・ラム複体と単体複体の鎖複体は，外微分作用素 d_p と境界作用素 ∂_q が

$$d_{p+1} \circ d_p = 0, \qquad \partial_{q-1} \circ \partial_q = 0$$

と，一方は次数を1上げ，もう一方は次数を1下げるという違いはあるものの，2回合成すると零写像になるという同じ性質をもち，またまさにその性質からド・ラムコホモロジー群と単体複体のホモロジー群が定義されているという点で，深い関連が期待されるのである．特に，多様体 M がコンパクトで単体分割可能である場合に，**M の単体分割から得られる単体複体 K_M のホモロジー群 $H_p(K_M; \mathrm{R})$ と M のド・ラムコホモロジー群 $H^p_{DR}(M)$ との間に，実ベクトル空間としての同型**

$$H_p(K_M; \mathbf{R}) \simeq H^p_{DR}(M)$$

が成り立つのではないか？　と期待したくなるのである．

実際，この予想は正しく，その証明を紹介することがこの章の目的の1つであるのだが，実はド・ラムコホモロジー群と単体複体のホモロジーの間には，定義上相違点がある．それは，ド・ラムコホモロジー群は一般の多様体，特に M 自身が開集合である場合にも定義されるが，単体複体 K のホモロジー群を考える幾何的対象である多面体 $|K|$ は，常に $\mathbf{R}^N$ の閉部分集合なのである（その理由は各自考えてみて欲しい）．もちろん，ホモロジー群の場合のこの制約は，ホモロジー群を単体複体についてしか定義していないことからくる技術的な制約であるのだが，本節ではその違いを逆手にとって，まず最も基本的な多様体 $\mathbf{R}^n$ のド・ラムコホモロジー群を調べることにする．

まず手始めに，1次元多様体 $\mathbf{R}$ のド・ラムコホモロジー群を計算してみよう．$\Omega^0(\mathbf{R})$ は，$\mathbf{R}$ 上で定義された滑らかな（何回でも微分可能な）関数全体のなす集合に等しい．また，$f(x) \in \Omega^0(\mathbf{R})$ に対して，外微分 $d_0(f(x)) = d(f(x))$ は以下で与えられる．

$$d(f(x)) = \left(\frac{d}{dx}f(x)\right)dx \in \Omega^1(\mathbf{R})$$

したがって，$f(x) \in \mathrm{Ker}(d_0)$，つまり $d_0(f(x))$ が $\Omega^1(M)$ の元として 0 になる条件は，

$$「任意の\ x \in \mathbf{R}\ に対して\ \frac{d}{dx}f(x) = 0\ が成り立つ」 \tag{3.9}$$

ことである．これより $f(x)$ が定数関数 C であることが従う．ただし，C は任意の実数値をとり得るので，$\mathrm{Ker}(d_0)$ は可能な C 全体の集合ということになり，これから

$$H^0_{DR}(\mathbf{R}) = \mathrm{Ker}(d_0) = \mathbf{R}$$

を得る．つまり，この場合 $H^0_{DR}(\mathbf{R}) = \mathbf{R}$ の右辺の $\mathbf{R}$ は，**定数関数の定数値全体の集合**を表しているのである．

演習問題 3.9　(3.9) が成り立つならば，$f(x)$ は定数関数となることを示せ．（これは物理学科生にとっては，当然の事実として使う前提のようなものであるが，数学科では証明を要する．そしてその証明は，平均値の定理を使って行なわれる．）

では，次に $H^1_{DR}(\mathbf{R})$ について考えよう．$H^1_{DR}(\mathbf{R}) = \mathrm{Ker}(d_1)/\mathrm{Im}(d_0)$ であるが，任意の $\mathbf{R}$ 上の 1 次微分形式 $g(x)dx$ に対し，

$$d_1(g(x)dx) = \left(\frac{d}{dx}g(x)\right)dx \wedge dx = 0$$

が成り立つから，$\mathrm{Ker}(d_1) = \Omega^1(\mathbf{R})$ であることがわかる．一方，任意の 1 次微分形式 $g(x)dx$ に対し，$\mathbf{R}$ 上の滑らかな関数 $f(x)$ を

$$f(x) := \int_0^x g(t)\,dt$$

で定義すると，

$$d_0(f(x)) = \frac{d}{dx}\left(\int_0^x g(t)\,dt\right)dx = g(x)dx$$

が成り立つので，$\mathrm{Im}(d_0) = \Omega^1(\mathbf{R})$ であることもわかる．よって $H^1_{DR}(\mathbf{R}) = \Omega^1(\mathbf{R})/\Omega^1(\mathbf{R}) = 0$ を得る．$m \geq 2$ の場合は，$\mathbf{R}$ が 1 次元多様体であることから，2 次以上の 0 でない微分形式は存在しないので，$\Omega^m(\mathbf{R}) = 0$ より自

明に $H^m_{DR}(\mathbf{R}) = 0$ を得る．以上の結果をまとめると，以下のようになる．

$$H^m_{DR}(\mathbf{R}) = \begin{cases} \mathbf{R} & (m = 0) \\ 0 & (m \geq 1) \end{cases}$$

では，これまでの考察を一般の $\mathbf{R}^n$ に拡張することを考えていこう．まず $H^0_{DR}(\mathbf{R}^n)$ についてであるが，$H^0_{DR}(\mathbf{R}^n) = \mathrm{Ker}(d_0)$ であるから，$f(x) \in \mathbf{R}^n$ で $d(f(x)) = 0$ となるものを求めればよい（記述を短くするために，$(x^1, \cdots, x^n) \in \mathbf{R}^n$ を x と略記する）．

$$d(f(x)) = 0 \iff \frac{\partial}{\partial x^i} f(x) dx^i = 0 \iff \frac{\partial}{\partial x^i} f(x) = 0$$
$$(i = 1, 2, \cdots, n)$$

より，任意の $x \in \mathbf{R}^n$ ですべての偏導関数が 0 にならなければならないから，$f(x) = C$（C は実定数）を得る．

演習問題 3.10 多変数関数に関する平均値の定理を用いて，任意の $x \in \mathbf{R}^n$ において

$$\frac{\partial}{\partial x^i} f(x) = 0 \qquad (i = 1, 2, \cdots, n)$$

が成り立つならば，f は定数関数となることを示せ．

したがって，$H^0_{DR}(\mathbf{R}^n) = \mathrm{Ker}(d_0) = \mathbf{R}$ を得る．ここでの $\mathbf{R}$ は，やはり定数 C のとり得る値の自由度である．

では，次に $m > 0$ のときの $H^m_{DR}(\mathbf{R}^n)$ の議論に移ろう．ここで，読者の方にそれがどうなるかを予想して欲しいと思う．これまでのこの本の記述を読めば，答えが与えられていないといえども，予想をする手がかりはあると私は考える．これまでに，私はド・ラムコホモロジー群と単体複体のホモロジー群は，両者の対象とする空間がトポロジー的に同じ（同相）ならば等しくなると言ってきた．そして，i 次ホモロジー群の次元は，大雑把に言って，考える空間の「i 次元的な穴の数」に等しいとも述べているのである．そして，「$\mathbf{R}^n$ という空間には穴が開いていない」と直観的に想像がつくであろう．よって，以下の予想が立つのである．

$$(?)\qquad H^m_{DR}(\mathbf{R}^n)=0\qquad(m>0)$$

この予想を証明するには，以下を示せばよいことがわかる．

$$\begin{aligned}&\omega\in\Omega^m(\mathbf{R}^n)\ (m>0)\ \text{が}\ d\omega=0\ \text{を満たすならば,}\\&\eta\in\Omega^{m-1}(\mathbf{R}^n)\ \text{が存在して,}\ \omega=d\eta\ \text{が成り立つ.}\end{aligned}\tag{3.10}$$

そして，η は ω をある意味「1 回積分したもの」として与えられるであろうことが，$H^1_{DR}(\mathbf{R})$ を求める議論から予想されるのである．しかし，実際に自力で証明しようとすると，多変数の微分形式を相手にしなければならないので，いきなりは無理そうである．実は，(3.10)は「ポアンカレの補題」と呼ばれる有名な定理で，その証明は種々の幾何学の教科書で書かれている．ということで，ここでその証明を紹介することにしよう．まず，準備として「一点に可縮」という概念を導入する．

定義 3.20　部分集合 $U\subset\mathbf{R}^n$ が**一点に可縮**であるとは，滑らかな写像 $\Phi:[0,1]\times U\to U$ が存在して，

$$\Phi(1,x)=x,$$
$$\Phi(0,x)=p\in U$$

が成り立つ，つまり $\phi_1(x)\coloneqq\Phi(1,x)$，$\phi_0(x)\coloneqq\Phi(0,x)$ として $\phi_0,\phi_1:U\to U$ を定義すると，ϕ_1 が U の恒等写像で，ϕ_0 が一点 $p\in U$ への定値写像となることである．

物理学科の学生にとっては意味がわかりにくい定義だと思われるが，直観

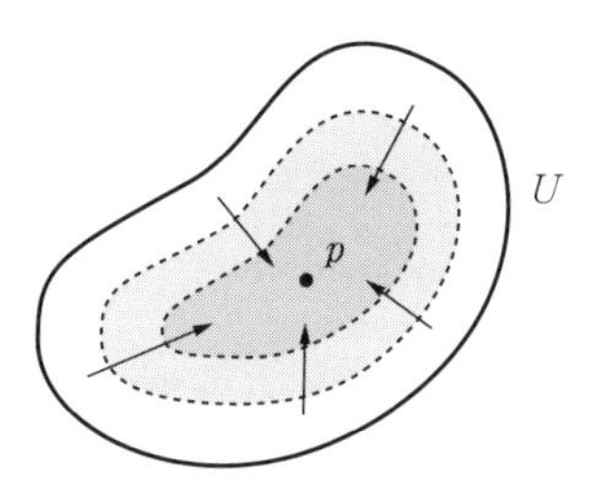

図 3.16　一点に可縮

的に言うと「U 自身を U をはみ出さないで連続的に（滑らかに）一点に縮められる」ことを意味している．迂闊に考えると「$\mathbf{R}^n$ の部分集合なら何でも一点に縮められるではないか」と思えるが，“U をはみ出さないで”という条件のもとではそうではないことに気付く．例えば，原点を中心とする半径1の $(n-1)$ 次元球面 S^{n-1} は一点に可縮ではない（理由を自分なりに考えてみよ）．証明はしないが，この条件は「U に自明でない穴が開いていない」という条件と解釈することができる．

演習問題 3.11　$\mathbf{R}^n$ 自身が一点に可縮であることを証明せよ．

では，以上の準備のもとでポアンカレの補題を述べることにしよう．

定理 3.4　**（ポアンカレの補題）**

$U\subset\mathbf{R}^n$ が一点に可縮ならば，$H^p_{DR}(U)=0\ (p>0)$ である．つまり，$\omega\in\Omega^p(U)$ が $d\omega=0$ を満たすならば，ある $\eta\in\Omega^{p-1}(U)$ が存在して，$\omega=d\eta$ が成り立つ．

［証明］　まず，線形写像 $K:\Omega^p([0,1]\times U)\to\Omega^{p-1}(U)$ を定める．$\omega\in\Omega^p([0,1]\times U)$ は一般に

$$\omega=\sum_{1\le i_1<i_2<\cdots<i_{p-1}\le n}a_{i_1i_2\cdots i_{p-1}}(t,x)\,dt\wedge dx^{i_1}\wedge dx^{i_2}\wedge\cdots\wedge dx^{i_{p-1}}$$
$$+\sum_{1\le i_1<i_2<\cdots<i_p\le n}b_{i_1i_2\cdots i_p}(t,x)\,dx^{i_1}\wedge dx^{i_2}\wedge\cdots\wedge dx^{i_p}$$

と書けるが，このとき

$$K(\omega)=\sum_{\substack{1\le i_1<i_2\\ <\cdots<i_{p-1}\le n}}\left(\int_0^1 a_{i_1i_2\cdots i_{p-1}}(t,x)\,dt\right)dx^{i_1}\wedge dx^{i_2}\wedge\cdots\wedge dx^{i_{p-1}}$$

と定義する．つまり，

$$K(a_{i_1i_2\cdots i_{p-1}}(t,x)\,dt\wedge dx^{i_1}\wedge dx^{i_2}\wedge\cdots\wedge dx^{i_{p-1}})$$
$$=\left(\int_0^1 a_{i_1i_2\cdots i_{p-1}}(t,x)\,dt\right)dx^{i_1}\wedge dx^{i_2}\wedge\cdots\wedge dx^{i_{p-1}},$$
$$K(b_{i_1i_2\cdots i_p}(t,x)\,dx^{i_1}\wedge dx^{i_2}\wedge\cdots\wedge dx^{i_p})=0$$

と定義することにする．ここで，$\iota_1 : U \to [0,1]\times U$ を $\iota_1(x) = (1,x)$，$\iota_0 : U \to [0,1]\times U$ を $\iota_0(x) = (0,x)$ で定義すると，$\omega \in \Omega^m([0,1]\times U)$ に対して以下が成り立つ（$\iota_j^*(\omega)$ $(j \in \{0,1\})$ は ω の ι_j による引き戻し）．

$$K(d(\omega)) + d(K(\omega)) = \iota_1^*(\omega) - \iota_0^*(\omega) \tag{3.11}$$

まず，$\omega = a_{i_1 i_2 \cdots i_{p-1}}(t,x)dt \wedge dx^{i_1} \wedge dx^{i_2} \wedge \cdots \wedge dx^{i_{p-1}}$ のときに，(3.11) を確かめてみよう．左辺第 1 項を計算すると，

$$\begin{aligned}
&K(d(a_{i_1 i_2 \cdots i_{p-1}}(t,x)dt \wedge dx^{i_1} \wedge dx^{i_2} \wedge \cdots \wedge dx^{i_{p-1}})) \\
&= K\left(\sum_{j=1}^{n}\left(\frac{\partial}{\partial x^j} a_{i_1 i_2 \cdots i_{p-1}}(t,x)\right) dx^j \wedge dt \wedge dx^{i_1} \wedge dx^{i_2} \wedge \cdots \wedge dx^{i_{p-1}}\right) \\
&= -\sum_{j=1}^{n} K\left(\left(\frac{\partial}{\partial x^j} a_{i_1 i_2 \cdots i_{p-1}}(t,x)\right) dt \wedge dx^j \wedge dx^{i_1} \wedge dx^{i_2} \wedge \cdots \wedge dx^{i_{p-1}}\right) \\
&= -\sum_{j=1}^{n}\left(\int_0^1 \left(\frac{\partial}{\partial x^j} a_{i_1 i_2 \cdots i_{p-1}}(t,x)\right) dt\right) dx^j \wedge dx^{i_1} \wedge dx^{i_2} \wedge \cdots \wedge dx^{i_{p-1}}
\end{aligned}$$

であるが，左辺第 2 項は，

$$\begin{aligned}
&d(K(a_{i_1 i_2 \cdots i_{p-1}}(t,x)dt \wedge dx^{i_1} \wedge dx^{i_2} \wedge \cdots \wedge dx^{i_{p-1}})) \\
&= d\left(\left(\int_0^1 a_{i_1 i_2 \cdots i_{p-1}}(t,x)dt\right) dx^{i_1} \wedge dx^{i_2} \wedge \cdots \wedge dx^{i_{p-1}}\right) \\
&= \left(\frac{\partial}{\partial t}\left(\int_0^1 a_{i_1 i_2 \cdots i_{p-1}}(t,x)dt\right)\right) dt \wedge dx^{i_1} \wedge dx^{i_2} \wedge \cdots \wedge dx^{i_{p-1}} \\
&\qquad + \sum_{j=1}^{n} \frac{\partial}{\partial x^j}\left(\int_0^1 a_{i_1 i_2 \cdots i_{p-1}}(t,x)dt\right) dx^j \wedge dx^{i_1} \wedge dx^{i_2} \wedge \cdots \wedge dx^{i_{p-1}} \\
&= \sum_{j=1}^{n}\left(\int_0^1 \left(\frac{\partial}{\partial x^j} a_{i_1 i_2 \cdots i_{p-1}}(t,x)\right) dt\right) dx^j \wedge dx^{i_1} \wedge dx^{i_2} \wedge \cdots \wedge dx^{i_{p-1}}
\end{aligned}$$

となり，両者は打ち消し合って 0 となる．一方，右辺について見てみると

$$\begin{aligned}
&\iota_1^*(a_{i_1 i_2 \cdots i_{p-1}}(t,x)dt \wedge dx^{i_1} \wedge dx^{i_2} \wedge \cdots \wedge dx^{i_{p-1}}) \\
&\qquad - \iota_0^*(a_{i_1 i_2 \cdots i_{p-1}}(t,x)dt \wedge dx^{i_1} \wedge dx^{i_2} \wedge \cdots \wedge dx^{i_{p-1}}) \\
&= a_{i_1 i_2 \cdots i_{p-1}}(1,x)d(1) \wedge dx^{i_1} \wedge dx^{i_2} \wedge \cdots \wedge dx^{i_{p-1}} \\
&\qquad - a_{i_1 i_2 \cdots i_{p-1}}(0,x)d(0) \wedge dx^{i_1} \wedge dx^{i_2} \wedge \cdots \wedge dx^{i_{p-1}} \\
&= 0
\end{aligned}$$

となるので両辺は一致することになり，確かめられた．

演習問題 3.12　$\omega = b_{i_1 i_2 \cdots i_p}(t,x)dx^{i_1}\wedge dx^{i_2}\wedge\cdots\wedge dx^{i_p}$ の場合に，(3.11)を確かめよ．

さて，ここで $\omega \in \Omega^p(U)$ に対して，定義 3.20 で導入した写像 $\Phi : [0,1]\times U \to U$ を用いて $\Phi^*(\omega) \in \Omega^p([0,1]\times U)$ を考えてみよう．このとき，$\Phi\circ\iota_1 = \phi_1$，$\Phi\circ\iota_0 = \phi_0$ であるから，(3.11)の ω として $\Phi^*(\omega)$ を用いると，

$$\begin{aligned} & K(d(\Phi^*(\omega)))+d(K(\Phi^*(\omega))) = \iota_1^*(\Phi^*(\omega))-\iota_0^*(\Phi^*(\omega)) \\ \Longleftrightarrow\ & K(\Phi^*(d(\omega)))+d(K(\Phi^*(\omega))) = \phi_1^*(\omega)-\phi_0^*(\omega) \\ \Longleftrightarrow\ & K(\Phi^*(d(\omega)))+d(K(\Phi^*(\omega))) = \omega \end{aligned}$$

が成り立つ．ただし，ここでは ϕ_1 が恒等写像，ϕ_0 が定値写像でかつ $m > 0$ であることを用いた．この最後の等式を用いると，$d\omega = 0$ が成り立つとき，

$$d(K(\Phi^*(\omega))) = \omega$$

が成り立つので，$\eta = K(\Phi^*(\omega))$ とおけばよいことがわかる．□

演習問題 3.11 より，$\mathbf{R}^n$ は一点に可縮であるから，以下の結果を得たことになる．

定理 3.5　$n \geq 1$ に対し以下が成り立つ．

$$H^m_{DR}(\mathbf{R}^n) = \begin{cases} \mathbf{R} & (m=0) \\ 0 & (m>0) \end{cases}$$

さて，ここで一点に可縮な集合 $U \subset \mathbf{R}^n$ についてのポアンカレの補題を証明したのであるが，この証明において重要な役割を果たしたのが，線形写像 $K : \Omega^m([0,1]\times U) \to \Omega^{m-1}(U)$ である．証明内の議論を振り返ると，この U は一般の $\mathbf{R}^n$ の開集合でもよいことがわかる．この K は**ホモトピー作用素**と呼ばれ，一般の n 次元多様体 M に拡張される．というのも，M の開被覆 $M = \bigcup_\alpha B_\alpha$ をとると，各 B_α は $\mathbf{R}^n$ の開集合に微分同相，つまり同一視できるので，各 B_α でのホモトピー作用素 $K_\alpha : \Omega^m([0,1]\times B_\alpha) \to \Omega^{m-1}(B_\alpha)$ を貼り合わせることによって，M でのホモトピー作用素 $K_M : \Omega^m([0,1]\times M)$

$\to \Omega^{m-1}(M)$ を構成できるからである．先ほどの証明と同様に，$\iota_0, \iota_1 : M \to [0,1]\times M$ を

$$\iota_0(x) = (0,x), \qquad \iota_1(x) = (1,x)$$

で定義すると，作り方より，K_M は $\eta \in \Omega^m([0,1]\times M)$ に対して以下の等式を満たす．

$$d(K_M(\eta)) + K_M(d(\eta)) = \iota_1^*(\eta) - \iota_0^*(\eta) \tag{3.12}$$

ここで，第 2 章で出てきた写像のホモトピーの定義を思い出そう（定義 2.26）．

定義 3.21 M, N を多様体とする．$F : [0,1]\times M \to N$ を滑らかな写像とし，M から N への滑らかな写像 $f : M \to N$ と $g : M \to N$ が以下で与えられるとする．

$$f(x) = F(0,x) \qquad (\text{任意の } x \in M)$$
$$g(x) = F(1,x) \qquad (\text{任意の } x \in M)$$

このとき，f と g は**ホモトピー同値**であるといい，$f \simeq g$ と表す．また，F を f と g をつなぐ**ホモトピー**であるという．

この定義において用いられる写像 F と $\omega \in \Omega^m(N)$ を用いて $F^*(\omega) \in \Omega^m([0,1]\times M)$ を作り，$\eta = F^*(\omega)$ とおいて(3.12)に代入してみよう．すると，$F\circ\iota_0 = f$，$F\circ\iota_1 = g$ であるから，以下の等式を得る*9．

$$d(K_M(F^*(\omega))) + K_M(d(F^*(\omega))) = g^*(\omega) - f^*(\omega) \tag{3.13}$$

一方，例 3.5 で述べたように，写像 $f, g : M \to N$ はコホモロジー群の間の線形写像 $f^*, g^* : H^m_{DR}(N) \to H^m_{DR}(M)$ を引き起こす．そこで，$d\omega = 0$ を満たす $\omega \in \Omega^m(N)$ を代表元とする $[\omega] \in H^m_{DR}(N)$ を考えよう．この ω を(3.13)に代入すると，$d(F^*(\omega)) = F^*(d\omega) = 0$ であるから，以下を得る．

$$d(K_M(F^*(\omega))) = g^*(\omega) - f^*(\omega)$$

$K_M(F^*(\omega)) \in \Omega^{m-1}(M)$ であるから，これは，

*9 $m = 0$ のとき，$K_M : \Omega^0([0,1]\times M) \to \Omega^{-1}(M) = \{0\}$ を零写像で定義しておけば，(3.13)は $m = 0$ でも成立する．

$$g^*([\omega]) = [g^*(\omega)] = [f^*(\omega)] = f^*([\omega])$$

を意味する．これより，以下の定理を得る．

定理 3.6　M と N を多様体とする．$f: M \to N$ と $g: M \to N$ がホモトピー同値ならば，それらから誘導されるコホモロジー群の間の写像 $f^*: H^m_{DR}(N) \to H^m_{DR}(M)$ と $g^*: H^m_{DR}(N) \to H^m_{DR}(M)$ は，任意の $m \geq 0$ について等しくなる．

ここで，2 つの多様体 M と N がホモトピー同値であることを以下のように定義する．

定義 3.22　2 つの多様体 M と N が**ホモトピー同値**であるとは，滑らかな写像 $f: M \to N$ と $g: N \to M$ が存在して，$f \circ g: N \to N$ が N の恒等写像 1_N にホモトピー同値で，かつ $g \circ f: M \to M$ が M の恒等写像 1_M にホモトピー同値となることである．またこのとき，$M \overset{H}{\simeq} N$ と書くことにする．

演習問題 3.13

（i）　$\mathbf{R}^n \overset{H}{\simeq} \{一点\}$ を示せ．

（ii）　$n \geq 1$ に対して $(\mathbf{R}^n - \{0\}) \overset{H}{\simeq} S^{n-1}$ を示せ．

ホモトピー同値の定義と定理 3.6 の主張を合わせると，以下の結論を得る．

系 3.1　多様体 M と N がホモトピー同値ならば，そのド・ラムコホモロジー群は任意の次数で同型となる．

特に，2 つの多様体が微分同相ならば，そのド・ラムコホモロジー群は等しくなることがいえる．このような事実が比較的楽に証明できることが，単体複体のホモロジー群に対するド・ラムコホモロジー群の有利な点といえる．

演習問題 3.14　系 3.1 の証明を完成させよ．

3.4　マイヤー - ビートリス長完全系列

この節では，単体複体のホモロジー群の解説のところで紹介したマイヤー - ビートリス長完全系列の考え方を，ド・ラムコホモロジー群の場合に適用することにする．ド・ラムコホモロジー群の場合も，ホモロジー群の場合と同様に，マイヤー - ビートリス長完全系列というコホモロジー群の長完全列が得られるのであるが，それと前節で得られたコホモロジー群のホモトピー同値による不変性とを組み合わせることによって，多様体のド・ラムコホモロジー群の具体的な計算例を与えることができるようになる．この節の後半では，そのような計算例をいくつか紹介することにする．

まず，M を n 次元多様体とし[*10]，開集合 $U_1, U_2 \subset M$ が M の開被覆 $M = U_1 \cup U_2$ をなしているものとする．ここで，$i_1 : U_1 \hookrightarrow M$，$i_2 : U_2 \hookrightarrow M$，$j_1 : U_1 \cap U_2 \hookrightarrow U_1$ および $j_2 : U_1 \cap U_2 \hookrightarrow U_2$ をそれぞれ包含写像とする．以上の設定で以下の定理が成り立つ．

定理 3.7　任意の $m(\geq 0)$ について以下の系列は完全である．

$$0 \longrightarrow \Omega^m(M) \xrightarrow{i_1^* \oplus i_2^*} \Omega^m(U_1) \oplus \Omega^m(U_2) \xrightarrow{j_1^* - j_2^*} \Omega^m(U_1 \cap U_2) \longrightarrow 0$$

[証明]　$i_1^* \oplus i_2^*$ が単射であること，および $\mathrm{Im}(i_1^* \oplus i_2^*) \subset \mathrm{Ker}(j_1^* - j_2^*)$ が成り立つことは明らかであろう．$(\omega_1, \omega_2) \in \mathrm{Ker}(j_1^* - j_2^*)$ とすると，$\omega_1|_{U_1 \cap U_2} = \omega_2|_{U_1 \cap U_2}$ が成り立つから，$\omega \in \Omega^m(M)$ を $\omega|_{U_1} = \omega_1$，$\omega|_{U_2} = \omega_2$ が成り立つように定めると，$(i_1^* \oplus i_2^*)(\omega) = (\omega_1, \omega_2)$ が成り立つ．よって，$\mathrm{Im}(i_1^* \oplus i_2^*) = \mathrm{Ker}(j_1^* - j_2^*)$ である．最後に $j_1^* - j_2^*$ が全射であることを示そう．$\eta \in \Omega^m(U_1 \cap U_2)$ を任意にとる．ここで，$\rho_1 \in \Omega^0(U_1)$，$\rho_2 \in \Omega^0(U_2)$ を開被覆 $M = U_1 \cup U_2$ に従属する 1 の分割とし，$\eta_1 \in \Omega^m(U_1)$，$\eta_2 \in \Omega^m(U_2)$ を以下で定義する．

---

*10　以後の議論では，多様体 M は 1 の分割を自由にとれると仮定することにする．

$$\eta_1(x) = \begin{cases} \rho_2(x)\eta(x) & (x \in U_1 \cap U_2) \\ 0 & (x \in U_1 - (U_1 \cap U_2)) \end{cases}$$

$$\eta_2(x) = \begin{cases} -\rho_1(x)\eta(x) & (x \in U_1 \cap U_2) \\ 0 & (x \in U_2 - (U_1 \cap U_2)) \end{cases}$$ [*11]

このとき，$\rho_1(x)+\rho_2(x) = 1 \quad (x \in M)$ が成り立つことから，

$$j_1^*(\eta_1(x)) - j_2^*(\eta_2(x)) = (\rho_1(x)+\rho_2(x))\eta(x) = \eta(x)$$

がいえるので $j_1^*(\eta_1) - j_2^*(\eta_2) = \eta$ となり，全射性が示せる．□

この短完全列とド・ラム複体を組み合わせて鎖複体の短完全列が得られたと考えると，境界写像に対応する外微分作用素が次数を上げる方向に働くが，ホモロジー群の場合の定理3.3と同様の議論を行なうことによって，以下のド・ラムコホモロジー群の長完全列が得られる．

系 3.2 （マイヤー－ビートリス長完全系列）

M を n 次元多様体とし，$M = U_1 \cup U_2$ を開被覆とするとき，以下のド・ラムコホモロジー群の長完全列が成り立つ．

$$\begin{aligned} 0 \longrightarrow H^0_{DR}(M) &\xrightarrow{i_1^* \oplus i_2^*} H^0_{DR}(U_1) \oplus H^0_{DR}(U_2) \xrightarrow{j_1^* - j_2^*} H^0_{DR}(U_1 \cap U_2) \\ \xrightarrow{d^*} H^1_{DR}(M) &\xrightarrow{i_1^* \oplus i_2^*} \cdots\cdots\cdots\cdots \\ &\cdots\cdots\cdots\cdots \xrightarrow{j_1^* - j_2^*} H^{n-1}_{DR}(U_1 \cap U_2) \\ \xrightarrow{d^*} H^n_{DR}(M) &\xrightarrow{i_1^* \oplus i_2^*} H^n_{DR}(U_1) \oplus H^n_{DR}(U_2) \xrightarrow{j_1^* - j_2^*} H^n_{DR}(U_1 \cap U_2) \longrightarrow 0 \end{aligned} \tag{3.14}$$

ただし，d^* はホモロジー群の長完全列における連結準同型に対応する線形写像である．

では，いよいよこのマイヤー－ビートリス長完全系列を用いて，いくつかの多様体のド・ラムコホモロジー群を計算していくことにするが，まず手始

[*11] このように定義しておくと，万一 η が $U_1 \cap U_2$ の境界上で発散するような場合でも，ρ_1, ρ_2 のおかげで η_1 の U_2 の境界と U_1 の交わりでの値，および η_2 の U_1 の境界と U_2 の交わりでの値が0に抑えられ，滑らかな微分形式が定義できていることになる．

めに以下の定理を示しておこう.

定理 3.8 n 次元多様体 M が連結ならば,

$$H^0_{DR}(M) = \mathbf{R}$$

が成り立つ. したがって, M の連結成分の個数を k とすると,

$$H^0_{DR}(M) = \mathbf{R}^k$$

が成り立つ.

[証明] まず M が連結であると仮定し, $f \in H^0_{DR}(M) = \mathrm{Ker}(d_0) \subset \Omega^0(M)$ をとる. このとき, 任意の $p \in M$ において, 適当な局所座標をとると,

$$df|_{x=p} = \sum_{i=1}^{n} \frac{\partial f}{\partial x^i}(p) dx^i = 0$$

が成り立つので, f は局所定数関数である, つまり任意の $p \in M$ において p の開近傍 U_p が存在して, U_p 上で f は定数値をとる. ここで, f が M 全体で定数値をとらない, つまり $p, q \in M$ $(p \neq q)$ が存在して $f(p) \neq f(q)$ が成り立つとする. 局所定数性より, $f^{-1}(f(p))$ は M の空でない開集合であり (演習問題 3.15), また f の連続性と $f(q) \neq f(p)$ より, $f^{-1}(\mathbf{R} - \{f(p)\})$ も M の空でない開集合となる. よって, 以下が成り立つ.

$$\begin{aligned} f^{-1}(f(p)) \cup f^{-1}(\mathbf{R} - \{f(p)\}) &= f^{-1}(\{f(p)\} \cup (\mathbf{R} - \{f(p)\})) \\ &= f^{-1}(\mathbf{R}) = M, \\ f^{-1}(f(p)) \cap f^{-1}(\mathbf{R} - \{f(p)\}) &= f^{-1}(\{f(p)\} \cap (\mathbf{R} - \{f(p)\})) \\ &= f^{-1}(\emptyset) = \emptyset, \end{aligned}$$

$$f^{-1}(f(p)) \neq \emptyset, \qquad f^{-1}(\mathbf{R} - \{f(p)\}) \neq \emptyset.$$

これは, M が連結でないことを意味するので矛盾である. よって f は M 全体で定数値をとるので, $H^0_{DR}(M) = \mathbf{R}$ ($\mathbf{R}$ は定数値の自由度) が成り立つ. また, M の連結成分が k 個である場合は, 各連結成分で自由に定数値をとり得るので, 後半の主張を得る. □

演習問題 3.15 $f \in \Omega^0(M)$ が局所定数関数ならば, $f^{-1}(f(p)) \subset M$ は M の

開集合となることを示せ.

この定理と単体複体の0次ホモロジー群についての結果の対応を考えてみることを読者にお勧めする. なお, 前の議論の補足になるが, $U \subset \mathbf{R}^n$ が一点に可縮である場合は, U の任意の点は一点に縮められる先の点 $p_0 \in U$ と滑らかな曲線で結ばれることになり, したがって U は弧状連結（定義1.31）となる. また, 弧状連結なら連結であることは第1章で示してある（定理1.16）ので, 上の定理と合わせて以下の結論を得る.

系 3.3　$U \subset \mathbf{R}^n$ が一点に可縮ならば, 以下が成り立つ.

$$H^m_{DR}(U) = \begin{cases} \mathbf{R} & (m = 0) \\ 0 & (m > 0) \end{cases}$$

例 3.12　ここでは, n 次元多様体 $\mathbf{R}^n - \{0\}$ のド・ラムコホモロジー群を求めることにしよう. まず, $n = 1$ のときは以下が成り立つ.

$$\mathbf{R} - \{0\} = U_+ \cup U_-, \qquad U_+ \cap U_- = \emptyset$$

$$(U_+ := \{x \in \mathbf{R} \mid x > 0\},\ U_- := \{x \in \mathbf{R} \mid x < 0\})$$

明らかに, U_+ と U_- はともに一点に可縮な1次元多様体であるから, 系3.3とマイヤー - ビートリス長完全系列(3.14)を適用すると, 以下の完全系列を得る.

$$0 \longrightarrow H^0_{DR}(\mathbf{R} - \{0\}) \longrightarrow \mathbf{R} \oplus \mathbf{R} \longrightarrow 0$$
$$\longrightarrow H^1_{DR}(\mathbf{R} - \{0\}) \longrightarrow 0 \longrightarrow 0 \longrightarrow 0$$

これより $H^0_{DR}(\mathbf{R} - \{0\}) = \mathbf{R}^2$ と $H^1_{DR}(\mathbf{R} - \{0\}) = 0$ を得るが, 扱っているのは1次元多様体ゆえ $H^m_{DR}(\mathbf{R} - \{0\}) = 0$ $(m > 1)$ は自明なので, 合わせて以下を得る.

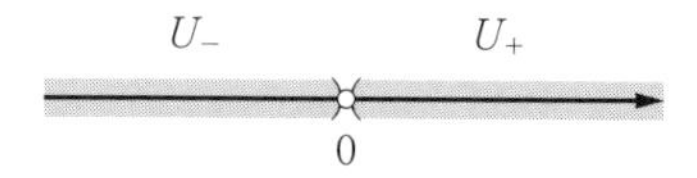

図 3.17　開被覆 $\mathbf{R} - \{0\} = U_- \cup U_+$

$$H^m_{DR}(\mathbf{R}-\{0\}) = \begin{cases} \mathbf{R}^2 & (m=0) \\ 0 & (m>0) \end{cases}$$

次に $n=2$ の場合の議論に移ろう．まず，$\mathbf{R}^2-\{0\}$ の開集合 U^2_+, U^2_- を以下のようにおこう．

$$U^2_+ = \mathbf{R}^2-\{(0,x^2) \in \mathbf{R}^2 \mid x^2 \leq 0\},$$
$$U^2_- = \mathbf{R}^2-\{(0,x^2) \in \mathbf{R}^2 \mid x^2 \geq 0\}$$

このとき，以下が成り立つ．

$$U^2_+ \cup U^2_- = \mathbf{R}^2-\{0\}, \qquad U^2_+ \cap U^2_- = \mathbf{R}^2-\{(0,x^2) \in \mathbf{R}^2 \mid x^2 \in \mathbf{R}\}$$

演習問題 3.16

（i）U^2_+ と U^2_- はともに一点に可縮であることを示せ．

（ii）$U^2_+ \cap U^2_-$ は $\mathbf{R}-\{0\}$ にホモトピー同値であることを示せ．

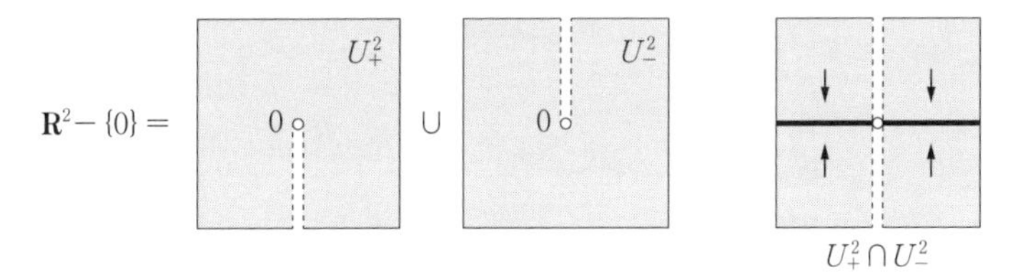

図 3.18　開被覆 $\mathbf{R}^2-\{0\} = U^2_- \cup U^2_+$

上の問題の結果とド・ラムコホモロジー群のホモトピー同値による不変性を用いて，開被覆 $\mathbf{R}^2-\{0\} = U^2_+ \cup U^2_-$ に関するマイヤー - ビートリス長完全系列を書くと，以下のようになる．

$$0 \longrightarrow H^0_{DR}(\mathbf{R}^2-\{0\}) \xrightarrow{(i_1^* \oplus i_2^*)_0} \mathbf{R}^2 \xrightarrow{(j_1^*-j_2^*)_0} \mathbf{R}^2 \xrightarrow{d_0^*} H^1_{DR}(\mathbf{R}^2-\{0\}) \longrightarrow 0$$
$$\longrightarrow 0 \longrightarrow H^2_{DR}(\mathbf{R}^2-\{0\}) \longrightarrow 0 \longrightarrow 0 \longrightarrow 0$$

ただし，上では $\mathbf{R} \oplus \mathbf{R} = \mathbf{R}^2$ を用いた．ここで，$\mathbf{R}^2-\{0\}$ が連結であることに着目すると，$H^0_{DR}(\mathbf{R}^2-\{0\}) = \mathbf{R}$ を得る．すると $(i_1^* \oplus i_2^*)_0$ が単射であることから，$\mathrm{Im}((i_1^* \oplus i_2^*)_0) = \mathrm{Ker}((j_1^*-j_2^*)_0) = \mathbf{R}$ となり，線形写像の準同型定理から $\mathrm{Im}((j_1^*-j_2^*)_0) = \mathbf{R}^2/\mathrm{Ker}((j_1^*-j_2^*)_0) = \mathbf{R}^2/\mathbf{R} = \mathbf{R}$ を得る．さらに，d_0^* が全射であることと，$\mathrm{Ker}(d_0^*) = \mathrm{Im}((j_1^*-j_2^*)_0) = \mathbf{R}$ であるこ

とを用いると，再び線形写像の準同型定理から $H^1_{DR}(\mathbf{R}^2-\{0\}) = \mathrm{Im}(d_0^*) = \mathbf{R}^2/\mathrm{Ker}(d_0^*) = \mathbf{R}^2/\mathbf{R} = \mathbf{R}$ を得る．なお，完全系列から $H^2_{DR}(\mathbf{R}^2-\{0\}) = 0$ が従い，$\mathbf{R}^2-\{0\}$ が2次元多様体であることから $H^m(\mathbf{R}^2-\{0\}) = 0\ (m>2)$ も従う．よって，以上の考察をまとめて $\mathbf{R}^2-\{0\}$ のド・ラムコホモロジー群は以下のようになる．

$$H^m_{DR}(\mathbf{R}^2-\{0\}) = \begin{cases} \mathbf{R} & (m=0,1) \\ 0 & (m \neq 0,1) \end{cases}$$

これ以降は，以下の結果を n に関する帰納法で示すことにしよう．$n \geq 2$ のとき，$\mathbf{R}^n-\{0\}$ のド・ラムコホモロジー群は以下のようになる．

$$H^m_{DR}(\mathbf{R}^n-\{0\}) = \begin{cases} \mathbf{R} & (m=0,n-1) \\ 0 & (m \neq 0,n-1) \end{cases} \tag{3.15}$$

$n=2$ のときに成り立つことは既に見たので，$n=k(\geq 2)$ のときに成り立つことを仮定しよう．$\mathbf{R}^{k+1}-\{0\}$ の開被覆 $\mathbf{R}^{k+1}-\{0\} = U_+^{k+1} \cup U_-^{k+1}$ を以下で定める．

$$\begin{aligned}
U_+^{k+1} &= \mathbf{R}^{k+1}-\{(0,\cdots,0,x^{k+1}) \in \mathbf{R}^{k+1} \mid x^{k+1} \leq 0\}, \\
U_-^{k+1} &= \mathbf{R}^{k+1}-\{(0,\cdots,0,x^{k+1}) \in \mathbf{R}^{k+1} \mid x^{k+1} \geq 0\}, \\
U_+^{k+1} \cup U_-^{k+1} &= \mathbf{R}^{k+1}-\{0\}, \\
U_+^{k+1} \cap U_-^{k+1} &= \mathbf{R}^{k+1}-\{(0,\cdots,0,x^{k+1}) \in \mathbf{R}^{k+1} \mid x^{k+1} \in \mathbf{R}\}
\end{aligned}$$

演習問題 3.17

（i） U_+^{k+1} と U_-^{k+1} はともに一点に可縮であることを示せ．

（ii） $U_+^{k+1} \cap U_-^{k+1}$ は $\mathbf{R}^k-\{0\}$ にホモトピー同値であることを示せ．

この問題の結果，ド・ラムコホモロジー群のホモトピー同値による不変性，および帰納法の仮定を用いて，開被覆 $\mathbf{R}^{k+1}-\{0\} = U_+^{k+1} \cup U_-^{k+1}$ に関するマイヤー－ビートリス長完全系列を書き出そう．まず，$k=2$ ならば，

$$\begin{array}{cccccccc}
0 \longrightarrow & \mathbf{R} & \xrightarrow{(i_1^* \oplus i_2^*)_0} & \mathbf{R}^2 & \xrightarrow{(j_1^* - j_2^*)_0} & \mathbf{R} \\
\xrightarrow{d_0^*} & H^1_{DR}(\mathbf{R}^3-\{0\}) & \longrightarrow & 0 & \longrightarrow & \mathbf{R} \\
\longrightarrow & H^2_{DR}(\mathbf{R}^3-\{0\}) & \longrightarrow & 0 & \longrightarrow & 0
\end{array}$$

$$\longrightarrow H^3_{DR}(\mathbf{R}^3-\{0\}) \longrightarrow 0 \longrightarrow 0 \longrightarrow 0$$

となる．ただし，ここでは $\mathbf{R}^3-\{0\}$ の連結性から $H^0_{DR}(\mathbf{R}^3-\{0\}) = \mathbf{R}$ が成り立つことと，$H^1_{DR}(U^3_+ \cap U^3_-) = H^1_{DR}(\mathbf{R}^2-\{0\}) = \mathbf{R}$ であることを用いた．もう完全列の詳しい議論は省略することにするが，上の系列の完全性から，$H^1_{DR}(\mathbf{R}^3-\{0\}) = 0$，$H^2_{DR}(\mathbf{R}^3-\{0\}) = \mathbf{R}$，$H^3_{DR}(\mathbf{R}^3-\{0\}) = 0$ が従う．$m > 3$ ならば自明に $H^m_{DR}(\mathbf{R}^3-\{0\}) = 0$ がいえるので，これで $n = 3$ のときの(3.15)が示せた．$k > 2$ のときは，同様にしてマイヤー‐ビートリス長完全系列から以下の完全系列を得る．

$$0 \longrightarrow \mathbf{R} \xrightarrow{(i_1^* \oplus i_2^*)_0} \mathbf{R}^2 \xrightarrow{(j_1^* - j_2^*)_0} \mathbf{R} \xrightarrow{d_0^*} H^1_{DR}(\mathbf{R}^{k+1}-\{0\}) \longrightarrow 0,$$

$$0 \longrightarrow H^m_{DR}(\mathbf{R}^{k+1}-\{0\}) \longrightarrow 0 \qquad (1 \le m \le k-1),$$

$$0 \longrightarrow \mathbf{R} \longrightarrow H^k(\mathbf{R}^{k+1}-\{0\}) \longrightarrow 0,$$

$$0 \longrightarrow H^{k+1}_{DR}(\mathbf{R}^{k+1}-\{0\}) \longrightarrow 0$$

ただし，ここでも $\mathbf{R}^{k+1}-\{0\}$ の連結性から $H^0_{DR}(\mathbf{R}^{k+1}-\{0\}) = \mathbf{R}$ が成り立つことと，$H^{k-1}_{DR}(U^{k+1}_+ \cap U^{k+1}_-) = H^{k-1}_{DR}(\mathbf{R}^k-\{0\}) = \mathbf{R}$ であることを用いた．これらの完全系列と $H^m_{DR}(\mathbf{R}^{k+1}-\{0\}) = 0$ $(m > k+1)$ が自明に成り立つことから，$n = k+1$ の場合の(3.15)が示せる．

さて，ここで演習問題 3.13 の結果を思い出そう．そこでは $\mathbf{R}^{n+1}-\{0\}$ が n 次元球面 S^n にホモトピー同値であることが示されるので，ド・ラムコホモロジー群のホモトピー同値による不変性と合わせて，以下の定理を得る．

定理 3.9 $n \ge 1$ で以下が成り立つ．

$$H^m_{DR}(S^n) = \begin{cases} \mathbf{R} & (m = 0, n) \\ 0 & (m \ne 0, n) \end{cases}$$

例 3.13 2 次元トーラス T^2 のド・ラムコホモロジー群を求めよう．T^2 は向き付け可能で連結なコンパクト多様体であるが，このような多様体に対して成り立つ重要な定理を証明なしに導入することにしよう．

定理 3.10　n 次元多様体 M が向き付け可能で，連結かつコンパクトならば，$H^n_{DR}(M) \simeq \mathbf{R}$ である．

この定理の完全な証明は紙数の都合でできないのであるが，証明の概略を手短に与えるとともに，どの部分が紹介できないのかを述べておくことにしよう．M が仮定を満たしていると，次節で紹介するように M 上の n 形式 $\omega \in \Omega^n(M)$ の M 上での積分を定義することができる．この積分を用いて積分写像

$$I : \Omega^n(M) \to \mathbf{R} \qquad \left(I(\omega) = \int_M \omega \in \mathbf{R}\right)$$

を定義する．一方，$H^n_{DR}(M) = \mathrm{Ker}(d_n)/\mathrm{Im}(d_{n-1})$ であるが，M は n 次元多様体ゆえ，d_n は零写像となる．したがって

$$H^n_{DR}(M) = \Omega^n(M)/\mathrm{Im}(d_{n-1})$$

が成り立つ．よって，$\mathrm{Ker}(I) = \mathrm{Im}(d_{n-1})$ がいえれば線形写像の準同型定理より，$H^n_{DR}(M) \simeq \mathbf{R}$ がいえることになる．次節で紹介するストークスの定理を用いれば $\mathrm{Ker}(I) \supset \mathrm{Im}(d_{n-1})$ は示せるのであるが，逆の包含を示すには，コンパクト台をもつド・ラムコホモロジー群の理論を展開する必要があり，これについては議論を後回しにする．(コンパクト台をもつド・ラムコホモロジー群については，ボット - トゥーの教科書[8]を参照するとよい．)

では，いよいよ T^2 のド・ラムコホモロジー群を，この定理とマイヤー - ビートリス長完全系列を用いて求めていくことにしよう．まず，T^2 を図 3.19 のように展開図で表し，開被覆 $T^2 = U_1 \cup U_2$ を図のようにとる．

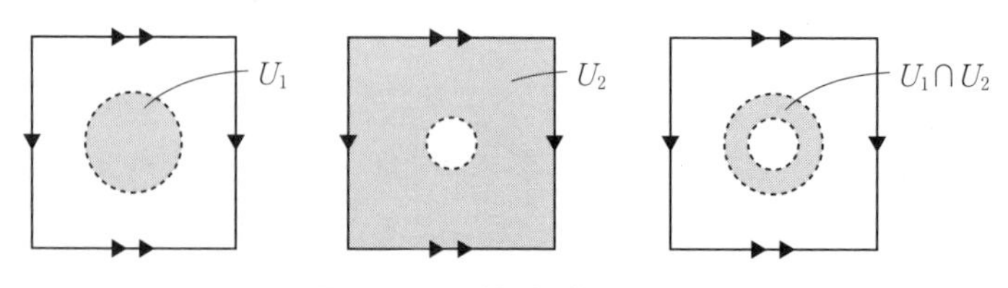

図 3.19　開被覆 $T^2 = U_1 \cup U_2$

このとき，図より U_1 は一点に可縮で，$U_1 \cap U_2$ は S^1 にホモトピー同値であることがわかる．（帯を縮めて線にすればよい．）また U_2 については，少々空間的想像力を要するが，展開図の境界を矢印の指示に沿って貼り合わせると，下図のような図形にホモトピー同値であることがわかる．（真ん中の穴をできるだけ広げて接着することを想像せよ．）

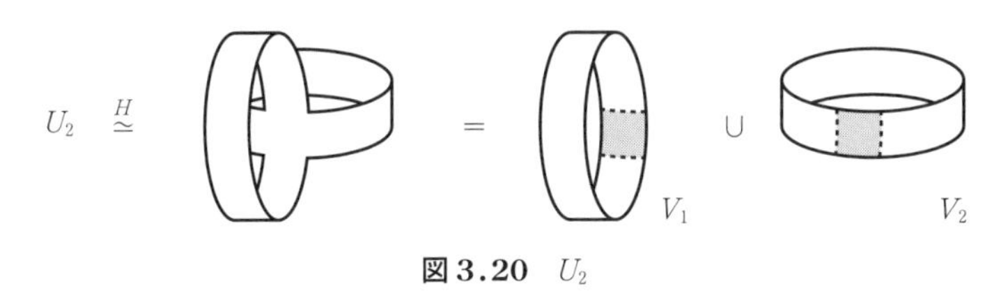

図 3.20　U_2

演習問題 3.18　図 3.20 の開被覆 $U_2 = V_1 \cup V_2$ と，V_1, V_2 がともに S^1 にホモトピー同値であることを用いて，以下を示せ．

$$H^m_{DR}(U_2) = \begin{cases} \mathbf{R} & (m = 0) \\ \mathbf{R}^2 & (m = 1) \\ 0 & (m \neq 0, 1) \end{cases}$$

よって，開被覆 $T^2 = U_1 \cup U_2$ に関するマイヤー－ビートリス長完全系列を書き出すと，以下のようになる．

$$\begin{aligned} 0 \longrightarrow H^0_{DR}(T^2) &\xrightarrow{(i_1^* \oplus i_2^*)_0} \mathbf{R}^2 \xrightarrow{(j_1^* - j_2^*)_0} \mathbf{R} \\ \xrightarrow{d_0^*} H^1_{DR}(T^2) &\xrightarrow{(i_1^* \oplus i_2^*)_1} \mathbf{R}^2 \xrightarrow{(j_1^* - j_2^*)_1} \mathbf{R} \\ \xrightarrow{d_1^*} H^2_{DR}(T^2) &\xrightarrow{(i_1^* \oplus i_2^*)_2} 0 \xrightarrow{(j_1^* - j_2^*)_2} 0 \xrightarrow{d_2^*} 0 \end{aligned}$$

T^2 は連結であるから，$H^0_{DR}(T^2) = \mathbf{R}$ であり，$(i_1^* \oplus i_2^*)_0$ は単射だから $\mathrm{Im}((i_1^* \oplus i_2^*)_0) = \mathrm{Ker}((j_1^* - j_2^*)_0) = \mathbf{R}$ である．よって線形写像の準同型定理より，$\mathrm{Im}((j_1^* - j_2^*)_0) = \mathbf{R}^2/\mathbf{R} \simeq \mathbf{R}$ となるので，$(j_1^* - j_2^*)_0$ は全射である．したがって完全性より，d_0^* は零写像となり，再び完全性から $(i_1^* \oplus i_2^*)_1$ は単射となる．一方，定理 3.10 より $H^2_{DR}(T^2) \simeq \mathbf{R}$ となるから，d_1^* は全射であることより $\mathbf{R}$ から $\mathbf{R}$ への同型写像となり，したがって単射となる．完全性より $\mathrm{Ker}(d_1^*) = \mathrm{Im}((j_1^* - j_2^*)_1) = 0$ を得るので $(j_1^* - j_2^*)_1$ は零写像とな

り，再び完全性から $(i_1^* \oplus i_2^*)_1$ は全射となる．よって $(i_1^* \oplus i_2^*)_1$ は全単射，つまり同型となり $H_{DR}^1(T^2) \simeq \mathbf{R}^2$ を得る．T^2 は2次元多様体だから，$m > 2$ で $H_{DR}^m(T^2) = 0$ となるので，以上をまとめて以下を得る．

$$H_{DR}^m(T^2) = \begin{cases} \mathbf{R} & (m = 0, 2) \\ \mathbf{R}^2 & (m = 1) \\ 0 & (m \geq 3) \end{cases}$$

これが，3.2節で求めた T^2 の単体分割として得られる単体複体 K のホモロジー群に一致していることを確かめて欲しい．特に，K のホモロジー群を求める議論と，ここで行なった議論がどのように対応しているかを見ることは，非常に勉強になると思う．

演習問題 3.19　上の例を参考にして，g 個の穴の開いた浮き輪の表面として得られる連結で向き付け可能なコンパクト2次元多様体 Σ_g $(\Sigma_1 = T^2)$ のド・ラムコホモロジー群が，以下で与えられることを示せ．

$$H_{DR}^m(\Sigma_g) = \begin{cases} \mathbf{R} & (m = 0, 2) \\ \mathbf{R}^{2g} & (m = 1) \\ 0 & (m \geq 3) \end{cases}$$

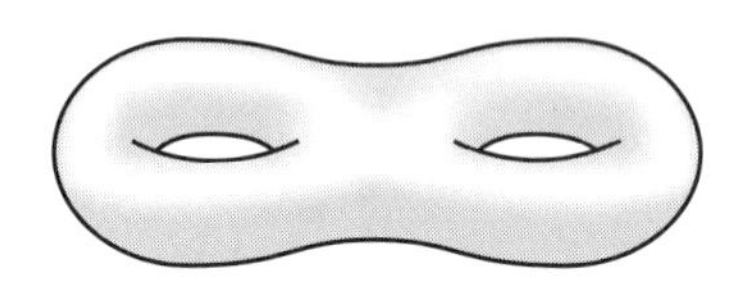

図 3.21　Σ_2

3.5 微分形式の積分とストークスの定理およびポアンカレ双対性

3.5.1 境界のある多様体

これまでに扱ってきた n 次元多様体 M は，任意の点 $x \in M$ において $\mathbf{R}^n$ の 1 点における開近傍と微分同相な開近傍がとれるということが定義であった．したがって，M は境界点を含まない位相空間であることが定義の中に組み込まれている．しかし，幾何学の議論をする際には，これまでに既に出てきているように，$[0,1] \times S^1$ などの境界点を含んだ位相空間を取り扱う．ゆえに，このような空間を多様体の枠組みで扱えるように，多様体の定義を拡張しておく必要がある．そこで，以下で境界のある多様体の定義をしておくことにしよう．

定義 3.23 $M \subset \mathbf{R}^N$ が**境界のある $\boldsymbol{n}$ ($\leq \boldsymbol{N}$) 次元多様体**であるとは，任意の $x \in M$ に対してある $\varepsilon_x > 0$ が存在して，**上半空間**

$$\mathbf{H}^n := \{(x^1, \cdots, x^n) \in \mathbf{R}^n \mid x^1 \geq 0\}$$

の開集合 U_x と $B^N(x;\varepsilon_x) \cap M$ との間の微分同相写像 $\phi_x : U_x \to B^N(x;\varepsilon_x) \cap M$ が存在する位相空間であることである．ただし，M には $\mathbf{R}^N$ の相対位相が入っているものとする．

この定義は，本書の第 2 章の最初の部分で行なった $\mathbf{R}^N$ の部分集合としての多様体の定義（定義 2.1）の「$\mathbf{R}^n$ の開集合 U_x」という部分を，「上半空間 $\mathbf{H}^n$ の開集合 U_x」に置き換えただけである．上半空間 $\mathbf{H}^n$ は境界点集合 $\partial\mathbf{H}^n = \{(x^1, \cdots, x^n) \in \mathbf{R}^n \mid x^1 = 0\}$ を含むので，これで境界のある多様体の定義ができているわけである．この定義を入れ物 $\mathbf{R}^N$ を仮定しない内在的な定義に書き換える作業は，基本的には定義 2.6 の「$\mathbf{R}^n$ の開集合 U_α」の部分を「$\mathbf{H}^n$ の開集合 U_α」に書き換えるだけで済むので書き出すことはしないが，書き換えた定義は以降の議論で適宜使っていくことにする．

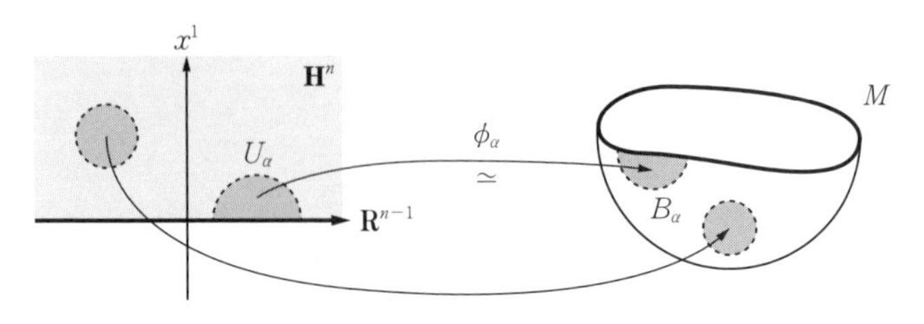

図 3.22　境界のある多様体

さて，上の定義から，境界のある n 次元多様体 M においては境界点集合 $\partial M \subset M$ が考えられるが，$\partial \mathbf{H}^n$ は $\mathbf{R}^{n-1}$ と同一視できるから，任意の $x \in \partial M$ において上の定義の $B^N(x;\varepsilon_x) \cap M$ を考え，微分同相写像 $\phi_x : U_x \to B^N(x;\varepsilon_x) \cap M$ を考えると，$\phi_x(U_x \cap \partial \mathbf{H}^n) = B^N(x;\varepsilon_x) \cap \partial M$ が成り立つ．$x \in \partial M$ であるから，$U_x \cap \partial \mathbf{H}^n$ は空でない $\mathbf{R}^{n-1}$ の開集合となる．したがって，以下の結論を得る．

命題 3.5　M を境界のある n 次元多様体とする．このとき，境界点集合 ∂M は空集合でなければ境界のない $(n-1)$ 次元多様体となる．

M が境界のある多様体である場合も，M が向き付け可能であることを，境界のない場合の定義（定義 2.20）をそのまま流用することで定義することができる．境界がある場合に出てくる新しいことは，M が向きをもつ場合に，境界点集合 ∂M に「境界の向き」という向きを一意的に与えることができるということである．その定義を以下で与えよう．

定義 3.24　M を向きをもつ境界のある n 次元多様体とする．このとき，$x \in \partial M$ において $T_x(\partial M)$ の順序付き基底 $(\mathbf{v}_1, \mathbf{v}_2, \cdots, \mathbf{v}_{n-1})$ を考え，また $\mathbf{n}_x \in T_xM$ を $\partial \mathbf{H}^n$ の点における $\mathbf{H}^n$ の外向き法ベクトルに対応するベクトルとする．このとき，$(\mathbf{n}_x, \mathbf{v}_1, \mathbf{v}_2, \cdots, \mathbf{v}_{n-1})$ は T_xM の順序付き基底となるが，$(\mathbf{v}_1, \mathbf{v}_2, \cdots, \mathbf{v}_{n-1})$ の符号を M の向きから定まる $(\mathbf{n}_x, \mathbf{v}_1, \mathbf{v}_2, \cdots, \mathbf{v}_{n-1})$ の符号と一致させることで，各点 $x \in \partial M$ における $T_x\partial M$ の向きが一意的に定ま

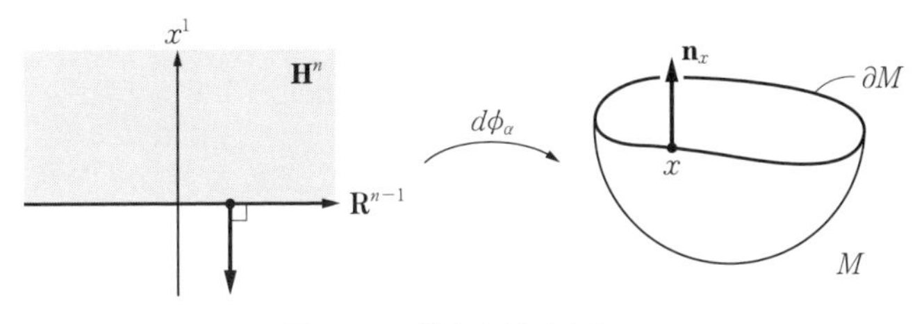

図 3.23　外向き法ベクトル

り，したがって $(n-1)$ 次元多様体 ∂M に向きが定まる．これを ∂M の**境界の向き**という．

この境界の向きの定義から，自動的に以下の命題を得る．

命題 3.6　境界のある n 次元多様体 M が向き付け可能ならば，境界点集合 ∂M も向き付け可能な $(n-1)$ 次元多様体となる．

3.5.2　微分形式の積分とストークスの定理

M を向き付け可能な n 次元コンパクト多様体としよう．ただし，境界も存在してよいとする．このとき，M 上の n 次微分形式 ω に対して，ω の M 上の積分

$$\int_M \omega$$

を定義することができる．後の議論の準備も兼ねて，この積分が局所座標を用いてどう定義されるかを紹介しておこう．M が向き付け可能なコンパクト多様体であるとき，M の有限個の開集合からなる開被覆 $M = \bigcup_\alpha B_\alpha$ で，各 B_α に対して局所座標系 $\phi_\alpha : U_\alpha(\subset \mathbf{H}^n) \to B_\alpha$ が定まっているものがとれる．ただし，$B_\alpha \cap B_\beta \neq \emptyset$ ならば，座標変換のヤコビ行列式 $\det\left(\dfrac{\partial x_\beta^i}{\partial x_\alpha^j}\right)$ の符号は常に正となるように座標系の向きを揃えておく．向き付け可能の仮定よ

り，これは可能である（この操作により，M の向きを指定していることに注意せよ）．さらに，開被覆 $M=\bigcup_\alpha B_\alpha$ に従属する1の分割という開被覆と同じ添字集合をもつ M 上の関数の族 $\{\rho_\alpha\}$ をとる．復習しておくと，開被覆 $M=\bigcup_\alpha B_\alpha$ に従属する1の分割 $\{\rho_\alpha\}$ は以下の性質を満たす（定義2.12）．

（i）　ρ_α は M 上の滑らかな非負値関数で，$M-B_\alpha$ で0となる．

（ii）　任意の M の点 x で $\sum_\alpha \rho_\alpha(x)=1$ を満たす．

この1の分割を用いて，M 上の n 次微分形式 ω の**積分**は以下のように定義される（アインシュタインの記法）．

$$\int_M \omega := \sum_\alpha \int_{U_\alpha} \rho_\alpha(x)\,\omega^\alpha_{1\cdots n}(x)\,dx^1_\alpha\cdots dx^n_\alpha$$
$$\left(=\sum_\alpha \int_{U_\alpha} \rho_\alpha(x)\,\frac{1}{n!}\,\omega^\alpha_{i_1\cdots i_n}(x)\,dx^{i_1}_\alpha\wedge\cdots\wedge dx^{i_n}_\alpha\right) \tag{3.16}$$

上の表記について注意しておくと，本来は $\rho_\alpha(x)$ を局所座標系 $\phi_\alpha: U_\alpha(\subset \mathbf{H}^n)\to B_\alpha$ による引き戻しによって $\phi_\alpha^*(\rho_\alpha(x))=\rho_\alpha(\phi_\alpha(x))$ と書くべきであるが，煩雑さを避けるために単に $\rho_\alpha(x)$ と書くことにした．また，積分は重積分で定義するので，上の1行目の右辺のように外積 $\wedge$ の記号は使わないのであるが，実際の計算の際には2行目の外積を用いたルーズな表記も便利であるので，括弧付きで併記しておくことにした．

前小節で見たように，M に境界がある場合，M が向き付け可能なコンパクト多様体 n 次元多様体ならば，M の境界 ∂M は向き付け可能な境界のない $(n-1)$ 次元コンパクト多様体となる．このとき，重積分のグリーンの定理の拡張にあたるストークスの定理が成り立つ．

定理 3.11　**（ストークスの定理）**

M を向き付け可能な n 次元コンパクト多様体とし，$\omega\in\Omega^{n-1}(M)$ とする．このとき，次が成り立つ．

$$\int_M d_{n-1}\omega = \int_{\partial M}\omega$$

［証明］　以下，$\partial_\mu := \dfrac{\partial}{\partial x_\alpha^\mu}$ と略記する．まず，積分

$$\begin{aligned}\int_M d_{n-1}\omega &= \sum_\alpha \int_{U_\alpha}\rho_\alpha(x)\frac{1}{(n-1)!}\partial_\mu\omega^\alpha_{i_1\cdots i_{n-1}}(x)\,dx_\alpha^\mu\wedge dx_\alpha^{i_1}\wedge\cdots\wedge dx_\alpha^{i_{n-1}} \\ &= \sum_\alpha \int_{U_\alpha}\partial_\mu\left(\frac{1}{(n-1)!}\rho_\alpha(x)\,\omega^\alpha_{i_1\cdots i_{n-1}}(x)\right)dx_\alpha^\mu\wedge dx_\alpha^{i_1}\wedge\cdots\wedge dx_\alpha^{i_{n-1}} \\ &= \sum_\alpha\sum_{i=1}^n(-1)^{i-1}\int_{U_\alpha}\partial_i(\rho_\alpha(x)\,\omega^\alpha_{1\cdots\hat{i}\cdots n}(x))\,dx_\alpha^1\cdots dx_\alpha^n \qquad (3.17)\end{aligned}$$

（ここで $\hat{i}$ は i を取り除くことを表す）において，$B_\alpha\cap\partial M=\emptyset$ である場合と，$B_\alpha\cap\partial M\neq\emptyset$ である場合に分けて議論する．ただし，上の変形では $\sum_\alpha\rho_\alpha(x)=1 \Longrightarrow \sum_\alpha d_0(\rho_\alpha(x))=0$ ゆえ，

$$\begin{aligned}&\sum_\alpha d_{n-1}(\rho_\alpha(x)\,\omega^\alpha(x)) \\ &\quad= \sum_\alpha(d_0(\rho_\alpha(x))\wedge\omega^\alpha(x)+\rho_\alpha(x)\,d_{n-1}(\omega^\alpha(x))) \\ &\quad= \sum_\alpha\rho_\alpha(x)\,d_{n-1}(\omega^\alpha(x))\end{aligned}$$

が成り立つことを用いた．

では，まず $B_\alpha\cap\partial M=\emptyset$ である場合を考えよう．このとき，$U_\alpha=\phi_\alpha^{-1}(B_\alpha)$ は $\mathbf{R}^n$ の開集合で，$\rho_\alpha\omega^\alpha$ は U_α 上の微分形式で*12 ρ_α の性質から U_α の境界点で 0 となる滑らかな微分形式である．そこで，$\rho_\alpha\omega^\alpha$ を $\mathbf{R}^n-U_\alpha$ で 0 となるように拡張して，$\mathbf{R}^n$ 上の滑らかな微分形式にする．この操作のもとで，(3.17)の (α,i) に対応する和因子は，

$$\begin{aligned}&\int_{U_\alpha}\partial_i(\rho_\alpha(x)\,\omega^\alpha_{1\cdots\hat{i}\cdots n}(x))\,dx_\alpha^1\cdots dx_\alpha^n \\ &\quad= \int_{\mathbf{R}^n}\partial_i(\rho_\alpha(x)\,\omega^\alpha_{1\cdots\hat{i}\cdots n}(x))\,dx_\alpha^1\cdots dx_\alpha^n\end{aligned}$$

---

*12　本来ならば $\phi_\alpha^*(\rho_\alpha\omega^\alpha)$ と書くべきであるが，(3.16)の後の説明に倣って ϕ_α^* を省いてある．

$$= \int_{\mathbf{R}^{n-1}} dx_\alpha^1 \cdots \widehat{dx_\alpha^i} \cdots dx_\alpha^n \int_{-\infty}^{\infty} \frac{\partial}{\partial x_\alpha^i} (\rho_\alpha(x)\,\omega^\alpha_{1\cdots\hat{i}\cdots n}(x))\, dx_\alpha^i$$

$$= 0 \tag{3.18}$$

となる．ただし，ここで $x_i \to \pm\infty$ で $\rho_\alpha \omega^\alpha$ が 0 になることを用いた．

次に，$B_\alpha \cap \partial M \neq \emptyset$ である場合を考えよう．このとき，向き付けを変えないように座標を上手くとり直して，$U_\alpha \subset \{(x_\alpha^1, \cdots, x_\alpha^n) \in \mathbf{R}^n \mid x_\alpha^1 \geq 0\} =: \mathbf{H}^n$ かつ $B_\alpha \cap \partial M = \phi_\alpha(U_\alpha \cap \{(0, x_\alpha^2, \cdots, x_\alpha^n)\})$ となるようにしておく．また，$\rho_\alpha \omega^\alpha$ を 0 で拡張して，U_α の外で 0 となるような $\mathbf{H}^n$ 上の微分形式にしておく．

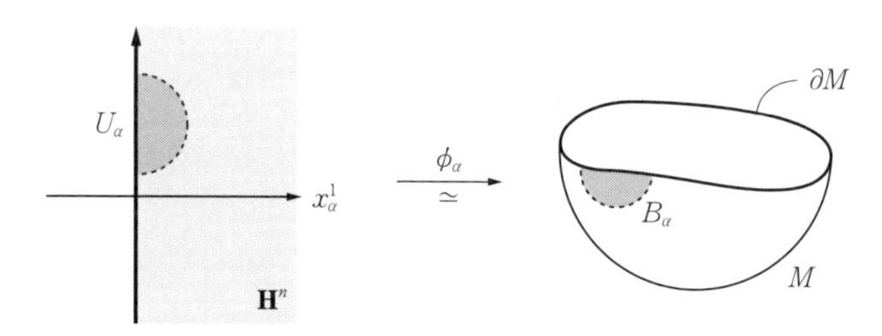

図 3.24

以上の準備のもとで，(3.17) の (α, i) $(i \geq 2)$ に対応する和因子は，(3.18) と同様の計算で 0 になる．$(\alpha, 1)$ に対応する和因子は，

$$\int_{U_\alpha} \partial_1 (\rho_\alpha(x)\,\omega^\alpha_{2\cdots n}(x))\, dx_\alpha^1 \cdots dx_\alpha^n$$

$$= \int_{\mathbf{H}^n} \partial_1 (\rho_\alpha(x)\,\omega^\alpha_{2\cdots n}(x))\, dx_\alpha^1 \cdots dx_\alpha^n$$

$$= \int_{\mathbf{R}^{n-1}} dx_\alpha^2 \cdots dx_\alpha^n \int_0^\infty \frac{\partial}{\partial x_\alpha^1} (\rho_\alpha(x)\,\omega^\alpha_{2\cdots n}(x))\, dx_\alpha^1$$

$$= -\int_{\mathbf{R}^{n-1}} dx_\alpha^2 \cdots dx_\alpha^n (\rho_\alpha(0, x_\alpha^2, \cdots, x_\alpha^n)\,\omega^\alpha_{2\cdots n}(0, x_\alpha^2, \cdots, x_\alpha^n)) \tag{3.19}$$

となる（$\partial \mathbf{H}^n = \mathbf{R}^{n-1}$ に注意）．上半空間 $\mathbf{H}^n$ の境界 $\{(0, x_\alpha^2, \cdots, x_\alpha^n)\}$ における外向き法ベクトルが $(-1, 0, \cdots, 0)$ であることを考えると，上の符号 -1 が境界の向きを与えており，以下が成り立つことがわかる．

$$\int_{\partial M}\omega = -\sum_{\alpha}\int_{\mathbf{R}^{n-1}} dx_{\alpha}^{2}\cdots dx_{\alpha}^{n}(\rho_{\alpha}(0, x_{\alpha}^{2}, \cdots, x_{\alpha}^{n})\,\omega_{2\cdots n}^{\alpha}(0, x_{\alpha}^{2}, \cdots, x_{\alpha}^{n})) \tag{3.20}$$

(3.17), (3.19)および(3.20)より，定理の主張がいえた．□

演習問題 3.20　M を境界のない，コンパクト，連結かつ向き付け可能な n 次元多様体とする．定理 3.11 を用いて，$\omega \in \Omega^{n-1}(M)$ に対して以下が成り立つことを示せ．

$$\int_{M} d_{n-1}\omega = 0$$

これより，前節（定理 3.10）で考えた積分写像 $I : \Omega^{n}(M) \to \mathbf{R}$ $\left(I(\omega) = \int_{M}\omega\right)$ において $\mathrm{Im}(d_{n-1}) \subset \mathrm{Ker}(I)$ がいえることになる．

3.5.3　コンパクト台をもつド・ラムコホモロジー群とポアンカレ双対定理

この小節では，ド・ラムコホモロジー群に対する「ポアンカレ双対定理」について議論をする．その証明は種々のやり方があるが，ここではボット‐トゥーの教科書[8]にある証明の概略を紹介することにする．その証明のアイディアを説明するために，まずコンパクト台をもつド・ラムコホモロジー群を導入し，その理論の概略を説明することにしよう．

定義 3.25　M を n 次元多様体とする．$\omega \in \Omega^{m}(M)$ が**コンパクト台をもつ**とは，ω の台

$$\mathrm{Supp}(\omega) := \overline{\{x \in M \mid \omega(x) \neq 0\}}$$

が M のコンパクト部分集合となることである．また，コンパクト台をもつ M 上の滑らかな m 次微分形式全体の集合を $\Omega_{c}^{m}(M)$ と書く．

定義 3.26　上の設定のもとで，外微分作用素 $d_{m} : \Omega^{m}(M) \to \Omega^{m+1}(M)$ の定義域を $\Omega_{c}^{m}(M)$ に制限したものを d_{m}^{c} と表すことにすると，コンパクト

台をもつ微分形式の外微分は明らかにコンパクト台をもつから，d_m^c：$\Omega_c^m(M) \to \Omega_c^{m+1}(M)$ となる．また，$d_{m+1}^c \circ d_m^c = 0$ も明らかに成り立つので，**コンパクト台をもつド・ラムコホモロジー群** $H_{DR,c}^m(M)$ を以下で定義する．

$$H_{DR,c}^m(M) := \mathrm{Ker}(d_m^c)/\mathrm{Im}(d_{m-1}^c) \qquad (\mathrm{Im}(d_{-1}^c) := 0)$$

M がコンパクト多様体ならば，任意の M 上の微分形式はコンパクト台をもつことになるので $H_{DR,c}^m(M) = H_{DR}^m(M)$ が成り立つが，M がコンパクトでない場合は両者は異なってくる．

最も基本的な例として，$\mathbf{R}$ のコンパクト台をもつド・ラムコホモロジー群を求めてみよう．まず $H_{DR,c}^0(\mathbf{R}) = \mathrm{Ker}(d_0^c)$ について，$f \in \Omega^0(\mathbf{R})$ で $df = 0$ を満たすものは定数関数 $f(x) \equiv C$ であったが，$C \neq 0$ ならば $\mathrm{Supp}(f) = \mathbf{R}$ となり，コンパクト台をもたない．よって $H_{DR,c}^0(\mathbf{R}) = \mathrm{Ker}(d_0^c) = 0$ となる．次に $H_{DR,c}^1(\mathbf{R}) = \Omega_c^1(\mathbf{R})/\mathrm{Im}(d_0^c)$ であるが，ここで積分写像 $I : \Omega_c^1(\mathbf{R}) \to \mathbf{R}$ を以下で定める．

$$I(g(x)dx) = \int_{-\infty}^{\infty} g(x)dx \qquad (g(x)dx \in \Omega_c^1(\mathbf{R}))$$

$g(x)dx$ はコンパクト台をもつので，ある $c > 0$ が存在して $x \geq c$ または $x \leq -c$ ならば $g(x) = 0$ となるので，上の積分は $\int_{-c}^{c} g(x)dx$ に等しくなり有限値となることに注意して欲しい．さて，任意の $f(x) \in \Omega_c^0(\mathbf{R})$ に対して $d_0^c(f) = \left(\frac{d}{dx}f(x)\right)dx$ を考えると，やはりある $c > 0$ が存在して $x \geq c$ または $x \leq -c$ ならば $f(x) = 0$ が成り立つので，

$$\begin{aligned} I\left(\left(\frac{d}{dx}f(x)\right)dx\right) &= \int_{-\infty}^{\infty}\left(\frac{d}{dx}f(x)\right)dx \\ &= \int_{-c}^{c}\left(\frac{d}{dx}f(x)\right)dx = f(c) - f(-c) = 0 \end{aligned}$$

を得る．したがって，$\mathrm{Im}(d_0^c) \subset \mathrm{Ker}(I)$ が成り立つ．逆に $g(x)dx \in \mathrm{Ker}(I)$ とすると，やはりある $c > 0$ が存在して $x \geq c$ または $x \leq -c$ ならば $g(x) = 0$ となるので，

$$f(x) = \int_{-\infty}^{x} g(t)\,dt$$

とおくと，$x \leq -c$ で $f(x) = 0$ であり，また $\int_{-\infty}^{c} g(t)\,dt = \int_{-\infty}^{\infty} g(t)\,dt = 0$ から $x \geq c$ で $f(x) = 0$ も成り立つ．よって，$f(x) \in \Omega_c^0(\mathbf{R})$ に対して $d_0^c(f(x)) = g(x)\,dx$ を得る．これから $\mathrm{Im}(d_0^c) \supset \mathrm{Ker}(I)$ もいえるので，$\mathrm{Im}(d_0^c) = \mathrm{Ker}(I)$ を得る．したがって，線形写像の準同型定理によって $H_{DR,c}^1(\mathbf{R}) = \Omega_c^1(\mathbf{R})/\mathrm{Ker}(I) = \mathrm{Im}(I) = \mathbf{R}$ が成り立つ．$m > 1$ ならば明らかに $H_{DR,c}^m(\mathbf{R}) = 0$ ゆえ，$\mathbf{R}$ のコンパクト台をもつド・ラムコホモロジー群は以下のようになる．

$$H_{DR,c}^m(\mathbf{R}) = \begin{cases} \mathbf{R} & (m = 1) \\ 0 & (m \neq 1) \end{cases}$$

また，[8]で詳しく議論されるのだが，コンパクト台をもつド・ラムコホモロジー群に対してもポアンカレの補題に対応する議論を展開でき，以下の結果が成り立つ．

$$H_{DR,c}^m(\mathbf{R}^n) = \begin{cases} \mathbf{R} & (m = n) \\ 0 & (m \neq n) \end{cases}$$

詳しい議論は略すが，通常のド・ラムコホモロジー群はホモトピー同値による不変性が成り立っている一方で，コンパクト台の場合は，微分同相による不変性しか成り立たないことが知られている[8]．なお，この時点で $\dim(H_{DR}^q(\mathbf{R}^n)) = \dim(H_{DR,c}^{n-q}(\mathbf{R}^n))$ が成り立っていることに注意して欲しい．

次に，コンパクト台の場合のマイヤー－ビートリス長完全系列であるが，n 次元多様体 M に対して $M = U_1 \cup U_2$ を考え，3.4 節と同様に包含写像を $i_1 : U_1 \hookrightarrow M$，$i_2 : U_2 \hookrightarrow M$，$j_1 : U_1 \cap U_2 \hookrightarrow U_1$，$j_2 : U_1 \cap U_2 \hookrightarrow U_2$ とおくことにしよう．この設定で，以下の定理が成り立つ．

定理 3.12 任意の $m (\geq 0)$ について，以下の系列は完全である．

$$0 \longrightarrow \Omega_c^m(U_1 \cap U_2) \xrightarrow{j_{1,*} \oplus (-j_{2,*})} \Omega_c^m(U_1) \oplus \Omega_c^m(U_2) \xrightarrow{i_{1,*} + i_{2,*}} \Omega_c^m(M) \longrightarrow 0 \tag{3.21}$$

［証明］　まず $j_{1,*}, j_{2,*}, i_{1,*}, i_{2,*}$ 等は，コンパクト台をもつという仮定があるので，各開集合上の境界では滑らかに0となることを利用して，定義域を0の定数関数で広げる操作を意味することにする．すると，$j_{1,*} \oplus (-j_{2,*})$ の単射性は明らかであり，$\Omega_c^m(U_1) \oplus \Omega_c^m(U_2)$ での完全性も容易に確かめられる．$i_{1,*}+i_{2,*}$ の全射性については，まず $\eta \in \Omega_c^m(M)$ を任意にとり，$\rho_1 \in \Omega^0(U_1)$，$\rho_2 \in \Omega^0(U_2)$ を開被覆 $M = U_1 \cup U_2$ に従属する1の分割とし，$\eta_1 \in \Omega^m(U_1)$，$\eta_2 \in \Omega^m(U_2)$ を以下で定義することにしよう．

$$\eta_1(x) = \rho_1(x)\eta(x) \qquad (x \in U_1),$$
$$\eta_2(x) = \rho_2(x)\eta(x) \qquad (x \in U_2)$$

η がコンパクト台をもつという仮定から，上の単純な定義で $\eta_i \in \Omega_c^m(U_i)$ $(i = 1, 2)$ が満たされていることに注意して欲しい（演習問題3.21）．$\rho_1(x) + \rho_2(x) = 1$ であることより，$i_{1,*}(\eta_1(x)) + i_{2,*}(\eta_2(x)) = \eta(x)$ $(x \in M)$ が成り立つことが確かめられる．□

演習問題 3.21　上の証明で用いられた $\eta_i = \rho_i \eta|_{U_i}$ が U_i $(i \in \{1, 2\})$ でコンパクト台をもつことを示せ．

この短完全列とコンパクト台をもつド・ラム複体を組み合わせると，以下の長完全列が得られる．

系 3.4　**（マイヤー - ビートリス長完全系列）**

M を n 次元多様体とし $M = U_1 \cup U_2$ を開被覆とするとき，以下のコンパクト台をもつド・ラムコホモロジー群の長完全列が成り立つ[*13]．

$$\begin{aligned}
0 &\longrightarrow H^0_{DR,c}(U_1 \cap U_2) \longrightarrow H^0_{DR,c}(U_1) \oplus H^0_{DR,c}(U_2) \longrightarrow H^0_{DR,c}(M) \\
&\longrightarrow H^1_{DR,c}(U_1 \cap U_2) \longrightarrow \cdots\cdots\cdots \\
&\qquad \cdots\cdots\cdots \longrightarrow H^{n-1}_{DR,c}(M) \\
&\longrightarrow H^n_{DR,c}(U_1 \cap U_2) \longrightarrow H^n_{DR,c}(U_1) \oplus H^n_{DR,c}(U_2) \longrightarrow H^n_{DR,c}(M) \longrightarrow 0
\end{aligned} \tag{3.22}$$

*13　この完全系列については，今後の議論で個々の写像の性質をあまり使用しない事情もあり，写像を矢印の上に記すことは省略させていただく．

お気付きの通り，(3.21)はド・ラムコホモロジー群の場合の短完全列（定理 3.7）と比べると，左右の順序が逆になっているのであるが，(3.22)ではそれに対応してやはり順序が入れ替わっていることに注意して欲しい．

さて，いよいよポアンカレ双対定理の議論に入っていくのであるが，もう 1 つの準備として「良い被覆」の概念を導入しよう．

定義 3.27　M を n 次元多様体とし，$M = \bigcup_{\alpha} U_\alpha$ を M の開被覆とする．有限個の U_α の共通部分 $U_{\alpha_1} \cap U_{\alpha_2} \cap \cdots \cap U_{\alpha_m}$ が，空でないならば必ず $\mathbf{R}^n$ に微分同相であるとき，この開被覆を**良い被覆**という．特に，有限の良い被覆をもつ多様体を**有限型**であるという．

物理学科の学生にとっては，「$\mathbf{R}^n$ に微分同相」という条件がきつい条件に思えるかもしれないが，実際はそんなにきつくなく，「$\mathbf{R}^n$ の一点に可縮な開集合」という条件に置き換えて考えてもらって構わない．ここで，証明なしに以下の定理を導入する．（証明は[8]を参照のこと．）

定理 3.13　任意の多様体は良い被覆をもつ．特に M がコンパクト多様体ならば，有限の良い被覆をもつ．

証明のアイディアは意外と単純で，M にリーマン計量を入れて距離を導入し，その距離で定義される M の点を中心とする十分小さい半径の開球体で M を被覆すれば，自動的に良い被覆になっているというものである．

さて，この定理とこれまでの議論を利用して，以下のポアンカレ双対定理を証明しよう．

定理 3.14　**（ポアンカレ双対定理）**

M が有限型（有限の良い被覆をもつ）かつ向き付け可能な n 次元多様体ならば，双線形写像

$$\varphi : H^q_{DR}(M) \times H^{n-q}_{DR,c}(M) \to \mathbf{R},$$

$$\varphi([\omega_q], [\eta_{n-q}]) = \int_M \omega_q \wedge \eta_{n-q}$$

は**非退化**（任意の α（任意の β）について $\varphi(\alpha,\beta)=0$ が成り立つならば，$\beta=0$（$\alpha=0$）が成り立つ）となり，$H^q_{DR}(M)$ と $H^{n-q}_{DR,c}(M)$ は互いに双対なベクトル空間となる．つまり，以下の同型写像が存在する．

$$\psi^q_M : H^q_{DR}(M) \xrightarrow{\simeq} (H^{n-q}_{DR,c}(M))^* \qquad (0 \le q \le n) \tag{3.23}$$

［証明］　良い被覆の枚数 m に関する帰納法で証明を行なう．$m=1$，つまり $M=U_1$ のときは，良い被覆の条件より M は $\mathbf{R}^n$ に微分同相である．したがって，$M=\mathbf{R}^n$ として考えてよいが，$1 \le q \le n$ ならば $H^q_{DR}(\mathbf{R}^n) = H^{n-q}_{DR,c}(\mathbf{R}^n)=0$ より，定理は明らかに成り立つ．また，$q=0$ のときには，$H^0_{DR}(\mathbf{R}^n)=H^n_{DR,c}(\mathbf{R}^n)=\mathbf{R}$ であるが，$[\omega]\in H^0_{DR}(\mathbf{R}^n)$，$[\eta]\in H^n_{DR,c}(\mathbf{R}^n)$ とおくと，$\omega=c$（定数関数）であることに注意して，

$$\varphi([\omega],[\eta]) = \int_{\mathbf{R}^n}\omega\wedge\eta = c\int_{\mathbf{R}^n}\eta$$

を得る．一方，$\int_{\mathbf{R}^n}\eta=0 \Longleftrightarrow [\eta]=0$ でもあるから[*14]，このときも φ は非退化であり，定理は成り立つ．

次に，$m=k$ まで定理が成り立つと仮定しよう．$M=U_1\cup U_2\cup\cdots\cup U_k\cup U_{k+1}$ とおく．このとき，多様体 $U=U_1\cup U_2\cup\cdots\cup U_k$，$V=U_{k+1}$ および $U\cap V=(U_1\cap U_{k+1})\cup(U_2\cap U_{k+1})\cup\cdots\cup(U_k\cap U_{k+1})$ については，帰納法の仮定により定理が成り立っている．ここで，開被覆 $M=U\cap V$ に関するド・ラムコホモロジー群のマイヤー－ビートリス長完全系列(3.14)，コンパクト台の場合の長完全列(3.22)の双対，および写像(3.23)を組み合わせると，以下の可換図式を得る．

---

*14　このことについて本文では明言していないが，同型 $H^n_{DR,c}(\mathbf{R}^n)\simeq\mathbf{R}$ は積分写像を通じて得られる．

$$\begin{array}{ccccccc}
H^{q-1}(U)\oplus H^{q-1}(V) & \longrightarrow & H^{q-1}(U\cap V) & \longrightarrow & H^{q}(M) & \text{---}\cdots \\
\downarrow{\scriptstyle \phi_U^{q-1}\oplus\phi_V^{q-1}} & & \downarrow{\scriptstyle \phi_{U\cap V}^{q-1}} & & \downarrow{\scriptstyle \phi_M^{q}} & \\
(H_c^{p+1}(U)\oplus H_c^{p+1}(V))^* & \longrightarrow & (H_c^{p+1}(U\cap V))^* & \longrightarrow & (H_c^{p}(M))^* & \text{---}\cdots
\end{array}$$

$$\begin{array}{ccccc}
\cdots\longrightarrow & H^{q}(U)\oplus H^{q}(V) & \longrightarrow & H^{q}(U\cap V) \\
 & \downarrow{\scriptstyle \phi_U^{q}\oplus\phi_V^{q}} & & \downarrow{\scriptstyle \phi_{U\cap V}^{q}} \\
\cdots\longrightarrow & (H_c^{p}(U)\oplus H_c^{p}(V))^* & \longrightarrow & (H_c^{p}(U\cap V))^*
\end{array}$$

ただし，スペースの制約上，記号 DR を省略し $p=n-q$ とおいた．また，上下 2 つの可換図式をつなげて 2×5 の可換図式を表していることに注意して欲しい．ここで，横の 2 系列はともに完全である．また，帰納法の仮定より 4 つの写像 $\phi_U^{q-1}\oplus\phi_V^{q-1}$，$\phi_{U\cap V}^{q-1}$，$\phi_U^q\oplus\phi_V^q$，$\phi_{U\cap V}^q$ は同型写像である．よって，5 項補題（命題 3.4）により真ん中の写像 ϕ_M^q も同型となり，帰納法が完成する*15．□

M がコンパクト多様体である場合は，$H_{DR,c}^q(M)=H_{DR}^q(M)$ が成り立つから，上の定理の系として以下の結論を得る．

系 3.5 （コンパクト多様体のポアンカレ双対定理）

M がコンパクトかつ向き付け可能な n 次元多様体ならば，$H_{DR}^q(M)$ と $H_{DR}^{n-q}(M)$ は双線形写像

$$\varphi : H_{DR}^q(M)\times H_{DR}^{n-q}(M)\to \mathbf{R},$$

$$\varphi([\omega_q],[\eta_{n-q}])=\int_M \omega_q\wedge\eta_{n-q}$$

により，互いに双対ベクトル空間になる．特に，以下の等式が成り立つ．

$$\dim(H_{DR}^q(M))=\dim(H_{DR}^{n-q}(M))$$

---

*15 うるさいことをいえば，有限型の多様体のド・ラムコホモロジー群の有限次元性も仮定しているのであるが，それもマイヤー－ビートリス長完全系列を用いて証明できる[8].

3.6 キュネットの公式とポアンカレ多項式

この節では，m 次元多様体 M と n 次元多様体 N の直積として得られる多様体 $M\times N$ のド・ラムコホモロジー群を，M と N のド・ラムコホモロジー群を用いて書き表すキュネットの公式を紹介する．ここでは，その公式を最初から提示しておこう．

定理 3.15 （**キュネットの公式**）

有限型の m 次元多様体 M と n 次元多様体 N の積多様体 $M\times N$ に対して，以下が成り立つ．

$$H^k_{DR}(M\times N) = \bigoplus_{p+q=k} H^p_{DR}(M)\otimes H^q_{DR}(N)$$

定理の証明を始める前に，この定理の使い方を紹介しておこう．有限次元ベクトル空間 A と B のテンソル積に対し，次が成り立つのは既知であろう．

$$\dim(A\otimes B) = \dim(A)\dim(B)$$

よってキュネットの公式は，ド・ラムコホモロジー群の次元に対して以下のことを主張していることになる．

$$\dim(H^k_{DR}((M\times N))) = \sum_{p+q=k} \dim(H^p_{DR}(M))\dim(H^q_{DR}(N)) \qquad (3.24)$$

ここで，多様体のポアンカレ多項式を導入しよう．

定義 3.28 M を m 次元多様体とするとき，M の**ポアンカレ多項式**を以下で定義する．

$$p_M(t) := \sum_{k=0}^{m} \dim(H^k_{DR}(M))t^k$$

例 3.14 これまでに計算したコンパクト多様体のド・ラムコホモロジー群の結果を用いて，ポアンカレ多項式を書き出してみると以下のようになる．

$$p_{S^n}(t) = 1+t^n \qquad (n\geq 1),$$
$$p_{T^2}(t) = 1+2t+t^2 = (1+t)^2 = p_{S^1}(t)p_{S^1}(t)$$

勘のいい人ならば，上の例で書いた $p_{T^2}(t) = p_{S^1}(t)p_{S^1}(t)$ という等式が，第 2 章で指摘した $T^2 = S^1 \times S^1$ という事実の反映であると推測するであろう．実際，定理 3.15 の系として次の公式が得られる．

系 3.6

$$p_{M\times N}(t) = p_M(t)\,p_N(t) \tag{3.25}$$

演習問題 3.22 (3.24)から(3.25)を導け．

例 3.15 n 次元トーラス T^n は n 個の S^1 の直積であるから，そのポアンカレ多項式は，

$$p_{T^n}(t) = (p_{S^1}(t))^n = (1+t)^n = \sum_{k=0}^{n}\binom{n}{k}t^k$$

で与えられる．したがって，T^n のド・ラムコホモロジー群は以下で与えられる．

$$H^k_{DR}(T^n) = \mathbf{R}^{\binom{n}{k}} \qquad (n \geq 1,\ k \geq 0)$$

ただし，ここでは $\mathbf{R}^0 = 0$ と解釈することにする．

［定理 3.15 の略証］ M が有限型と仮定しているので，M の良い被覆の枚数 h による帰納法で証明する．まず，射影 $\pi_1 : M\times N \to M$，$\pi_2 : M\times N \to N$ を用いると，双線形写像

$$\varphi^M_{k,q} : H^{k-q}_{DR}(M) \times H^q_{DR}(N) \to H^k_{DR}(M\times N),$$
$$\varphi^M_{k,q}([\omega],[\eta]) = [\pi_1^*(\omega)\wedge\pi_2^*(\eta)]$$

を通じて線形写像

$$\psi^M_{k,q} : H^{k-q}_{DR}(M)\otimes H^q_{DR}(N) \to H^k_{DR}(M\times N)$$

が誘導される（注意 6.2(iii)）．さらに $q = 0, 1, \cdots, n$ で直和をとって，

$$\psi^M_k : \bigoplus_{q=0}^{n} H^{k-q}_{DR}(M)\otimes H^q_{DR}(N) \to H^k_{DR}(M\times N)$$
$$([\omega_0]\otimes[\eta_0], \cdots, [\omega_n]\otimes[\eta_n])$$
$$\longmapsto [\pi_1^*(\omega_0)\wedge\pi_2^*(\eta_0)] + \cdots + [\pi_1^*(\omega_n)\wedge\pi_2^*(\eta_n)] \tag{3.26}$$

を得る．ただし，$k-q<0$ ならば $H^{k-q}_{DR}(M)=0$ である．

さて，$h=1$ のとき，つまり M が $\mathbf{R}^m$ に微分同相であるとき，

$$\bigoplus_{q=0}^{n} H^{k-q}_{DR}(M)\otimes H^{q}_{DR}(N)=\mathbf{R}\otimes H^{k}_{DR}(N)=H^{k}_{DR}(N)$$

であり，一方 $\mathbf{R}^m$ は一点に可縮であるから，$M\times N$ は{一点}$\times N$，つまり N にホモトピー同値となり，

$$H^{k}_{DR}(M\times N)=H^{k}_{DR}(N)$$

である．よってこのとき，ϕ^M_k は任意の k で同型写像となり，定理は成り立つ．

$h\le l$ まで，定理の主張が成り立つと仮定する．$M=U_1\cup U_2\cup\cdots\cup U_{l+1}$ を良い被覆とし，$U=U_1\cup U_2\cup\cdots\cup U_l$，$V=U_{l+1}$ とおくと，$U\cap V=(U_1\cap U_{l+1})\cup(U_2\cap U_{l+1})\cup\cdots\cup(U_l\cap U_{l+1})$ も良い被覆であり，枚数が l 以下なので，$U,V,U\cap V$ については定理の主張が成り立つ．すると，マイヤー－ビートリス長完全系列と(3.26)の写像を組み合わせることで，以下の可換図式を得る[*16]．

$$\begin{array}{ccccc}
H^{k-1}_{DR}(U\otimes N)\oplus H^{k-1}_{DR}(V\otimes N) & \longrightarrow & H^{k-1}_{DR}((U\cap V)\otimes N) & \longrightarrow\cdots \\
\downarrow{\scriptstyle \phi^U_{k-1}\oplus\phi^V_{k-1}} & & \downarrow{\scriptstyle \phi^{U\cap V}_{k-1}} & \\
H^{k-1}_{DR}(U\times N)\oplus H^{k-1}_{DR}(V\times N) & \longrightarrow & H^{k-1}_{DR}((U\cap V)\times N) & \longrightarrow\cdots
\end{array}$$

$$\begin{array}{ccccccc}
\cdots\longrightarrow & H^{k}_{DR}(M\otimes N) & \longrightarrow & H^{k}_{DR}(U\otimes N)\oplus H^{k}_{DR}(V\otimes N) & \longrightarrow & H^{k}_{DR}((U\cap V)\otimes N) \\
& \downarrow{\scriptstyle \phi^M_k} & & \downarrow{\scriptstyle \phi^U_k\oplus\phi^V_k} & & \downarrow{\scriptstyle \phi^{U\cap V}_k} \\
\cdots\longrightarrow & H^{k}_{DR}(M\times N) & \longrightarrow & H^{k}_{DR}(U\times N)\oplus H^{k}_{DR}(V\times N) & \longrightarrow & H^{k}_{DR}((U\cap V)\times N)
\end{array}$$

ただし，ここではスペースの都合で以下のような略記法を導入した．

$$H^{k}_{DR}(M\otimes N):=\bigoplus_{q=0}^{n} H^{k-q}_{DR}(M)\otimes H^{q}_{DR}(N)$$

また，上下合わせて 2×5 の可換図式を表すのは前と同様である．ϕ^M_k 以外の

*16　可換性は自明ではないが，ここでは省略する．詳しい議論は[8]を参照して欲しい．

4つの縦の写像は帰納法の仮定により同型であるから，5項補題により ϕ_k^M も同型写像となり，帰納法が完成する．□

ここで，この節を終えるにあたり，ちょっとした豆知識を披露することにしよう．第2章（p.73）で以下のような推測を紹介したことを覚えているだろうか？

$$SO(n;\mathbf{R}) \simeq S^{n-1} \times S^{n-2} \times \cdots \times S^1 \tag{3.27}$$

この推測とキュネットの公式を組み合わせると，次のような予想が立つ．

$$p_{SO(n;\mathbf{R})}(t) \stackrel{?}{=} \prod_{k=1}^{n-1}(1+t^k)$$

実は，$SO(n;\mathbf{R})$ のポアンカレ多項式は計算されていて，その結果は以下のようになる．

定理 3.16

$$p_{SO(2n-1;\mathbf{R})}(t) = \prod_{k=1}^{n-1}(1+t^{4k-1}) \qquad (n \geq 2),$$

$$p_{SO(2n;\mathbf{R})}(t) = \left(\prod_{k=1}^{n-1}(1+t^{4k-1})\right)(1+t^{2n-1}) \qquad (n \geq 1)$$

何が起こっているのかを大雑把に解説しておくと，正確には $SO(n;\mathbf{R})$ は (3.27)の右辺の形の直積になっておらず，$S^{2k} \times S^{2k-1}$ と思っていた因子の穴がつぶれて S^{4k-1} に変化しているのである．しかし，$SO(2n;\mathbf{R})$ の場合には最初の積因子 S^{2n-1} はつぶれないでそのまま残っているので，上の結果が得られると解釈することができる．このつぶれるかつぶれないかの差は，S^{2n} のオイラー数が2で，S^{2n-1} のオイラー数が0であるという違いから生じている．正確な議論は，スペクトル系列というテクニックを用いればできるのだが，本書の範囲を超えるのでここでは割愛する．興味のある方は，[8]やさらに進んだ文献をあたってみて欲しい．

3.7　ド・ラムの定理

この節では，これまで紹介した単体複体 K のホモロジー群とコンパクト多様体 M のド・ラムコホモロジー群が，K が M の単体分割である場合に互いに双対なベクトル空間となる（$\Longrightarrow$ 次元の等しいベクトル空間になる）ことを主張する「ド・ラムの定理」の証明を紹介する．まず，準備としてチェックコホモロジー群というものを導入する．M を n 次元多様体とし，$M = \bigcup_{\alpha} U_\alpha$ を M の良い被覆とする．この開被覆の役目は

M のトポロジー的に単純な図形への分解（ある種の単体分割）を与える

ことである．$M = \bigcup_{\alpha} U_\alpha$ が良い被覆であることの条件を思い出そう．それは以下のようなものであった（定義3.27）．

$U_{\alpha_0\alpha_1\cdots\alpha_q} := U_{\alpha_0} \cap U_{\alpha_1} \cap \cdots \cap U_{\alpha_q}$ が空集合でなければすべて $\mathbf{R}^n$ に微分同相である．

大雑把なイメージを言っておくと，この空集合でない開集合 $U_{\alpha_0\alpha_1\cdots\alpha_q}$ を単体複体における q 次元単体のようなものと考えて，ホモロジー群の類似物を定義しようという発想である．では，なぜホモロジー群ではなくコホモロジー群という呼び方になっているかというと，各 $U_{\alpha_0\alpha_1\cdots\alpha_q}$ 上で定義された関数や微分形式を考えるという設定になっているからである．

出発点として，各 $U_{\alpha_0\alpha_1\cdots\alpha_q} \neq \emptyset$ に対して，$U_{\alpha_0\alpha_1\cdots\alpha_q}$ 上で定義された滑らかな p 次微分形式のなすベクトル空間 $\Omega^p(U_{\alpha_0\alpha_1\cdots\alpha_q})$ を考える．そして，以下のような **q 次双対鎖群**と呼ばれるベクトル空間を定義する．

$$C^q(\{U_\alpha\}, \Omega^p) = \bigoplus_{\substack{\{\alpha_0, \alpha_1, \cdots, \alpha_q\} \\ U_{\alpha_0\alpha_1\cdots\alpha_q} \neq \emptyset}} \Omega^p(U_{\alpha_0\alpha_1\cdots\alpha_q})$$

ただし，各 $\omega_{\alpha_0\alpha_1\cdots\alpha_q} \in \Omega^p(U_{\alpha_0\alpha_1\cdots\alpha_q})$ は添字 $\alpha_0, \alpha_1, \cdots, \alpha_q$ の置換について反対称性をもつとする．つまり，

$$\omega_{\alpha_{\sigma(0)}\alpha_{\sigma(1)}\cdots\alpha_{\sigma(q)}} = \mathrm{sgn}(\sigma)\cdot\omega_{\alpha_0\alpha_1\cdots\alpha_q}$$

が成り立つものとするのである．また，$C^q(\{U_\alpha\},\Omega^p)$ の元は $\omega = (\omega_{\alpha_0\alpha_1\cdots\alpha_q}) \in C^q(\{U_\alpha\},\Omega^p)$ のように表記する．ここで，**双対境界作用素** $\delta : C^q(\{U_\alpha\},\Omega^p) \to C^{q+1}(\{U_\alpha\},\Omega^p)$ を以下で定義する．

$$(\delta\omega)_{\alpha_0\alpha_1\cdots\alpha_{q+1}} := \sum_{j=0}^{q+1}(-1)^j\omega_{\alpha_0\cdots\widehat{\alpha_j}\cdots\alpha_{q+1}}\big|_{U_{\alpha_0\alpha_1\cdots\alpha_{q+1}}}$$

ただし，$\widehat{\alpha_j}$ は α_j を取り除くことを意味する．

命題 3.7

$$\delta\circ\delta = 0$$

［証明］　定義に従って計算すればよい．$\omega \in C^q(\{U_\alpha\},\Omega^p)$ に対し，

$$\begin{aligned}
&(\delta(\delta\omega))_{\alpha_0\alpha_1\cdots\alpha_{q+2}} \\
&= \sum_{j=0}^{q+2}(-1)^j(\delta\omega)_{\alpha_0\cdots\widehat{\alpha_j}\cdots\alpha_{q+2}}\big|_{U_{\alpha_0\alpha_1\cdots\alpha_{q+2}}} \\
&= \sum_{j=0}^{q+2}(-1)^j\Bigg(\sum_{i=0}^{j-1}(-1)^i\omega_{\alpha_0\cdots\widehat{\alpha_i}\cdots\widehat{\alpha_j}\cdots\alpha_{q+2}}\big|_{U_{\alpha_0\cdots\widehat{\alpha_j}\cdots\alpha_{q+2}}} \\
&\qquad + \sum_{i=j+1}^{q+2}(-1)^{i-1}\omega_{\alpha_0\cdots\widehat{\alpha_j}\cdots\widehat{\alpha_i}\cdots\alpha_{q+2}}\big|_{U_{\alpha_0\cdots\widehat{\alpha_j}\cdots\alpha_{q+2}}}\Bigg)\Bigg|_{U_{\alpha_0\alpha_1\cdots\alpha_{q+2}}} \\
&= \sum_{j=0}^{q+2}\sum_{i=0}^{j-1}(-1)^{i+j}\omega_{\alpha_0\cdots\widehat{\alpha_i}\cdots\widehat{\alpha_j}\cdots\alpha_{q+2}}\big|_{U_{\alpha_0\alpha_1\cdots\alpha_{q+2}}} \\
&\quad + \sum_{j=0}^{q+2}\sum_{i=j+1}^{q+2}(-1)^{i+j-1}\omega_{\alpha_0\cdots\widehat{\alpha_j}\cdots\widehat{\alpha_i}\cdots\alpha_{q+2}}\big|_{U_{\alpha_0\alpha_1\cdots\alpha_{q+2}}} \\
&= 0 \quad \square
\end{aligned}$$

これより，$C^q(\{U_\alpha\},\Omega^p)$ に作用する δ を，次数 q を付けて δ_q と書くことにすると，開被覆 $\{U_\alpha\}$ に関する**チェックコホモロジー群** $H^q(\{U_\alpha\},\Omega^p)$ を以下のように定義できる．

$$H^q(\{U_\alpha\},\Omega^p) := \mathrm{Ker}(\delta_q)/\mathrm{Im}(\delta_{q-1})$$

ただし，上式では形式的に $\mathrm{Im}(\delta_{-1}) = 0$ と定めている．もちろん，上のチェ

ックコホモロジーは開被覆のとり方に依存している．しかし，具体的に考えてみると，$q=0$ の場合は開被覆 $\{U_\alpha\}$ に依存しないことがわかる．なぜなら，定義より $H^0(\{U_\alpha\},\Omega^p) := \mathrm{Ker}(\delta_0)$ であるが，$\omega=(\omega_{\alpha_0}) \in C^0(\{U_\alpha\},\Omega^p)$ に対して，

$$\begin{aligned}
&(\delta\omega)_{\alpha_0\alpha_1}=0\\
&\quad\Longleftrightarrow\quad \omega_{\alpha_1}|_{U_{\alpha_0\alpha_1}}-\omega_{\alpha_0}|_{U_{\alpha_0\alpha_1}}=0\\
&\quad\Longleftrightarrow\quad \omega_{\alpha_1}|_{U_{\alpha_0\alpha_1}}=\omega_{\alpha_0}|_{U_{\alpha_0\alpha_1}}\\
&\qquad\qquad\qquad (\text{任意の } U_{\alpha_0\alpha_1}=U_{\alpha_0}\cap U_{\alpha_1}\neq\emptyset \text{ に対して})
\end{aligned}$$

が成り立つので，$H^0(\{U_\alpha\},\Omega^p)$ に属する ω は M 全体で定義された滑らかな p 次微分形式を定めることになる．これにより以下の結論を得る．

定理 3.17

$$H^0(\{U_\alpha\},\Omega^p)=\Omega^p(M)$$

0次コホモロジー群が無限次元ベクトル空間となってしまったことに少しギョッとした読者の方もいることと思うが，これもド・ラムの定理の証明に必要なからくりの1つなのである．さらに，$q>0$ の場合は以下の結果が成り立つ．

定理 3.18

$$H^q(\{U_\alpha\},\Omega^p)=0 \qquad (q>0)$$

［証明］　$q>0$ とし，$\omega=(\omega_{\alpha_0\alpha_1\cdots\alpha_q}) \in C^q(\{U_\alpha\},\Omega^p)$ が

$$\begin{aligned}
&(\delta_q\omega)_{\alpha_0\cdots\alpha_{q+1}}=0\\
&\Longleftrightarrow\quad \sum_{i=0}^{q+1}(-1)^i\omega_{\alpha_0\cdots\widehat{\alpha_i}\cdots\alpha_{q+1}}|_{U_{\alpha_0\cdots\alpha_{q+1}}}=0
\end{aligned}\tag{3.28}$$

を満たすと仮定しよう．このとき，$\{U_\alpha\}$ に関する1の分割 ρ_α を用いて

$$\tau_{\alpha_0\cdots\alpha_{q-1}} := \sum_\beta \rho_\beta\omega_{\beta\alpha_0\alpha_1\cdots\alpha_{q-1}}$$

により $\tau\in C^{q-1}(\{U_\alpha\},\Omega^p)$ を定める．このとき，

$$(\delta_{q-1}\tau)_{\alpha_0\alpha_1\cdots\alpha_q} = \sum_{i=0}^{q}(-1)^i\tau_{\alpha_0\cdots\widehat{\alpha_i}\cdots\alpha_q}|_{U_{\alpha_0\cdots\alpha_q}} = \sum_{i=0}^{q}(-1)^i\sum_{\beta}\rho_\beta\omega_{\beta\alpha_0\cdots\widehat{\alpha_i}\cdots\alpha_q}|_{U_{\alpha_0\cdots\alpha_q}}$$

であるが，(3.28)より

$$\omega_{\alpha_0\cdots\alpha_q}|_{U_{\beta\alpha_0\cdots\alpha_q}} = \sum_{i=0}^{q}(-1)^i\omega_{\beta\alpha_0\cdots\widehat{\alpha_i}\cdots\alpha_q}|_{U_{\beta\alpha_0\cdots\alpha_q}}$$

が成り立つので，

$$\rho_\beta\omega_{\alpha_0\cdots\alpha_q}|_{U_{\alpha_0\cdots\alpha_q}} = \sum_{i=0}^{q}(-1)^i\rho_\beta\omega_{\beta\alpha_0\cdots\widehat{\alpha_i}\cdots\alpha_q}|_{U_{\alpha_0\cdots\alpha_q}}$$

を得る．これを用いてさらに $\delta_{q-1}\tau$ を変形すると，

$$(\delta_{q-1}\tau)_{\alpha_0\alpha_1\cdots\alpha_q} = \sum_{i=0}^{q}(-1)^i\sum_{\beta}\rho_\beta\omega_{\beta\alpha_0\cdots\widehat{\alpha_i}\cdots\alpha_q}|_{U_{\alpha_0\cdots\alpha_q}}$$

$$= \sum_{\beta}\sum_{i=0}^{q}(-1)^i\rho_\beta\omega_{\beta\alpha_0\cdots\widehat{\alpha_i}\cdots\alpha_q}|_{U_{\alpha_0\cdots\alpha_q}} = \sum_{\beta}\rho_\beta\omega_{\alpha_0\cdots\alpha_q}|_{U_{\alpha_0\cdots\alpha_q}}$$

$$= \omega_{\alpha_0\cdots\alpha_q}$$

を得る．ただし，ここで1の分割の性質 $\sum_{\beta}\rho_\beta = 1$ を用いた．□

次に，もう1つのチェックコホモロジー群として，各 $U_{\alpha_0\alpha_1\cdots\alpha_q} \neq \emptyset$ に対して，$U_{\alpha_0\alpha_1\cdots\alpha_q}$ 上で定義された定数値関数のなすベクトル空間を考え，それを $\Gamma(U_{\alpha_0\alpha_1\cdots\alpha_q}, \mathbf{R})$ と表記することにする．そして，ベクトル空間

$$C^q(\{U_\alpha\}, \mathbf{R}) = \bigoplus_{\substack{\{\alpha_0, \alpha_1, \cdots, \alpha_q\} \\ U_{\alpha_0\alpha_1\cdots\alpha_q} \neq \emptyset}} \Gamma(U_{\alpha_0\alpha_1\cdots\alpha_q}, \mathbf{R})$$

を考える．$C^q(\{U_\alpha\}, \mathbf{R})$ の元は各 $U_{\alpha_0\alpha_1\cdots\alpha_q}$ 上でとる実数値 $c_{\alpha_0\alpha_1\cdots\alpha_q} \in \mathbf{R}$ を用いて表されるが，この実数値も反対称条件

$$c_{\alpha_{\sigma(0)}\alpha_{\sigma(1)}\cdots\alpha_{\sigma(q)}} = \mathrm{sgn}(\sigma)\cdot c_{\alpha_0\alpha_1\cdots\alpha_q}$$

を満たすものとする．定義より，$C^q(\{U_\alpha\}, \mathbf{R}) \subset C^q(\{U_\alpha\}, \Omega^0)$ である．このとき，双対境界作用素 $\delta_q : C^q(\{U_\alpha\}, \mathbf{R}) \to C^{q+1}(\{U_\alpha\}, \mathbf{R})$ を

$$(\delta c)_{\alpha_0\alpha_1\cdots\alpha_{q+1}} := \sum_{j=0}^{q+1}(-1)^j c_{\alpha_0\cdots\widehat{\alpha_j}\cdots\alpha_{q+1}}|_{U_{\alpha_0\alpha_1\cdots\alpha_{q+1}}}$$

で定義すると，$\delta_{q+1}\circ\delta_q = 0$ を満たすので，以下のチェックコホモロジー群が定義される．

$$H^q(\{U_\alpha\}, \mathbf{R}) := \mathrm{Ker}(\delta_q)/\mathrm{Im}(\delta_{q-1}) \qquad (\mathrm{Im}(\delta_{-1}) := 0)$$

定理 3.17 を導く議論と同様に考えると，$H^0(\{U_\alpha\}, \mathbf{R})$ の元は M 上の定数値関数のなすベクトル空間に一致することがわかるので，以下の結果を得る．

定理 3.19

$$H^0(\{U_\alpha\}, \mathbf{R}) = H^0_{DR}(M)$$

この結果をさらに一般化するのが以下の定理である．

定理 3.20　（**チェック - ド・ラムの定理**）

M の良い被覆 $\{U_\alpha\}$ に関する定数値関数のチェックコホモロジー群は，M のド・ラムコホモロジー群に同型である．つまり，以下が成り立つ．

$$H^q(\{U_\alpha\}, \mathbf{R}) \simeq H^q_{DR}(M)$$

［証明］　まず，定理 3.17 と定理 3.18 より，以下の系列が完全であることが従う．ただし，$i : \Omega^p(M) \to C^0(\{U_\alpha\}, \Omega^p)$ は $i(\omega) = (\omega|_{U_{\alpha_0}})$ で定まる単射である．

$$\begin{aligned} 0 \longrightarrow \Omega^p(M) \xrightarrow{\ i\ } C^0(\{U_\alpha\}, \Omega^p) \xrightarrow{\delta_0} C^1(\{U_\alpha\}, \Omega^p) \\ \xrightarrow{\delta_1} C^2(\{U_\alpha\}, \Omega^p) \xrightarrow{\delta_2} C^3(\{U_\alpha\}, \Omega^p) \xrightarrow{\delta_3} \cdots \end{aligned} \tag{3.29}$$

一方，定理 3.19 と各 $U_{\alpha_0\alpha_1\cdots\alpha_q} \neq \emptyset$ が $\mathbf{R}^n$ に微分同相であることから，以下の系列も完全系列となる（ポアンカレの補題（定理 3.4）を用いればよい）．ここで，$i : C^q(\{U_\alpha\}, \mathbf{R}) \to C^q(\{U_\alpha\}, \Omega^0)$ は包含写像である．

$$\begin{aligned} 0 \longrightarrow C^q(\{U_\alpha\}, \mathbf{R}) \xrightarrow{\ i\ } C^q(\{U_\alpha\}, \Omega^0) \xrightarrow{d_0} C^q(\{U_\alpha\}, \Omega^1) \\ \xrightarrow{d_1} C^q(\{U_\alpha\}, \Omega^2) \xrightarrow{d_2} C^q(\{U_\alpha\}, \Omega^3) \xrightarrow{d_3} \cdots \end{aligned} \tag{3.30}$$

これらの結果により，以下の可換図式を得る．

$$
\begin{array}{ccccccccc}
\vdots & & \vdots & & \vdots & & \vdots & & \\
d\big\uparrow & & d\big\uparrow & & d\big\uparrow & & d\big\uparrow & & \\
\Omega^3 & \xrightarrow{i} & C^0(\Omega^3) & \xrightarrow{\delta} & C^1(\Omega^3) & \xrightarrow{\delta} & C^2(\Omega^3) & \xrightarrow{\delta} & \cdots \\
d\big\uparrow & & d\big\uparrow & & d\big\uparrow & & d\big\uparrow & & \\
\Omega^2 & \xrightarrow{i} & C^0(\Omega^2) & \xrightarrow{\delta} & C^1(\Omega^2) & \xrightarrow{\delta} & C^2(\Omega^3) & \xrightarrow{\delta} & \cdots \\
d\big\uparrow & & d\big\uparrow & & d\big\uparrow & & d\big\uparrow & & \\
\Omega^1 & \xrightarrow{i} & C^0(\Omega^1) & \xrightarrow{\delta} & C^1(\Omega^1) & \xrightarrow{\delta} & C^2(\Omega^3) & \xrightarrow{\delta} & \cdots \\
d\big\uparrow & & d\big\uparrow & & d\big\uparrow & & d\big\uparrow & & \\
\Omega^0 & \xrightarrow{i} & C^0(\Omega^0) & \xrightarrow{\delta} & C^1(\Omega^0) & \xrightarrow{\delta} & C^2(\Omega^3) & \xrightarrow{\delta} & \cdots \\
\big\uparrow & & i\big\uparrow & & i\big\uparrow & & i\big\uparrow & & \\
0 & \longrightarrow & C^0(\mathbf{R}) & \xrightarrow{\delta} & C^1(\mathbf{R}) & \xrightarrow{\delta} & C^2(\mathbf{R}) & \xrightarrow{\delta} & \cdots
\end{array}
$$

ただし，上の図式ではスペースの都合上 $C^q(\{U_\alpha\}, \Omega^p)$ を $C^q(\Omega^p)$ のように略記してある．$d \circ \delta = \delta \circ d$ が成り立つことは，d が微分作用素で δ が定義域の制限を行なう写像であるから，順序を逆にしても結果が変わらないことより明らかであろう．(3.29)と(3.30)から，左端の列と一番下の行以外の行と列は完全系列をなしている．そして，左端の列の完全系列からのずれを測るのがまさしくド・ラムコホモロジー群 $H^q_{DR}(M)$ であり，一番下の行の完全系列からのずれを測るのがチェックコホモロジー群 $H^q(\{U_\alpha\}, \mathbf{R})$ なのである．実はこの状況の可換図式が書けると，自動的に左端の列のコホモロジーが一番下の行のコホモロジーと同型であることがいえる．それを $q=2$ の場合に具体的に見ていくことにしよう．

$\alpha_{(2,0)} \in \Omega^2(M)$ がド・ラムコホモロジー群 $H^2_{DR}(M)$ の代表元であるとしよう．このとき，$\alpha_{(2,0)}$ は $d\alpha_{(2,0)} = 0$ を満たす大域形式であるから，

$$
d \circ i(\alpha_{(2,0)}) = 0, \qquad \delta \circ i(\alpha_{(2,0)}) = 0 \tag{3.31}
$$

が成り立つ．よって，縦（左から2列目）の完全性から

$$d\alpha_{(1,0)} = i(\alpha_{(2,0)}) \tag{3.32}$$

を満たす $\alpha_{(1,0)} \in C^0(\{U_\alpha\}, \Omega^1)$ がとれる．$\alpha_{(1,1)} = \delta(\alpha_{(1,0)})$ とおくと，図式の可換性より，

$$\begin{aligned} d(\alpha_{(1,1)}) &= d \circ \delta(\alpha_{(1,0)}) \\ &= \delta \circ d(\alpha_{(1,0)}) \\ &= \delta \circ i(\alpha_{(2,0)}) \\ &= 0 \end{aligned}$$

が成り立つ．ただし，ここで(3.31)と(3.32)を用いた．よって，再び縦（左から3列目）の完全性より，

$$\alpha_{(1,1)} = d(\alpha_{(0,1)})$$

を満たす $\alpha_{(0,1)} \in C^1(\{U_\alpha\}, \Omega^0)$ がとれる．次に $\alpha_{(0,2)} = \delta(\alpha_{(0,1)})$ とおくと，再び図式の可換性より，

$$\begin{aligned} d(\alpha_{(0,2)}) &= d \circ \delta(\alpha_{(0,1)}) \\ &= \delta \circ d(\alpha_{(0,1)}) \\ &= \delta(\alpha_{(1,1)}) \\ &= \delta \circ \delta(\alpha_{(1,0)}) \\ &= 0 \end{aligned}$$

を得る．ただし，ここで $\delta \circ \delta = 0$ を用いた．よって，$\alpha_{(0,2)} \in C^2(\{U_\alpha\}, \mathbf{R})$（局所定数関数ゆえ）がいえる．一方，$\delta(\alpha_{(0,2)}) = \delta \circ \delta(\alpha_{(0,1)}) = 0$ であるから，$\alpha_{(0,2)}$ はチェックコホモロジー群 $H^2(\{U_\alpha\}, \mathbf{R})$ の代表元であることがわかる．

これで，$H^2_{DR}(M)$ の元 $[\alpha_{(2,0)}]$ に $H^2(\{U_\alpha\}, \mathbf{R})$ の元 $[\alpha_{(0,2)}]$ を対応させることができたのだが（$[\,*\,]$ はコホモロジー同値類を表す），この対応が代表元のとり方によらないことを示すために，今度は

$$\alpha_{(2,0)} = d(\beta_{(1,0)}) \qquad (\beta_{(1,0)} \in \Omega^1(M))$$

と書けたとしよう．このとき，

$$i(\alpha_{(2,0)}) = d \circ i(\beta_{(1,0)})$$

が成り立つので，前の議論で用いた $\alpha_{(1,0)}$ について

$$i(\alpha_{(2,0)}) = d \circ i(\beta_{(1,0)}) = d\alpha_{(1,0)}$$
$$\Longrightarrow \quad d(\alpha_{(1,0)} - i(\beta_{(1,0)})) = 0$$

が成り立つ．よって縦の完全性より，

$$\alpha_{(1,0)} - i(\beta_{(1,0)}) = d(\beta_{(0,0)})$$

を満たす $\beta_{(0,0)} \in C^0(\{U_\alpha\}, \Omega^0)$ がとれる．次に，$\delta(\alpha_{(1,0)}) = d(\alpha_{(0,1)})$ を満たす $\alpha_{(0,1)}$ については，$\delta \circ i = 0$ より，

$$\begin{aligned}\delta(\alpha_{(1,0)}) &= \delta(\alpha_{(1,0)} - i(\beta_{(1,0)})) \\ &= \delta \circ d\beta_{(0,0)} \\ &= d \circ \delta(\beta_{(0,0)}) \\ &= d(\alpha_{(0,1)})\end{aligned}$$

となるので，

$$d(\alpha_{(0,1)} - \delta(\beta_{(0,0)})) = 0$$

を得る．つまり，$\alpha_{(0,1)} - \delta(\beta_{(0,0)}) \in C^1(\{U_\alpha\}, \mathbf{R})$ である．よって，$\delta \circ \delta = 0$ より，

$$\begin{aligned}\delta(\alpha_{(0,1)} - \delta(\beta_{(0,0)})) &= \delta(\alpha_{(0,1)}) \\ &= \alpha_{(0,2)}\end{aligned}$$

となるので，$\alpha_{(0,2)} \in C^2(\{U_\alpha\}, \mathbf{R})$ が像 $\delta(C^1(\{U_\alpha\}, \mathbf{R}))$ の元であることになり，$[\alpha_{(0,2)}] = 0 \in H^2(\{U_\alpha\}, \mathbf{R})$ であることがいえる．これで，$[\alpha_{(2,0)}] \in H^2_{DR}(M)$ から $[\alpha_{(0,2)}] \in H^2(\{U_\alpha\}, \mathbf{R})$ への対応が代表元のとり方によらないことがわかる．以上により，写像

$$r_2 : H^2_{DR}(M) \to H^2(\{U_\alpha\}, \mathbf{R})$$

が構成できたが，これが同型，つまり全単射であることは，これまでの議論を逆向きにたどることによって逆写像が構成できることからわかる．一般の q に対しても，これまでの議論を同様に行なうことにより，同型がいえる．□

では，最後にチェックコホモロジー群 $H^q(\{U_\alpha\}, \mathbf{R})$ がコンパクト n 次元多様体 M の単体分割 K のホモロジー群 $H_q(K; \mathbf{R})$ の双対ベクトル空間となることを示そう．K を $\mathbf{R}^N$ の単体からなる単体複体とし，K の 0 単体の集

合を$\{|\mathrm{A}_\alpha|\}$とする．次にKのq単体$|\mathrm{A}_{\alpha_0}\mathrm{A}_{\alpha_1}\cdots\mathrm{A}_{\alpha_q}|\subset\mathbf{R}^N$の内点集合を以下で定義する．

$$\mathrm{Int}(|\mathrm{A}_{\alpha_0}\mathrm{A}_{\alpha_1}\cdots\mathrm{A}_{\alpha_q}|):=\left\{\sum_{j=0}^{q}t_j\mathrm{A}_{\alpha_j}\in\mathbf{R}^N\ \middle|\ \sum_{j=0}^{q}t_j=1,\ t_0,\cdots,t_q>0\right\}$$

ここで，各0単体$|\mathrm{A}_\alpha|$に対し，開集合$V_\alpha\subset\mathbf{R}^N$を以下で定める．

$$V_\alpha:=\bigcup_{|\Delta|\in K,\,\mathrm{A}_\alpha\in|\Delta|}\mathrm{Int}(|\Delta|)$$

つまり，V_αは0単体$|\mathrm{A}_\alpha|$を含むKの単体の内点集合の和集合である．詳しい議論は略すが，同相写像$\varphi:|K|\to M$を用いると，$U_\alpha:=\varphi(V_\alpha)$は$M$の開集合で，開被覆$M=\bigcup_\alpha U_\alpha$は良い被覆となる．これは，次が成り立つことから示せる（証明は略す）．

命題 3.8

$$U_{\alpha_0\alpha_1\cdots\alpha_q}\neq\emptyset\iff|\mathrm{A}_{\alpha_0}\mathrm{A}_{\alpha_1}\cdots\mathrm{A}_{\alpha_q}|\in K,$$
$$U_{\alpha_0\alpha_1\cdots\alpha_q}=\bigcup_{|\Delta|\in K,\,|\mathrm{A}_{\alpha_0}\mathrm{A}_{\alpha_1}\cdots\mathrm{A}_{\alpha_q}|\subset|\Delta|}\mathrm{Int}(|\Delta|)$$

定義がわかりにくくなった人は，S^2の正四面体による単体分割で，上の定義から得られる被覆の絵を描いて実験してみることをお勧めする．

上の命題から，$U_{\alpha_0\alpha_1\cdots\alpha_q}$を$q$単体$|\Delta_{(q)}|=|\mathrm{A}_{\alpha_0}\mathrm{A}_{\alpha_1}\cdots\mathrm{A}_{\alpha_q}|$を用いて$U_{|\Delta_{(q)}|}$と表記し，また$C^q(\{U_\alpha\},\mathbf{R})$の元を，反対称性を単体の向きに反映させて$c_{\Delta_{(q)}}(\Delta_{(q)}=\langle\mathrm{A}_{\alpha_0}\mathrm{A}_{\alpha_1}\cdots\mathrm{A}_{\alpha_q}\rangle)$と表記することにより，以下の主張を得る．

命題 3.9　$C_q(K;\mathbf{R})$と$C^q(\{U_\alpha\},\mathbf{R})$は以下の双線形写像により，互いに双対なベクトル空間になる．

$$F:C_q(K;\mathbf{R})\times C^q(\{U_\alpha\},\mathbf{R})\to\mathbf{R},$$
$$F\left(\sum_i m_i\Delta^i_{(q)},c\right)=\sum_i m_i c_{\Delta^i_{(q)}}$$

また，上の双線形写像Fのもとで，境界写像∂と双対境界作用素δは以下の関係で結ばれる.

命題 3.10

$$F\left(\partial_q\left(\sum_i m_i \Delta^i_{(q)}\right), c\right) = F\left(\sum_i m_i \Delta^i_{(q)}, \delta_{q-1}c\right)$$

[証明]　線形性より, 1 個の向きのついた q 単体 $\langle \mathrm{A}_{\alpha_0}\mathrm{A}_{\alpha_1}\cdots\mathrm{A}_{\alpha_q}\rangle$ について確かめれば十分である. 計算してみると,

$$\begin{aligned}
&F(\partial_q(\langle \mathrm{A}_{\alpha_0}\mathrm{A}_{\alpha_1}\cdots\mathrm{A}_{\alpha_q}\rangle), c) \\
&= F\left(\sum_{j=0}^{q}(-1)^j \langle \mathrm{A}_{\alpha_0}\mathrm{A}_{\alpha_1}\cdots\widehat{\mathrm{A}_{\alpha_j}}\cdots\mathrm{A}_{\alpha_q}\rangle, c\right) \\
&= \sum_{j=0}^{q}(-1)^j c_{\alpha_0\alpha_1\cdots\widehat{\alpha_j}\cdots\alpha_q} \\
&= (\delta_{q-1}c)_{\alpha_0\alpha_1\cdots\alpha_q} \\
&= F(\langle \mathrm{A}_{\alpha_0}\mathrm{A}_{\alpha_1}\cdots\mathrm{A}_{\alpha_q}\rangle, \delta_{q-1}c),
\end{aligned}$$

より成り立つことがわかる. □

以上の準備により, ド・ラムの定理の証明をすることができるようになった.

定理 3.21　(**ド・ラムの定理**)

M をコンパクト多様体とし, K を M の単体分割を与える単体複体とする. このとき, 以下の同型が成り立つ.

$$H^q_{DR}(M) \simeq (H_q(K;\mathbf{R}))^*$$

[証明]　チェック－ド・ラムの定理より, 上で導入した K から得られる良い被覆 $\{U_\alpha\}$ について, 以下が成り立つことを証明すればよいことがわかる.

$$(H_q(K;\mathbf{R}))^* \simeq H^q(\{U_\alpha\}, \mathbf{R}) \tag{3.33}$$

ところが命題 3.9 と命題 3.10 より, 以下が成り立つ.

$$\begin{aligned}
\mathrm{Ker}(\delta_q) &\simeq (C_q(K;\mathbf{R})/\mathrm{Im}(\partial_{q+1}))^*, \\
\mathrm{Im}(\delta_{q-1}) &\simeq (C_q(K;\mathbf{R})/\mathrm{Ker}(\partial_q))^*
\end{aligned} \tag{3.34}$$

よって,

$$\begin{aligned} H^q(\{U_\alpha\},\mathbf{R}) &= \mathrm{Ker}(\delta_q)/\mathrm{Im}(\delta_{q-1}) \\ &\simeq (C_q(K;\mathbf{R})/\mathrm{Im}(\partial_{q+1}))^*/(C_q(K;\mathbf{R})/\mathrm{Ker}(\partial_q))^* \\ &\simeq ((C_q(K;\mathbf{R})/\mathrm{Im}(\partial_{q+1}))/(C_q(K;\mathbf{R})/\mathrm{Ker}(\partial_q)))^* \\ &\simeq (\mathrm{Ker}(\partial_q)/\mathrm{Im}(\partial_{q+1}))^* \\ &= (H_q(K;\mathbf{R}))^* \end{aligned}$$

より(3.33)が導けるので, 定理の主張がいえたことになる. □

演習問題 3.23　(3.34)を示せ.

系 3.7　M を n 次元コンパクト多様体とし, K と L をともに M の単体分割を与える単体複体とする. このとき,

$$H_q(K;\mathbf{R}) \simeq (H_{DR}^q(M))^* \simeq H_q(L;\mathbf{R})$$

が成り立つ. 逆にいうと, 多面体 $|K|$ と $|L|$ がともにある n 次元コンパクト多様体に同相ならば, 単体複体のホモロジー群は同型となる.

この節を終えるにあたって, ド・ラムの定理の応用の1つとして, オイラー数について議論しておくことにしよう. まず, ド・ラムコホモロジー群を用いて多様体のオイラー数を定義しておこう.

定義 3.29　M を有限型の n 次元多様体とする. このとき, M の**オイラー数** $\chi(M)$ を以下で定義する.

$$\chi(M) := \sum_{j=0}^{n}(-1)^j \dim(H_{DR}^j(M)) = p_M(-1)$$

有限型の仮定は, $\dim(H_{DR}^j(M))$ が有限となることを保証するためにつけている. 有限型の仮定が満たされていれば, M は必ずしもコンパクト多様体でなくともよいことに注意して欲しい. また, ポアンカレ多項式 $p_M(t)$ の $t=-1$ での値として得られることも, 覚えておくとなかなか便利である. これまでに紹介したド・ラムコホモロジー群の結果を利用して, オイラー

数を計算しておこう.

例 3.16

$$\chi(\mathbf{R}^n) = 1 \quad (n \geq 0), \qquad \chi(S^{2n-1}) = 0 \quad (n \geq 1),$$
$$\chi(S^{2n}) = 2 \quad (n \geq 0), \qquad \chi(T^n) = 0 \quad (n \geq 1),$$
$$\chi(SO(n;\mathbf{R})) = 0 \quad (n \geq 2), \qquad \chi(\Sigma_g) = 2-2g$$

ただし, Σ_g は演習問題 3.19 で取り扱った, g 個の穴の開いた浮き輪の表面として得られるコンパクト 2 次元多様体である. なお, T^n と $SO(n;\mathbf{R})$ のオイラー数が 0 となることは, これらが群構造を入れられる多様体 (リー群) であることとポアンカレ－ホップの定理を組み合わせることにより, 示すことができる.

演習問題 3.24　M を向き付け可能な n 次元コンパクト多様体とする. M 上の零点をもたない滑らかな接ベクトル場 V が存在するならば, $\chi(M) = 0$ となることを示せ.

オイラー数が消える例としてもう 1 つ典型的なものに, 奇数次元の向き付け可能なコンパクト多様体がある.

定理 3.22　M を奇数次元の向き付け可能なコンパクト多様体とすると, $\chi(M) = 0$ が成り立つ.

[証明]　M の次元を $2k-1$ $(k \geq 1)$ とする. ポアンカレ双対定理 (系 3.5) より,

$$\dim(H^j_{DR}(M)) = \dim(H^{2k-1-j}_{DR}(M))$$

が成り立つ. よって,

$$\begin{aligned}\chi(M) &= \sum_{j=0}^{2k-1} (-1)^j \dim(H^j_{DR}(M)) \\ &= \sum_{j=0}^{2k-1} (-1)^j \dim(H^{2k-1-j}_{DR}(M))\end{aligned}$$

$$= \sum_{i=0}^{2k-1} (-1)^{2k-1-i} \dim(H_{DR}^i(M))$$
$$= -\sum_{i=0}^{2k-1} (-1)^i \dim(H_{DR}^i(M))$$
$$= -\chi(M)$$

より $\chi(M) = 0$ を得る．□

なお，ド・ラムコホモロジー群はホモトピー同値による不変量であったから，以下の定理も自動的に得られる．

定理 3.23　オイラー数は，ホモトピー同値による不変量である．つまり，$M \overset{H}{\simeq} N$ ならば，$\chi(M) = \chi(N)$ が成り立つ．

なお，互いに双対なベクトル空間は次元が等しいので，ド・ラムの定理から以下の結論が得られる．

系 3.8　M を n 次元コンパクト多様体とし，K を M の単体分割を与える単体複体とする．このとき，以下が成り立つ．

$$\chi(M) = \chi(K)$$
$$= \sum_{i=0}^{n} (-1)^i \cdot (K \text{ の } i \text{ 次元単体の個数})$$

これにより，M のオイラー数を M を単体分割して単体の数を数えることによっても計算できることになるのである．

演習問題 3.25　3 次元空間の正多面体について

$$(\text{頂点の個数}) - (\text{辺の個数}) + (\text{面の個数}) = 2$$

が成り立つことを示せ．

第4章

リーマン幾何学と一般相対論

この章では，これまでの議論では表立って使われていなかった「距離」あるいは「長さと角度」の概念を多様体に取り入れた，リーマン幾何学を紹介することにする．実は，第1章でユークリッド空間の距離を「距離位相」を定義するために使っているので，これまで距離の概念を全く使ってこなかったわけではないが，それは「連続」の概念を定義するために使っているだけで，直観的にいえば「直線と曲線の違い」にはこれまであまりこだわってこなかったといえる．つまり，多様体が「どれだけ激しく曲がっているか」ということにはあまり注意を払ってこなかったのである．しかし，ユークリッド空間の部分集合として実現された多様体は，ユークリッド空間の直線（曲がっていない図形）が明確に定義できることから，それがどれだけ曲がっているかを調べることができるのである．そのような曲がり方の概念を「内在的な多様体」に移植したのがリーマン幾何学であるといえる．ここでは，まず手始めにリーマン幾何学のもととなった，ガウスによる3次元ユークリッド空間 $\mathbf{R}^3$ 内の曲面論を振り返ることから始めよう．

4.1　曲面論

4.1.1　曲面の基本形式とガウスの驚きの定理

まず，滑らかな2変数関数 $f(x^1, x^2)$ を例にとり，$\mathbf{R}^3$ における関数のグラフとしての曲面

$$\{(x^1, x^2, x^3) \in \mathbf{R}^3 \,|\, x^3 = f(x^1, x^2)\}$$

を考えることから始めよう．この曲面は，直観的には「地形」を表すと考えてよい．

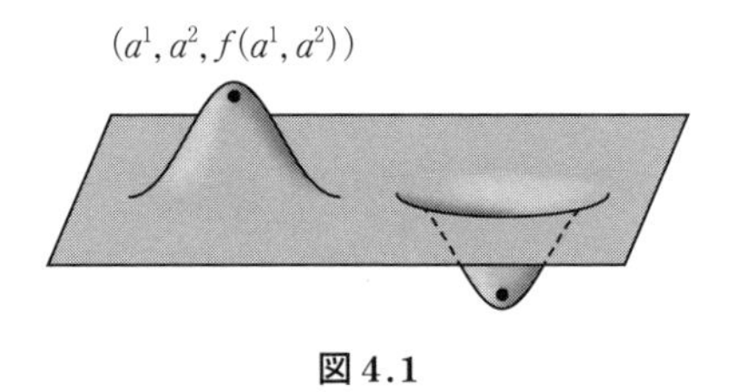

図 4.1

幾何学的に地形を捉える上で重要なのは，「山の頂上」と「穴の底」を探すことである．これは，数学的には「極値点」を見つけることにあたる．であるから，その手法を習得することは，大学初年級の微積分において必修となっている．

ざっと復習しておこう．まずやることは，以下の条件を満たす点 (a^1, a^2) (**臨界点**) を見つけることである．

$$\partial_i f(a^1, a^2) = 0 \qquad (i = 1, 2) \tag{4.1}$$

ただし，ここで略記法 $\partial_i f \coloneqq \dfrac{\partial f}{\partial x^i}$ を用いた．以後同様の略記 $\partial_i \coloneqq \dfrac{\partial}{\partial x^i}$ を適宜用いるものとする．次にやることは，臨界点 (a^1, a^2) での**ヘッセ行列**

$$\mathrm{Hes}(a^1, a^2) = \begin{pmatrix} \partial_1\partial_1 f(a^1, a^2) & \partial_1\partial_2 f(a^1, a^2) \\ \partial_2\partial_1 f(a^1, a^2) & \partial_2\partial_2 f(a^1, a^2) \end{pmatrix}$$

を考えることである．ヘッセ行列の定義と f が滑らかである仮定により，

$\mathrm{Hes}(a^1,a^2)$ は対称行列であるから，適当な回転行列を用いて対角化できる．

$$\begin{pmatrix}\cos(\theta) & \sin(\theta)\\ -\sin(\theta) & \cos(\theta)\end{pmatrix}\mathrm{Hes}(a^1,a^2)\begin{pmatrix}\cos(\theta) & -\sin(\theta)\\ \sin(\theta) & \cos(\theta)\end{pmatrix} = \begin{pmatrix}\kappa_1 & 0\\ 0 & \kappa_2\end{pmatrix}$$

よって，臨界点の周りでのテーラー展開を考えることにより，

$$f(a^1+\cos(\theta)x^1-\sin(\theta)x^2,\ a^2+\sin(\theta)x^1+\cos(\theta)x^2) \approx f(a^1,a^2)+\frac{1}{2}(\kappa_1(x^1)^2+\kappa_2(x^2)^2)$$

となり，κ_1 と κ_2 の符号により (a^1,a^2) が極大点であるか，極小点であるか，あるいは鞍点であるかを判定できるという寸法である（残念ながら，どれでもないとか，判定できない場合もある）．

以上の議論で重要なのは，κ_1 と κ_2 であるが，これはヘッセ行列の固有値であり，以下の量から定まることを注意しておく．

$$\frac{1}{2}\mathrm{tr}(\mathrm{Hes}(a^1,a^2)) = \frac{1}{2}(\kappa_1+\kappa_2), \qquad \det(\mathrm{Hes}(a^1,a^2)) = \kappa_1\kappa_2 \tag{4.2}$$

もう 1 つ注意しておくと，極値点の特徴として，その点では曲面が“曲がっている”ということである．なぜなら，平らな面ではたとえ傾いていても極値をとることはないからである．そして，その曲がり具合の情報が固有値 κ_1 と κ_2 に集約されているのである．

では，いよいよガウスの曲面論の本体に入っていこう．上で述べたように，2 変数関数のグラフとして与えられる曲面の場合，極値点での曲面の曲がり方は，ヘッセ行列の固有値で捉えられる．しかし，よく考えてみると曲面が“曲がっている”という事実は，曲面を $\mathbf{R}^3$ で平行移動しても，さらには回転しても不変である．一方，曲面を関数のグラフとして考えてみた場合，臨界点である条件(4.1)は，曲面のその点における接平面が x^1x^2-平面に平行であることに他ならないので，曲面を回転すると臨界点である条件は満たされなくなる．つまり，前の極値点の解析方法では，ヘッセ行列から臨界点での曲面の曲がり方の情報を取り出すことができたのだが，その方法は曲面

の回転によって使えなくなるという弱点があることになる．おそらくガウスは，このヘッセ行列による方法を，曲面の回転により不変な形で使えるように拡張する意図をもって，曲面論の研究に取り掛かったのではないだろうか．

ガウスが出発点として用いたのは，$\mathbf{R}^3$ 内の滑らかな曲面 S のパラメータ表示である．

$$\mathbf{r} : U \subset \mathbf{R}^2 \to S \subset \mathbf{R}^3,$$
$$\mathbf{r}(u^1, u^2) = (x^1(u^1, u^2), x^2(u^1, u^2), x^3(u^1, u^2))$$

ただし，U は $\mathbf{R}^2$ の開集合で，$x^1(u^1, u^2), x^2(u^1, u^2), x^3(u^1, u^2)$ はそれぞれ滑らかな関数であるとする．このパラメータ表示を貼り合わせることで，$\mathbf{R}^3$ の部分集合としての2次元多様体 S を表せるのは，第2章で議論した通りである．ここで，パラメータ付けが成立しているという条件は，以下のように表される．

$\mathbf{r}$ は U から S への1対1の写像であり，

$\partial_1\mathbf{r} := \dfrac{\partial \mathbf{r}}{\partial u^1}$ と $\partial_2\mathbf{r} := \dfrac{\partial \mathbf{r}}{\partial u^2}$ は $\mathbf{R}^3$ 内で一次独立である．

点 $\mathbf{r}(u^1, u^2)$ における S の接平面が $\partial_1\mathbf{r}$ と $\partial_2\mathbf{r}$ で張られることは明らかであろう．ここで，接平面の単位法ベクトル $\mathbf{e}(u^1, u^2)$ を以下で定義しておく．

$$\mathbf{e} := \frac{\partial_1\mathbf{r} \times \partial_2\mathbf{r}}{|\partial_1\mathbf{r} \times \partial_2\mathbf{r}|}$$

ただし，上式で用いた $\mathbf{a} \times \mathbf{b}$ は $\mathbf{R}^3$ のベクトル $\mathbf{a}$ と $\mathbf{b}$ の外積である．ここで注意しておくべきことは，関数のグラフの臨界点の場合の議論における x^1x^2 -平面の役割と x^3 軸の役割を，接平面と $\mathbf{e}$ で張られる直線でそれぞれ置き換えると，臨界点での議論を回転不変に拡張できる可能性が開けてくることである．

これらの準備のもとで，ガウスは次の2つの2次対称行列を用意した．これらはそれぞれ**第一基本形式**，**第二基本形式**と呼ばれる．

$$G := \begin{pmatrix} g_{11} & g_{12} \\ g_{21} & g_{22} \end{pmatrix}, \qquad g_{ij} := (\partial_i\mathbf{r}, \partial_j\mathbf{r}),$$

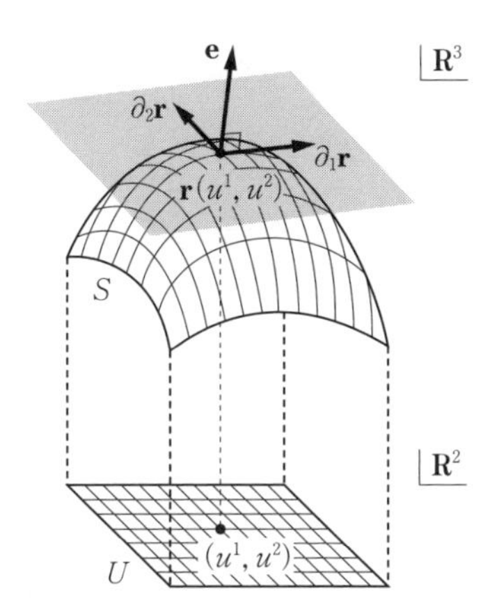

図 4.2 接平面の単位法ベクトル $\mathbf{e}$

$$L := \begin{pmatrix} L_{11} & L_{12} \\ L_{21} & L_{22} \end{pmatrix}, \qquad L_{ij} := (\partial_i\partial_j\mathbf{r}, \mathbf{e}) \tag{4.3}$$

第二基本形式について注意しておくと，任意の $(u^1, u^2) \in U$ で $\partial_1\mathbf{r}, \partial_2\mathbf{r}, \mathbf{e}$ が $\mathbf{R}^3$ の基底を張ることから，次の展開が保証される．

$$\partial_i\partial_j\mathbf{r} = \Gamma^1_{ij}\partial_1\mathbf{r} + \Gamma^2_{ij}\partial_2\mathbf{r} + L_{ij}\mathbf{e} =: \Gamma^k_{ij}\partial_k\mathbf{r} + L_{ij}\mathbf{e} \tag{4.4}$$

L_{ij} はこの展開の $\mathbf{e}$ の係数である．Γ^k_{ij} は**接続係数**と呼ばれ，定義から自動的に i と j の入れ替えについて対称である．ここでは，アインシュタインの記法（上下に 2 回現れる添字については自動的に和をとる）を用いた．なお，後の便利のために，G の逆行列の成分を表す記法も導入する．

$$G^{-1} = \begin{pmatrix} g^{11} & g^{12} \\ g^{21} & g^{22} \end{pmatrix},$$

$$g^{11} = \frac{g_{22}}{g_{11}g_{22} - (g_{12})^2}, \qquad g^{12} = g^{21} = -\frac{g_{12}}{g_{11}g_{22} - (g_{12})^2},$$

$$g^{22} = \frac{g_{11}}{g_{11}g_{22} - (g_{12})^2}$$

以上の準備のもと，ガウスが定義したのは**平均曲率** H と，**ガウス曲率** K と呼ばれる量である．

$$H := \frac{1}{2}\operatorname{tr}(G^{-1}L) = \frac{1}{2}\frac{g_{11}L_{22}+g_{22}L_{11}-2g_{12}L_{12}}{g_{11}g_{22}-(g_{12})^2},$$

$$K := \det(G^{-1}L) = \frac{L_{11}L_{22}-(L_{12})^2}{g_{11}g_{22}-(g_{12})^2}$$

これらの幾何学的意味を探る演習問題を挙げておく.

演習問題 4.1　曲面 S のパラメータ表示 $\mathbf{r} : U \subset \mathbf{R}^2 \to S \subset \mathbf{R}^3$ を以下のように変更する.

$$\tilde{\mathbf{r}} = R\mathbf{r} + \mathbf{c}$$

ただし, R は ${}^tRR = I_3$ (I_3 は 3×3 の単位行列), $\det(R) = 1$ を満たす定値行列で, $\mathbf{c}$ は定値ベクトルである（つまり, 曲面 S に回転と平行移動を行なっている). このとき, $\tilde{\mathbf{r}}$ に対する G と L が, $\mathbf{r}$ に対する G と L に等しいことを示せ.

演習問題 4.2　曲面 S の別のパラメータ表示 $\tilde{\mathbf{r}} : V \subset \mathbf{R}^2 \to S \subset \mathbf{R}^3$ を考える. ただし, $\tilde{\mathbf{r}}(V) = \mathbf{r}(U)$ であるとする.

(i)　$\tilde{\mathbf{r}}(v^1, v^2) = \mathbf{r}(u^1(v^1, v^2), u^2(v^1, v^2))$ が成り立つとき, $\tilde{\mathbf{r}}$ に対する第一基本形式 $\widetilde{G}$ と第二基本形式 $\widetilde{L}$ が, $\mathbf{r}$ に対する G と L を用いて以下のように表せることを示せ. ただし, $J := \begin{pmatrix} \dfrac{\partial u^1}{\partial v^1} & \dfrac{\partial u^1}{\partial v^2} \\ \dfrac{\partial u^2}{\partial v^1} & \dfrac{\partial u^2}{\partial v^2} \end{pmatrix}$ とし, $\det(J) > 0$ と仮定する.

$$\widetilde{G} = {}^tJGJ, \qquad \widetilde{L} = {}^tJLJ$$

(ii)　$\tilde{\mathbf{r}}$ に対する平均曲率を $\widetilde{H}$, ガウス曲率を $\widetilde{K}$ とするとき, 以下が成り立つことを示せ.

$$\widetilde{H} = H, \qquad \widetilde{K} = K$$

これらの演習問題により, **平均曲率とガウス曲率は曲面を平行移動させても回転させても不変であり, さらに曲面のパラメータ表示の仕方にもよらない**ということがわかった. この性質を用いると, これらの量とヘッセ行列を用いた臨界点の周りでの関数のグラフの曲がり方の情報が同じものであることがわかる.

まず, 曲面 S の1点 $p = (c^1, c^2, c^3)$ に着目し, S を p を中心に回転させることで, S の p における接平面を x^1x^2-平面に平行にしよう（図 4.3).

これにより，曲面は p の近傍で局所的に 2 変数関数 $f(x^1,\ x^2)$ のグラフ $\{(x^1,x^2,x^3)\in\mathbf{R}^3\,|\,x^3=f(x^1,x^2)\}$ として表され，しかも (c^1,c^2) は f の臨界点となる．また，p の近傍で，この曲面は自然なパラメータ表示

$$\mathbf{r}(x^1,x^2)=(x^1,x^2,f(x^1,x^2))$$

をもつ．p が f の臨界点であることから，p におけるこの曲面の G と L は，

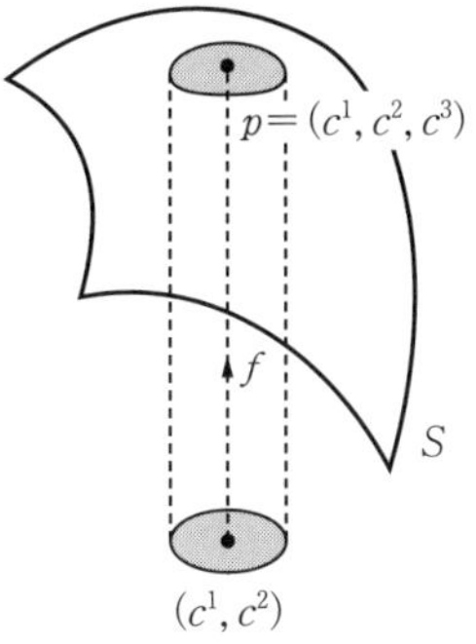

図 4.3

$$G:=\begin{pmatrix}1 & 0\\ 0 & 1\end{pmatrix},$$

$$L:=\begin{pmatrix}\partial_1\partial_1 f(c^1,c^2) & \partial_1\partial_2 f(c^1,c^2)\\ \partial_2\partial_1 f(c^1,c^2) & \partial_2\partial_2 f(c^1,c^2)\end{pmatrix}=\mathrm{Hes}(c^1,c^2)$$

となるので，H と K は(4.2)における量を用いて，

$$H=\frac{1}{2}\mathrm{tr}(\mathrm{Hes}(c^1,c^2))=\frac{1}{2}(\kappa_1+\kappa_2),$$

$$K=\det(\mathrm{Hes}(c^1,c^2))=\kappa_1\kappa_2$$

と表されることになる．以上がガウスの曲面論の骨子である．

次に，次節で紹介するリーマン幾何学への準備のために，「ガウスの驚きの定理」を紹介しよう．これは，**第一基本形式と第二基本形式を用いて定義されたガウス曲率 K が，実は第一基本形式 G のみから定まる**ことを主張している．まず，(4.4)で現れた接続係数 Γ^k_{ij} が，第一基本形式の成分 g_{ij} とその逆行列の成分 g^{ij} を用いて表されることを見よう．

演習問題 4.3　g_{ij} の偏微分 $\partial_k g_{ij}$ が $(\partial_k\partial_i\mathbf{r},\partial_j\mathbf{r})+(\partial_i\mathbf{r},\partial_k\partial_j\mathbf{r})$ で与えられることと，展開(4.4)を用いて，以下の等式が成り立つことを示せ．

$$\Gamma^k_{ij}=\frac{1}{2}g^{km}(\partial_i g_{mj}+\partial_j g_{mi}-\partial_m g_{ij})$$

ここで，展開(4.4)の両辺を偏微分すると以下の等式が得られる．

$$\partial_m\partial_i\partial_j\mathbf{r} = (\partial_m\Gamma^k_{ij})\partial_k\mathbf{r}+\Gamma^k_{ij}\partial_m\partial_k\mathbf{r}+(\partial_m L_{ij})\mathbf{e}+L_{ij}\partial_m\mathbf{e}$$
$$= (\partial_m\Gamma^k_{ij})\partial_k\mathbf{r}+\Gamma^k_{ij}\Gamma^l_{mk}\partial_l\mathbf{r}+(\Gamma^k_{ij}L_{mk}+\partial_m L_{ij})\mathbf{e}+L_{ij}\partial_m\mathbf{e}$$

この両辺と接ベクトル $\partial_p\mathbf{r}$ の内積をとる．関係式

$$(\partial_p\mathbf{r}, \mathbf{e}) = 0, \qquad (\partial_p\mathbf{r}, \partial_m\mathbf{e}) = -(\partial_p\partial_m\mathbf{r}, \mathbf{e}) = -L_{pm}$$

に注意すると，次の等式を得る．

$$(\partial_p\mathbf{r}, \partial_m\partial_i\partial_j\mathbf{r}) = (\partial_m\Gamma^k_{ij})g_{pk}+\Gamma^k_{ij}\Gamma^l_{mk}g_{pl}-L_{ij}L_{pm}$$
$$\Longleftrightarrow \quad L_{ij}L_{pm} = (\partial_m\Gamma^k_{ij}+\Gamma^l_{ij}\Gamma^k_{ml})g_{kp}-(\partial_p\mathbf{r}, \partial_m\partial_i\partial_j\mathbf{r})$$

よって，この等式を用いて $\det(L)$ を計算すると，

$$L_{11}L_{22}-L_{12}L_{21} = (\partial_2\Gamma^k_{11}+\Gamma^l_{11}\Gamma^k_{2l})g_{k2}-(\partial_2\mathbf{r}, \partial_2\partial_1\partial_1\mathbf{r})$$
$$-(\partial_1\Gamma^k_{12}+\Gamma^l_{12}\Gamma^k_{1l})g_{k2}+(\partial_2\mathbf{r}, \partial_1\partial_1\partial_2\mathbf{r})$$
$$= -(\partial_1\Gamma^k_{21}-\partial_2\Gamma^k_{11}-\Gamma^l_{11}\Gamma^k_{l2}+\Gamma^l_{12}\Gamma^k_{1l})g_{k2}$$

を得る．ただし，ここで関係式 $g_{ij} = g_{ji}$, $\Gamma^k_{ij} = \Gamma^k_{ji}$ を用いた．以上の結果により，次の定理を得る．

定理 4.1 （**ガウスの驚きの定理**）

ガウス曲率 K は以下のように，第一基本形式の成分のみから決まる量である．

$$K = -\frac{(\partial_1\Gamma^k_{21}-\partial_2\Gamma^k_{11}-\Gamma^l_{11}\Gamma^k_{l2}+\Gamma^l_{12}\Gamma^k_{1l})g_{k2}}{g_{11}g_{22}-g_{12}g_{21}}$$

4.1.2　ガウス - ボンネの定理

この小節では，微分幾何学的な局所不変量である曲率と大域的な曲面の位相不変量を結びつける「ガウス - ボンネの定理」を紹介することにしよう．まず，次の演習問題を挙げておく．

演習問題 4.4　曲面のパラメータ表示 $\mathbf{r} : U \subset \mathbf{R}^2 \to S \subset \mathbf{R}^3$ について，曲面の面積要素 $|\partial_1\mathbf{r}\times\partial_2\mathbf{r}|du^1\wedge du^2$ （$\wedge$ は微分形式の外積）が第一基本形式の成分 g_{ij} を用いて以下の式で表せることを示せ．

$$|\partial_1\mathbf{r}\times\partial_2\mathbf{r}|\,du^1\wedge du^2 = \sqrt{g_{11}g_{22}-g_{12}g_{21}}\,du^1\wedge du^2 = \sqrt{\det(G)}\,du^1\wedge du^2$$

したがって，曲面片 $\mathbf{r}(U)$ の面積は以下で与えられる．

$$\int_U \sqrt{g_{11}g_{22}-g_{12}g_{21}}\,du^1\wedge du^2$$

定理 4.2 （ガウス - ボンネの定理）

境界のない向き付け可能な閉曲面 S について，以下が成り立つ．

$$\frac{1}{2\pi}\int_S K\,|\partial_1\mathbf{r}\times\partial_2\mathbf{r}|\,du^1\wedge du^2 = \chi(S) \tag{4.5}$$

ただし，$\chi(S)$ は S のオイラー数である．

先ほどの演習問題から，左辺の微分形式は第一基本形式のみから定まるものであることを注意しておく．

この定理の証明に入る前の準備として，$\mathbf{R}^3$ 内の曲面の構造方程式というものを紹介することにしよう．まず，曲面 S は

$$\mathbf{r} : U \subset \mathbf{R}^2 \to S \subset \mathbf{R}^3,$$
$$\mathbf{r}(u^1, u^2) = (x^1(u^1, u^2), x^2(u^1, u^2), x^3(u^1, u^2))$$

でパラメータ付けされているとし，$\partial_1\mathbf{r}, \partial_2\mathbf{r}$ を S の接平面の基底とする．次に，この基底をユークリッド空間の内積により正規直交化して，接平面の正規直交基底

$$\mathbf{e}_1,\ \mathbf{e}_2 \qquad ((\mathbf{e}_\alpha, \mathbf{e}_\beta) = \delta_{\alpha\beta})$$

を作る．ただし，正規直交化はパラメータの変化に対して滑らかに行なわれるものとする．単位法ベクトル $\mathbf{e}_3 = \mathbf{e}$ は $\mathbf{e}_1\times\mathbf{e}_2 = \dfrac{\partial_1\mathbf{r}\times\partial_2\mathbf{r}}{|\partial_1\mathbf{r}\times\partial_2\mathbf{r}|}$ で与えられるものとし，$\mathbf{e}_1, \mathbf{e}_2, \mathbf{e}_3$ は曲面上の点における $\mathbf{R}^3$ の接空間の正規直交基底をなしている．ここで，

$$\mathbf{e}_\alpha = e_\alpha^i\partial_i\mathbf{r} \qquad (\alpha\in\{1,2\}) \tag{4.6}$$

と書き表すことにより，係数関数 e_α^i を定義する（アインシュタインの記法を用いている）．このとき，正規直交条件と第一基本形式の定義から，以下を得る．

$$\begin{aligned}(\mathbf{e}_\alpha, \mathbf{e}_\beta) &= \delta_{\alpha\beta} \\ \iff\quad & e^i_\alpha e^j_\beta(\partial_i \mathbf{r}, \partial_j \mathbf{r}) = \delta_{\alpha\beta} \\ \iff\quad & e^i_\alpha e^j_\beta g_{ij} = \delta_{\alpha\beta} \end{aligned} \tag{4.7}$$

さらに，係数関数 e^i_α の双対をなす関数 θ^α_i を以下を満たすように定める．

$$e^i_\alpha \theta^\beta_i = \delta^\beta_\alpha \quad (\iff e^i_\alpha \theta^\alpha_j = \delta^i_j) \qquad (\alpha, \beta, i, j \in \{1, 2\}) \tag{4.8}$$

上の2つの条件が同値であることは，(e^i_α) と (θ^α_i) をともに2次正方行列と考えると，どちらも互いに逆行列であることを要請する条件であることからわかる．(4.7)と(4.8)を組み合わせると，以下を得る．

$$\begin{aligned}\theta^\alpha_k \theta^\beta_l e^i_\alpha e^j_\beta g_{ij} &= \delta_{\alpha\beta}\theta^\alpha_k \theta^\beta_l \\ \iff\quad & g_{kl} = \theta^1_k \theta^1_l + \theta^2_k \theta^2_l \end{aligned} \tag{4.9}$$

よって，1次微分形式 $\theta^\alpha := \theta^\alpha_i du^i$ を導入すると，以下が成り立つことになる．

$$g_{ij} du^i du^j = \delta_{\alpha\beta}\theta^\alpha \theta^\beta = \theta^1\theta^1 + \theta^2\theta^2$$

ただし，上式では1次微分形式どうしの積は外積ではなく，通常の積であることに注意して欲しい．なお，これで接ベクトル $\mathbf{e}_\alpha$ の双対にあたる1次微分形式 θ^α を構成したことになる．$\theta^1 \wedge \theta^2$ を計算してみよう．

$$\begin{aligned}\theta^1 \wedge \theta^2 &= (\theta^1_i du^i) \wedge (\theta^2_j du^j) \\ &= (\theta^1_1 \theta^2_2 - \theta^1_2 \theta^2_1) du^1 \wedge du^2 \end{aligned}$$

一方，$\mathbf{e}_1 \times \mathbf{e}_2 = \mathbf{e}_3 = (e^1_1 e^2_2 - e^2_1 e^1_2)(\partial_1 \mathbf{r} \times \partial_2 \mathbf{r}) = (e^1_1 e^2_2 - e^2_1 e^1_2)\,|\partial_1 \mathbf{r} \times \partial_2 \mathbf{r}|\,\mathbf{e}_3$ が成り立つことより，$(\theta^1_1 \theta^2_2 - \theta^1_2 \theta^2_1) = (e^1_1 e^2_2 - e^2_1 e^1_2)^{-1} = |\partial_1 \mathbf{r} \times \partial_2 \mathbf{r}|$ も得るので，結局(4.5)の左辺の微分形式は，次のように書き換えられる．

$$K\,|\partial_1 \mathbf{r} \times \partial_2 \mathbf{r}|\,du^1 \wedge du^2 = K\,\theta^1 \wedge \theta^2 \tag{4.10}$$

次に，曲面上の各点上で与えられた正規直交基底 $\mathbf{e}_1, \mathbf{e}_2, \mathbf{e}_3$ の曲面上の点の移動による変化を追うために，以下のような係数関数の組 $\{\omega^\beta_{\alpha,i}\}$ を考える．

$$\partial_i \mathbf{e}_\alpha = \sum_{\beta=1}^{3} \omega^\beta_{\alpha,i} \mathbf{e}_\beta \qquad (\alpha, \beta \in \{1, 2, 3\}) \tag{4.11}$$

ただし，上では α, β が1から3まで動くので，アインシュタインの記法を使わずに和の記号を表記している．$\mathbf{e}_1, \mathbf{e}_2, \mathbf{e}_3$ が正規直交基底であることから，

$$\omega_{\alpha,i}^{\beta} = (\partial_i \mathbf{e}_\alpha, \mathbf{e}_\beta)$$

であり，$(\mathbf{e}_\alpha, \mathbf{e}_\beta) = \delta_{\alpha\beta}$ の両辺を微分することにより，反対称性

$$\omega_{\alpha,i}^{\beta} = -\omega_{\beta,i}^{\alpha} \tag{4.12}$$

が導かれる．ここで，1 次微分形式 $\omega_\alpha^\beta = \omega_{\alpha,i}^\beta du^i$ ($i \in \{1, 2\}$ についての和）を用意して，(4.11) を外微分を用いた形に書き直しておく．

$$d\mathbf{e}_\alpha = \sum_{\beta=1}^{3} \omega_\alpha^\beta \mathbf{e}_\beta \qquad (\alpha \in \{1, 2, 3\}) \tag{4.13}$$

また，(4.6) と (4.8) から，$\partial_i \mathbf{r} = \theta_i^\alpha \mathbf{e}_\alpha$ ($\alpha \in \{1, 2\}$ についての和）についても両辺に du^i をかけて和をとり，以下の形にしておく．

$$d\mathbf{r} = \theta^\alpha \mathbf{e}_\alpha$$

さて，上式の両辺の外微分をとってみよう．$d^2 = 0$ であるから，以下の等式を得る．

$$\begin{aligned}
&0 = (d\theta^\alpha)\mathbf{e}_\alpha - \theta^\alpha \wedge d\mathbf{e}_\alpha \\
&\iff (d\theta^\alpha)\mathbf{e}_\alpha = \theta^\alpha \wedge \left(\sum_{\beta=1}^{3} \omega_\alpha^\beta \mathbf{e}_\beta\right) \\
&\iff (d\theta^\alpha)\mathbf{e}_\alpha = \sum_{\beta=1}^{3} \theta^\alpha \wedge \omega_\alpha^\beta \mathbf{e}_\beta \\
&\iff (d\theta^\alpha)\mathbf{e}_\alpha = \sum_{\alpha=1}^{3} \theta^\beta \wedge \omega_\beta^\alpha \mathbf{e}_\alpha \\
&\iff \begin{cases} d\theta^\alpha = \theta^\beta \wedge \omega_\beta^\alpha & (\alpha \in \{1, 2\}) \\ 0 = \theta^\beta \wedge \omega_\beta^3 \end{cases}
\end{aligned}$$

ただし，最後の式変形では，$\mathbf{e}_1, \mathbf{e}_2, \mathbf{e}_3$ が正規直交基底をなすことから，それぞれの係数を比較した．最後の行の等式が，曲面の**第一構造方程式**と呼ばれるものである．さらに，(4.13) の両辺を外微分してみよう．やはり $d^2 = 0$ であることを用いて，以下の等式を得る．

$$\begin{aligned}
&0 = \sum_{\beta=1}^{3} ((d\omega_\alpha^\beta)\mathbf{e}_\beta - \omega_\alpha^\beta \wedge d\mathbf{e}_\beta) \\
&\iff 0 = \sum_{\beta=1}^{3} \left((d\omega_\alpha^\beta)\mathbf{e}_\beta - \sum_{\gamma=1}^{3} \omega_\alpha^\beta \wedge \omega_\beta^\gamma \mathbf{e}_\gamma\right)
\end{aligned}$$

$$\iff \quad 0 = \sum_{\beta=1}^{3}\left(d\omega_\alpha^\beta - \sum_{\gamma=1}^{3}\omega_\alpha^\gamma \wedge \omega_\gamma^\beta\right)\mathbf{e}_\beta$$

$$\iff \quad 0 = d\omega_\alpha^\beta - \sum_{\gamma=1}^{3}\omega_\alpha^\gamma \wedge \omega_\gamma^\beta \qquad (\alpha, \beta \in \{1, 2, 3\}) \tag{4.14}$$

最後の行の等式は曲面の**第二構造方程式**と呼ばれる．

さて，ここで(4.14)の $\alpha = 1$，$\beta = 2$ の場合の等式に着目しよう．

$$d\omega_1^2 = \sum_{\gamma=1}^{3}\omega_1^\gamma \wedge \omega_\gamma^2$$
$$\iff \quad d\omega_1^2 = \omega_1^3 \wedge \omega_3^2$$
$$\iff \quad d\omega_1^2 = -\omega_3^1 \wedge \omega_3^2 \tag{4.15}$$

ただし，ここでは反対称性(4.12)を用いた．一方，ガウス曲率のもともとの定義を振り返ると，

$$K = \det(G^{-1}L) = \det(g^{ik}L_{kj})$$

であるが，ここで 2×2 の行列 (M_j^α)，$M_j^\alpha := \theta_i^\alpha g^{ik}L_{kj}$ を導入して $M_j^\alpha du^j$ を書き換えていくことにする．L_{ij} の定義(4.3)から従う等式

$$L_{kj}du^j = (\partial_k\partial_j\mathbf{r}, \mathbf{e}_3)du^j = -(\partial_k\mathbf{r}, \partial_j\mathbf{e}_3)du^j = -(\theta_k^\beta\mathbf{e}_\beta, d\mathbf{e}_3)$$
$$= -\theta_k^\beta\omega_3^\gamma(\mathbf{e}_\beta, \mathbf{e}_\gamma) = -\sum_{\beta=1}^{2}\theta_k^\beta\omega_3^\beta$$

および，(4.9)から従う等式

$$g^{ij} = \sum_{\alpha=1}^{2}e_\alpha^i e_\alpha^j$$

に注意して書き換えていくと，以下の結果を得る．

$$\begin{aligned} M_j^\alpha du^j &= \theta_i^\alpha g^{ik}L_{kj}du^j \\ &= -\sum_{\beta=1}^{2}\sum_{\gamma=1}^{2}\theta_i^\alpha e_\beta^i e_\beta^k \theta_k^\gamma \omega_3^\gamma \\ &= -\delta_\beta^\alpha\delta_\gamma^\beta\omega_3^\gamma \qquad \text{(アインシュタインの記法)} \\ &= -\omega_3^\alpha \end{aligned}$$

これより，

$$\begin{aligned}
\omega_3^1 \wedge \omega_3^2 &= (M_j^1 du^j) \wedge (M_k^2 du^k) \\
&= (M_1^1 M_2^2 - M_2^1 M_1^2)\, du^1 \wedge du^2 \\
&= \det(M_j^\alpha)\, du^1 \wedge du^2 = \det(\theta_i^\alpha g^{ik} L_{kj})\, du^1 \wedge du^2 \\
&= \det(\theta_i^\alpha) \det(g^{ik} L_{kj})\, du^1 \wedge du^2 \\
&= K\, |\partial_1 \mathbf{r} \times \partial_2 \mathbf{r}|\, du^1 \wedge du^2 \\
&= K\, \theta^1 \wedge \theta^2
\end{aligned}$$

が成り立つので，(4.15)と組み合わせて以下の等式を得る．

$$d\omega_1^2 = -K\,\theta^1 \wedge \theta^2 \qquad (\Longleftrightarrow d\omega_2^1 = K\,\theta^1 \wedge \theta^2) \tag{4.16}$$

この等式が，ガウス‐ボンネの定理を証明するための鍵となる等式である．

[ガウス‐ボンネの定理の証明]　まず，S 上の滑らかな曲線

$$\alpha : [a, b] \to U \subset \mathbf{R}^2 \to S$$
$$(\alpha(s) = \mathbf{r}(u^1(s), u^2(s)))$$

を考える．ただし，s は弧長パラメータにとる，つまり速度ベクトル（接ベクトル）

$$\mathbf{v}(s) := \frac{d\alpha(s)}{ds} = \partial_i \mathbf{r} \frac{du^i}{ds} = \left(\frac{du^i}{ds} \theta_i^\alpha \right) \mathbf{e}_\alpha =: \xi^1(s)\mathbf{e}_1 + \xi^2(s)\mathbf{e}_2$$

は $(\xi^1(s))^2 + (\xi^2(s))^2 = 1$ を満たすように規格化されているものとする．次

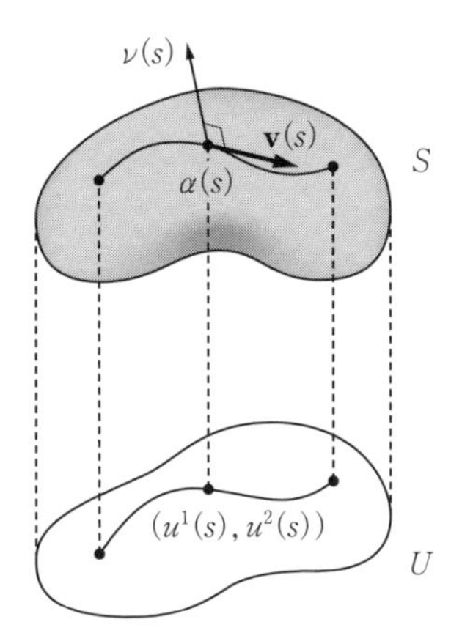

図 4.4　速度ベクトル $\mathbf{v}$，単位法ベクトル ν

に，この曲線の点 $\alpha(s)$ における S 上の単位法ベクトルを

$$\nu(s) := -\xi^2(s)\mathbf{e}_1+\xi^1(s)\mathbf{e}_2$$

とおく．

ここで，$\mathbf{v}$ の外微分と ν の内積を計算してみよう．

$$\begin{aligned}(d\mathbf{v},\nu) &:= ((d\xi^1)\mathbf{e}_1+\xi^1 d\mathbf{e}_1+(d\xi^2)\mathbf{e}_2+\xi^2 d\mathbf{e}_2, -\xi^2\mathbf{e}_1+\xi^1\mathbf{e}_2)\\ &= \xi^1 d\xi^2-\xi^2 d\xi^1+\xi^1\left(\sum_{\alpha=1}^{3}\omega_1^\alpha\mathbf{e}_\alpha, -\xi^2\mathbf{e}_1+\xi^1\mathbf{e}_2\right)\\ &\quad +\xi^2\left(\sum_{\alpha=1}^{3}\omega_2^\alpha\mathbf{e}_\alpha, -\xi^2\mathbf{e}_1+\xi^1\mathbf{e}_2\right) \qquad ((4.13)\text{より})\\ &= \xi^1 d\xi^2-\xi^2 d\xi^1-\omega_2^1\end{aligned}$$

これより，以下の等式を得る．

$$\omega_2^1+(d\mathbf{v},\nu) = \xi^1 d\xi^2-\xi^2 d\xi^1$$

さらに，$(\xi^1(s))^2+(\xi^2(s))^2 = 1$ を満たすことより，新しくパラメータ φ を $(\xi^1(s),\xi^2(s)) = (\cos(\varphi(s)),\sin(\varphi(s)))$ ととると，上式はさらに次のように書き換えられる．

$$\omega_2^1+(d\mathbf{v},\nu) = d\varphi \tag{4.17}$$

ここで，α が図 4.5 のような S 上の閉領域 A を左回りに 1 周するような滑らかな閉曲線の場合，速度ベクトルは左回りに 1 回転するので，

$$\int_\alpha d\varphi = \int_{\partial A} d\varphi = 2\pi$$

が成り立つ．

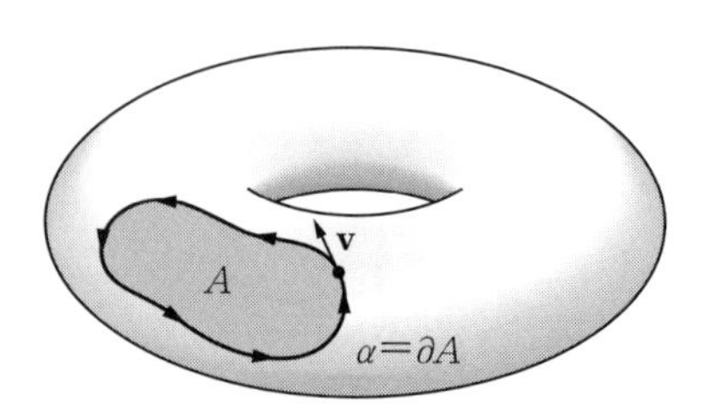

図 4.5　S 上の閉領域

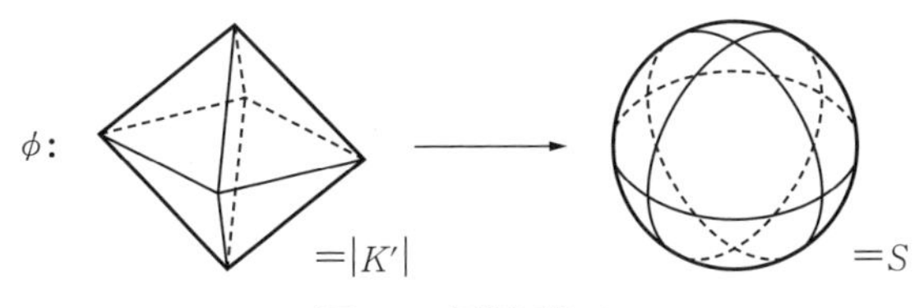

図 4.6　同相写像 ϕ

さて，ここで閉曲面 S の単体分割 K' を考え，同相写像を，

$$\phi: |K'| \to S$$

とおく．K' の 2 次元単体を $\Delta^j_{(2)}$ $(j=1,2,\cdots,N_2)$ としたとき，ϕ の各 $\Delta^j_{(2)}$ への制限は滑らかな写像であるとする．つまり，同相写像 ϕ は多面体の角では滑らかである必要はないが，各 2 次元面（三角形）は S 上の滑らかな辺をもつ曲がった三角形に写されると仮定するのである．特に，この曲がった三角形を $\phi(\Delta^j_{(2)})=F_j$ とおくことにする．また，各 F_j の向き付けは S の向きに一致するように定める．

以上の準備のもとで，(4.5)の左辺に出てくる積分は，以下のように書き直せる．

$$\int_S K\,\theta^1\wedge\theta^2 = \sum_{j=1}^{N_2}\int_{F_j} d\omega^1_2 = \sum_{j=1}^{N_2}\int_{\partial F_j}\omega^1_2 \tag{4.18}$$

ただし，ここでは(4.10)，(4.16)およびストークスの定理を用いた．ここで，最後の式の積分 $\int_{\partial F_j}\omega^1_2$ を(4.17)を用いてさらに書き換えよう．

$$\int_{\partial F_j}\omega^1_2 = \int_{\partial F_j} d\varphi - \int_{\partial F_j}(d\mathbf{v},\nu) \tag{4.19}$$

∂F_j は S 上の曲がった三角形の 3 辺からなるが，まず $\int_{\partial F_j} d\varphi$ について考える．境界の曲線の接ベクトルは，三角形の周を 1 周するとやはり左回りに 1 回転するが，曲がった三角形の内角を $\alpha_j, \beta_j, \gamma_j$ とおくと，図 4.7 からわかるように，接ベクトルは三角形の頂点で，角度が対応する外角 $\pi-\alpha_j$，$\pi-\beta_j$，$\pi-\gamma_j$ だけジャンプする．よって，以下を得る．

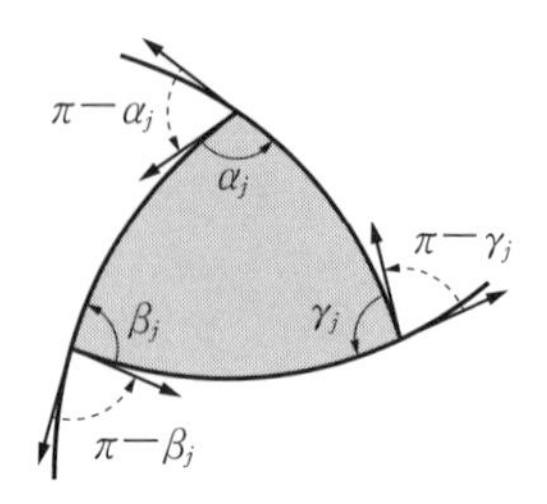

図 4.7　角度のジャンプ

$$\int_{\partial F_j} d\varphi = 2\pi-(\pi-\alpha_j)-(\pi-\beta_j)-(\pi-\gamma_j)$$
$$= \alpha_j+\beta_j+\gamma_j-\pi \tag{4.20}$$

今の場合，**三角形は曲がっているので** $\alpha_j+\beta_j+\gamma_j=\pi$ **とは限らない**ことに注意して欲しい．

次に，

$$\int_{\partial F_j}(d\mathbf{v},\nu) = \int_{\partial F_j}\left(\frac{d\mathbf{v}}{ds},\nu\right)ds$$

について考えよう．ここで，この積分は各辺の線積分の和で与えられるが，この線積分の向きを逆にすることを考えよう．すると，パラメータの進行方向が逆になるので，接ベクトル $\mathbf{v}$ とそれに対する法線ベクトルの向きは逆となる．ところが，$\dfrac{d\mathbf{v}}{ds}$ はパラメータの増加方向も逆になるので，合わせて

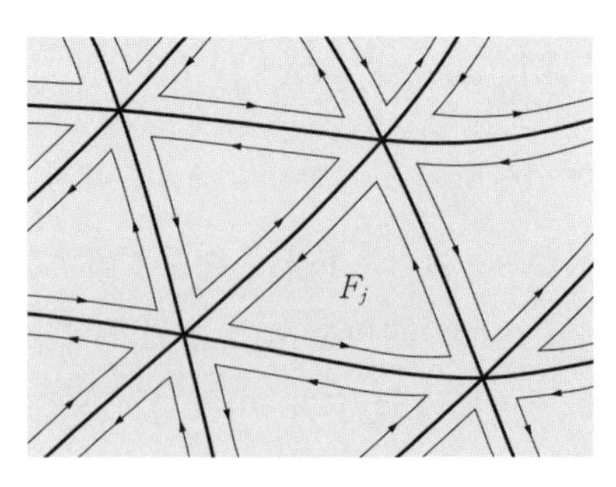

図 4.8　線積分の寄与

向きは不変である．よって，$\left(\dfrac{d\mathbf{v}}{ds}, \nu\right)$ の符号は逆になる．これより，線積分の向きを逆にすると，積分の符号も逆になることがわかる．そこで，和 $\displaystyle\sum_{j=1}^{N_2}\int_{\partial F_j}\left(\frac{d\mathbf{v}}{ds}, \nu\right)ds$ を考えると，1 つの辺を境に隣り合う三角形の線積分を考えれば，必ずその辺を順方向と逆方向に積分するので，各辺の寄与は打ち消し合って 0 になる．よって，以下を得る．

$$\sum_{j=1}^{N_2}\int_{\partial F_j}\left(\frac{d\mathbf{v}}{ds}, \nu\right)ds = 0 \tag{4.21}$$

(4.18), (4.19), (4.20) および (4.21) を組み合わせると，以下の結果を得る．

$$\begin{aligned}\int_S K\,\theta^1\wedge\theta^2 &= \sum_{j=1}^{N_2}(\alpha_j+\beta_j+\gamma_j-\pi)\\ &= \sum_{j=1}^{N_2}(\alpha_j+\beta_j+\gamma_j)-N_2\pi\end{aligned}$$

和 $\displaystyle\sum_{j=1}^{N_2}(\alpha_j+\beta_j+\gamma_j)$ はすべての曲がった三角形の内角の和だが，すべての内角は 0 次元単体を角の頂点とし，しかも各 0 次元単体での内角の和は 2π なので，0 次元単体の個数を N_0 とおくと，上式はさらに以下のように書き換えられる．

$$\int_S K\,\theta^1\wedge\theta^2 = N_0(2\pi)-N_2\pi \tag{4.22}$$

さらに，1 次元単体の個数を N_1 とおくと，各 1 次元単体（辺）は 2 個の 2 次元単体の辺であり，各 2 次元単体は 3 個の辺をもつので，

$$3N_2 = 2N_1 \Longleftrightarrow -N_2 = -2N_1+2N_2$$

を得る．よって，(4.22) を書き換えて以下を得る．

$$\int_S K\,\theta^1\wedge\theta^2 = (N_0-N_1+N_2)(2\pi) = 2\pi\chi(S)$$

これで定理の主張がいえたことになる．□

4.2　多様体へのリーマン計量の導入

4.2.1　リーマン計量とレビ・チビタ接続

前節では，$\mathbf{R}^3$ 内の曲面 S については，各点における接ベクトル空間の基底の内積の情報から決まる第一基本形式を与えると，ガウス曲率 K が完全に定まり（ガウスの驚きの定理），またガウス曲率 K と第一基本形式から定まる2次微分形式を積分すると，S のオイラー数というトポロジーに関する情報も得られる（ガウス-ボンネの定理）ことを見た．これまでの本書の議論を振り返ってみると，オイラー数については既に第3章で議論しているので目新しいとはいえないが，ガウス曲率 K は S の局所的な「曲がり具合」を表しているという点で，第3章までの議論には現れなかった量である．しかも，第一基本形式は各点における接ベクトルどうしの内積の情報だけ与えればよく，S が $\mathbf{R}^3$ にどう埋め込まれているかということをすべて指定する必要がない．つまり，多様体の内在的な定義の範疇で第一基本形式を与えることができるのである．もちろん，曲面論の平均曲率の方の情報は欠落することになるが，それでもガウス曲率によって局所的な曲がり方の情報をある程度得られると考えることができる．このような考察の上でいうと，リーマン幾何学とは，**実 $\boldsymbol{n}$ 次元多様体** $M=\bigcup_\alpha B_\alpha$ **の点** $x\in B_\alpha$ **における接空間** $T_xM=\left\langle \frac{\partial}{\partial x_\alpha^1},\cdots,\frac{\partial}{\partial x_\alpha^n}\right\rangle_{\mathbf{R}}$ **に抽象的な内積**

$$g_{ij}^{(\alpha)}(x):=\left(\frac{\partial}{\partial x_\alpha^i},\frac{\partial}{\partial x_\alpha^j}\right)\in\mathbf{R}$$

（第一基本形式）を与えてしまうことで，$\boldsymbol{M}$ に形を与えたことにしようと割り切る発想である． ただし，$g_{ij}^{(\alpha)}(x)$ は B_α 上では x の変化に対し滑らかに変化し，$B_\alpha\cap B_\beta\neq\emptyset$ 上では，座標変換則 $\frac{\partial}{\partial x_\alpha^i}=\frac{\partial x_\beta^k}{\partial x_\alpha^i}\frac{\partial}{\partial x_\beta^k}$ に従って，以下が成り立つものとする．

$$g_{ij}^{(\alpha)}(x) = g_{kl}^{(\beta)}(x)\frac{\partial x_\beta^k}{\partial x_\alpha^i}\frac{\partial x_\beta^l}{\partial x_\alpha^j} \tag{4.23}$$

もちろん，この内積は各点 $x \in M$ で対称かつ正定値であるとする．なお，貼り合わせで(4.23)のような変換性を満たす量を2階の**共変テンソル**という．この性質を満たす $g_{ij}^{(\alpha)}(x)$ の集合 $g = \{g_{ij}^{(\alpha)}(x)\}$ を M の**リーマン計量**と呼ぶ．

この計量から M の形の情報がどのように引き出せるかを，曲面論の議論を参考に決めていくことにしよう．曲面論の議論を振り返ると，接ベクトル $\partial_j \mathbf{r}$ の微分の展開形

$$\partial_i\partial_j\mathbf{r} = \Gamma_{ij}^1\partial_1\mathbf{r} + \Gamma_{ij}^2\partial_2\mathbf{r} + L_{ij}\mathbf{e} =: \Gamma_{ij}^k\partial_k\mathbf{r} + L_{ij}\mathbf{e} \tag{4.24}$$

から接続係数 Γ_{ij}^k を導入し，これから得られる関係式 $\partial_k g_{ij} = \partial_k(\partial_i\mathbf{r}, \partial_j\mathbf{r}) = (\partial_k\partial_i\mathbf{r}, \partial_j\mathbf{r}) + (\partial_i\mathbf{r}, \partial_k\partial_j\mathbf{r}) = \Gamma_{ki}^l g_{lj} + \Gamma_{kj}^l g_{il}$ を接続係数について解くことにより，接続係数が

$$\Gamma_{ij}^k = \frac{1}{2}g^{km}(\partial_i g_{mj} + \partial_j g_{mi} - \partial_m g_{ij})$$

とリーマン計量を用いて表された（演習問題 4.3）．この議論を真似して，逆に接続係数 ${\Gamma^{(\alpha)}}_{ij}^{k}$ を，計量 $g_{ij}^{(\alpha)}$ と以下の関係にあると要請する．

$$\partial_k g_{ij}^{(\alpha)} = {\Gamma^{(\alpha)}}_{ki}^{l} g_{lj}^{(\alpha)} + {\Gamma^{(\alpha)}}_{kj}^{l} g_{il}^{(\alpha)} \tag{4.25}$$

（ただし，ここで (x) を省略し，また略記法 $\partial_i := \dfrac{\partial}{\partial x_\alpha^i}$ を導入した．以下適宜用いる．）

上の関係式に加えて，条件

$${\Gamma^{(\alpha)}}_{ij}^{k} = {\Gamma^{(\alpha)}}_{ji}^{k} \tag{4.26}$$

を仮定して，接続係数について解けば以下の表式を得る．

$${\Gamma^{(\alpha)}}_{ij}^{k} = \frac{1}{2}g_{(\alpha)}^{km}(\partial_i g_{mj}^{(\alpha)} + \partial_j g_{mi}^{(\alpha)} - \partial_m g_{ij}^{(\alpha)}) \tag{4.27}$$

ただし，$g_{(\alpha)}^{ij}$ は各点で関係式 $g_{(\alpha)}^{im} g_{mj}^{(\alpha)} = \delta_j^i$ を満たすもの（2階の**反変テンソル**）として定義されている．(4.27)で定義される接続 $\{{\Gamma^{(\alpha)}}_{ij}^{k}\}$ を**レビ・チビタ接続**という．一方，今は多様体を考えていて，ユークリッド空間の中の部

分集合という描像は使えないので，曲面論で用いた $\mathbf{R}^3$ 内での曲面の接平面の法ベクトル $\mathbf{e}$ は存在しない．そこで，(4.24) の展開の右辺の $L_{ij}\mathbf{e}$ の項を落として，接ベクトル $\partial_j := \dfrac{\partial}{\partial x_\alpha^j}$ の微分を

$$\nabla_i^{(\alpha)}(\partial_j) := \Gamma^{(\alpha)}{}_{ij}^{k}\partial_k$$

と定義する．この定義は，積の微分の公式を参考にして，自然に M 上の接ベクトル場 $\{X_{(\alpha)}^i\partial_i\}$ の微分に拡張される．

$$\begin{aligned}\nabla_i^{(\alpha)}(X_{(\alpha)}^j\partial_j) &:= (\partial_i X_{(\alpha)}^j)\partial_j + X_{(\alpha)}^j\Gamma^{(\alpha)}{}_{ij}^{k}\partial_k \\ &= (\partial_i X_{(\alpha)}^j + \Gamma^{(\alpha)}{}_{ik}^{j}X_{(\alpha)}^k)\partial_j\end{aligned}$$

上式，あるいは基底を省略した成分で書いた形

$$\nabla_i^{(\alpha)}X_{(\alpha)}^j = \partial_i X_{(\alpha)}^j + \Gamma^{(\alpha)}{}_{ik}^{j}X_{(\alpha)}^k \tag{4.28}$$

で定義されるのが，いわゆるリーマン幾何学の**反変ベクトルの共変微分**である．

さて，ここで M 上のテンソル[*1] の定義の復習をしておこう．

定義 4.1　$M = \bigcup_\alpha B_\alpha$ を実 n 次元多様体とし，$\phi_\alpha : U_\alpha \to B_\alpha$ を局所座標系とする．M 上の $(\boldsymbol{m}, \boldsymbol{l})$ **型テンソル** $\{T^{(\alpha)}{}_{j_1\cdots j_l}^{i_1\cdots i_m}\}$ とは，各局所座標近傍 U_α において定義された n^{m+l} 個の成分をもつ多成分実数値関数 $T^{(\alpha)}{}_{j_1\cdots j_l}^{i_1\cdots i_m}$ $(1 \leq i_1, \cdots, i_m, j_1, \cdots, j_l \leq n)$ の集まりで，$B_\alpha \cap B_\beta \neq \emptyset$ で以下の変換則を満たすものである．

$$T^{(\alpha)}{}_{j_1\cdots j_l}^{i_1\cdots i_m} = T^{(\beta)}{}_{q_1\cdots q_l}^{p_1\cdots p_m} \cdot \frac{\partial x_\alpha^{i_1}}{\partial x_\beta^{p_1}} \cdots \frac{\partial x_\alpha^{i_m}}{\partial x_\beta^{p_m}} \frac{\partial x_\beta^{q_1}}{\partial x_\alpha^{j_1}} \cdots \frac{\partial x_\beta^{q_l}}{\partial x_\alpha^{j_l}}$$

また，テンソルを記述する添字の個数 $(m+l)$ は**階数**と呼ばれる．

この定義の意味では，接ベクトル場 $\{X_{(\alpha)}^i\partial_i\}$ における $\{X_{(\alpha)}^i\}$ は $(1, 0)$ 型テンソルであり，リーマン計量 $\{g_{ij}^{(\alpha)}\}$ は $(0, 2)$ 型テンソル，$\{g_{(\alpha)}^{ij}\}$ は $(2, 0)$ 型テンソルである．なお，M 上の実数値関数 f は $(0, 0)$ 型テンソルであり，

[*1]　ここでいう「テンソル」は，第 2 章で出てきた「テンソル場」と同じものである（用語，記法を文脈に合わせて若干変更している）．

M 上の p 次微分形式

$$\frac{1}{p!}\omega^{(\alpha)}_{i_1\cdots i_p}dx^{i_1}_{\alpha}\wedge\cdots\wedge dx^{i_p}_{\alpha}$$

において，$\{\omega^{(\alpha)}_{i_1\cdots i_p}\}$ は添字の入れ替えについて完全反対称性をもつ $(0,p)$ 型テンソルをなす．一般相対論の教科書でよく使われる共変，反変という用語は，上の文脈では，上付きの添字が反変成分，下付きの添字が共変成分に対応することになる．特に，$(1,0)$型テンソルを**反変ベクトル**，$(0,1)$型テンソルを**共変ベクトル**と呼ぶ．

(4.28)で，M にリーマン計量が与えられている場合の接ベクトル場，つまり $(1,0)$ 型テンソルについての共変微分を定義したのであるが，この定義を (m,l) 型のテンソルに拡張しよう．まず手始めに $(0,1)$ 型，つまり共変ベクトル $\{Y_i{}^{(\alpha)}\}$ の共変微分を定義することにしよう．鍵は次の条件である．

（i） 共変微分は積の微分公式（ライプニッツ則）を満たす．

（ii） 反変ベクトル $\{X^i_{(\alpha)}\}$ との縮約 $\{X^i_{(\alpha)}Y_i{}^{(\alpha)}\}$ は M 上の関数，つまり $(0,0)$ 型テンソルを与える[*2]．

（iii） M 上の関数の共変微分は通常の微分に一致する．

これらの条件を使うと，以下の等式が得られる．

$$\begin{aligned}
&\nabla_i^{(\alpha)}(X^j_{(\alpha)}Y_j{}^{(\alpha)})\\
&\quad=(\nabla_i^{(\alpha)}X^j_{(\alpha)})Y_j{}^{(\alpha)}+X^j_{(\alpha)}(\nabla_i^{(\alpha)}Y_j{}^{(\alpha)})\\
&\quad=(\partial_iX^j_{(\alpha)}+\Gamma^{(\alpha)}{}^j_{ik}X^k_{(\alpha)})Y_j{}^{(\alpha)}+X^j_{(\alpha)}(\nabla_i^{(\alpha)}Y_j{}^{(\alpha)})\\
&\quad=\partial_i(X^j_{(\alpha)}Y_j{}^{(\alpha)})\\
&\quad=(\partial_iX^j_{(\alpha)})Y_j{}^{(\alpha)}+X^j_{(\alpha)}(\partial_iY_j{}^{(\alpha)})
\end{aligned}$$

上の等式から，

$$X^j_{(\alpha)}(\nabla_i^{(\alpha)}Y_j{}^{(\alpha)})=X^j_{(\alpha)}(\partial_iY_j{}^{(\alpha)}-\Gamma^{(\alpha)}{}^k_{ij}Y_k{}^{(\alpha)})$$

の要請が得られるので，$(0,1)$ 型テンソルの共変微分は次のように定義すれ

[*2] テンソルの上付き添字と下付き添字を i に揃えて，i について 1 から n まで和をとることを，テンソルの添字の**縮約**という．

ばよいことがわかる.

$$\nabla_i^{(\alpha)} Y_j^{(\alpha)} := \partial_i Y_j^{(\alpha)} - \Gamma^{(\alpha)}{}^k_{ij} Y_k^{(\alpha)}$$

この考え方を用いれば，一般の (m,l) 型のテンソル $\{T^{(\alpha)}{}^{i_1\cdots i_m}_{j_1\cdots j_l}\}$ の**共変微分**は上の(ii)の条件の代わりに

(ii′)　縮約 $\{T^{(\alpha)}{}^{i_1\cdots i_m}_{j_1\cdots j_l} Y_{i_m}^{(\alpha)}\}, \{T^{(\alpha)}{}^{i_1\cdots i_m}_{j_1\cdots j_l} X^{j_l}_{(\alpha)}\}$ は，
それぞれ $(m-1,l)$ 型，$(m,l-1)$ 型のテンソルとなる.

を課すことにより，帰納的に決定できる．答えは以下のようになる.

$$\nabla_k^{(\alpha)} T^{(\alpha)}{}^{i_1\cdots i_m}_{j_1\cdots j_l} := \partial_k T^{(\alpha)}{}^{i_1\cdots i_m}_{j_1\cdots j_l} + \sum_{p=1}^{m} \Gamma^{(\alpha)}{}^{i_p}_{b_p k} T^{(\alpha)}{}^{i_1\cdots i_{p-1} b_p i_{p+1}\cdots i_m}_{j_1\cdots j_l}$$
$$- \sum_{q=1}^{l} \Gamma^{(\alpha)}{}^{b_q}_{k j_q} T^{(\alpha)}{}^{i_1\cdots i_m}_{j_1\cdots j_{q-1} b_q j_{q+1}\cdots j_l}$$

演習問題 4.5

(i)　条件式(4.25)は，共変微分を用いて以下のように書けることを示せ.

$$\nabla_k^{(\alpha)} g_{ij}^{(\alpha)} = 0$$

(ii)　レビ・チビタ接続 $\{\Gamma^{(\alpha)}{}^k_{ij}\}$ は，$B_\alpha \cap B_\beta \neq \emptyset$ で以下の関係式を満たすことを示せ.

$$\Gamma^{(\alpha)}{}^k_{ij} = \Gamma^{(\beta)}{}^p_{qr} \cdot \frac{\partial x_\alpha^k}{\partial x_\beta^p} \frac{\partial x_\beta^q}{\partial x_\alpha^i} \frac{\partial x_\beta^r}{\partial x_\alpha^j} + \frac{\partial x_\alpha^k}{\partial x_\beta^p} \cdot \frac{\partial^2 x_\beta^p}{\partial x_\alpha^i \partial x_\alpha^j}$$

(よって，レビ・チビタ接続は(1,2)型のテンソルではない.)

(iii)　$\{X^i_{(\alpha)}\}, \{Y_j^{(\alpha)}\}$ をそれぞれ $(1,0)$ 型，$(0,1)$ 型のテンソルとするとき，$\{\nabla_i^{(\alpha)} X^j_{(\alpha)}\}, \{\nabla_i^{(\alpha)} Y_j^{(\alpha)}\}$ はそれぞれ $(1,1)$ 型，$(0,2)$ 型のテンソルとなることを示せ.

(意欲のある人は，(m,l) 型テンソル $\{T^{(\alpha)}{}^{i_1\cdots i_m}_{j_1\cdots j_l}\}$ に対して，$\{\nabla_k^{(\alpha)} T^{(\alpha)}{}^{i_1\cdots i_m}_{j_1\cdots j_l}\}$ が $(m,l+1)$ 型テンソルとなることも示してみよ.)

以上で，リーマン計量が与えられたときのレビ・チビタ接続と共変微分を導入したが，ガウスの驚きの定理の主役であるガウス曲率は，この文脈でどのように拡張できるであろうか？　振り返ってみると，3 次元ユークリッド空間内の曲面のガウス曲率 K は，リーマン計量と接続を用いて以下のように表された (定理 4.1).

$$K = -\frac{(\partial_1\Gamma^k_{21}-\partial_2\Gamma^k_{11}-\Gamma^l_{11}\Gamma^k_{l2}+\Gamma^l_{12}\Gamma^k_{1l})g_{k2}}{g_{11}g_{22}-g_{12}g_{21}} \tag{4.29}$$

この結果を n 次元多様体について拡張したいのであるが，少し考えたぐらいでは手がかりが得られそうもない．そこで，いささか発見法的であるが，せっかくテンソルの共変微分を定義したので，(1,0) 型のテンソル（反変ベクトル）$\{X^i_{(\alpha)}\}$ について，以下のような量を計算してみよう．

$$\begin{aligned}
&\nabla^{(\alpha)}_i(\nabla^{(\alpha)}_j X^k_{(\alpha)})-\nabla^{(\alpha)}_j(\nabla^{(\alpha)}_i X^k_{(\alpha)})\\
&\quad= \nabla^{(\alpha)}_i(\partial_j X^k_{(\alpha)}+\Gamma^{(\alpha)k}{}_{jm}X^m_{(\alpha)})-\nabla^{(\alpha)}_j(\partial_i X^k_{(\alpha)}+\Gamma^{(\alpha)k}{}_{im}X^m_{(\alpha)})\\
&\quad= \partial_i(\partial_j X^k_{(\alpha)}+\Gamma^{(\alpha)k}{}_{jm}X^m_{(\alpha)})+\Gamma^{(\alpha)k}{}_{ip}(\partial_j X^p_{(\alpha)}+\Gamma^{(\alpha)p}{}_{jm}X^m_{(\alpha)})\\
&\qquad\quad -\Gamma^{(\alpha)p}{}_{ij}(\partial_p X^k_{(\alpha)}+\Gamma^{(\alpha)k}{}_{pm}X^m_{(\alpha)})\\
&\qquad\quad -\partial_j(\partial_i X^k_{(\alpha)}+\Gamma^{(\alpha)k}{}_{im}X^m_{(\alpha)})-\Gamma^{(\alpha)k}{}_{jp}(\partial_i X^p_{(\alpha)}+\Gamma^{(\alpha)p}{}_{im}X^m_{(\alpha)})\\
&\qquad\quad +\Gamma^{(\alpha)p}{}_{ji}(\partial_p X^k_{(\alpha)}+\Gamma^{(\alpha)k}{}_{pm}X^m_{(\alpha)})\\
&\quad= (\partial_i\Gamma^{(\alpha)k}{}_{jm}-\partial_j\Gamma^{(\alpha)k}{}_{im}+\Gamma^{(\alpha)k}{}_{ip}\Gamma^{(\alpha)p}{}_{jm}-\Gamma^{(\alpha)k}{}_{jp}\Gamma^{(\alpha)p}{}_{im})X^m_{(\alpha)}
\end{aligned} \tag{4.30}$$

ただし，上の変形では関係式(4.26)を用いた．ここで，(4.29)の分子に現れる接続係数 Γ^k_{ij} で書かれた因子を，$\Gamma^k_{ij}=\Gamma^k_{ji}$ が成り立つことに注意して，以下のように書き換えてみよう．

$$\partial_1\Gamma^k_{21}-\partial_2\Gamma^k_{11}+\Gamma^k_{1l}\Gamma^l_{21}-\Gamma^k_{2l}\Gamma^l_{11}$$

この表式は，(4.30)の最後の行の $\Gamma^{(\alpha)k}{}_{ij}$ で書かれた括弧内の因子において，$i=1$，$j=2$，$k=k$，$p=l$，$m=1$ とおいたものに一致している！

実際のところリーマンは，リーマン幾何学を最初に提唱した論文ではもっと幾何学的な考察をしたようであるが，結果的にはリーマン計量が与えられた多様体の曲がり方を測る量として，この(4.30)の括弧内の因子で書かれる(1,3)型のテンソルを**リーマン曲率テンソル**として採用した．

$$R^{(\alpha)k}{}_{mij} := \partial_i\Gamma^{(\alpha)k}{}_{jm}-\partial_j\Gamma^{(\alpha)k}{}_{im}+\Gamma^{(\alpha)k}{}_{ip}\Gamma^{(\alpha)p}{}_{jm}-\Gamma^{(\alpha)k}{}_{jp}\Gamma^{(\alpha)p}{}_{im}$$

なお，$R^{(\alpha)k}{}_{mij}$ が (1,3) 型テンソルであることは，(4.30)より $\nabla^{(\alpha)}_i(\nabla^{(\alpha)}_j X^k_{(\alpha)})-\nabla^{(\alpha)}_j(\nabla^{(\alpha)}_i X^k_{(\alpha)})=R^{(\alpha)k}{}_{mij}X^m_{(\alpha)}$ が(1,2)型テンソルであることから従う．また，これから得られる(0,4)型テンソル

$$R^{(\alpha)}{}_{lmij} := g^{(\alpha)}_{lk}R^{(\alpha)k}{}_{mij}$$

は**リーマン-クリストッフェルテンソル**と呼ばれ，こちらもリーマン幾何学でよく用いられる．以下の演習問題では，以上の定義から従う公式を提示しておいた．確かめるにはなかなか大変な計算を要するものもあるが，一度はやっておいた方がよいであろう．

演習問題 4.6　以下の公式を示せ．

(i)　$R^{(\alpha)}{}_{lmij} = -R^{(\alpha)}{}_{lmji}$

(ii)　$R^{(\alpha)}{}_{lmij} = R^{(\alpha)}{}_{ijlm},\ R^{(\alpha)}{}_{lmij} = -R^{(\alpha)}{}_{mlij}$

(iii)　$R^{(\alpha)}{}_{lmij} + R^{(\alpha)}{}_{lijm} + R^{(\alpha)}{}_{ljmi} = 0$

特に，M が実2次元多様体のときは，上の公式を用いると $R^{(\alpha)}{}_{lmij}$ の中で独立なものは $R^{(\alpha)}{}_{1212}$ のみであることがわかる．実際，このテンソルを用いると，曲面のガウス曲率は

$$K = \frac{R_{1212}}{g_{11}g_{22} - g_{12}g_{21}} \tag{4.31}$$

と書かれる（局所座標を表す α は省略した）．

最後に，なぜ唐突に $\nabla_i^{(\alpha)}(\nabla_j^{(\alpha)} X^k_{(\alpha)}) - \nabla_j^{(\alpha)}(\nabla_i^{(\alpha)} X^k_{(\alpha)})$ という表式を考えたかという疑問が残るが，これはガウスの驚きの定理(4.29)の導出において，接ベクトル $\partial_m \mathbf{r}$ の2階微分 $\partial_i \partial_j \partial_m \mathbf{r}$ を上手く使ったことを振り返れば意味がわかってくるであろう．皆様御存知のように，共変微分の交換関係から曲率を定義する考え方が発展して，ゲージ理論の曲率が定義されていったのであるが，その歴史的過程を一度深く考えてみるのも重要なことであろう．

4.2.2　ラプラシアンと調和形式

前の小節において，実 n 次元多様体にリーマン計量が与えられた場合に定まるレビ・チビタ接続とリーマン曲率テンソルを導入した．以後，リーマン計量 g をもつ多様体 M を**リーマン多様体** (M, g) と呼ぶことにしよう．一般相対論においては，レビ・チビタ接続とリーマン曲率テンソルが重力場を記述する道具として大活躍するのであるが，この小節では，リーマン計量

が前に定義した多様体のド・ラムコホモロジー群に対してどのような影響を与えるかを見ることにする．この理論は，数学においては「ホッジ－小平の調和微分形式の理論」と呼ばれる．

まず，(M, g) を向き付け可能な n 次元コンパクトリーマン多様体とする．リーマン計量 $g = \{g_{ij}^{(\alpha)}\}$ に対して，$g_{ij}^{(\alpha)}$ を n 次対称行列 $(g_{ij}^{(\alpha)})$ と見たときの行列式を導入しよう．

$$g^{(\alpha)} := \det(g_{ij}^{(\alpha)}) = \sum_{\sigma \in S_n} \operatorname{sgn}(\sigma) g_{1\sigma(1)}^{(\alpha)} \cdots g_{n\sigma(n)}^{(\alpha)} \tag{4.32}$$

演習問題 4.7

（i） $B_\alpha \cap B_\beta \neq \emptyset$ で，以下が成り立つことを示せ．

$$g^{(\alpha)} = g^{(\beta)} \cdot \left(\det\left(\frac{\partial x_\beta^j}{\partial x_\alpha^i} \right) \right)^2$$

（ii） $\left\{ \sqrt{g^{(\alpha)}} dx_\alpha^1 \wedge dx_\alpha^2 \wedge \cdots \wedge dx_\alpha^n \right\}$ はリーマン多様体 (M, g) 上の大域 n 形式を定めることを示せ．なお，これを (M, g) の**体積形式** vol_M と呼ぶ．

次に，(M, g) 上の p 形式 $\omega = \left\{ \frac{1}{p!} \omega_{i_1 \cdots i_p}^{(\alpha)} dx_\alpha^{i_1} \wedge \cdots \wedge dx_\alpha^{i_p} \right\}$ に対して $(n-p)$ 形式を対応させる「ホッジ作用素」を導入する．

定義 4.2 **ホッジ作用素**と呼ばれる写像 $*_p : \Omega^p(M) \to \Omega^{n-p}(M)$ を以下で定める．

$$*_p\left(\frac{1}{p!} \omega_{i_1 \cdots i_p}^{(\alpha)} dx_\alpha^{i_1} \wedge \cdots \wedge dx_\alpha^{i_p} \right)$$

$$:= \frac{1}{(n-p)!\,p!} \sqrt{g^{(\alpha)}} \varepsilon_{i_1 \cdots i_{n-p} j_1 \cdots j_p} g_{(\alpha)}^{j_1 k_1} \cdots g_{(\alpha)}^{j_p k_p} \omega_{k_1 \cdots k_p}^{(\alpha)} dx_\alpha^{i_1} \wedge \cdots \wedge dx_\alpha^{i_{n-p}}$$

ただし，$\varepsilon_{i_1 \cdots i_n}$ は n 階の完全反対称テンソルで，$\varepsilon_{12 \cdots n} = 1$ を満たす．

演習問題 4.8 ホッジ作用素 $*_p : \Omega^p(M) \to \Omega^{n-p}(M)$ が以下の性質を満たすことを示せ．

（i） $*_0 1 = vol_M$.

（ii） $*_{n-p} \cdot *_p = (-1)^{p(n-p)}$.

（iii）　$\omega=\left\{\frac{1}{p!}\omega^{(\alpha)}_{i_1\cdots i_p}dx^{i_1}_{\alpha}\wedge\cdots\wedge dx^{i_p}_{\alpha}\right\}$，$\eta=\left\{\frac{1}{p!}\eta^{(\alpha)}_{i_1\cdots i_p}dx^{i_1}_{\alpha}\wedge\cdots\wedge dx^{i_p}_{\alpha}\right\}$ について，以下が成り立つ．

$$\omega\wedge(*_p\eta)=(-1)^{p(n-p)}\frac{1}{p!}g^{i_1j_1}_{(\alpha)}\cdots g^{i_pj_p}_{(\alpha)}\omega^{(\alpha)}_{i_1\cdots i_p}\eta^{(\alpha)}_{j_1\cdots j_p}\cdot vol_M$$

上の（ii）の結果により，$(*_p)^{-1}:\Omega^{n-p}(M)\to\Omega^p(M)$ が $(-1)^{p(n-p)}*_{n-p}$ で与えられることがわかる．また，（iii）の結果より，$\omega,\eta\in\Omega^p(M)$ に対して内積を

$$(\omega,\eta)_p:=(-1)^{p(n-p)}\int_M\omega\wedge(*_p\eta)=(\eta,\omega)_p \tag{4.33}$$

で定めると，$\Omega^p(M)$ 上の正定値で非退化（p.258）な内積が得られることがわかる．この内積のもとで，外微分作用素 $d_p:\Omega^p(M)\to\Omega^{p+1}(M)$ の**随伴作用素** $\delta_p:\Omega^p(M)\to\Omega^{p-1}(M)$ を以下で定める．

$$\delta_p:=(-1)^{np}*_{n-p+1}\circ d_{n-p}\circ *_p$$

さらに M 上の p 形式に対する**ラプラシアン** $\Delta_p:\Omega^p(M)\to\Omega^p(M)$ も導入しよう．

$$\Delta_p:=d_{p-1}\circ\delta_p+\delta_{p+1}\circ d_p$$

定義 4.3　M 上の p 形式 $\omega\in\Omega^p(M)$ で

$$\Delta_p\omega=0$$

を満たすものを，M 上の **p 次調和形式**という．M 上の p 次調和形式全体のなす実ベクトル空間を $\mathbf{H}^p(M)$ と書く．

演習問題 4.9

（i）　$\delta_{p-1}\circ\delta_p=0$ が成り立つことを示せ．

（ii）　$\omega\in\Omega^p(M)$，$\eta\in\Omega^{p+1}(M)$ について，以下が成り立つことを示せ．

$$(d_p\omega,\eta)_{p+1}=(\omega,\delta_{p+1}\eta)_p$$

（iii）　$\omega\in\mathbf{H}^p(M)$，$\eta\in\Omega^{p+1}(M)$，$\varphi\in\Omega^{p-1}(M)$ について，以下が成り立つことを示せ．

$$d_p\omega=\delta_p\omega=0,$$
$$(\omega,\delta_{p+1}\eta)_p=(\omega,d_{p-1}\varphi)_p=(\delta_{p+1}\eta,d_{p-1}\varphi)_p=0$$

上の(iii)の結果より，$\Omega^p(M)$ の 3 つの線形部分空間 $\mathbf{H}^p(M)$，$\mathrm{Im}(d_{p-1})$，$\mathrm{Im}(\delta_{p+1})$ は，(4.33)の内積のもとで互いに直交することがわかる．実は，それより強く以下の定理が成り立つ．

定理 4.3 $\mathbf{H}^p(M)$，$\mathrm{Im}(d_{p-1})$，$\mathrm{Im}(\delta_{p+1})$ は，実ベクトル空間 $\Omega^p(M)$ の(4.33)の内積のもとで互いに直交する直和分解を与える．

$$\Omega^p(M) = \mathbf{H}^p(M) \oplus \mathrm{Im}(d_{p-1}) \oplus \mathrm{Im}(\delta_{p+1})$$

演習問題 4.9 の(i)の結果を使えば $\mathrm{Ker}(d_p)$ が $\mathrm{Im}(\delta_{p+1})$ と直交する部分空間であることがわかるので，この定理より $\mathrm{Ker}(d_p) \subset \mathbf{H}^p(M) \oplus \mathrm{Im}(d_{p-1})$ が成り立つ．一方，(iii)より逆の包含関係も成り立つので，結局 $\mathrm{Ker}(d_p) = \mathbf{H}^p(M) \oplus \mathrm{Im}(d_{p-1})$ である．ところが，ド・ラムコホモロジー群の定義

$$H^p_{DR}(M) \coloneqq \mathrm{Ker}(d_p)/\mathrm{Im}(d_{p-1})$$

を思い出すと，この結果は次の同型を導く．

系 4.1 (M, g) を向き付け可能な実 n 次元コンパクトリーマン多様体とすると，以下のベクトル空間の同型が成り立つ．

$$\mathbf{H}^p(M) \simeq H^p_{DR}(M)$$

この結果の意味していることは，**M にリーマン計量が与えられていると，ド・ラムコホモロジー群の代表元となる微分形式として，$B^p(M)$ の元の不定性のないきれいな形の調和微分形式が選べる**ということである．

演習問題 4.10 随伴作用素 $\delta_p : \Omega^p(M) \to \Omega^{p-1}(M)$ は以下のように具体的に書けることを示せ．

$$\begin{aligned}
\delta_p\left(\frac{1}{p!}\,\omega^{(\alpha)}_{i_1\cdots i_p} dx^{i_1}_{\alpha} \wedge \cdots \wedge dx^{i_p}_{\alpha}\right) &= -\frac{1}{(p-1)!}\, g^{mn}_{(\alpha)}\Biggl(\partial_m \omega^{(\alpha)}_{n i_1 \cdots i_{p-1}} - \Gamma^{(\alpha)}{}^{j}{}_{mn}\, \omega^{(\alpha)}_{j i_1 \cdots i_{p-1}} \\
&\qquad - \sum_{k=1}^{p-1} \Gamma^{(\alpha)}{}^{j}{}_{m i_k}\, \omega^{(\alpha)}_{n i_1 \cdots i_{k-1} j i_{k+1} \cdots i_{p-1}}\Biggr) dx^{i_1}_{\alpha} \wedge \cdots \wedge dx^{i_{p-1}}_{\alpha} \\
&= -\frac{1}{(p-1)!}\, g^{mn}_{(\alpha)} (\nabla^{(\alpha)}_m \omega^{(\alpha)}_{n i_1 \cdots i_{p-1}})\, dx^{i_1}_{\alpha} \wedge \cdots \wedge dx^{i_{p-1}}_{\alpha}
\end{aligned}$$

4.2.3　ガウス - ボンネの定理の一般化

小節 4.1.2 においてガウス - ボンネの定理を紹介した．その主張は，**3 次元ユークリッド空間内の向き付け可能な閉曲面 S のガウス曲率を積分すると，閉曲面のオイラー数 $\chi(S)$ が得られる**というものであった．これは，曲面の曲率という曲面の局所的な形を記述する量と，曲面のオイラー数という大域的な位相幾何学的量を結びつける大変魅力的な定理である．一方，ガウス曲率はリーマン計量だけから決まる量なので，この定理をリーマン計量をもつ向き付け可能なコンパクトリーマン多様体 (M, g) に一般化できるのではないかと期待したくなる．なお，前に議論したように，奇数次元の向き付け可能なコンパクト多様体のオイラー数は 0 となる（定理 3.22）ので，(M, g) の実次元は $2n$ としておく．実際，この一般化された定理は，ユークリッド空間の部分多様体の場合にヴェイユによって証明され，リーマン多様体の場合にチャーンによって簡潔な証明が与えられた．ここではその定理を**チャーン - ガウス - ボンネの定理**と呼ぶことにする．この小節では，その定理を手短に紹介することにしよう．

まず一般化への手がかりを探るため，曲面の場合のガウス - ボンネの定理をリーマン幾何学の言葉で書き換えることにしよう．定理の主張は

$$\frac{1}{2\pi}\int_S K\,|\partial_1\mathbf{r}\times\partial_2\mathbf{r}|\,du^1\wedge du^2 = \chi(S)$$

であるが（定理 4.2），演習問題 4.4 で見たように $|\partial_1\mathbf{r}\times\partial_2\mathbf{r}|\,du^1\wedge du^2 = \sqrt{g_{11}g_{22}-g_{12}g_{21}}\,du^1\wedge du^2$ であり，また，(4.31) より $K = \dfrac{R_{1212}}{g_{11}g_{22}-g_{12}g_{21}}$ が成り立つので，上の等式は以下のように書き換えられる．

$$\frac{1}{2\pi}\int_S \frac{R_{1212}}{g_{11}g_{22}-g_{12}g_{21}}\sqrt{g_{11}g_{22}-g_{12}g_{21}}\,du^1\wedge du^2 = \chi(S)$$

ここで，左辺に現れた S 上の 2 形式

$$\frac{1}{2\pi}\frac{R_{1212}}{g_{11}g_{22}-g_{12}g_{21}}\sqrt{g_{11}g_{22}-g_{12}g_{21}}\,du^1\wedge du^2$$

を一般化できる形に書き直していくことにしよう．まず，リーマン - クリストッフェルテンソル R_{ijkl} に対して，微分形式

$$\mathbf{R}_{ij} \coloneqq \frac{1}{4\pi} R_{ijkl} du^k \wedge du^l$$

を考えよう．リーマン - クリストッフェルテンソルの性質 $R_{ijkl} = -R_{ijlk}$, $R_{jikl} = -R_{ijkl}$（演習問題 4.6）より，$\mathbf{R}_{ij}$ は i, j の入れ替えについて反対称で，

$$\mathbf{R}_{12} = -\mathbf{R}_{21} = \frac{1}{2\pi} R_{1212} du^1 \wedge du^2$$

が成り立つ．次に，R_{ij} の下付き添字を，計量テンソルの逆行列にあたるテンソル g^{ij} で上付き添字にしたものを次のようにおく．

$$\mathbf{R}^{ij} \coloneqq g^{ik} g^{jl} \mathbf{R}_{kl}$$

$g^{ij} = g^{ji}$ であることに注意すると，簡単な計算で $\mathbf{R}^{ij}$ も i, j の入れ替えについて反対称であり，また

$$\mathbf{R}^{12} = (g^{11} g^{22} - g^{12} g^{21}) \mathbf{R}_{12} = \frac{\mathbf{R}_{12}}{g_{11} g_{22} - g_{12} g_{21}}$$

であることがわかる．ただし，上の 2 番目の等号では，(g^{ij}) が (g_{ij}) の逆行列であることを用いた．また，前小節 (4.32) で導入した記号 $g = g_{11} g_{22} - g_{12} g_{21}$ を用いると，ガウス - ボンネの定理は以下のように書き換えられる．

$$\int_S \mathbf{R}^{12} \sqrt{g} = \chi(S) \tag{4.34}$$

後は，2×2 反対称行列 $\mathbf{R} \coloneqq (\mathbf{R}^{ij})$ から成分 $\mathbf{R}^{12}$ を取り出す操作を行列の言葉を用いて表すことができれば，一般化ができそうである．このような言葉は数学で既に存在するのである．

定義 4.4　$2n \times 2n$ 実反対称行列 $M = (M_{ij})$ $(M_{ij} = -M_{ji})$ に対して，M の**パフィアン** $\mathrm{Pf}(M)$ を以下で定義する．

$$\mathrm{Pf}(M) \coloneqq \frac{1}{2^n n!} \sum_{\sigma \in S_{2n}} \mathrm{sgn}(\sigma) M_{\sigma(1)\sigma(2)} M_{\sigma(3)\sigma(4)} \cdots M_{\sigma(2n-1)\sigma(2n)}$$

演習問題 4.11

（i）$\det(M) = (\mathrm{Pf}(M))^2$ が成り立つことを示せ．

（ii）B を $2n$ 次実正方行列とするとき，$\mathrm{Pf}({}^tBMB) = \det(B)\mathrm{Pf}(M)$ が成り立つことを示せ．

これにより，2×2 行列 $\mathbf{R} := (\mathbf{R}^{ij})$ に対して $\mathbf{R}^{12} = \mathrm{Pf}(\mathbf{R})$ が成り立つ．よって，(4.34)はさらに以下のように書き換えられる．

$$\int_S \mathrm{Pf}(\mathbf{R})\sqrt{g} = \chi(S)$$

ここまでくると，ガウス－ボンネの定理を $2n$ 次元リーマン多様体 (M, g) に対して一般化することができる．要するに，リーマン－クリストッフェルテンソル $R^{(\alpha)}{}_{ijkl}$ から，2次微分形式

$$\mathbf{R}^{ij}_{(\alpha)} := \frac{1}{4\pi} g^{im} g^{jn} R^{(\alpha)}{}_{mnkl}\, dx^k_\alpha \wedge dx^l_\alpha$$

を成分とする $2n\times2n$ 次反対称行列 $(\mathbf{R}^{ij}_{(\alpha)})$ を作り，そのパフィアンと $\sqrt{g^{(\alpha)}}$ から作られる $2n$ 次微分形式[*3] $\mathrm{Pf}(\mathbf{R})\sqrt{g} := \{\mathrm{Pf}(\mathbf{R}_{(\alpha)})\sqrt{g^{(\alpha)}}\}$ を M 上で積分してやればよいのであろう，と予想がつくのである．

演習問題 4.12　$\{\mathrm{Pf}(\mathbf{R}_{(\alpha)})\sqrt{g^{(\alpha)}}\}$ は M 上の大域的な $2n$ 形式を定めることを示せ．（この微分形式を代表元とする M のコホモロジー類は，M の**オイラー類**と呼ばれる．）

実際，チャーン－ガウス－ボンネの定理は以下の形で述べられる．

定理 4.4　**（チャーン－ガウス－ボンネの定理）**

(M, g) を実 $2n$ 次元で向き付け可能なコンパクトリーマン多様体とする．上の記法のもとで，以下の等式が成り立つ．

$$\int_M \mathrm{Pf}(\mathbf{R})\sqrt{g} = \chi(M)$$

*3　$(\mathbf{R}^{ij}_{(\alpha)})$ は微分形式を成分とする行列であるが，パフィアンをとるときの積は外積 $\wedge$ を用いるものとする．

証明については，チャーンの論文[9]を参照して欲しい，と言いたいところであるが，さすがにその論文には本書の議論でカバーしきれない内容が含まれているので，大まかな概略をここで解説しておくことにしよう．

基本的な着想は，曲面についてのガウス - ボンネの定理を証明する際に鍵となった等式

$$d\omega_1^2 = -K\,\theta^1 \wedge \theta^2 \tag{4.35}$$

を高次元に拡張することである．右辺の $K\,\theta^1\wedge\theta^2$ は $\mathrm{Pf}(\mathbf{R})\sqrt{g}$ となるのであるが，左辺の ω_1^2 は何になるのであろうか？　実は，ω_1^2 は局所的には 1 次微分形式なのであるが，大域的な曲面 S 上の微分形式ではない．これを高次元に拡張するために，チャーンは M の接空間 T_xM 上のリーマン計量で定義された内積から定まる半径 1 の球面 $S^{2n-1}(T_xM)$ を考え，それを M の各点 x に貼り付けて得られる M の球面束 $S^{2n-1}(TM)$ と呼ばれる $(4n-1)$ 次元多様体を考えた．この球面束はファイバー空間といわれるものの例で，各点 $x \in M$ におけるファイバー $S^{2n-1}(T_xM)$ の情報を忘れる自然な射影 π：$S^{2n-1}(TM) \to M$ が定義される．もちろん $\pi^{-1}(x) = S^{2n-1}(T_xM)$ である．

この設定のもとで，ω_1^2 は $S^{2n-1}(TM)$ 上の「大域角形式」と呼ばれる $(2n-1)$ 次微分形式 Ω に拡張される．この Ω のファイバー $\pi^{-1}(x) = S^{2n-1}(T_xM)$ への制限は，ファイバーである $(2n-1)$ 次元球面の体積形式になっている（球面の体積は 1 に規格化してある）．そして，(4.35)の拡張にあたる結果として，チャーンは以下の等式を証明した．

$$d\Omega = -\pi^*(\mathrm{Pf}(\mathbf{R})\sqrt{g}) \tag{4.36}$$

ここで，M 上のベクトル場 V：$x \mapsto v(x)$（$T_xM \simeq \mathbf{R}^{2n}$ より $v(x) \in \mathbf{R}^{2n}$ と見なす）で，ただ 1 つの孤立零点 $x_0 \in M$ をもつものをとってくることにしよう．ポアンカレ - ホップの定理（定理 2.11）より，この x_0 のベクトル場 V の局所的指数は M のオイラー数 $\chi(M)$ に等しくなる．つまり，十分小さい $\varepsilon > 0$ をとり，x_0 を中心とする半径 ε の $(2n-1)$ 次元球面 $S_\varepsilon^{2n-1}(x_0) = \partial B_\varepsilon^{2n}(x_0)$ を考え，写像

$$f : S_\varepsilon^{2n-1}(x_0) \to S^{2n-1}, \qquad f(x) := \frac{v(x)}{|v(x)|}$$

を考えると，f の写像度が $\chi(M)$ に等しくなるのである．ここで，対応 $x \in M - B_\varepsilon^{2n}(x_0) \mapsto \dfrac{v(x)}{|v(x)|}$ は写像 $s : M - B_\varepsilon^{2n}(x_0) \to S^{2n-1}(TM)$ を定義し，$\pi \circ s = 1_{M - B_\varepsilon^{2n}(x_0)}$ となることに注意する．(4.36) の両辺に s^* を作用させ，$M - B_\varepsilon^{2n}(x_0)$ で積分すると以下を得る．

$$\int_{M - B_\varepsilon^{2n}(x_0)} d(s^*(\Omega)) = -\int_{M - B_\varepsilon^{2n}(x_0)} s^*(\pi^*(\mathrm{Pf}(\mathbf{R})\sqrt{g}))$$

$$\iff \int_{\partial(M - B_\varepsilon^{2n}(x_0))} s^*(\Omega) = -\int_{M - B_\varepsilon^{2n}(x_0)} \mathrm{Pf}(\mathbf{R})\sqrt{g}$$

$$\iff -\int_{\partial B_\varepsilon^{2n}(x_0)} s^*(\Omega) = -\int_{M - B_\varepsilon^{2n}(x_0)} \mathrm{Pf}(\mathbf{R})\sqrt{g}$$

$$\iff \int_{S_\varepsilon^{2n-1}(x_0)} s^*(\Omega) = \int_{M - B_\varepsilon^{2n}(x_0)} \mathrm{Pf}(\mathbf{R})\sqrt{g}$$

ここで $\varepsilon \to 0$ の極限を考えよう．左辺の s は f に一致するので，f の写像度が $\chi(M)$ であり，また Ω が $S^{2n-1}(T_{x_0}M)$ の体積形式（体積は1に規格化してある）に収束することにより，左辺の積分値は $\chi(M)$ に収束する．一方，右辺は明らかに $\int_M \mathrm{Pf}(\mathbf{R})\sqrt{g}$ に収束するので，定理の主張がいえたことになるのである．

演習問題 4.13　この問題では，リーマン幾何学の具体例として，ユークリッド空間 $\mathbf{R}^{2n+1}$ 内の半径 a の超球面

$$S^{2n}(a) := \{(x^1, \cdots, x^{2n+1}) = \mathbf{x} \in \mathbf{R}^{2n+1} \mid |\mathbf{x}| = a\}$$

について，ユークリッド空間の内積から導入される $S^{2n}(a)$ のリーマン計量を求め，これまでに紹介したテンソルを計算しよう．

（i）　$\mathbf{r} : \mathbf{R}^{2n} \to S^{2n}(a)$ を

$$\mathbf{r}(\mathbf{u}) = \mathbf{r}(u^1, u^2, \cdots, u^{2n}) := \left(\frac{2a^2}{|\mathbf{u}|^2 + a^2}\mathbf{u}, \frac{|\mathbf{u}|^2 - a^2}{|\mathbf{u}|^2 + a^2}a\right)$$

$$\left(|\mathbf{u}|^2 := \sum_{j=1}^{2n}(u^j)^2\right)$$

で定義すると，これは $S^{2n}(a)-\{(\mathbf{0},a)\}$ のパラメータ付け（局所座標系）を与える．この座標系に関する $S^{2n}(a)$ のリーマン計量を

$$g_{ij}:=(\partial_i\mathbf{r}(\mathbf{u}),\partial_j\mathbf{r}(\mathbf{u}))$$

（$(*,*)$ は $\mathbf{R}^{2n+1}$ のユークリッド内積）で定めると，以下が成り立つことを示せ．

$$g_{ij}=\frac{4a^4}{(|\mathbf{u}|^2+a^2)^2}\delta_{ij}$$

（ii）　レビ・チビタ接続が以下で与えられることを示せ．

$$\Gamma^k_{ij}=\frac{-2}{(|\mathbf{u}|^2+a^2)}(u^i\delta_{kj}+u^j\delta_{ki}-u^k\delta_{ij})$$

（iii）　リーマン曲率テンソルが以下で与えられることを示せ．

$$R^k_{mij}=\frac{4a^2}{(|\mathbf{u}|^2+a^2)^2}(\delta_{ki}\delta_{mj}-\delta_{kj}\delta_{mi})$$

（iv）　$\mathrm{Pf}(\mathbf{R})\sqrt{g}$ が以下で与えられることを示せ．

$$\mathrm{Pf}(\mathbf{R})\sqrt{g}=\frac{4^na^{2n}(2n-1)!!}{(2\pi)^n}\cdot\frac{1}{(|\mathbf{u}|^2+a^2)^{2n}}du^1\wedge\cdots\wedge du^{2n}$$

（ただし，$(2n-1)!!:=(2n-1)(2n-3)\cdots3\cdot1$）

（v）　$\int_{\mathbf{R}^{2n}}\mathrm{Pf}(\mathbf{R})\sqrt{g}$ を計算せよ．

4.3　等価原理から一般相対性理論へ

この節では，リーマン幾何学が物理学において最も活躍する一般相対論について少し解説することにする．私が学部4年生の時に一般相対論の講義を受けた際には，講義の前半で行われるリーマン幾何学の紹介を理解するのに精一杯で，後半に行われるリーマン幾何学を用いて重力をどう記述するかという議論を深く理解する余裕はあまりなかったと記憶している．しかし，アインシュタインが行なったのはこの後半の議論であり，その背景には，等価原理から行なわれる物理的考察からの要請に，リーマン幾何学の用意した枠組みが「ぴったり当てはまった」という事実がある．もちろんこのようなことは，重力の研究者の方にとっては当たり前のことであり，現在 数理物理

学の研究をしている私が改めて書くことではないのかもしれないが，学部4年生ぐらいの物理学科生の中には，当時の私のように一般相対性理論の物理的内容を把握しきれていない人も多いのではないかと思う．そこでこの節で，私が研究生活を送っているうちに，一般相対性理論について気付いたことを紹介してみようというわけである．

4.3.1　リーマン多様体の測地線の方程式

M を計量 $\{g_{ij}\}$ をもつ n 次元リーマン多様体とする[*4]．M の2点PとQを結ぶ**測地線** $\{x(s)=(x^1(s),\cdots,x^n(s))\,|\,s\in[s_i,s_f]\}$ とは，$x(s_i)=\mathrm{P}$，$x(s_f)=\mathrm{Q}$ を満たし，曲線の長さ

$$L := \int_{\mathrm{P}}^{\mathrm{Q}} \sqrt{g_{ij}\frac{dx^i(s)}{ds}\frac{dx^j(s)}{ds}}\,ds \quad \left(= \int_{s_i}^{s_f} \sqrt{g_{ij}\frac{dx^i(s)}{ds}\frac{dx^j(s)}{ds}}\,ds\right)$$

が最小になるような M 上の滑らかな曲線のことである．この小節で測地線を取り上げるのは，一般相対性理論での有名な仮説

> 粒子は重力場のみの下では，重力場を記述するリーマン計量から定まる測地線に沿って運動する．

を意識してのことである．この測地線を特徴づける微分方程式を導出するのが，本小節の目標である．ここで，曲線のパラメータ s のとり方には任意性があるが，議論を簡単化するため，s は弧長パラメータにとる，つまり

$$g_{ij}\frac{dx^i(s)}{ds}\frac{dx^j(s)}{ds} = 1 \qquad (4.37)$$

を満たすものと仮定しておく．実際に微分方程式を導出するには，L の変分 δL をとればよいので，早速とってみることにしよう．

---

*4　この節から記述を物理よりにして，多様体の開被覆とか局所座標にはあまり気を使わないことにする．

$$
\begin{aligned}
\delta L &= \delta\left(\int_{\mathrm{P}}^{\mathrm{Q}} \sqrt{g_{ij}\frac{dx^i(s)}{ds}\frac{dx^j(s)}{ds}}\,ds\right) \\
&= \int_{\mathrm{P}}^{\mathrm{Q}} \left(\frac{\partial_k g_{ij}\dfrac{dx^i(s)}{ds}\dfrac{dx^j(s)}{ds}\delta(x^k(s)) + 2g_{ij}\dfrac{dx^i(s)}{ds}\delta\left(\dfrac{dx^j(s)}{ds}\right)}{2\sqrt{g_{ij}\dfrac{dx^i(s)}{ds}\dfrac{dx^j(s)}{ds}}} \right) ds \\
&= \int_{\mathrm{P}}^{\mathrm{Q}} \left(\frac{1}{2}\partial_k g_{ij}\frac{dx^i(s)}{ds}\frac{dx^j(s)}{ds}\delta(x^k(s)) + g_{ij}\frac{dx^i(s)}{ds}\frac{d\delta(x^j(s))}{ds} \right) ds \\
&= \int_{\mathrm{P}}^{\mathrm{Q}} \left(\frac{1}{2}\partial_k g_{ij}\frac{dx^i(s)}{ds}\frac{dx^j(s)}{ds}\delta(x^k(s)) - \frac{d}{ds}\left(g_{ij}\frac{dx^i(s)}{ds}\right)\delta(x^j(s)) \right) ds \\
&= \int_{\mathrm{P}}^{\mathrm{Q}} \left(\frac{1}{2}\partial_k g_{ij}\frac{dx^i(s)}{ds}\frac{dx^j(s)}{ds} - \frac{d}{ds}\left(g_{ik}\frac{dx^i(s)}{ds}\right)\right) \delta(x^k(s))\, ds \\
&= \int_{\mathrm{P}}^{\mathrm{Q}} \left(\frac{1}{2}\partial_k g_{ij}\frac{dx^i(s)}{ds}\frac{dx^j(s)}{ds} \right. \\
&\qquad\qquad \left. - \left(\partial_l g_{ik}\frac{dx^l(s)}{ds}\frac{dx^i(s)}{ds} + g_{ik}\frac{d^2x^i(s)}{ds^2}\right)\right) \delta(x^k(s))\, ds
\end{aligned}
$$

ただし，2 行目から 3 行目への変形で(4.37)を用いた．測地線の方程式は，任意の $\delta(x^k(s))$ に対して $\delta L = 0$ が成り立つことより得られる．

$$
\begin{aligned}
&\frac{1}{2}\partial_k g_{ij}\frac{dx^i(s)}{ds}\frac{dx^j(s)}{ds} - \left(\partial_l g_{ik}\frac{dx^l(s)}{ds}\frac{dx^i(s)}{ds} + g_{ik}\frac{d^2x^i(s)}{ds^2}\right) = 0 \\
&\iff \quad g_{ik}\frac{d^2x^i(s)}{ds^2} + \partial_j g_{ik}\frac{dx^j(s)}{ds}\frac{dx^i(s)}{ds} - \frac{1}{2}\partial_k g_{ij}\frac{dx^i(s)}{ds}\frac{dx^j(s)}{ds} = 0 \\
&\iff \quad g_{ik}\frac{d^2x^i(s)}{ds^2} + \frac{1}{2}(\partial_i g_{jk} + \partial_j g_{ik} - \partial_k g_{ij})\frac{dx^i(s)}{ds}\frac{dx^j(s)}{ds} = 0 \\
&\iff \quad \frac{d^2x^l(s)}{ds^2} + \frac{1}{2}g^{lk}(\partial_i g_{jk} + \partial_j g_{ik} - \partial_k g_{ij})\frac{dx^i(s)}{ds}\frac{dx^j(s)}{ds} = 0 \\
&\iff \quad \frac{d^2x^l(s)}{ds^2} + \Gamma^l_{ij}\frac{dx^i(s)}{ds}\frac{dx^j(s)}{ds} = 0
\end{aligned}
$$

よって，以下の定理を得る．

定理 4.5（**測地線の方程式**）

計量 g_{ij} をもつリーマン多様体 M の測地線 $\{x(s)\}$ の満たす 2 階微分方程式は，以下で与えられる．ただし，s は弧長パラメータである．

$$\frac{d^2x^l(s)}{ds^2}+\Gamma^l_{ij}\frac{dx^i(s)}{ds}\frac{dx^j(s)}{ds}=0 \tag{4.38}$$

4.3.2　等価原理をめぐる考察

特殊相対性理論をものすごくざっと復習しておくと，その理論のいわんとするところは，「2 つの（原点を共有する）慣性系を記述する時空の座標系 (t,x,y,z) と (t',x',y',z') は，c を光速として，微小固有時間の 2 乗

$$\begin{aligned}(d\tau)^2 &= (c\,dt)^2-(dx)^2-(dy)^2-(dz)^2\\ &= (d\tau')^2 = (c\,dt')^2-(dx')^2-(dy')^2-(dz')^2\end{aligned}$$

を不変にする線形変換（ローレンツ変換と xyz–空間の直交変換から生成される変換）で結びつけられる」ということである．そして，一般相対性理論の出発点とは，時空をローレンツ符号をもつリーマン計量*5

$$(d\tau)^2 = g_{\mu\nu}dx^\mu dx^\nu$$

が与えられたリーマン多様体 $x=(x^0,x^1,x^2,x^3)=(ct,x,y,z)$ に拡張して考えることである（慣性系では $g_{\mu\nu}dx^\mu dx^\nu=\eta_{\mu\nu}dx^\mu dx^\nu=(c\,dt)^2-(dx)^2-(dy)^2-(dz)^2$ となる．ただし $\eta_{\mu\nu}$ はミンコフスキー計量である）*6．このとき，$g_{\mu\nu}$ は x に依存して変化するので，曲がった時空を考えることもあるし，また考える座標変換も線形変換を考えるのではなく，一般の関数形をとる座標変換を考えることになる．一番の問題点は

「なぜそんなことを考える必要があるのか？」

*5　この「リーマン計量」は正定値性を満たしていないが，このような計量を数学では「擬リーマン計量」という．

*6　この章のこれ以降の記述では，原則的に時空の 4 次元座標を表す添字はギリシャ文字 $\mu,\nu,\lambda,\cdots$，空間座標を表す添字はアルファベット $i,j,k,\cdots$ を用いることにする．

という理由が初学者にはわかりにくいことである．このことを説明するために，一般相対性理論の教科書で用いられるのが**等価原理**である．そして等価原理の主張とは，

「慣性質量と重力質量は完全に等しい」

ということである．しかし，この主張は意味のわからない人にとっては哲学的に聞こえる文言ではあるし，しかもこれが曲がった時空と結びつく理由がさっぱりわからない．そこで，理学部物理学科の 4 年生時代に巻き起こるのが「このギャップを説明できるヤツはいないのか」という議論であり，よく定食屋で激論を戦わせながら「お前は本当には理解していない！」の応酬が行なわれるのである．もちろん私もその議論に参加したクチではあり，若いときに色々やりあったのであるが，正直あまり腑に落ちていなかった．しかし，超弦理論という重力の量子化も目指す理論を研究し，色々な場で学生に一般相対性理論を教えるうちに，段々腑に落ちてくるようになった．ここでは，そうやって自分なりに納得したことを披露してみたいと思う．

まず，一般の人に納得してもらうために一番ぴったりくる現象の例は，

「人工衛星とか宇宙ステーションの内部では，完全な無重力状態（あるいは完全な慣性系）が実現されている」

という事実である．そして，子供や一般の人のしがちな完全に間違った理由付けとは，「宇宙にいるので地球の重力が届かないから」という解釈なのである．なぜ間違っているかというと，人工衛星や宇宙ステーションは地球の周りを回り続けており，なぜ回り続けているかというと，ある意味地球に向かって「永遠に落ち続けている」からである．落ちる勢いと前進する勢いがバランスして地球の周りを回り続けていられるわけで，これらはものすごく地球の重力の影響を受け続けているのである．

では，なぜ無重力状態が実現されているように見えるかというと，それは

ガリレオの行なった実験が示した

「高い塔から鉄の玉と木の玉を同時に落とすと，同時に地面に着地する．つまり，ものの落ちる速度は重さに関係がない」

という事実（これは慣性質量と重力質量が等しいことと同じである）の反映に他ならないのである．つまり，速度は変化しつつも（重力加速度による速度変化を受けている）人工衛星や宇宙ステーションの中の者どうしは常に同じ速度で落ち続けているので，お互いが落ち続けていることに「気が付かない」のである．これは少し自慢になるが，私は大学1年生の時に力学の授業を受けていて，「2つの物体が隣り合って同じ加速度で動いていると，お互いが加速度を受けていることに気付かないから，慣性系は等速直線運動をしている系に限らないのではないか？」と教授に質問をしたことがある．そのときは教授に「それは一般相対論の話ですね．」と答えられてはぐらかされたのであるが，まさにその状況が人工衛星内部では実現されているのである．この現象を数学の言葉を用いて表現すると，「人工衛星の中の人を原点とする動く座標系をとると，人工衛星のような狭い範囲では慣性系が実現されている」ことを意味している．人工衛星と一緒に動く座標系は，もはや線形変換ではありえず，一般座標変換であるので，さらに抽象化の度合いを進めて言い直すと，次のような主張を得る．

「重力は一般座標変換を用いることによって局所的に消去できる．」

これが，等価原理から得られる1つの論理的帰結である．

ここで，リーマン幾何学の登場である．アインシュタインがこの順序で考えたのかどうかは定かではないが，演習問題4.5の(ii)で取り上げた公式

$$\Gamma^{(\alpha)}{}^{k}_{ij} = \Gamma^{(\beta)}{}^{p}_{qr} \cdot \frac{\partial x^k_\alpha}{\partial x^p_\beta} \frac{\partial x^q_\beta}{\partial x^i_\alpha} \frac{\partial x^r_\beta}{\partial x^j_\alpha} + \frac{\partial x^k_\alpha}{\partial x^p_\beta} \cdot \frac{\partial^2 x^p_\beta}{\partial x^i_\alpha \partial x^j_\alpha}$$

を思い出そう．この式は，リーマン多様体 M 上のある点 P を選んで，座標変換 $x_\beta = x_\beta(x_\alpha)$ を上手くとれば，項 $\dfrac{\partial x_\alpha^k}{\partial x_\beta^p}\cdot\dfrac{\partial^2 x_\beta^p}{\partial x_\alpha^i \partial x_\alpha^j}$ を利用して $\Gamma^{(\alpha)}{}^k_{ij}(\mathrm{P}) = 0$ とできる可能性を示唆している．実際，このようなことができると主張する定理が，多くの一般相対論の教科書で紹介されている．そこで，アインシュタインはこう考えたと思われる．

(★)「重力はリーマン幾何学のレビ・チビタ接続 $\Gamma^\mu_{\nu\lambda}$ を用いて書けるのではないだろうか？」

この時点で古典重力理論を振り返ってみよう．地球の重力質量を M_G とし，地球の中心を原点とする座標系 $\mathbf{x} = (x^1, x^2, x^3)$ において，$\mathbf{x}$ に位置する重力質量 m_G の質点の受ける重力は，

$$-\nabla\left(-\frac{GM_G m_G}{|\mathbf{x}|}\right)$$

である．ただし，G は万有引力定数である．一方，質点の慣性質量を m_I とおくと，運動方程式は

$$\begin{aligned} m_I\frac{d^2\mathbf{x}}{dt^2} &= -\nabla\left(-\frac{GM_G m_G}{|\mathbf{x}|}\right) \\ \Longleftrightarrow\quad m_I\frac{d^2x^i}{dt^2} &= \partial_i\left(\frac{GM_G m_G}{|\mathbf{x}|}\right) \end{aligned}$$

となる．等価原理より $m_I = m_G$ だから，両辺を m_G で割ると，運動方程式は以下のようになる．

$$\frac{d^2x^i}{dt^2} = \partial_i\left(\frac{GM_G}{|\mathbf{x}|}\right) \tag{4.39}$$

アインシュタインは考察 (★) を踏まえて，上の方程式はリーマン幾何学の測地線の方程式(4.38)と解釈できると考えたのであろう．これが重力場の方程式に至る最初のステップである．

さて，測地線の方程式の弧長パラメータとしては $(d\tau)^2 = g_{\mu\nu}dx^\mu dx^\nu$ で定まる固有時間 τ をとり，方程式(4.38)の以下の部分を考える．

$$\frac{d^2x^i}{d\tau^2}+\Gamma^i_{\mu\nu}\frac{dx^\mu}{d\tau}\frac{dx^\nu}{d\tau}=0 \qquad (i=1,2,3) \tag{4.40}$$

ここで，重力が十分に弱く，また質点の運動する速度も光速 c に比べてはるかに遅いとする．このとき，計量 $g_{\mu\nu}$ はミンコフスキー計量 $\eta_{\mu\nu}$ に十分近く，

$$(g_{\mu\nu})=\begin{pmatrix}1+\phi(\mathbf{x}) & 0 & 0 & 0\\ 0 & -1 & 0 & 0\\ 0 & 0 & -1 & 0\\ 0 & 0 & 0 & -1\end{pmatrix}$$

と書けているものとする（アインシュタインは最初はそう仮定したのではないだろうか？）．ただし，$|\phi(\mathbf{x})|\ll 1$ である．このとき，

$$\Gamma^i_{\mu\nu}=\frac{1}{2}g^{i\lambda}(\partial_\mu g_{\lambda\nu}+\partial_\nu g_{\lambda\mu}-\partial_\lambda g_{\mu\nu})$$

のうちで 0 とならないのは，

$$\Gamma^i_{00}=\frac{1}{2}\partial_i\phi(\mathbf{x})$$

のみである．また，運動が光速に比べてずっと遅いことから，固有時間 τ は ct で置き換えてよく，よって方程式(4.40)は

$$\frac{1}{c^2}\frac{d^2x^i}{dt^2}+\frac{1}{2}\partial_i\phi(\mathbf{x})=0$$

$$\Longleftrightarrow \quad \frac{d^2x^i}{dt^2}=-\frac{c^2}{2}\partial_i\phi(\mathbf{x}) \tag{4.41}$$

となる．(4.39)と(4.41)を同じ方程式と見なすと，以下の等式を得る．

$$\phi(\mathbf{x})=-\frac{2GM_G}{c^2|\mathbf{x}|}$$

ただし，積分定数は $|x|\to\infty$ で $g_{00}\to 1$ となることを考慮して 0 とおいた．ここで，**アインシュタインは古典的重力加速度ポテンシャルを計量 g_{00} と対応させた**ことに注意して欲しい．

特に，電磁相互作用などを記述するゲージ理論においては，ポテンシャル（ベクトルポテンシャル）が数学的には接続と見なされるのとは対照的に，重力理論では重力そのものが接続で記述されていて，両者が本質的に違う理

論であることを強調しておく.

4.3.3 重力場の方程式

前小節で，重力質量 M_G の質点（地球）の引き起こす重力加速度ポテンシャル $-\dfrac{GM_G}{|\mathbf{x}|} =: \varphi(\mathbf{x})$ が，リーマン計量と

$$g_{00} = 1 - \frac{2GM_G}{c^2|\mathbf{x}|} = 1 + \frac{2}{c^2}\varphi(\mathbf{x}) \tag{4.42}$$

という関係にあるという推論を紹介した．では，この重力加速度ポテンシャル $\varphi(\mathbf{x})$ の形を決める微分方程式を，リーマン幾何学の言葉を使って表現できるかを探っていくことにしよう．話を少し一般化すると，質量密度分布 $\rho(\mathbf{x})$ のもとで生じる重力加速度ポテンシャル $\varphi(\mathbf{x})$ を決める古典重力場の方程式は

$$\begin{aligned} & \Delta\varphi(\mathbf{x}) = 4\pi G\rho(\mathbf{x}) \\ \Longleftrightarrow\quad & (\partial_1\partial_1 + \partial_2\partial_2 + \partial_3\partial_3)\varphi(\mathbf{x}) = 4\pi G\rho(\mathbf{x}) \\ \Longleftrightarrow\quad & \delta^{ij}\partial_i\partial_j\varphi(\mathbf{x}) = 4\pi G\rho(\mathbf{x}) \end{aligned}$$

である．実際，$\rho(\mathbf{x}) = M_G\delta^{(3)}(\mathbf{x})$ のときの解が $\varphi(\mathbf{x}) = -\dfrac{GM_G}{|\mathbf{x}|}$ で与えられることは，物理学科の学生なら皆知っていることであろう．この方程式に(4.42)を代入すると，g_{00} についての方程式

$$\delta^{ij}\partial_i\partial_j g_{00} = \frac{8\pi G}{c^2}\rho(\mathbf{x})$$

を得る．この左辺を，リーマン幾何学の幾何学的な量に置き換えられないかと考えるのである．大まかに見れば，接続は計量の 1 階微分で，曲率は 2 階微分である．そこで，計量が，

$$(g_{\mu\nu}) = \begin{pmatrix} 1+\dfrac{2}{c^2}\varphi(\mathbf{x}) & 0 & 0 & 0 \\ 0 & -1 & 0 & 0 \\ 0 & 0 & -1 & 0 \\ 0 & 0 & 0 & -1 \end{pmatrix}$$

で与えられているときのリーマン曲率テンソル

$$R^{\mu}_{\nu\lambda\sigma} := \partial_\lambda \Gamma^{\mu}_{\sigma\nu} - \partial_\sigma \Gamma^{\mu}_{\lambda\nu} + \Gamma^{\mu}_{\lambda\kappa}\Gamma^{\kappa}_{\sigma\nu} - \Gamma^{\mu}_{\sigma\kappa}\Gamma^{\kappa}_{\lambda\nu}$$

を計算してみよう．このとき，接続の成分で0でないのは，

$$\Gamma^{i}_{00} = \frac{1}{c^2}\partial_i \varphi(\mathbf{x})$$

のみとなるので，曲率テンソルの成分で0でないのは，

$$R^{i}_{0j0} = -R^{i}_{00j} = \frac{1}{c^2}\partial_i \partial_j \varphi(\mathbf{x})$$

のみであることがわかる．実は，リーマン幾何学において，曲率テンソルの添字の縮約をとって得られる**リッチテンソル**

$$R_{\mu\nu} := R^{\lambda}_{\mu\lambda\nu}$$

というものがある．これを用いると，

$$R_{00} = \frac{1}{c^2}\delta^{ij}\partial_i \partial_j \varphi(\mathbf{x}) = \frac{1}{2}\delta^{ij}\partial_i \partial_j g_{00}$$

を得る．したがって，古典重力場の方程式をリーマン幾何の言葉で書き直したものの候補として，

$$2R_{00} = \frac{8\pi G}{c^2}\rho(\mathbf{x}) \tag{4.43}$$

を得たことになる．

演習問題 4.14　リッチテンソルは対称テンソルである，つまり

$$R_{\mu\nu} = R_{\nu\mu}$$

を満たすことを示せ．

さて，ここでアインシュタインは重力場の方程式をリーマン幾何の言葉を用いて書き換える際に，「物理学上の基本的な方程式は，テンソルについて

の方程式として書き表されなければならない」という原則をおいた．すると，上の方程式の左辺は，リッチテンソル $R_{\mu\nu}$ と書かれるべきであることになる．それにつれて，右辺の質量密度もテンソルとして拡張される必要がある．そこで，アインシュタインは特殊相対性理論の 1 つの結論 $E = mc^2$，つまり「質量とはエネルギーである」という考えを用いて，右辺を**エネルギー運動量テンソル** $T_{\mu\nu}$ で置き換えた．ちなみに，このテンソルも対称テンソルで，質量密度との関係は以下で与えられる．

$$T_{00}(\mathbf{x}) = \rho(\mathbf{x})c^2$$

以上の考察により，重力場の方程式のよりよい候補は，

$$2R_{\mu\nu} = \frac{8\pi G}{c^4} T_{\mu\nu}$$

となる．実は，この方程式は最終形ではない．これ以上の議論は，エネルギー運動量テンソルの物理的議論が必要になるので，議論を一般相対論の教科書[3]から借りてこよう．実は，エネルギー運動量テンソルは運動量エネルギー保存則にあたる

$$g^{\mu\nu}\nabla_{\mu}T_{\nu\lambda} = 0$$

という等式（発散が消える）を満たすのだが，リッチテンソルはこの発散が消える性質をもたない．アインシュタインは試行錯誤の末，**スカラー曲率**

$$R = g^{\mu\nu}R_{\mu\nu}$$

を含む項を付け加えて定義される**アインシュタインテンソル**

$$G_{\mu\nu} = R_{\mu\nu} - \frac{1}{2} g_{\mu\nu}R$$

が，発散が消える性質を満たすことを発見した．よって，アインシュタインの提示した最終形は，α をある実定数として，

$$\alpha G_{\mu\nu} = \frac{8\pi G}{c^4} T_{\mu\nu}$$

なのであるが，実は私はこの α を決める議論が今のところ明瞭に理解できていない．実際は $\alpha = 1$ と決められたのだが，その理由を推測を交えて探ってみることにしよう．重力が弱い場合の計量を改めて

$$g_{\mu\nu} = \eta_{\mu\nu} + h_{\mu\nu}(\mathbf{x})$$

とおき直そう．ここで $|h_{\mu\nu}| \ll 1$ で，$h_{\mu\nu}$ は時間に依存しないものとする．このとき，$h_{\mu\nu}$ の 2 次以上の項を無視して，リッチテンソルとスカラー曲率は以下のように計算される．

$$R_{\nu\sigma} = \frac{1}{2}(\eta^{\mu\kappa}\partial_\mu\partial_\nu h_{\kappa\sigma} - \eta^{\mu\kappa}\partial_\mu\partial_\kappa h_{\nu\sigma} - \eta^{\mu\kappa}\partial_\sigma\partial_\nu h_{\kappa\mu} + \eta^{\mu\kappa}\partial_\sigma\partial_\kappa h_{\mu\nu}),$$

$$R = \delta^{ij}\delta^{kl}\partial_i\partial_k h_{jl} + \partial_i\partial_i(\eta^{\nu\sigma}h_{\nu\sigma})$$

ただし，R の表式については $\partial_0 h_{\mu\nu} = 0$ であることを用いている．ここで，$h_{\mu\nu}$ の 2 次以上の項を無視して，さらに $h_{\mu\nu}$ が時間に依存しないことに注意して G_{00} を計算すると，

$$G_{00} = R_{00} - \frac{1}{2}g_{00}R = \frac{1}{2}\partial_i\partial_i h_{00} - \frac{1}{2}(\delta^{ij}\delta^{kl}\partial_i\partial_k h_{jl} + \partial_i\partial_i(\eta^{\nu\sigma}h_{\nu\sigma}))$$

となるのだが，どうやらアインシュタインはここで

$$h_{\mu\nu} = \delta_{\mu\nu}h_{00}$$

と仮定し直したらしいのである．この修正はこれまでの議論に影響を与えないが，空間計量も若干重力で影響を受けると考え直したことがうかがえる．この変更により，

$$\begin{aligned} G_{00} &= \frac{1}{2}\partial_i\partial_i h_{00} - \frac{1}{2}(\partial_i\partial_i h_{00} - 2\partial_i\partial_i h_{00}) \\ &= \partial_i\partial_i h_{00} \\ &= \partial_i\partial_i g_{00} \\ &= 2R_{00} \end{aligned}$$

を得る．したがって，重力場の方程式の試作品(4.43)は

$$G_{00} = \frac{8\pi G}{c^2}\rho(\mathbf{x})$$

のように変更され，それをテンソル方程式に書き直した

$$\begin{aligned} &G_{\mu\nu} = \frac{8\pi G}{c^4}T_{\mu\nu} \\ \iff \quad &R_{\mu\nu} - \frac{1}{2}g_{\mu\nu}R = \frac{8\pi G}{c^4}T_{\mu\nu} \end{aligned}$$

が最初の段階の重力場の方程式というわけである．この議論は，あくまで推測であり，本当はどういう経緯があったのかはわからないのだが，この後アインシュタインが左辺に宇宙項 $\Lambda g_{\mu\nu}$ を付け加えたことを考えると，途中から方程式に対する形式的議論が若干独り歩きしている印象をもってしまうのである．

なお，最後に再びゲージ理論との違いを言っておくと，ゲージ理論においては曲率に対応するのが電場や磁場などの力そのものであるのと対照的に，重力理論では曲率が質量分布に対応している．端的にいうと，物理的なものと数学的なものの対応が微分 1 階分ずれているのである．

第5章

リー群の大域的構造とリー環

この章では，多様体としてのリー群の大域的構造，特にそのコホモロジー群について紹介してみたいと思う．ただし，内容がいささか高度なので，これまでのできるだけ証明を付けるスタイルではなく，物理の教科書スタイルで，正確に定義していない用語も使いながら，感覚的に説明させていただくことにする．なお，物理学のリー群の応用としては，対応するリー環を積極的に使った表現論が代表的であり，特に素粒子論ではそれらを道具として使うことも多いのであるが，それについてはジョージァイの『物理学におけるリー代数』[10]が，実用的な表現論の使い方の解説書として非常によくできているので，この章では取り上げないことにした．一部で批判があるように，ジョージァイの本は数学の本ではなく，実用的なリー環の使い方を解説した本であるが，そこで紹介される結果の大まかな証明の方針はけっこう解説されている．詳しい証明が知りたければ，表現論の数学書を読めばよいのである．若い時は何でも極めたいと思う傾向があるが，実際のところそれは無理であり，何に関心の重点をおくかはいずれ決めなければならない．私にとって，表現論は道具として知っていればいいというものになったし，道具として表現論を習得するならジョージァイの本が最適であると思う．

一方，リー群のコホモロジー群を求めるという問題は，古典的な問題で既に解かれているとはいえ，私はその問題に常に関心を払い，これまでの数学科の院生のセミナーでも話題として取り上げることもあった．そこで，この章では，物理学科の学部 4 年生にはいささか突飛な話題であるが，その解法について大まかに解説しようとするわけである．

5.1　多様体としてのリー群と例

具体的なリー群の例は既に第 2 章で紹介しており，そこでは以下のような例を取り上げた．

$$
\begin{aligned}
GL(n;\mathbf{R}) &:= \{M \in M(n;\mathbf{R}) \mid \det(M) \neq 0\},\\
SL(n;\mathbf{R}) &:= \{M \in M(n;\mathbf{R}) \mid \det(M) = 1\},\\
O(n;\mathbf{R}) &:= \{M \in M(n;\mathbf{R}) \mid {}^tMM = I_n\},\\
SO(n;\mathbf{R}) &:= \{M \in M(n;\mathbf{R}) \mid {}^tMM = I_n,\ \det(M) = 1\}\\
&= SL(n;\mathbf{R}) \cap O(n;\mathbf{R})
\end{aligned}
$$

前にも述べたように，これらは上から順に，**一般線形群**，**特殊線形群**，**直交群**，**特殊直交群**と呼ばれる．この章では，これに加えて以下の例も導入しよう．まず，$M(n, \mathbf{C})$ を n 次正方複素行列全体の集合とし，以下の $M(n;\mathbf{C})$ の部分集合を考える．

$$
\begin{aligned}
U(n) &:= \{M \in M(n;\mathbf{C}) \mid {}^t\overline{M}M = I_n\},\\
SU(n) &:= \{M \in M(n;\mathbf{C}) \mid {}^t\overline{M}M = I_n,\ \det(M) = 1\}
\end{aligned}
$$

ただし，$\overline{M}$ は $M \in M(n;\mathbf{C})$ の複素共役を表す．物理では $M^\dagger := {}^t\overline{M}$ と表すことも多いので，この記法も場合に応じて用いることにする．これらの部分集合は，上から順に**ユニタリ群**，**特殊ユニタリ群**と呼ばれる．この章で考えるのは，これらの群の大域的構造である．

さて，リー群の一般的な定義を復習しておこう．まず，群の定義は以下のようであった．

定義 5.1　集合 G が**群**であるとは，積

$$G \times G \to G \qquad ((g_1, g_2) \in G \times G \longmapsto g_1 \cdot g_2 \in G)$$

が存在して，以下の性質を満たすことをいう.

（i） (単位元の存在) $e \in G$ が存在して，任意の $g \in G$ に対して $e \cdot g = g \cdot e = g$ を満たす.

（ii） (逆元の存在) 任意の $g \in G$ に対して，$g^{-1} \in G$ が存在して，$g \cdot g^{-1} = g^{-1} \cdot g = e$ を満たす.

（iii） (積の結合律) 任意の $g_1, g_2, g_3 \in G$ に対して，$(g_1 \cdot g_2) \cdot g_3 = g_1 \cdot (g_2 \cdot g_3)$ が成り立つ.

この定義のもとで，リー群の定義は以下で与えられた.

定義 5.2　群 G が**リー群**であるとは，G が滑らかな多様体であり，しかも積写像

$$\mu : G \times G \to G \qquad (\mu(g_1, g_2) = g_1 \cdot g_2)$$

および逆元をとる写像

$$i : G \to G \qquad (i(g) = g^{-1})$$

がともに，多様体間の滑らかな写像になっていることをいう.

前にも述べたように，冒頭で与えた例については，積が行列の積で与えられていると解釈し，群の積に対する条件は単位元を単位行列，逆元を逆行列と解釈することで満たされることがわかる．よって，群であることをチェックするのは，それぞれの行列に対する条件が行列の積で保たれることをチェックする作業に帰着されるが，そのような課題は，これまでに何らかの形でやったことがあると思われるので省略する．また，最初 4 つの例については既に，多様体であることを第 2 章で確かめているし，積写像と逆元をとる写像が滑らかであることは，行列の積と逆行列の公式が成分についての滑らかな関数であることは知っているので，リー群であることのチェックは終わっている.

残っているのは $U(n)$ と $SU(n)$ であるが，これらが多様体であることは，(複素数に拡張して考えなければいけないが) 第2章で紹介した逆像定理（定理2.4）から従い，積と逆元の写像の滑らかさは，前と同様に行列の積と逆行列の公式の滑らかさから従うので，これらもリー群の定義を満たすのである．

なお，第2章でも紹介したように，他の例として，加法を積と見なしたときの $\mathbf{R}$ および，乗法を積と見なしたときの $\mathbf{R}_{>0}$ もリー群となる．また，これらのリー群の直積集合 $\mathbf{R}^n$ や $(\mathbf{R}_{>0})^n$ も，以下の「直積群」の定義により，リー群となる．

定義 5.3　G, H を群とする．このとき，直積集合 $G \times H$ は，2元 (g_1, h_1), (g_2, h_2) の積を

$$(g_1, h_1) \cdot (g_2, h_2) := (g_1 \cdot g_2, h_1 \cdot h_2)$$

で定義することにより群となる．この $G \times H$ を G と H の**直積群**という．

さて，これらは我々が触れてきたすぐに思いつくリー群の例であるが，これらの例は，実数の加法，乗法，あるいは行列の積，という「積」が主役となって定義されたリー群であり，それらが結果的に多様体となってリー群となった例と解釈することができる．そこで，逆に考えてみることにしよう．

「多様体に無理やり積構造を入れてリー群にすることはできないのか？」

このように考えて私が最初に思いつくのは，n 次元トーラス T^n である．第2章で紹介したように，$SO(2;\mathbf{R})$ は S^1 に微分同相である．したがって，

$$T^n = (S^1)^n = (SO(2;\mathbf{R}))^n$$

のように考えて，T^n を直積群 $(SO(2;\mathbf{R}))^n$ と見なすことで，積構造を入れてリー群にすることができるのである．では，S^2 に積構造を定義してリー群にできるであろうか？　なんとなく無理そうな気がするし（そんな話は聞

いたことがない)，実際無理であることが証明できるのである．そこで，このように考えることで，冒頭に挙げたリー群はトポロジー的にどのような形をしているのか興味が湧いてくる．また，想像すればわかるように，S^1 がきれいな円でなくグニャグニャゆがんでいても，ゆがんだ円に角度の目盛りを入れることは可能で，そしてその角度の目盛りに従って群構造を入れることは可能である．ということで，リー群の積構造を入れられるかどうかは，多様体のトポロジー的情報が深く関係していると推測できるわけである．

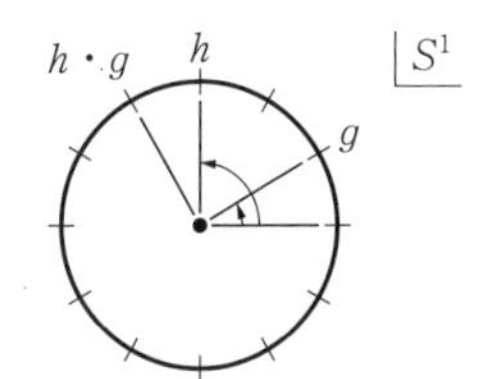

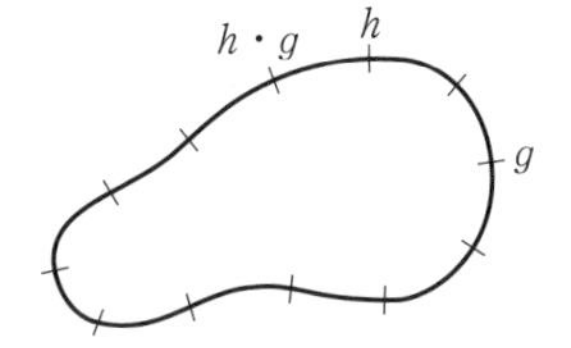

図 5.1

では，この節の残りの部分で，コホモロジー群を直接調べずに得られる，冒頭に挙げたリー群についてのトポロジー的な情報を紹介していくことにしよう．

まず，$GL(n;\mathbf{R})$ についてであるが，行列式を $GL(n;\mathbf{R})$ 上の関数 $\det : GL(n;\mathbf{R}) \to \mathbf{R}$ と考えることにしよう．明らかにこの関数は連続で，しかもその値域は $\mathbf{R}-\{0\} = \mathbf{R}_{>0} \amalg \mathbf{R}_{<0}$ (非交和) で与えられる．$\mathbf{R}_{>0}$ と $\mathbf{R}_{<0}$ はともに $\mathbf{R}$ の開集合だから，$\det^{-1}(\mathbf{R}_{>0}) \coloneqq GL^+(n;\mathbf{R})$, $\det^{-1}(\mathbf{R}_{<0}) \coloneqq GL^-(n;\mathbf{R})$ とおくと，これらはともに $GL(n;\mathbf{R})$ の空でない開集合で，$GL^+(n;\mathbf{R}) \cap GL^-(n;\mathbf{R}) = \emptyset$, $GL^+(n;\mathbf{R}) \cup GL^-(n;\mathbf{R}) = GL(n;\mathbf{R})$ が成り立つ．したがって，第 1 章の連結性の定義 (定義 1.30) により，$GL(n;\mathbf{R})$ は連結でないことがわかる．次に，行列式が負の値をとる行列 $R \in GL^-(n;\mathbf{R})$ を 1 つとり，写像 $\phi : GL^+(n;\mathbf{R}) \to GL^-(n;\mathbf{R})$ を以下で定めよう．

$$\phi : GL^+(n;\mathbf{R}) \to GL^-(n;\mathbf{R}) \qquad (\phi(M) = RM)$$

$\det(RM) = \det(R)\det(M) < 0$ となることを利用してこの写像が定義され

ていることに注意して欲しい．このとき，逆写像 ϕ^{-1} が $M \mapsto R^{-1}M$ で与えられることに注意すると，ϕ は滑らかな全単射で ϕ^{-1} も滑らかな全単射となるから，ϕ は微分同相写像となる．したがって，$GL^+(n;\mathbf{R})$ と $GL^-(n;\mathbf{R})$ は互いに微分同相であることがわかった．

では，次に $GL^+(n;\mathbf{R})$ がどういう形をしているかを調べたいのであるが，まず $GL^+(n;\mathbf{R})$ が連結であることがいえる．これをいうには，もっと強く $GL^+(n;\mathbf{R})$ が弧状連結であることを示せば十分であるが，以下の問題を出しておくことにしよう．

演習問題 5.1　任意の $GL^+(n;\mathbf{R})$ の行列 M と単位行列 I_n が $GL^+(n;\mathbf{R})$ 内の連続曲線 $\varphi : [0,1] \to GL^+(n;\mathbf{R})$ で結べる ($\varphi(0) = M$, $\varphi(1) = I_n$) ことを示すことによって，$GL^+(n;\mathbf{R})$ が弧状連結であることを証明せよ．
（ヒント：M のジョルダン標準形を考えよ．）

次に，以下の定理を証明しよう．

定理 5.1　$GL^+(n;\mathbf{R})$ と $SL(n;\mathbf{R})$ はホモトピー同値である．したがって，両者のド・ラムコホモロジー群は等しい．

［証明］　まず，以下の写像を考える．

$$f : GL^+(n;\mathbf{R}) \to SL(n;\mathbf{R}) \qquad \left(f(M) = \frac{1}{(\det(M))^{\frac{1}{n}}} M \right)$$

また，明らかに $SL(n;\mathbf{R}) \subset GL^+(n;\mathbf{R})$ であるから，包含写像を $g : SL(n;\mathbf{R}) \hookrightarrow GL^+(n;\mathbf{R})$ とおく．このとき，明らかに $f \circ g = 1_{SL(n;\mathbf{R})}$ が成り立つので，定理の主張を示すには，

$$g \circ f : GL^+(n;\mathbf{R}) \to GL^+(n;\mathbf{R}) \qquad \left(g(f(M)) = \frac{1}{(\det(M))^{\frac{1}{n}}} M \right)$$

が恒等写像 $1_{GL^+(n;\mathbf{R})}$ にホモトープであることを示せばよい．ここで，

$$\Phi : [0,1] \times GL^+(n;\mathbf{R}) \to GL^+(n;\mathbf{R})$$

$$\left(\Phi(t,M) \coloneqq (1-t)\frac{1}{(\det(M))^{\frac{1}{n}}}M+tM = \left(\frac{(1-t)+t\det(M)^{\frac{1}{n}}}{\det(M)^{\frac{1}{n}}}\right)M\right)$$

とおくと，Φ は滑らかで $\Phi(0,M) = g\circ f(M)$，$\Phi(1,M) = M$ が成り立ち，Φ は $g\circ f$ と $1_{GL^+(n;\mathbf{R})}$ をつなぐホモトピーを与えるので，定理の主張がいえたことになる．□

これで，冒頭の最初の 2 つの例については，$GL(n;\mathbf{R})$ は連結成分 $GL^+(n;\mathbf{R})$ とそのコピーの和集合で，また $GL^+(n;\mathbf{R})$ と $SL(n;\mathbf{R})$ はホモトピー同値，つまり感覚的にいえば穴の数は同じということになる．では，これらと $O(n;\mathbf{R}), SO(n;\mathbf{R})$ の関係はどうなっているのであろうか．

まず，$M\in O(n;\mathbf{R})$ とすると，${}^tMM = I_n$ より，

$$\det({}^tMM) = 1 \iff (\det(M))^2 = 1 \iff \det(M) \in \{1,-1\}$$

を得る．したがって行列式関数 $\det : O(n;\mathbf{R}) \to \mathbf{R}$ を考え，$O^+(n;\mathbf{R}) \coloneqq \det^{-1}(\{1\})$，$O^-(n;\mathbf{R}) \coloneqq \det^{-1}(\{-1\})$ とおくと，両者はともに空集合でなく，$O(n;\mathbf{R}) = O^+(n;\mathbf{R})\cup O^-(n;\mathbf{R})$，$O^+(n;\mathbf{R})\cap O^-(n;\mathbf{R}) = \emptyset$ が成り立つ．ここで，$GL(n;\mathbf{R})$ の場合と同様に，$R\in O^-(n;\mathbf{R})$ を n 次対角行列で $(1,1)$ 成分が -1 かつ残りの対角成分がすべて 1 であるものとして，写像

$$\phi : O^+(n;\mathbf{R}) \to O^-(n;\mathbf{R}) \qquad (\phi(M) = RM)$$

を考える．$R^2 = I_n$ より，逆写像 $\phi^{-1} : O^-(n;\mathbf{R}) \to O^+(n;\mathbf{R})$ も $\phi^{-1}(M) = RM$ で与えられ，ϕ も ϕ^{-1} も滑らかなので，$O^+(n;\mathbf{R})$ と $O^-(n;\mathbf{R})$ は微分同相となる．明らかに，$O^+(n;\mathbf{R}) = SO(n;\mathbf{R})$ であるから，結局 $O(n;\mathbf{R})$ は $SO(n;\mathbf{R})$ の 2 つのコピーの和集合となることがわかったわけである．

では，$SO(n;\mathbf{R})$ と $SL(n;\mathbf{R})$ あるいは $GL(n;\mathbf{R})$ の関係はどうなっているのであろうか？　これについては，以下の定理があるのである．

定理 5.2　$GL^+(n;\mathbf{R})$ は $SO(n;\mathbf{R})\times(\mathbf{R}_{>0})^n\times\mathbf{R}^{\frac{n(n-1)}{2}}$ に微分同相である．したがって，$GL^+(n;\mathbf{R})$ は $SO(n;\mathbf{R})$ にホモトピー同値であり，両者のド・ラムコホモロジー群は等しい．

［証明］ $M \in GL^+(n;\mathbf{R})$ を $M = (\mathbf{m}_1, \mathbf{m}_2, \cdots, \mathbf{m}_n)$ と列ベクトル分割すると，M を $\mathbf{R}^n$ の順序付き基底 $(\mathbf{m}_1, \mathbf{m}_2, \cdots, \mathbf{m}_n)$ と同一視できる．そこで，この順序付き基底をグラム－シュミットの直交化法を用いて正規直交基底にすることを考える．復習しておくと，$i = 1, 2, \cdots, n$ について小さい順に帰納的に，

$$\mathbf{y}_i = \mathbf{m}_i - \sum_{j=1}^{i-1} \frac{(\mathbf{m}_i, \mathbf{y}_j)}{(\mathbf{y}_j, \mathbf{y}_j)} \mathbf{y}_j$$

と定義し，

$$\mathbf{z}_i = \frac{1}{\sqrt{(\mathbf{y}_i, \mathbf{y}_i)}} \mathbf{y}_i$$

とおくと，$(\mathbf{z}_1, \mathbf{z}_2, \cdots, \mathbf{z}_n)$ が $\mathbf{R}^n$ の順序付き正規直交基底になるのであった．このとき，作り方より，

$$\mathbf{z}_i = \sum_{j=1}^{i} c_{ji} \mathbf{m}_j$$

が成り立ち，$c_{ii} > 0$ $(i = 1, 2, \cdots, n)$ で，また c_{ji} $(j \leq i)$ は $M = (\mathbf{m}_1, \mathbf{m}_2, \cdots, \mathbf{m}_n)$ からただ1つに定まる．この関係式を逆に解いて，

$$\mathbf{m}_i = \sum_{j=1}^{i} d_{ji} \mathbf{z}_j$$

とおくと，やはり $d_{ii} > 0$ $(i = 1, 2, \cdots, n)$ で，また d_{ji} $(j \leq i)$ は $M = (\mathbf{m}_1, \mathbf{m}_2, \cdots, \mathbf{m}_n)$ からただ1つに定まることがわかる．よって，$D = (d_{ij})$ $(i > j$ のときは $d_{ij} = 0$ とする）として，n 次上半三角行列 D を定義し，$O \coloneqq (\mathbf{z}_1, \mathbf{z}_2, \cdots, \mathbf{z}_n)$ とおくと，O は直交行列であり，

$$\begin{aligned} (\mathbf{m}_1, \mathbf{m}_2, \cdots, \mathbf{m}_n) &= (\mathbf{z}_1, \mathbf{z}_2, \cdots, \mathbf{z}_n) D \\ \iff \quad M &= OD \end{aligned} \tag{5.1}$$

が成り立つ．$O \coloneqq (\mathbf{z}_1, \mathbf{z}_2, \cdots, \mathbf{z}_n)$ も $M = (\mathbf{m}_1, \mathbf{m}_2, \cdots, \mathbf{m}_n)$ から一意的に定まり，また明らかに $\det(D) > 0$ で $\det(M) > 0$ でもあるから，$\det(O) > 0$，つまり $\det(O) = 1$ となり $O \in SO(n;\mathbf{R})$ である．よって，対角成分が正であるような上半三角行列全体の集合を UT_+ とおくと，(5.1) から以下の写

像が定まることになる.

$$\phi : GL^+(n;\mathbf{R}) \to SO(n;\mathbf{R}) \times UT_+$$
$$(\phi(M) = (O, D))$$

明らかに逆写像 ϕ^{-1} は行列の積 $(O, D) \mapsto OD \in GL^+(n;\mathbf{R})$ で与えられるので，ϕ と ϕ^{-1} はともに滑らかな全単射となり，$GL^+(n;\mathbf{R})$ は $SO(n;\mathbf{R}) \times UT_+$ に微分同相となる．成分を見れば $UT_+ = (\mathbf{R}_{>0})^n \times \mathbf{R}^{\frac{n(n-1)}{2}}$ であることがわかるので，定理の前半の主張がいえる.

後半の主張は，$(\mathbf{R}_{>0})^n \times \mathbf{R}^{\frac{n(n-1)}{2}}$ が一点に可縮であることから従う．□

この定理により，最初の4つの例のド・ラムコホモロジー群については，$SO(n;\mathbf{R})$ を調べさえすればよいということになったわけである．それについては次節以降で調べるとして，ここでは n が小さい場合の $SO(n;\mathbf{R})$ のトポロジー的情報を調べてみよう.

$$\begin{array}{ccccc} & & \boxed{SO(n;\mathbf{R})} = O^+(n;\mathbf{R}) & \xrightarrow{\text{2つのコピー}} & O(n;\mathbf{R}) \\ & & \wr H & & \\ SL(n;\mathbf{R}) & \overset{H}{\simeq} & GL^+(n;\mathbf{R}) & \xrightarrow{\text{2つのコピー}} & GL(n;\mathbf{R}) \end{array}$$

図 5.2

まず $SO(2;\mathbf{R})$ の場合であるが，この群は皆さん御存知の通り，回転行列

$$\begin{pmatrix} \cos(\theta) & -\sin(\theta) \\ \sin(\theta) & \cos(\theta) \end{pmatrix} \qquad (\theta \in \mathbf{R})$$

全体の集合に等しく，また $\theta = \alpha$ と $\theta = \alpha + 2\pi$ のときはともに同じ行列を表すので，$SO(2;\mathbf{R})$ は $\mathbf{R}/(2\pi\mathbf{Z}) = S^1$ と同一視できる.

次に，$n = 3$ の場合であるが，この場合，既に素朴な直観で全体を想像するのがいささか困難になってくる．しかし，それでも直観と推論を組み合わせることによって，以下の結果を得ることができる.

定理 5.3 $SO(3;\mathbf{R})$ は，$\mathbf{R}^3$ 内の原点 $0 = (0, 0, 0)$ を中心とする半径 π の閉球体

$$B_3 \coloneqq \{(x,y,z) \in \mathbf{R}^3 \mid x^2+y^2+z^2 \leq (\pi)^2\}$$

において，その境界上の点 $(x,y,z) \in \partial B_3$ とその対蹠(たいせき)点 $(-x,-y,-z)$ を同一視して得られる3次元射影空間 RP^3 に同相である．

［証明］　ここでは，わかりやすさを重視して，あえて直観的な論証を用いることにする．

$SO(3;\mathbf{R})$ は3次元空間 $\mathbf{R}^3$ の回転を表す回転行列全体のなす群である．3次元の回転は，回転軸とその軸の周りを回転する角度で特徴づけられることに注意すると，回転行列は回転軸を表す単位ベクトル $\mathbf{n}$ と，その単位ベクトルを軸としながら単位ベクトルの向きを右ねじとして回転する角度 $\theta \in [0,\pi]$ で指定できることになる．ただし，ここで $\mathbf{n}$ の周りの $-\alpha$ 回転は $-\mathbf{n}$ の周りの α 回転と同一視しているので，$\theta \in [0,\pi]$ となっていることに注意して欲しい．また，$\theta = 0$ のときは回転していないことになるので，$\mathbf{n}$ が何であっても同じ行列 (I_3) に対応することになる．

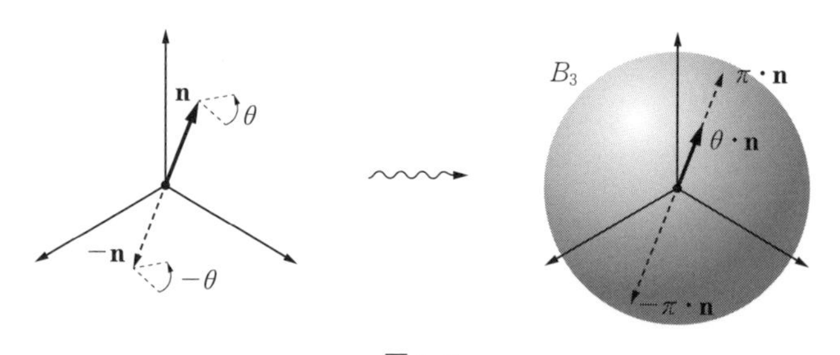

図5.3

そこで，このような状況で回転行列を指定する際には，上の3次元球体 B_3 を用意して，$(\mathbf{n},\theta) \in S^2 \times [0,\pi]$ に対して $\theta \cdot \mathbf{n} \in B_3$ を対応させれば，連続な1対1対応ができることになる（原点での状況もつじつまが合っている）．ただし，B_3 の境界上で1対1対応が崩れている．というのも，$-\mathbf{n}$ の周りの π 回転とは $\mathbf{n}$ の周りの $-\pi$ 回転と同じで，さらにこれは $\mathbf{n}$ の周りの π 回転と同じである．よって，B_3 の $\pi \cdot \mathbf{n}$ に対応する点と，$-\pi \cdot \mathbf{n}$ に対応する点を同一視しなければならないのである．これは，境界 ∂B_3 の対蹠点を同一視することに他ならない.

最後に，この同一視をして得られる空間が 3 次元射影空間 RP^3 と同相である理由を説明しよう．第 2 章 (p.82) で定義したとおり，$RP^3 = (\mathbf{R}^4-\{0\})/(\mathbf{R}-\{0\})$ であるが，ここで商空間の代表元として，原点からの距離が π である $\mathbf{R}^4-\{0\}$ の点をとることにすると，$RP^3 = S^3/\{1, -1\}$ と考えることができる．ただし，

$$S^3 = \{(x^1, x^2, x^3, x^4) \in \mathbf{R}^4 \mid (x^1)^2+(x^2)^2+(x^3)^2+(x^4)^2 = (\pi)^2\}$$

である（$\{1, -1\}$ の S^3 への作用はスカラー倍）．さらに，$\{1, -1\}$ による同一視を考慮して，代表元を S^3 の北半球

$$S^3_{\geq 0} = \{(x^1, x^2, x^3, x^4) \in \mathbf{R}^4 \\ \mid (x^1)^2+(x^2)^2+(x^3)^2+(x^4)^2 = (\pi)^2,\ x^4 \geq 0\}$$

からとることにすると，$\{1, -1\}$ による同一視は，$(x^1, x^2, x^3, 0) \in S^3_{\geq 0}$ と $(-x^1, -x^2, -x^3, 0) \in S^3_{\geq 0}$ （$(x^1)^2+(x^2)^2+(x^3)^2 = (\pi)^2$）を同一視することだけになる．ここで，写像 $\phi : S^3_{\geq 0} \to B_3$ を

$$\phi(x^1, x^2, x^3, x^4) = (x^1, x^2, x^3) \in B_3$$

で定めると，これは微分同相であり，RP^3 の同一視と回転行列を表すための ∂B_3 の同一視も一致するので，$SO(3;\mathbf{R})$ と RP^3 は同相であることがわかる．□

さて，第 2 章で「$SO(n;\mathbf{R})$ はだいたい直積多様体 $S^{n-1}\times S^{n-2}\times\cdots\times S^1$ に近いと考えられる」という着想を紹介したが (p.73)，この着想を「ファイバー空間」という概念を用いて数学的に整理することにしよう．

定義 5.4 E を滑らかな多様体とする．M を多様体として，滑らかな全射 $\pi : E \to M$ が存在し，任意の $x \in M$ に対し $\pi^{-1}(x)$ がある滑らかな多様体 F に微分同相で，また任意の $x \in M$ に対し M の開集合 U $(x \in U)$ で $\pi^{-1}(U)$ が $U\times F$ と微分同相となるものがとれるとき，E を M を**底空間**とし，F を**ファイバー**とする**ファイバー空間**と呼ぶ.

多様体 M と F に対して直積多様体 $E = M \times F$ を考え，射影 $\pi : M \times F \to M$ $(\pi(x, y) = x)$ を考えると，この E は明らかに上の定義を満たすので，逆に考えると，ファイバー空間とは直積の概念を一般化したものだと考えることができる．どのように一般化されているかを無理やり説明しようとすると，「M の小さい開集合 U に限定して見ると直積に見えるが，大域的に見ると，特に M の穴を 1 周して戻ってくるような場合には，メビウスの帯のように F が捩れた感じになっている」という説明になる．これでわかりにくい人は，もっと進んだ本で勉強することをお勧めする．

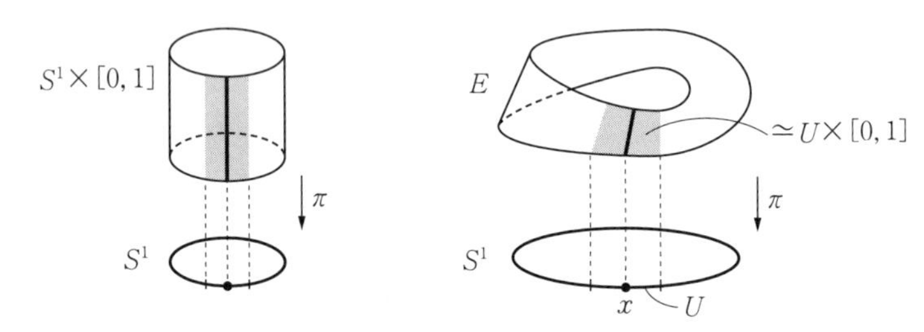

図 5.4　$M = S^1$ を底空間，$F = [0, 1]$ をファイバーとするファイバー空間

なお，本書でこれ以降「ある多様体 E がファイバー空間である」ことを主張する場合には，条件の前半の「全射 $\pi : E \to M$ が存在して，$\forall x \in M$ に対して $\pi^{-1}(x)$ が F に微分同相である」ことのみチェックし，後半の開集合 U についての条件はいちいち吟味しないことにする．

$SO(n;\mathbf{R})$ に話を戻すと，先ほどの着想は以下の定理に置き換えられることになる．

定理 5.4　$n \geq 2$ とする．

$$SO(n;\mathbf{R}) = \{M \in M(n;\mathbf{R}) \mid {}^tMM = I_n,\ \det(M) = 1\}$$

について，写像 $\pi : SO(n;\mathbf{R}) \to S^{n-1}$ を

$$\pi(M) := M\mathbf{e}_1 \qquad (\mathbf{e}_1 = {}^t(1, 0, \cdots, 0))$$

で定めると，$SO(n;\mathbf{R})$ は S^{n-1} を底空間とし，$SO(n-1;\mathbf{R})$ をファイバーとするファイバー空間となる．

［証明］　$SO(n;\mathbf{R})$ は n 次元空間 $\mathbf{R}^n$ の回転行列のなす群であり，$\mathbf{e}_1$ は長さ 1 の単位ベクトルの 1 つであり，S^{n-1} は $\mathbf{R}^n$ の単位ベクトル全体の集合と同一視できるので，滑らかな全射であることは明らかである．次に

$$\pi^{-1}(\mathbf{e}_1) = \{M \in SO(n;\mathbf{R}) \mid M\mathbf{e}_1 = \mathbf{e}_1\}$$

を考えると，M の第 1 列は $\mathbf{e}_1$ に等しくなければならず，第 2 列から第 n 列の第 1 成分は 0 でなければならないから，結局，

$$\pi^{-1}(\mathbf{e}_1) = \left\{ \begin{pmatrix} 1 & {}^t\mathbf{o}_{n-1} \\ \mathbf{o}_{n-1} & N \end{pmatrix} \middle| N \in M(n-1;\mathbf{R}),\ {}^tNN = I_{n-1} \right\}$$

となり（$\mathbf{o}_{n-1}$ は $(n-1)$ 次元零ベクトル），$\pi^{-1}(\mathbf{e}_1)$ は $SO(n-1;\mathbf{R})$ に微分同相となる．また，任意の $\mathbf{n} \in S^{n-1}$ をとると，

$$\pi^{-1}(\mathbf{n}) = \{M \in SO(n;\mathbf{R}) \mid M\mathbf{e}_1 = \mathbf{n}\}$$

となるが，ここで $R\mathbf{n} = \mathbf{e}_1$ を満たす $R \in SO(n;\mathbf{R})$ を 1 つ固定すると，

$$\begin{aligned} & M \in \pi^{-1}(\mathbf{n}) \\ & \quad \Longleftrightarrow \quad M\mathbf{e}_1 = \mathbf{n} \\ & \quad \Longleftrightarrow \quad RM\mathbf{e}_1 = R\mathbf{n} = \mathbf{e}_1 \\ & \quad \Longleftrightarrow \quad RM \in \pi^{-1}(\mathbf{e}_1) \end{aligned}$$

が成り立つ．よって，$\varphi(M) = RM$ と定義することで滑らかな写像 φ: $\pi^{-1}(\mathbf{n}) \to \pi^{-1}(\mathbf{e}_1)$ が得られるが，明らかに逆写像が $M \mapsto R^{-1}M$ で与えられるので，これは微分同相写像となる．よって，$\pi^{-1}(\mathbf{n})$ も $SO(n-1;\mathbf{R})$ に微分同相となるので，定理の主張がいえた．□

よって，この定理の主張を $SO(n;\mathbf{R}) \simeq S^{n-1} \times SO(n-1;\mathbf{R})$ と表記することにして，右辺の $SO(n-1;\mathbf{R})$ に $SO(n-1;\mathbf{R}) \simeq S^{n-2} \times SO(n-2;\mathbf{R})$ の右辺を代入し，さらに … と続けていくことで，p.73 の

$$SO(n;\mathbf{R}) \simeq S^{n-1} \times S^{n-2} \times \cdots \times S^1$$

が得られるというわけである．これで，本節での $SO(n;\mathbf{R})$ の議論を終えることにする．

この節の最後の話題として，$U(n)$ と $SU(n)$ について議論しておくことにしよう．

定理 5.5　$U(n)$ は $SU(n)\times U(1)$ に微分同相である．

［証明］　$U(1)=\{z\in\mathbf{C}\mid |z|=1\}$ であるが，$z\in U(1)$ に対して

$$V_z:=\begin{pmatrix} z & {}^t\mathbf{o}_{n-1} \\ \mathbf{o}_{n-1} & I_{n-1}\end{pmatrix}\in U(n)$$

と定める．ここで，写像 $f:SU(n)\times U(1)\to U(n)$ を $f(M,z)=V_zM$，$g:U(n)\to SU(n)\times U(1)$ を $g(M)=(V_{\det(M^{-1})}M,\det(M))$ と定義すると，これらはともに滑らかで $f\circ g=1_{U(n)}$，$g\circ f=1_{SU(n)\times U(1)}$ が成り立つ．よって f,g はともに微分同相写像となり定理の主張がいえる．□

この定理により，$SU(n)$ のド・ラムコホモロジー群がわかれば $U(n)$ のド・ラムコホモロジー群もキュネットの公式からわかるので，調べるのは $SU(n)$ だけでよいことになる．では，最後に $SU(2)$ のトポロジーについての情報を調べる問題と，$SU(n)$ のファイバー空間の構造を調べる問題を提示しておこう．

演習問題 5.2

（i）　以下の等式を示せ．

$$SU(2)=\left\{\begin{pmatrix} z^1 & -\overline{z^2} \\ z^2 & \overline{z^1}\end{pmatrix}\,\middle|\, z^1,z^2\in\mathbf{C},\ |z^1|^2+|z^2|^2=1\right\}$$

（ii）　$SU(2)$ は3次元球面 S^3 に微分同相であることを示せ．

演習問題 5.3

（i）　$M\in SU(n)$ に対し，$M\mathbf{e}_1\in\mathbf{C}^n$（$\mathbf{e}_1={}^t(1,0,\cdots,0)\in\mathbf{C}^n$）を対応させることにより，写像 $\pi:SU(n)\to S^{2n-1}$ が定義されることを示せ．

（ii）　上の π により，$SU(n)$ は S^{2n-1} を底空間とし，$SU(n-1)$ をファイバーとするファイバー空間であることを示せ．

上の問題により，先ほどの記号 $\simeq$ を使えば

$$SU(n) \simeq S^{2n-1}\times S^{2n-3}\times\cdots\times S^3 \tag{5.2}$$

であることがわかる．

5.2 リー群から得られるリー環とその幾何学的意味

まず，物理学科の学生が普通に知っていると思われるリー環の定義の復習から始めよう．

定義 5.5 前節の冒頭で挙げた例における**リー群** G **のリー環** $\mathfrak{g}$ とは，単位元 $e = I_n$ における G の接ベクトル空間の元として与えられる $M(n;\mathbf{R})$ あるいは $M(n;\mathbf{C})$ の元の集合のことである．以下に，各例に対応するリー環を列挙する．

$$\begin{aligned}
&\mathfrak{gl}(n;\mathbf{R}) := M(n;\mathbf{R})\\
&\mathfrak{sl}(n;\mathbf{R}) := \{ M \in M(n;\mathbf{R}) \,|\, \mathrm{tr}(M) = 0\}\\
&\mathfrak{o}(n;\mathbf{R}) := \{ M \in M(n;\mathbf{R}) \,|\, {}^tM = -M\}\\
&\mathfrak{so}(n;\mathbf{R}) := \{ M \in M(n;\mathbf{R}) \,|\, {}^tM = -M\}\\
&\mathfrak{u}(n) := \{ M \in M(n;\mathbf{C}) \,|\, M^\dagger = -M\}\\
&\mathfrak{su}(n) := \{ M \in M(n;\mathbf{C}) \,|\, M^\dagger = -M,\ \mathrm{tr}(M) = 0\}
\end{aligned} \tag{5.3}$$

また，リー環 $\mathfrak{g}$ は反可換な積をもち，それは行列の**交換子積**で与えられる．

$$A, B \in \mathfrak{g} \implies [A, B] := AB - BA \in \mathfrak{g}$$

この定義は「物理数学」的な定義ではあるが，この段階で読者の方に色々質問をすることができる．まず，「(5.3) で与えられたリー環 $\mathfrak{g}$ が，なぜ対応するリー群 G の単位元における接ベクトル空間と考えられるのか？」という質問をしたくなるが，これにあなたは淀みなく答えられるだろうか？　この問いに対して，「物理数学」的に解答していくことにしよう．要するに，リー群の定義に用いられている「拘束条件」の全微分をとって，$M \to I_n$, $dM \to M$ とおけばよいのである．

まず，$GL(n;\mathbf{R})$ についての条件 $\det(M) \neq 0$ は，連続的な自由度の数を減らしていないので接ベクトル空間に対する制限はなく，リー環は $M(n;\mathbf{R})$ 全体としてよいことになる．次に，$SL(n;\mathbf{R})$ についての拘束条件 $\det(M) = 1$ の両辺を全微分すると，以下のようになる．

$$\sum_{1\leq i,j\leq n} (-1)^{i+j} \det(M_{ij}) dm_{ij} = 0$$

ただし $M = (m_{ij})$ とし，M_{ij} を M の第 i 行と第 j 列を取り除いた余因子行列とする（命題 2.2 の証明を参照のこと）．ここで，$M \to I_n$, $dM \to M$ とおくと，単位行列の余因子行列の行列式は $i = j$ のときに 1 となり，それ以外は 0 となるので，求める条件は，

$$\sum_{i=1}^{n} m_{ii} = 0 \iff \mathrm{tr}(M) = 0$$

となる．

演習問題 5.4　残りの例について，リー環が対応するリー群の単位元における接空間として与えられていることを確かめよ．

さて，これでリー環が対応するリー群の単位元における接ベクトル空間であることはある程度納得いただけたと思うが，問題はリー環の積の方である．もちろん，あるリー環の 2 つの元（行列）に対して交換子積を計算すると同じリー環の元になることは，線形代数や物理数学の演習で一度はやらされたことがあると思う．また，交換子積を考えることで，量子力学の角運動量の理論（あるいは第 2 章で触れた球面調和関数の理論）を理論的に整理することができる (いわゆる表現論である) のは知っているであろう．しかし，よく考えると以下の疑問が浮かぶ．

「リー群の接ベクトル空間において交換子積とはどういう意味があるのであろうか？」

もちろん，そんなことを考えなくても，試験でそれなりの点をとって単位を

取ることはできるのだが，深く考える癖のある学生ならば上のような疑問をもつと思うのである．私もそう思って，ジョージァイの本を見てみたのだが，交換子積の幾何学的な解釈についての議論は見当たらなかった．そこで，この節でそれについて考えてみようというわけである．

歴史を振り返ってみると，リー群にその名を残す数学者ソフス・リーの業績にはいわゆるリー環の表現論に関するものは含まれていないように見え，それらは後代の発展の成果のようである．間違っているかもしれないが，どうもリー自身は，行列の交換子積を考えるという段階には達していなかったように思えるのである．しかし，この本の第2章で紹介した「リー微分」の発見，あるいはその原初的な着想は，リー自身の業績に帰せられると推測される．つまり，リー自身は第2章で紹介したベクトル場のリー微分，つまりベクトル場の作用素としての交換子積をリー環の本体として捉えていたのではないかと思う．そして，それが行列の交換子積で簡便に扱えるようになったのは，後代の発展のおかげであるように思えるのである．この辺の発展の過程を追ってみたいのである．

鍵となるのは，リー群の積による左移動という概念である．

定義 5.6　G をリー群とする．リー群の積を表す写像 $\mu : G\times G \to G$ を用いて，$g \in G$ を固定して $x \in G$ に対して $\mu(g, x) = g\cdot x \in G$ を対応させることで，G から G への微分同相写像を定義することができる．この写像

$$L_g : G \to G \qquad (L_g(x) = g\cdot x)$$

を $g \in G$ による**左移動**と呼ぶことにする[*1]．

演習問題 5.5

（i）　上の L_g が G から G への微分同相写像となることを示せ．

（ヒント：L_g が滑らかなのは明らかゆえ逆写像が存在することをいえばよい．）

（ii）　$g, h \in G$ に対して $L_g \circ L_h = L_{g\cdot h}$ が成り立つことを示せ．

---

*1　右移動も考えることができるが，どちらか一方だけを考えればよいので，通常は左移動のみを考える．

この L_g が任意の $g \in G$ に対して存在し，しかも g の変化に対して滑らかに変化しながら存在することは，積の存在を仮定すれば当たり前に思えるが，G を普通の多様体として考えるとかなり異常なことであり，G がいかに特別な多様体であるかを表しているのである．この左移動を用いて，G 上の左不変な接ベクトル場を定義する．

定義 5.7　V を G 上の接ベクトル場 $(x \in G \mapsto V(x) \in T_xG)$ とする．V が**左不変**であるとは，L_g $(g \in G)$ から引き起こされる接空間の写像 $dL_{g,x} : T_xG \to T_{L_g(x)}G$ に対して，以下が成り立つことをいう．

$$dL_{g,x}(V(x)) = V(L_g(x)) = V(g \cdot x) \qquad (\forall x, g \in G) \tag{5.4}$$

左不変なベクトル場は，定義を見ると構成が難しそうだが，実は簡単に作れるのである．

命題 5.1　G の左不変ベクトル場は，T_eG の元 m を1つ与えれば $V_m(g) := dL_{g,e}(m)$ と定義することにより一意的に定まり，逆に任意の左不変なベクトル場 V は，ある $m \in T_eG$ が存在して $V = V_m$ が成り立つ．したがって，G の左不変なベクトル場全体のなす集合は T_eG，つまり G のリー環 $\mathfrak{g}$ と同型なベクトル空間となる．

［証明］　(5.4)で $x = e$ とおき，さらに $V(e) = m$ とすると，

$$dL_{g,e}(V(e)) = dL_{g,e}(m) = V(g \cdot e) = V(g) = V_m(g)$$

が得られる．これが(5.4)を満たすことは，以下のようにして確かめられる．

$$\begin{aligned} dL_{g,x}(V(x)) &= dL_{g,x}(V_m(g)) = dL_{g,x} \circ dL_{x,e}(m) = d(L_g \circ L_x)_e(m) \\ &= dL_{g\cdot x,e}(m) = V_m(g \cdot x) = V(g \cdot x) \end{aligned}$$

左不変なベクトル場全体が T_eG に同型なベクトル空間となることは，$dL_{g,e}$ が同型な線形写像（L_g は微分同相写像ゆえ）であることから，

$$\begin{aligned} aV_m(g) + bV_n(g) &= a(dL_{g,e}(m)) + b(dL_{g,e}(n)) \\ &= dL_{g,e}(am + bn) \\ &= V_{am+bn}(g) \qquad (\forall a, b \in \mathbf{R}, \forall m, n \in T_eG) \end{aligned}$$

が成り立つことから従う．□

注意 5.1　本章で扱う例の行列で与えられるリー群 G については，$x \in G$ に対応する n 次正方行列を $R(x)$ と書くことにすると，左移動 L_g は $R(x) \mapsto R(g)R(x)$ と単に行列 $R(g)$ を左からかけることになり，$R(x)$ の成分について見ると線形写像である．よって，その微分 $dL_{g,x}$ も n 次正方行列 $M \in T_xG$ に左から $R(g)$ をかける写像 $M \mapsto R(g)M$ として与えられる．したがって，上で用いた左不変なベクトル場 V_m は，$m \in T_eG$ をそれを与える n 次正方行列 $M \in \mathfrak{g}$ と同一視して

$$V_m(g) = V_M(g) = R(g)M \tag{5.5}$$

と表すことができる．

ここまでくれば，この後どう話が展開するかは勘のいい読者なら察しがつくであろう．要するに，左不変な接ベクトル場の交換子積が，行列の交換子積と同じ働きをすることを示せばよいのである．

定理 5.6　前節の冒頭の例で挙げたリー群 G のリー環 $\mathfrak{g}$ について，$m, l \in T_eG$ を対応する n 次正方行列 $M, L \in \mathfrak{g}$ と同一視して，以下の等式が成り立つ．ただし，左辺の括弧積はベクトル場の交換子積（p.176）で，右辺の括弧積は行列の交換子積である．

$$[V_M, V_L] = V_{[M,L]}$$

［証明］　$\dim(G) = d$ とする．G の局所座標 $(x^1, x^2, \cdots, x^d)$ をとり，

$$V_M = v_M^i \frac{\partial}{\partial x^i}, \qquad V_L = v_L^i \frac{\partial}{\partial x^i}$$

と局所座標表示すると，$[V_M, V_L]$ は以下で与えられる．

$$[V_M, V_L] = \left(v_M^j \frac{\partial v_L^i}{\partial x^j} - v_L^j \frac{\partial v_M^i}{\partial x^j} \right) \frac{\partial}{\partial x^i}$$

ここで，表示(5.5)を用いて計算を進めていくことにする．まず，G の単位元 e の周りの局所座標 $(t^1, t^2, \cdots, t^d)$ とそれによるパラメータ付け

$$\mathbf{r}_e : U \subset \mathbf{R}^d \to G \subset M(n;\mathbf{R}) \quad（または\ M(n;\mathbf{C})） \qquad (\mathbf{r}_e(0) = I_n)$$

をとる．このとき，

$$\frac{\partial \mathbf{r}_e}{\partial t^i}(0) := R_i \in M(n;\mathbf{R}) \quad (\text{または } M(n;\mathbf{C})) \qquad (i=1,\cdots,d)$$

とおくと，これらはベクトル空間 $\mathfrak{g}$ の基底を張るので，

$$M = m^i R_i, \qquad L = l^i R_i$$

と表せる．また，t^i の2次以上の項を無視して

$$\mathbf{r}_e(t) = I_n + R_i t^i$$

が成り立つ．よって(5.5)の表し方を用いると，この局所座標で

$$V_M(t) = \mathbf{r}_e(t)\,(m^i R_i), \qquad V_L(t) = \mathbf{r}_e(t)\,(l^i R_i)$$

と表されるが，t^i の2次以上の項を無視すると，

$$V_M(t) = (I_n + t^j R_j)\,(m^i R_i), \qquad V_L(t) = (I_n + t^j R_j)\,(l^i R_i) \qquad (5.6)$$

となる．これを用いて $v_M^j \dfrac{\partial v_L^i}{\partial t^j}\dfrac{\partial}{\partial t^i}$ の $t=0$ における値を計算する．そのためには，(5.6)の表示を微分演算子の表示に置き換えなければならないが，それは第2章での考察により，$M = m^i R_i$，$L = l^i R_i$ における R_i を

$$\frac{\partial \mathbf{r}_e}{\partial t^i}(0) = R_i \longleftrightarrow \left.\frac{\partial}{\partial t^i}\right|_{t=0}$$

と置き換えればよい．この置き換えにより，以下を得る．

$$\begin{aligned}
&\left. v_M^j \frac{\partial v_L^i}{\partial t^j}\frac{\partial}{\partial t^i}\right|_{t=0} \\
&\quad = \left.(I_n + t^k R_k)\left(m^j \frac{\partial}{\partial t^j}\right)(I_n + t^\ell R_\ell)\left(l^i \frac{\partial}{\partial t^i}\right)\right|_{t=0} \\
&\quad = \left.(I_n + t^k R_k)\left(m^j \frac{\partial}{\partial t^j}(I_n + t^\ell R_\ell)\, l^i\right)\frac{\partial}{\partial t^i}\right|_{t=0} \\
&\quad = \left.(m^j \delta_j^\ell R_\ell)\left(l^i \frac{\partial}{\partial t^i}\right)\right|_{t=0} \\
&\quad = (m^j R_j)\,(l^i R_i) \\
&\quad = ML
\end{aligned}$$

同様の議論を M と L を入れ替えて行なうことにより，以下の結論を得る．

$$\left(v_M^j \frac{\partial v_L^i}{\partial t^j} - v_L^j \frac{\partial v_M^i}{\partial t^j}\right) \frac{\partial}{\partial t^i}\bigg|_{t=0} = ML - LM = [M, L]$$

これは $[V_M, V_L](e) = [M, L] = V_{[M,L]}(e)$ であることを意味している.

では, 次に $[V_M, V_L](g)$ を計算しよう. $g \in G$ を表す n 次正方行列を $R(g)$ とすると, 行列としての $\mathbf{r}_e(t)$ に $R(g)$ を左からかけることによって, $g \in G$ の周りのパラメータ付け

$$\mathbf{r}_g : U \subset \mathbf{R}^d \to G \subset M(n;\mathbf{R}) \quad (\text{または} M(n;\mathbf{C})) \qquad (\mathbf{r}_g(0) = R(g))$$

$$(\mathbf{r}_g(t) = R(g)\mathbf{r}_e(t))$$

を得る. このとき, t^i の 2 次以上の項を無視して,

$$V_M(t) = R(g)(I_n + t^j R_j)(m^i R_i), \qquad V_L(t) = R(g)(I_n + t^j R_j)(l^i R_i)$$

と表され, また $M = m^i R_i$, $L = l^i R_i$ における R_i は

$$\frac{\partial \mathbf{r}_g}{\partial t^i}(0) = R(g)R_i \longleftrightarrow \frac{\partial}{\partial t^i}\bigg|_{t=0}$$

$$\Longleftrightarrow \quad R_i \longleftrightarrow R(g)^{-1}\frac{\partial}{\partial t^i}\bigg|_{t=0}$$

と置き換えられるので[*2], $V_M(V_L)(g)$ は以下のように求められる.

$$v_M^j \frac{\partial v_L^i}{\partial t^j}\frac{\partial}{\partial t^i}\bigg|_{t=0}$$

$$= R(g)(I_n + t^k R_k)\left(m^j R(g)^{-1}\frac{\partial}{\partial t^j}(R(g)(I_n + t^\ell R_\ell) l^i R(g)^{-1})\right)\frac{\partial}{\partial t^i}\bigg|_{t=0}$$

$$= R(g)(m^j \delta_j^\ell R_\ell)\left(l^i R(g)^{-1}\frac{\partial}{\partial t^i}\right)\bigg|_{t=0}$$

$$= R(g)(m^j R_j)(l^i R_i)$$

$$= R(g)ML$$

よって, M と L を入れ替えた結果も合わせて, 以下の等式を得る.

$$[V_M, V_L](g) = R(g)(ML - LM) = R(g)[M, L] = V_{[M,L]}(g)$$

これで, 定理の主張がいえたことになる. □

---

*2 数学としては乱暴な変形だが, 証明を簡潔にまとめるために物理屋特有の直観的な数式の取り扱いを使わせていただいている.

例 5.1　演習問題 5.2 の結果を用いて，$SU(2)$ の左不変ベクトル場を具体的に構成してみよう．問題で用いた複素変数 z^1, z^2 を $z^1 = x^1+\sqrt{-1}x^2$，$z^2 = x^3+\sqrt{-1}x^4$ とおき，それらが以下のように 2×2 行列で置き換えられることに着目する．

$$x^1+\sqrt{-1}x^2 \longleftrightarrow \begin{pmatrix} x^1 & -x^2 \\ x^2 & x^1 \end{pmatrix}, \qquad x^3+\sqrt{-1}x^4 \longleftrightarrow \begin{pmatrix} x^3 & -x^4 \\ x^4 & x^3 \end{pmatrix}$$

これにより，$SU(2)$ は以下のように実 4 次正方行列全体の集合 $M(4;\mathbf{R})$ の部分集合として表すことができる．

$$SU(2) = \left\{ \begin{pmatrix} x^1 & -x^2 & -x^3 & -x^4 \\ x^2 & x^1 & x^4 & -x^3 \\ x^3 & -x^4 & x^1 & x^2 \\ x^4 & x^3 & -x^2 & x^1 \end{pmatrix} \middle| \, (x^1)^2+(x^2)^2+(x^3)^2+(x^4)^2 = 1 \right\}$$

すぐわかるように，上の行列は行列式の値が 1 の直交行列であるので，$SO(4;\mathbf{R})$ の元でもある．したがって $SU(2)$ は $SO(4;\mathbf{R})$ の部分群であることもわかる．また x^i の拘束条件 $(x^1)^2+(x^2)^2+(x^3)^2+(x^4)^2 = 1$ より，$SU(2)$ が多様体としては S^3 に微分同相になることも，より明確にわかるであろう．ここで，$SU(2)$ の単位元は I_2，つまり $z^1 = 1$，$z^2 = 0$ に対応するから，上の表示では $(x^1, x^2, x^3, x^4) = (1, 0, 0, 0)$ に対応する点で与えられる．したがって，ベクトル空間としてのリー環は $(1, 0, 0, 0)$ における S^3 の接ベクトル空間で与えられ，以下のようになる．

$$\left\langle \mathbf{e}_2 = \begin{pmatrix} 0 \\ 1 \\ 0 \\ 0 \end{pmatrix}, \quad \mathbf{e}_3 = \begin{pmatrix} 0 \\ 0 \\ 1 \\ 0 \end{pmatrix}, \quad \mathbf{e}_4 = \begin{pmatrix} 0 \\ 0 \\ 0 \\ 1 \end{pmatrix} \right\rangle_{\mathbf{R}}$$

各基底 $\mathbf{e}_2, \mathbf{e}_3, \mathbf{e}_4$ は，以下の 4 次正方行列に対応する．

$$A_1 := \begin{pmatrix} 0 & -1 & 0 & 0 \\ 1 & 0 & 0 & 0 \\ 0 & 0 & 0 & 1 \\ 0 & 0 & -1 & 0 \end{pmatrix}, \qquad A_2 := \begin{pmatrix} 0 & 0 & -1 & 0 \\ 0 & 0 & 0 & -1 \\ 1 & 0 & 0 & 0 \\ 0 & 1 & 0 & 0 \end{pmatrix},$$

$$A_3 := \begin{pmatrix} 0 & 0 & 0 & -1 \\ 0 & 0 & 1 & 0 \\ 0 & -1 & 0 & 0 \\ 1 & 0 & 0 & 0 \end{pmatrix} \tag{5.7}$$

実は，これらはリー環 $\mathfrak{so}(4;\mathbf{R})$ の基底の半分を与えている．さて，$\mathbf{e}_i$ $(i = 2,3,4)$ に対応する $SU(2)$ の左不変ベクトル場 $V_{\mathbf{e}_i}$ は，(5.5) を用いると，$x \in S^3$ に対応する 4 次正方行列を

$$R(x) = \begin{pmatrix} x^1 & -x^2 & -x^3 & -x^4 \\ x^2 & x^1 & x^4 & -x^3 \\ x^3 & -x^4 & x^1 & x^2 \\ x^4 & x^3 & -x^2 & x^1 \end{pmatrix}$$

とおくことにより，以下のように表される．

$$R(x)\mathbf{e}_2 = \begin{pmatrix} -x^2 \\ x^1 \\ -x^4 \\ x^3 \end{pmatrix}, \quad R(x)\mathbf{e}_3 = \begin{pmatrix} -x^3 \\ x^4 \\ x^1 \\ -x^2 \end{pmatrix}, \quad R(x)\mathbf{e}_4 = \begin{pmatrix} -x^4 \\ -x^3 \\ x^2 \\ x^1 \end{pmatrix}$$

ただし，どのベクトルも T_xS^3 のベクトルであり，これらを微分演算子の形で表すと次のようになる．

$$V_{\mathbf{e}_2} = \widehat{A}_1 := -x^2\frac{\partial}{\partial x^1} + x^1\frac{\partial}{\partial x^2} - x^4\frac{\partial}{\partial x^3} + x^3\frac{\partial}{\partial x^4},$$

$$V_{\mathbf{e}_3} = \widehat{A}_2 := -x^3\frac{\partial}{\partial x^1} + x^4\frac{\partial}{\partial x^2} + x^1\frac{\partial}{\partial x^3} - x^2\frac{\partial}{\partial x^4},$$

$$V_{\mathbf{e}_4} = \widehat{A}_3 := -x^4\frac{\partial}{\partial x^1} - x^3\frac{\partial}{\partial x^2} + x^2\frac{\partial}{\partial x^3} + x^1\frac{\partial}{\partial x^4} \tag{5.8}$$

なお，これらの左不変ベクトル場は S^3 の任意の点で零とならず，しかもユークリッド空間の標準内積のもとで，任意の点で常に長さが 1 で，しかも互いに直交していることに注意して欲しい．このような接ベクトル場が存在するのは，まさに S^3 がリー群 $SU(2)$ でもあることがその理由なのである．

演習問題 5.6　(5.7)の行列 A_1, A_2, A_3 が以下を満たすとする．

$$[A_a, A_b] = f_{ab}^c A_c \tag{5.9}$$

このとき，(5.8)の微分演算子 $\widehat{A}_1, \widehat{A}_2, \widehat{A}_3$ も対応する関係式

$$[\widehat{A}_a, \widehat{A}_b] = f_{ab}^c \widehat{A}_c$$

を満たすことを確かめよ．((5.9)の f_{ab}^c をリー環 $\mathfrak{su}(2)$ の**構造定数**と呼ぶ．)

演習問題 5.7　以下の4次正方行列について考える．

$$B_1 := \begin{pmatrix} 0 & -1 & 0 & 0 \\ 1 & 0 & 0 & 0 \\ 0 & 0 & 0 & -1 \\ 0 & 0 & 1 & 0 \end{pmatrix}, \qquad B_2 := \begin{pmatrix} 0 & 0 & -1 & 0 \\ 0 & 0 & 0 & 1 \\ 1 & 0 & 0 & 0 \\ 0 & -1 & 0 & 0 \end{pmatrix},$$

$$B_3 := \begin{pmatrix} 0 & 0 & 0 & 1 \\ 0 & 0 & 1 & 0 \\ 0 & -1 & 0 & 0 \\ -1 & 0 & 0 & 0 \end{pmatrix}$$

(ｉ)　(5.7)の A_1, A_2, A_3 と上の B_1, B_2, B_3 は合わせて $\mathfrak{so}(4;\mathbf{R})$ の基底を張ることを示せ．

(ii)　以下の関係式が成り立つことを確かめよ．ただし，f_{ab}^c は(5.9)で与えられた構造定数とする．

$$[A_a, B_b] = 0 \quad (\forall a, b \in \{1,2,3\}), \qquad [B_a, B_b] = f_{ab}^c B_c$$

これより，リー環 $\mathfrak{so}(4;\mathbf{R})$ は2つの $\mathfrak{su}(2)$ の直積と見なせることがわかる．

この節を終えるにあたって1つ注意をしておくと，G の左不変ベクトル場は常に存在し，また左不変ベクトル場 V_m は $m \in T_eG$ が零ベクトルでなければ至る所零ベクトルにならない．したがって G は常に零点をもたない接ベクトル場をもつので，ポアンカレ-ホップの定理より以下の定理を得る．

定理 5.7　リー群 G がコンパクトかつ向き付け可能ならば，その多様体としてのオイラー数は0に等しい．

5.3　リー環のコホモロジー

この節では，まず準備として多様体上の微分形式にベクトル場を代入することによって得られる多様体上の滑らかな関数を定義する．

定義 5.8 M を n 次元多様体とし，ω を M 上の滑らかな p 次微分形式とする．また，$X_1, X_2, \cdots, X_p$ を M 上の滑らかなベクトル場とする．なお，それぞれの局所座標表示が，

$$\omega = \frac{1}{p!}\omega_{m_1 m_2 \cdots m_p} dx^{m_1} \wedge dx^{m_2} \wedge \cdots \wedge dx^{m_p},$$

$$X_i = \xi_i^m \frac{\partial}{\partial x^m}$$

で与えられているものとする．ただし，$\omega_{m_1 m_2 \cdots m_p}$ は添字の入れ替えに対して反対称性を満たすものとする．このとき，これらから定まる M 上の滑らかな関数 $\omega(X_1, X_2, \cdots, X_p)$ を以下で定義する．

$$\omega(X_1, X_2, \cdots, X_p) := \frac{1}{p!}\omega_{m_1 m_2 \cdots m_p} \xi_1^{m_1} \xi_2^{m_2} \cdots \xi_p^{m_p}$$

注意 5.2 構成法により，$\omega(X_1, X_2, \cdots, X_p)$ は X_i の添字の置換に対して反対称である．つまり，以下が成り立つ．

$$\omega(X_{\sigma(1)}, X_{\sigma(2)}, \cdots, X_{\sigma(p)}) = \mathrm{sgn}(\sigma)\omega(X_1, X_2, \cdots, X_p) \qquad (\sigma \in S_p)$$

$\omega(X_1, X_2, \cdots, X_p)$ が関数となることは，すべての添字について縮約をとっているので値が局所座標系のとり方によらなくなっていることからわかる．また，M 上の関数へのベクトル場の作用も定義しておこう．

定義 5.9 M を n 次元多様体とし，f を M 上の滑らかな関数，$X = \xi^m \frac{\partial}{\partial x^m}$ を M 上の滑らかなベクトル場とする．このとき，f に X を**作用**させて得られる M 上の関数 $X(f)$ を以下で定める．

$$X(f) := \xi^m \frac{\partial f}{\partial x^m}$$

以上の準備のもとで，以下の命題を示そう．

命題 5.2　上と同様の設定のもとで，以下の等式が成り立つ．

$$d\omega(X_1, X_2, \cdots, X_{p+1})$$
$$= \frac{1}{p+1}\left(\sum_{i=1}^{p+1}(-1)^{i-1}X_i(\omega(X_1, \cdots, \widehat{X_i}, \cdots, X_{p+1}))\right.$$
$$\left.+\sum_{1\le i<j\le p+1}(-1)^{i+j}\omega([X_i, X_j], X_1, \cdots, \widehat{X_i}, \cdots, \widehat{X_j}, \cdots, X_{p+1})\right) \tag{5.10}$$

ただし，$[X_i, X_j]$ はベクトル場の交換子積，あるいはリー微分である．

[証明]　局所座標表示すると，

$$d\omega = \frac{1}{p!}\left(\frac{\partial\omega_{m_1\cdots m_p}}{\partial x^m}\right)dx^m\wedge dx^{m_1}\wedge dx^{m_2}\wedge\cdots\wedge dx^{m_p}$$
$$= \frac{1}{(p+1)!}\sum_{i=1}^{p+1}(-1)^{i-1}\left(\frac{\partial\omega_{m_1\cdots\widehat{m_i}\cdots m_{p+1}}}{\partial x^{m_i}}\right)dx^{m_1}\wedge dx^{m_2}\wedge\cdots\wedge dx^{m_{p+1}}$$

となるので（1行目から2行目の変形は添字についての反対称化にあたる），(5.10)の左辺は以下のように計算される．

$$d\omega(X_1, X_2, \cdots, X_{p+1})$$
$$= \frac{1}{(p+1)!}\sum_{i=1}^{p+1}(-1)^{i-1}\left(\frac{\partial\omega_{m_1\cdots\widehat{m_i}\cdots m_{p+1}}}{\partial x^{m_i}}\right)\xi_1^{m_1}\xi_2^{m_2}\cdots\xi_{p+1}^{m_{p+1}}$$

次に，(5.10)の右辺第1項を計算してみよう．

$$\frac{1}{p+1}\sum_{i=1}^{p+1}(-1)^{i-1}X_i(\omega(X_1, \cdots, \widehat{X_i}, \cdots, X_{p+1}))$$
$$= \frac{1}{p+1}\sum_{i=1}^{p+1}(-1)^{i-1}\xi_i^{m_i}\frac{\partial}{\partial x^{m_i}}\left(\frac{1}{p!}\omega_{m_1\cdots\widehat{m_i}\cdots m_{p+1}}\xi_1^{m_1}\cdots\widehat{\xi_i^{m_i}}\cdots\xi_{p+1}^{m_{p+1}}\right)$$
$$= \frac{1}{(p+1)!}\sum_{i=1}^{p+1}(-1)^{i-1}\left(\frac{\partial\omega_{m_1\cdots\widehat{m_i}\cdots m_{p+1}}}{\partial x^{m_i}}\right)\xi_1^{m_1}\cdots\xi_{p+1}^{m_{p+1}}$$
$$+\frac{1}{(p+1)!}\sum_{i=1}^{p+1}(-1)^{i-1}\sum_{j=1}^{i-1}\omega_{m_1\cdots\widehat{m_i}\cdots m_{p+1}}\xi_1^{m_1}\cdots\left(\xi_i^{m_i}\frac{\partial\xi_j^{m_j}}{\partial x^{m_i}}\right)\cdots\widehat{\xi_i^{m_i}}\cdots\xi_{p+1}^{m_{p+1}}$$
$$+\frac{1}{(p+1)!}\sum_{i=1}^{p+1}(-1)^{i-1}\sum_{j=i+1}^{p+1}\omega_{m_1\cdots\widehat{m_i}\cdots m_{p+1}}\xi_1^{m_1}\cdots\widehat{\xi_i^{m_i}}\cdots\left(\xi_i^{m_i}\frac{\partial\xi_j^{m_j}}{\partial x^{m_i}}\right)\cdots\xi_{p+1}^{m_{p+1}}$$

$$
\begin{aligned}
&= \frac{1}{(p+1)!}\sum_{i=1}^{p+1}(-1)^{i-1}\left(\frac{\partial \omega_{m_1\cdots\widehat{m_i}\cdots m_{p+1}}}{\partial x^{m_i}}\right)\xi_1^{m_1}\cdots\xi_{p+1}^{m_{p+1}} \\
&\quad + \frac{1}{(p+1)!}\sum_{j<i}(-1)^{i+j}\omega_{lm_1\cdots\widehat{m_j}\cdots\widehat{m_i}\cdots m_{p+1}}\left(\xi_i^k\frac{\partial \xi_j^l}{\partial x^k}\right) \\
&\qquad\qquad \times \xi_1^{m_1}\cdots\widehat{\xi_j^{m_j}}\cdots\widehat{\xi_i^{m_i}}\cdots\xi_{p+1}^{m_{p+1}} \\
&\quad + \frac{1}{(p+1)!}\sum_{i<j}(-1)^{i+j-1}\omega_{lm_1\cdots\widehat{m_i}\cdots\widehat{m_j}\cdots m_{p+1}}\left(\xi_i^k\frac{\partial \xi_j^l}{\partial x^k}\right) \\
&\qquad\qquad \times \xi_1^{m_1}\cdots\widehat{\xi_i^{m_i}}\cdots\widehat{\xi_j^{m_j}}\cdots\xi_{p+1}^{m_{p+1}} \\
&= d\omega(X_1, X_2, \cdots, X_{p+1}) \\
&\quad - \frac{1}{(p+1)!}\sum_{i<j}(-1)^{i+j}\omega_{lm_1\cdots\widehat{m_i}\cdots\widehat{m_j}\cdots m_{p+1}}\left(\xi_i^k\frac{\partial \xi_j^l}{\partial x^k}-\xi_j^k\frac{\partial \xi_i^l}{\partial x^k}\right) \\
&\qquad\qquad \times \xi_1^{m_1}\cdots\widehat{\xi_i^{m_i}}\cdots\widehat{\xi_j^{m_j}}\cdots\xi_{p+1}^{m_{p+1}} \\
&= d\omega(X_1, X_2, \cdots, X_{p+1}) \\
&\quad - \frac{1}{p+1}\sum_{i<j}(-1)^{i+j}\omega([X_i, X_j], X_1, \cdots, \widehat{X_i}, \cdots, \widehat{X_j}, \cdots, X_{p+1})
\end{aligned}
$$

以上の変形の最左辺と最右辺を比べることで，命題の等式が得られる．□

さて，考える多様体をリー群 G に戻そう．

定義 5.10 リー群 G 上の p 次微分形式 ω で，左不変な接ベクトル場 $V_1, V_2, \cdots, V_p$ を代入すると定数関数となるものを G 上の**左不変な p 次微分形式**と呼ぶ．また G 上の左不変な p 次微分形式全体の集合を $\Omega_L^p(G)$ と表す．

定理 5.8 G は弧状連結なリー群であるとし，$\dim(G)=d$ とする．$\Omega_L^0(G)$ は G 上の定数関数全体のなす集合であり，1 次元実ベクトル空間となる．G のリー環 $\mathfrak{g}$ の基底 $m_1, m_2, \cdots, m_d$ をとり，それから得られる左不変な接ベクトル場を $V_1, V_2, \cdots, V_d$ とおく．このとき，条件

$$
\omega^a(V_b) = \delta_b^a \qquad (a, b = 1, 2, \cdots, d) \tag{5.11}
$$

を満たす左不変な 1 形式が存在し，これらは $\Omega_L^1(G)$ の基底をなす．したがって，$\Omega_L^1(G)$ は d 次元実ベクトル空間となる．また，$p \geq 1$ のとき，

$\Omega_L^p(G)$ の基底は,

$$\omega^{a_1}\wedge\omega^{a_2}\wedge\cdots\wedge\omega^{a_p}\qquad(1\leq a_1<a_2<\cdots<a_p\leq d)\tag{5.12}$$

で張られ，したがって $\Omega_L^p(G)$ は $\binom{d}{p}$ 次元実ベクトル空間となる.

［証明］ 0次については，弧状連結性の仮定と左不変性の定義により，主張は明らかである．1次ついては，V_a, ω^a の局所座標表示を $V_a^i\dfrac{\partial}{\partial x^i}, \omega_i^a dx^i$ とおくと，(5.11)の条件は，任意の $g\in G$ で

$$V_a^i(g)\omega_i^b(g)=\delta_a^b\tag{5.13}$$

が成り立つことと同値である．左不変性より，$V_a\ (a=1,2,\cdots,d)$ は任意の $g\in G$ で1次独立だから，$V(g):=(V_a^i(g))$ を d 次正方行列と見ると，$V(g)$ は任意の $g\in G$ で正則行列となる．また $\Omega(g)=(\omega_i^a)$ を同様に d 次正方行列と見ると，(5.13)は,

$$V(g)\Omega(g)=I_d$$

に同値である．したがって，$\Omega(g)$ は $V(g)$ の逆行列として一意的に定まる．よって，$\omega^a\ (a=1,2,\cdots,d)$ も一意的に定まり，しかも $V(g)$ が g の変化に対して滑らかに変化するので，ω^a も G 上の滑らかな1次微分形式となる.

次に $\omega\in\Omega_L^p(G)\ (p\geq 1)$ とする．左不変性と弧状連結性の仮定，および注意5.2より，ω は $e\in G$ での値

$$\omega(V_{a_1}, V_{a_2}, \cdots, V_{a_p})(e)=c_{a_1a_2\cdots a_p}\in\mathbf{R}$$
$$(1\leq a_1<a_2<\cdots<a_p\leq d)$$

で一意的に決まる．一方，(5.12)の $\omega^{a_1}\wedge\omega^{a_2}\wedge\cdots\wedge\omega^{a_p}$ は明らかに左不変で，また(5.11)が成り立つので,

$$\omega^{a_1}\wedge\omega^{a_2}\wedge\cdots\wedge\omega^{a_p}(V_{b_1}, V_{b_2}, \cdots, V_{b_p})$$
$$=\begin{cases}1 & ((a_1,a_2,\cdots,a_p)=(b_1,b_2,\cdots,b_p))\\ 0 & ((a_1,a_2,\cdots,a_p)\neq(b_1,b_2,\cdots,b_p))\end{cases}$$
$$(1\leq a_1<a_2<\cdots<a_p\leq d,\ 1\leq b_1<b_2<\cdots<b_p\leq d)$$

を得る[*3]．したがって，

$$\omega = \sum_{1 \leq a_1 < a_2 < \cdots < a_p \leq d} c_{a_1 a_2 \cdots a_p} \omega^{a_1} \wedge \omega^{a_2} \wedge \cdots \wedge \omega^{a_p}$$

が成り立つので，定理の後半の主張を得る．□

では，本節の鍵となる定理の紹介に入ることにしよう．

定理 5.9 定理 5.8 と同様の設定のもとで，リー環 $\mathfrak{g}$ の構造定数を以下のようにおく．

$$[V_a, V_b] = f^c_{ab} V_c \tag{5.14}$$

このとき，以下が成り立つ．

$$d\omega^a = -\frac{1}{4} f^a_{bc} \omega^b \wedge \omega^c \tag{5.15}$$

(この等式を**モーレー－カルタン方程式**と呼ぶ.) また，左不変な G 上の微分形式の外微分はまた左不変となる．したがって，以下の有限次元のド・ラム複体が定義される．

$$0 \longrightarrow \Omega^0_L(G) \xrightarrow{d_0} \Omega^1_L(G) \xrightarrow{d_1} \cdots \xrightarrow{d_{d-1}} \Omega^d_L(G) \xrightarrow{d_d} 0$$

このド・ラム複体のコホモロジー群を**左不変な G のド・ラムコホモロジー群**と呼び，$H^p_{DR,L}(G)$ と表記する．

[証明] 命題 5.2 より，$b < c$ として以下の等式が成り立つ．

$$\begin{aligned} d\omega^a(V_b, V_c) &= \frac{1}{2}(V_b(\omega^a(V_c)) - V_c(\omega^a(V_b))) - \frac{1}{2}\omega^a([V_b, V_c]) \\ &= -\frac{1}{2}\omega^a(f^e_{bc} V_e) \\ &= -\frac{1}{2} f^a_{bc} \end{aligned}$$

ただし，ここでは $\omega^a(V_b) = \delta^a_b$ および (5.14) を用いた．したがって $d\omega^a$ も左不変であり，定理 5.8 の証明の後半の議論より，

---

*3 厳密には $\omega^{a_1} \wedge \omega^{a_2} \wedge \cdots \wedge \omega^{a_p}$ についての添字の反対称化をする必要があるが，本質的でないので省略する．

$$
\begin{aligned}
d\omega^a &= -\frac{1}{2}\sum_{b<c} f^a_{bc}\,\omega^b \wedge \omega^c \\
&= -\frac{1}{4} f^a_{bc}\,\omega^b \wedge \omega^c
\end{aligned}
$$

を得る．ただし，1行目から2行目に移る際にアインシュタインの記法，および $f^a_{bc} = -f^a_{cb}$ が成り立つことを用いた．後半の主張は $d(d\omega^a) = 0$ であること，定理5.8，および(5.15)から従う．□

このド・ラム複体は有限次元で，しかも G が行列から得られるリー群の場合は定理5.6より，リー環 $\mathfrak{g}$ の基底をなす行列 M_a $(a = 1, 2, \cdots, d)$ の交換子積

$$
[M_a, M_b] = f^c_{ab} M_c
$$

から定まる構造定数 f^c_{ab} から完全に定まってしまうのである！　しかも，証明は本書では略すが，以下の定理が成り立つことが知られている[1].

定理 5.10　リー群 G がコンパクトかつ弧状連結ならば，以下が成り立つ．

$$
H^p_{DR,L}(G) \simeq H^p_{DR}(G) \qquad (p = 0, 1, \cdots, d)
$$

したがって，有限次元のド・ラム複体から得られる左不変なド・ラムコホモロジー群を用いて，G のド・ラムコホモロジー群を調べられるのである．G の単体分割を考えるのが難しそうに感じられるのに対して，このド・ラム複体はリー環を表す行列の交換子積さえ計算すれば決定できる．したがって，理論上は有限の手続きで G のド・ラムコホモロジー群を決定できることになるのである．本書の締めくくりとして，いくつかの例で具体的にド・ラムコホモロジー群を決定してみることにしよう．

例 5.2　n 次元トーラス T^n を考えてみよう．この場合，$T^n = (SO(2;\mathbf{R}))^n$ と見なすから，単位元の接空間の基底を各 $SO(2;\mathbf{R})$ の単位元での接ベクトル $\mathbf{e}_a$ $(a = 1, 2, \cdots, n)$ にとると，それらに対応する左不変ベクトル場 V_a

$(a = 1, 2, \cdots, n)$ は互いに独立で,

$$[V_a, V_b] = 0$$

を満たす. したがって, 左不変な1次微分形式 ω^a は $d\omega^a = 0$ を満たし, 左不変なド・ラム複体の外微分はすべて零写像となる. よって以下を得る.

$$H^p_{DR}(T^n) \simeq H^p_{DR,L}(T^n) \simeq \Omega^p_L(T^n) \simeq \mathbf{R}^{\binom{n}{p}}$$

この結果は, 第3章でキュネットの公式を用いて得た結果(例3.15)に一致する.

例 5.3 前に取り上げた $SU(2)$ の場合を考えてみよう. ここでは, $\mathfrak{su}(2)$ の基底として以下の2次正方行列をとる. (以降 $i = \sqrt{-1}$ を用いる.)

$$M_1 = \begin{pmatrix} 0 & i \\ i & 0 \end{pmatrix}, \qquad M_2 = \begin{pmatrix} 0 & 1 \\ -1 & 0 \end{pmatrix}, \qquad M_3 = \begin{pmatrix} i & 0 \\ 0 & -i \end{pmatrix}$$

このとき, 交換子積は以下で与えられる.

$$[M_a, M_b] = -2\varepsilon_{abc} M_c$$

ただし, ε_{abc} は3階の完全反対称テンソルである(定義4.2を参照). したがって, 対応する左不変1形式を ω^a $(a = 1, 2, 3)$ とおくと, それらの外微分は以下で与えられる.

$$d\omega^a = \frac{1}{2}\varepsilon_{abc}\omega^b \wedge \omega^c$$

$$\iff \quad d\omega^1 = \omega^2 \wedge \omega^3, \quad d\omega^2 = \omega^3 \wedge \omega^1 = -\omega^1 \wedge \omega^3, \quad d\omega^3 = \omega^1 \wedge \omega^2$$

また, この結果より以下も得る.

$$d(\omega^1 \wedge \omega^2) = d(\omega^1 \wedge \omega^3) = d(\omega^2 \wedge \omega^3) = 0$$

$\Omega^0_L(SU(2)) = \langle 1 \rangle_{\mathrm{R}}$, $\Omega^1_L(SU(2)) = \langle \omega^1, \omega^2, \omega^3 \rangle_{\mathrm{R}}$, $\Omega^2_L(SU(2)) = \langle \omega^1 \wedge \omega^2, \omega^1 \wedge \omega^3, \omega^2 \wedge \omega^3 \rangle_{\mathrm{R}}$, $\Omega^3_L(SU(2)) = \langle \omega^1 \wedge \omega^2 \wedge \omega^3 \rangle_{\mathrm{R}}$ であるから, 上の結果より $d_0 : \Omega^0_L(SU(2)) \to \Omega^1_L((SU(2))$ は零写像で, $d_1 : \Omega^1_L(SU(2)) \to \Omega^2_L(SU(2))$ は同型写像, $d_2 : \Omega^2_L(SU(2)) \to \Omega^3_L(SU(2))$, $d_3 : \Omega^3_L(SU(2)) \to 0$ はともに零写像であることがわかる. よって, 以下を得る.

$$H^p_{DR}(SU(2)) \simeq H^p_{DR,L}(SU(2)) \simeq \begin{cases} \mathbf{R} & (p = 0, 3) \\ 0 & (p \neq 0, 3) \end{cases}$$

$SU(2)$ は S^3 に微分同相であったから，この結果は S^3 のド・ラムコホモロジー群と一致するはずで，実際，第3章の結果（定理3.9）と一致している．

例 5.4　$G = SO(3;\mathbf{R})$ としよう．このとき，$\mathfrak{so}(3)$ の基底を以下の行列にとる．

$$M_1 = \begin{pmatrix} 0 & -2 & 0 \\ 2 & 0 & 0 \\ 0 & 0 & 0 \end{pmatrix}, \quad M_2 = \begin{pmatrix} 0 & 0 & -2 \\ 0 & 0 & 0 \\ 2 & 0 & 0 \end{pmatrix}, \quad M_3 = \begin{pmatrix} 0 & 0 & 0 \\ 0 & 0 & 2 \\ 0 & -2 & 0 \end{pmatrix}$$

このとき，交換子積は，

$$[M_a, M_b] = -2\varepsilon_{abc} M_c$$

となり，$SU(2)$ の場合と同じになる．したがって左不変なド・ラム複体も全く同じになるので，以下の結果を得る．

$$H^p_{DR}(SO(3;\mathbf{R})) \simeq H^p_{DR,L}(SU(2)) \simeq \begin{cases} \mathbf{R} & (p = 0, 3) \\ 0 & (p \neq 0, 3) \end{cases}$$

$SO(3;\mathbf{R})$ は3次元射影空間 RP^3 に微分同相であったから（定理5.3），この結果より RP^3 と S^3 のド・ラムコホモロジー群は等しいことがわかる．

例 5.5　$G = SO(4;\mathbf{R})$ としてみよう．演習問題5.7に出てきた $\mathfrak{so}(4;\mathbf{R})$ の基底 $A_1, A_2, A_3, B_1, B_2, B_3$ をそれぞれ M^A_a $(a = 1, 2, 3)$，M^B_a $(a = 1, 2, 3)$ とおくと，交換子積は以下のようになる．

$$[M^A_a, M^A_b] = -2\varepsilon_{abc} M^A_c, \qquad [M^B_a, M^B_b] = -2\varepsilon_{abc} M^B_c,$$
$$[M^A_a, M^B_b] = 0$$

よって，対応する左不変1形式 ω^a_A $(a = 1, 2, 3)$，ω^a_B $(a = 1, 2, 3)$ の外微分は以下で与えられる．

$$d\omega^1_A = \omega^2_A \wedge \omega^3_A, \qquad d\omega^2_A = \omega^3_A \wedge \omega^1_A = -\omega^1_A \wedge \omega^3_A, \qquad d\omega^3_A = \omega^1_A \wedge \omega^2_A,$$
$$d\omega^1_B = \omega^2_B \wedge \omega^3_B, \qquad d\omega^2_B = \omega^3_B \wedge \omega^1_B = -\omega^1_B \wedge \omega^3_B, \qquad d\omega^3_B = \omega^1_B \wedge \omega^2_B$$

これからド・ラム複体を書き下してコホモロジー群を求めることができるが，上の状況はちょうど多様体の直積に対するキュネットの公式を適用できる状況と同じであると考えて，（少し飛躍があるが）$SU(2)$ のポアンカレ多

項式 $(1+t^3)$ の 2 乗 $(1+t^3)^2 = 1+2t^3+t^6$ で $SO(4;\mathbf{R})$ のポアンカレ多項式が得られると考えることができる．したがって，以下の結果を得る．

$$H^p_{DR}(SO(4;\mathbf{R})) \simeq \begin{cases} \mathbf{R} & (p=0,6) \\ \mathbf{R}^2 & (p=3) \\ 0 & (p \neq 0,3,6) \end{cases}$$

例 5.6 本書の最後の例として $G = SU(3)$ を取り上げよう．このとき，リー環 $\mathfrak{su}(3)$ の基底として以下の行列をとる．

$$M_1 = \begin{pmatrix} 0 & i & 0 \\ i & 0 & 0 \\ 0 & 0 & 0 \end{pmatrix}, \quad M_2 = \begin{pmatrix} 0 & 1 & 0 \\ -1 & 0 & 0 \\ 0 & 0 & 0 \end{pmatrix}, \quad M_3 = \begin{pmatrix} i & 0 & 0 \\ 0 & -i & 0 \\ 0 & 0 & 0 \end{pmatrix},$$

$$M_4 = \begin{pmatrix} 0 & 0 & i \\ 0 & 0 & 0 \\ i & 0 & 0 \end{pmatrix}, \quad M_5 = \begin{pmatrix} 0 & 0 & 1 \\ 0 & 0 & 0 \\ -1 & 0 & 0 \end{pmatrix}, \quad M_6 = \begin{pmatrix} 0 & 0 & 0 \\ 0 & 0 & i \\ 0 & i & 0 \end{pmatrix},$$

$$M_7 = \begin{pmatrix} 0 & 0 & 0 \\ 0 & 0 & 1 \\ 0 & -1 & 0 \end{pmatrix}, \quad M_8 = \frac{1}{\sqrt{3}} \begin{pmatrix} i & 0 & 0 \\ 0 & i & 0 \\ 0 & 0 & -2i \end{pmatrix}$$

これらの行列は，$\mathrm{tr}(M_a M_b^\dagger) = -\mathrm{tr}(M_a M_b) = 2\delta_{ab}$ を満たすように規格化されている．ここで，構造定数 f_{ab}^c を求めたいのだが，実は

$$f_{abc} := \mathrm{tr}([M_a, M_b]M_c) = f_{ab}^d \,\mathrm{tr}(M_d M_c) = -2f_{ab}^c$$

とおくと，f_{abc} は 3 個の添字の入れ替えに関して完全反対称になることが示せる．

演習問題 5.8 f_{abc} は 3 個の添字の入れ替えに関して完全反対称になることを以下の手順で示せ．

(i) $f_{abc} = -f_{bac}$ であることを示せ．

(ii) $f_{abc} = f_{bca}$ であることを示せ．

(iii) f_{abc} は 3 個の添字の入れ替えに関して完全反対称であることを示せ．

これより，f_{abc} $(a < b < c)$ だけ求めればよいが，計算すると 0 でないものは以下のようになる．

$$f_{123} = 4, \quad f_{147} = 2, \quad f_{156} = -2,$$
$$f_{246} = 2, \quad f_{257} = 2, \quad f_{345} = 2,$$
$$f_{367} = -2, \quad f_{458} = 2\sqrt{3}, \quad f_{678} = 2\sqrt{3}$$

このデータを用いて，対応する左不変1次微分形式 ω^a $(a = 1, 2, \cdots, 8)$ の外微分を書き下すと，以下のようになる．

$$d\omega^1 = \omega^2\wedge\omega^3 + \frac{1}{2}\omega^4\wedge\omega^7 - \frac{1}{2}\omega^5\wedge\omega^6,$$

$$d\omega^2 = \frac{1}{2}\omega^4\wedge\omega^6 + \frac{1}{2}\omega^5\wedge\omega^7 - \omega^1\wedge\omega^3,$$

$$d\omega^3 = \omega^1\wedge\omega^2 + \frac{1}{2}\omega^4\wedge\omega^5 - \frac{1}{2}\omega^6\wedge\omega^7,$$

$$d\omega^4 = -\frac{1}{2}\omega^1\wedge\omega^7 - \frac{1}{2}\omega^2\wedge\omega^6 - \frac{1}{2}\omega^3\wedge\omega^5 + \frac{\sqrt{3}}{2}\omega^5\wedge\omega^8,$$

$$d\omega^5 = \frac{1}{2}\omega^1\wedge\omega^6 - \frac{1}{2}\omega^2\wedge\omega^7 + \frac{1}{2}\omega^3\wedge\omega^4 - \frac{\sqrt{3}}{2}\omega^4\wedge\omega^8,$$

$$d\omega^6 = -\frac{1}{2}\omega^1\wedge\omega^5 + \frac{1}{2}\omega^2\wedge\omega^4 + \frac{1}{2}\omega^3\wedge\omega^7 + \frac{\sqrt{3}}{2}\omega^7\wedge\omega^8,$$

$$d\omega^7 = \frac{1}{2}\omega^1\wedge\omega^4 + \frac{1}{2}\omega^2\wedge\omega^5 - \frac{1}{2}\omega^3\wedge\omega^6 - \frac{\sqrt{3}}{2}\omega^7\wedge\omega^8,$$

$$d\omega^8 = \frac{\sqrt{3}}{2}\omega^4\wedge\omega^5 + \frac{\sqrt{3}}{2}\omega^6\wedge\omega^7$$

これがあれば，左不変なド・ラム複体を書き下すことは原理的に可能であるが，$\Omega_L^p(SU(3))$ の次元は $p = 0$ から順に，

1，8，28，56，70，56，28，8，1

となり，これだけの次元のド・ラム複体の外微分を計算するのは，単純作業とはいえ気が遠くなる．そこで，私は数式処理ソフトの「Maple」の外積代数の機能を使って計算機にやらせることにした．コホモロジー群を計算するのに必要な情報は $\dim(\mathrm{Ker}(d_p))$，$\dim(\mathrm{Im}(d_p))$ のみである．そのために必要なのは，外微分を線形写像の形に書いて連立1次方程式を解くことだけであるから，これも Maple にやらせることができる．そうして得た計算結果

が，以下のデータである．

$$
\begin{aligned}
&\dim(\mathrm{Ker}(d_0)) = 1, && \dim(\mathrm{Im}(d_0)) = 0,\\
&\dim(\mathrm{Ker}(d_1)) = 0, && \dim(\mathrm{Im}(d_1)) = 8,\\
&\dim(\mathrm{Ker}(d_2)) = 8, && \dim(\mathrm{Im}(d_2)) = 20,\\
&\dim(\mathrm{Ker}(d_3)) = 21, && \dim(\mathrm{Im}(d_3)) = 35,\\
&\dim(\mathrm{Ker}(d_4)) = 35, && \dim(\mathrm{Im}(d_4)) = 35,\\
&\dim(\mathrm{Ker}(d_5)) = 36, && \dim(\mathrm{Im}(d_5)) = 20,\\
&\dim(\mathrm{Ker}(d_6)) = 20, && \dim(\mathrm{Im}(d_6)) = 8,\\
&\dim(\mathrm{Ker}(d_7)) = 8, && \dim(\mathrm{Im}(d_7)) = 0,\\
&\dim(\mathrm{Ker}(d_8)) = 1, && \dim(\mathrm{Im}(d_8)) = 0
\end{aligned}
$$

この結果より，$SU(3)$ のド・ラムコホモロジー群は，

$$
H^p_{DR}(SU(3)) \simeq \begin{cases} \mathbf{R} & (p = 0, 3, 5, 8) \\ 0 & (p \neq 0, 3, 5, 8) \end{cases}
$$

となり，$SU(3)$ のポアンカレ多項式は，

$$
1+t^3+t^5+t^8 = (1+t^3)(1+t^5)
$$

で与えられる．このポアンカレ多項式は $S^3 \times S^5$ のポアンカレ多項式と一致し，予想(5.2)が $SU(3)$ の場合にコホモロジー群のレベルで裏付けられたことになる．

注意 5.3 $SU(n)$ $(n \geq 2)$ のポアンカレ多項式は，$SO(n;\mathbf{R})$ の場合と同様にスペクトル系列を用いて計算され[8]，以下のようになる．

$$
p_{SU(n)} = \prod_{j=2}^{n} (1+t^{2j-1})
$$

よって，一般の $SU(n)$ でも予想(5.2)がコホモロジー群のレベルで正しいことがわかる．ただし，本当に直積になっているわけではない．$SO(n;\mathbf{R})$ のときのように球面による穴がつぶれたりしないのは，今の場合，球面の次元が奇数次元で，次元が 2 ずつ飛んでいることに原因がある．興味がある人は，さらに進んだ勉強に取り組むことをお勧めする．

第6章

附録：線形代数についての補足

この短い章では，本書で使われる線形代数の概念で，物理学科の学生が知らない可能性のある基本的な定義と定理を記すことにする．読み進めていて概念の定義がはっきりしない人は，ここで確認して欲しい[*1]．

定義 6.1　V を実ベクトル空間とし，$\mathbf{a}_1, \mathbf{a}_2, \cdots, \mathbf{a}_m$ を V のベクトルとする．これらのベクトルの一次結合全体の集合

$$\{\alpha_1\mathbf{a}_1+\alpha_2\mathbf{a}_2+\cdots+\alpha_m\mathbf{a}_m \in V \mid \alpha_i \in \mathbf{R}\ (i=1,2,\cdots,m)\}$$

は V の部分ベクトル空間となる．これを **$\mathbf{a}_1, \mathbf{a}_2, \cdots, \mathbf{a}_m$ で生成される部分ベクトル空間**といい，

$$\langle \mathbf{a}_1, \mathbf{a}_2, \cdots, \mathbf{a}_m \rangle_{\mathrm{R}}$$

と表記する．

注意 6.1　上の定義で，$\mathbf{a}_1, \mathbf{a}_2, \cdots, \mathbf{a}_m$ が一次独立ならば，これらのベクトルは $\langle \mathbf{a}_1, \mathbf{a}_2, \cdots, \mathbf{a}_m \rangle_{\mathrm{R}}$ の基底となるが，$\mathbf{a}_1, \mathbf{a}_2, \cdots, \mathbf{a}_m$ は必ずしも一次独立でなくともよい．

定義 6.2　V を実ベクトル空間とし，$W \subset V$ を V の部分ベクトル空間とする．ここで，V の元に以下の同値関係を導入する．

---

*1　線形代数の詳しい議論については，例えば佐武一郎先生の線形代数学の教科書[4]等を参照していただきたい．

$$\mathbf{v}_1 \sim \mathbf{v}_2 \quad (\mathbf{v}_1, \mathbf{v}_2 \in V) \iff \mathbf{v}_1 - \mathbf{v}_2 \in W$$

この同値関係による同値類の集合，つまりこの同値関係で結ばれるベクトルをすべて同じと思って得られる集合はまた実ベクトル空間となり，これを V の W による**商ベクトル空間**といい，V/W と表記する．

感覚的にいうと，W のベクトルをすべて零ベクトル $\mathbf{0}$ につぶして得られるベクトル空間である．したがって，以下の定理が成立する．

定理 6.1　(**次元公式**)

$$\dim(V/W) = \dim(V) - \dim(W)$$

定理 6.2　(**準同型定理**)

V, W を実ベクトル空間とし，$f : V \to W$ を線形写像とする．このとき，以下の実ベクトル空間としての同型が成り立つ．

$$\mathrm{Im}(f) \simeq V/\mathrm{Ker}(f)$$

したがって，以下の次元公式も成り立つ．

$$\dim(\mathrm{Im}(f)) = \dim(V) - \dim(\mathrm{Ker}(f))$$
$$\iff \dim(\mathrm{Im}(f)) + \dim(\mathrm{Ker}(f)) = \dim(V)$$

定義 6.3　V を実ベクトル空間とする．V から $\mathbf{R}$ への線形写像 $\varphi : V \to \mathbf{R}$ 全体のなす集合はまた実ベクトル空間となり，これを V の**双対ベクトル空間**といい，V^* と表記する．V が有限次元ならば $(\dim(V) = n)$，V の基底 $\mathbf{v}_1, \cdots, \mathbf{v}_n$ に対し，線形写像 $\varphi^i : V \to \mathbf{R}$ $(i = 1, \cdots, n)$，

$$\varphi^i(\mathbf{v}_j) = \delta^i_j \qquad (i, j = 1, \cdots, n)$$

が V^* の基底としてとれるので，以下が成り立つ．

$$\dim(V) = \dim(V^*) = n$$

なお，$\varphi^1, \cdots, \varphi^n$ を $\mathbf{v}_1, \cdots, \mathbf{v}_n$ の**双対基底**と呼ぶ．

定義 6.4　$f : V \to W$ を実ベクトル空間 V から実ベクトル空間 W への線形写像とする．このとき，線形写像 $f^* : W^* \to V^*$ を以下で定める．

$$\varphi : W \to \mathbf{R} \quad \text{に対し} \quad f^*(\varphi) =: \varphi \circ f : V \to \mathbf{R}$$

この f^* を f の**双対写像**という.

定義 6.5　U, V, W を実ベクトル空間とする. 写像 $\varphi : U \times V \to W$ が以下の性質を満たすとき, φ は**双線形写像**であるという.

$$\varphi(\alpha_1\mathbf{u}_1+\alpha_2\mathbf{u}_2, \mathbf{v}) = \alpha_1\varphi(\mathbf{u}_1, \mathbf{v}) + \alpha_2\varphi(\mathbf{u}_2, \mathbf{v})$$
$$(\forall \alpha_1, \alpha_2 \in \mathbf{R}, \forall \mathbf{u}_1, \mathbf{u}_2 \in U)$$
$$\varphi(\mathbf{u}, \beta_1\mathbf{v}_1+\beta_2\mathbf{v}_2) = \beta_1\varphi(\mathbf{u}, \mathbf{v}_1)+\beta_2\varphi(\mathbf{u}, \mathbf{v}_2)$$
$$(\forall \beta_1, \beta_2 \in \mathbf{R}, \forall \mathbf{v}_1, \mathbf{v}_2 \in V)$$

今, U と V を固定し, 任意のベクトル空間 W に対し, 任意の双線形写像 φ : $U \times V \to W$ を考える. このとき, 以下の性質を性質を満たすベクトル空間 $U \otimes V$ が存在し, それを U と V の**テンソル積**と呼ぶ.

「双線形写像 $i : U \times V \to U \otimes V$ と線形写像 $\tilde{\varphi} : U \otimes V \to W$ が存在し, $\varphi = \tilde{\varphi} \circ i$ が成り立つ.」

注意 6.2

(i)　上の定義は一見回りくどいが, これはテンソル積に関する性質を証明するために便利だからという理由によるもので, 計算上は以下の規則に留意しておけばそんなに困らない.

$$(\alpha_1\mathbf{u}_1+\alpha_2\mathbf{u}_2) \otimes \mathbf{v} = \alpha_1(\mathbf{u}_1 \otimes \mathbf{v})+\alpha_2(\mathbf{u}_2 \otimes \mathbf{v}),$$
$$\mathbf{u} \otimes (\beta_1\mathbf{v}_1+\beta_2\mathbf{v}_2) = \beta_1(\mathbf{u} \otimes \mathbf{v}_1)+\beta_2(\mathbf{u} \otimes \mathbf{v}_2)$$

(ii)　$\dim(U) = m$, $\dim(V) = n$ と, ともに有限次元である場合は, U の基底を $\mathbf{u}_1, \cdots, \mathbf{u}_m$, V の基底を $\mathbf{v}_1, \cdots, \mathbf{v}_n$ とおくと, $U \otimes V$ は $\mathbf{u}_i \otimes \mathbf{v}_j$ $(i = 1, \cdots, m,\ j = 1, \cdots, n)$ を基底とする実ベクトル空間となり, 以下が成り立つ.

$$\dim(U \otimes V) = mn = \dim(U)\dim(V)$$

(iii)　本書でのテンソル積の使い方は, 双線形写像 $\varphi : U \times V \to W$ がある場合に, 自然にテンソル積からの線形写像 $\tilde{\varphi} : U \otimes V \to W$ が誘導されるという文脈での使い方である.

定義 6.6　V を実ベクトル空間として, $V_1, V_2 \subset V$ を V の部分ベクトル空間とする. V_1 と V_2 の**和** $V_1+V_2 \subset V$ を以下で定義する.

$$V_1+V_2 := \{\mathbf{v}_1+\mathbf{v}_2 \in V \mid \mathbf{v}_1 \in V_1,\ \mathbf{v}_2 \in V_2\}$$

V_1+V_2 はまた V の部分ベクトル空間となる．

また，ベクトル $\mathbf{v} \in V_1+V_2$ を

$$\mathbf{v} = \mathbf{v}_1+\mathbf{v}_2 \qquad (\mathbf{v}_1 \in V_1,\ \mathbf{v}_2 \in V_2)$$

と表す表し方がただ 1 通りであるとき，V_1+V_2 は**直和**であるといい，$V_1 \oplus V_2$ と書く．

定理 6.3　上の定義の設定のもとで，$V_1 \cap V_2$ もまた V の部分ベクトル空間であるが，以下が成り立つ．

$$V_1+V_2 \text{ が直和である} \iff V_1 \cap V_2 = \{\mathbf{0}\}$$

また V_1 と V_2 がともに有限次元ならば，以下の次元公式も成り立つ．

$$\dim(V_1+V_2) = \dim(V_1)+\dim(V_2)-\dim(V_1 \cap V_2),$$
$$\dim(V_1 \oplus V_2) = \dim(V_1)+\dim(V_2)$$

注意 6.3　上の直和に関する記述は，標準的な線形代数の教科書のそれを引き写したもので，実は本書の場合で注意しなければならないのは，$V_1 \cap V_2 \neq \{\mathbf{0}\}$ であるのに $V_1 \oplus V_2$ という表記を用いる場合があるということである．この場合，左の $V_1 \cap V_2 \subset V_1$ と右の $V_1 \cap V_2 \subset V_2$ を強引に別物として扱うことを意味している（その際，$V_1 \oplus V_2$ の元は，和「＋」ではなく $(\mathbf{v}_1, \mathbf{v}_2)$ のように対で表す）．典型的な例がマイヤー－ビートリス長完全系列で使われる直和である．

参考文献

[1] 河田敬義編．位相幾何学．現代数学演習叢書 2　岩波書店（1965）．

[2] 小林昭七．曲線と曲面の微分幾何．裳華房（1977）．

[3] 佐藤勝彦．相対性理論．岩波書店（1996）．

[4] 佐武一郎．線型代数学（新装版）．数学選書 1　裳華房（2015）．

[5] 秦泉寺雅夫．物理系のための複素幾何入門．SGC ライブラリ 151　サイエンス社（2019）．

[6] 松本幸夫．多様体の基礎．東京大学出版会（1988）．

[7] 村上信吾．多様体．共立出版（1969）．

[8] R. Bott, L.W. Tu（著）．三村護（訳）．微分形式と代数トポロジー．丸善出版 復刊（2020）．

[9] S.-S. Chern. *A simple intrinsic proof of the Gauss-Bonnet formula for closed Riemannian manifolds.* Ann. of Math. (2) 45(1944), 747-752.

[10] H. Georgi（著）．九後汰一郎（訳）．物理学におけるリー代数 — アイソスピンから統一理論へ —．吉岡書店（1990）．

[11] V. Guillemin, A. Pollack（著）．三村護（訳）．微分位相幾何学．現代数学社（1998）．

索引

ナ　行

ハ　行

マ　行

ヤ　行

ラ　行

ワ　行

著者略歴

秦泉寺　雅夫（じんぜんじ　まさお）

1968年 東京都生まれ．1996年 東京大学大学院理学系研究科博士課程修了．北海道大学講師，同 准教授を経て，2020年 岡山大学大学院環境生命自然科学研究科教授，現在に至る．専門は位相的場の理論，ミラー対称性．博士（理学）．
著書に『数物系のためのミラー対称性入門』『物理系のための複素幾何入門』（以上 サイエンス社），Classical Mirror Symmetry（Springer）がある．

理論物理のための　現代幾何学
— 多様体・リーマン幾何学・リー群の大域的構造 —

2024年9月25日　第1版1刷発行
2025年1月20日　第2版1刷発行
2025年5月30日　第2版2刷発行

検印
省略

定価はカバーに表示してあります．

著作者	秦泉寺雅夫
発行者	吉野和浩
発行所	東京都千代田区四番町 8-1 電　話 03-3262-9166（代） 郵便番号 102-0081 株式会社　裳　華　房
印刷所	中央印刷株式会社
製本所	牧製本印刷株式会社

一般社団法人
自然科学書協会会員

ISBN 978-4-7853-1606-8

接続の微分幾何とゲージ理論［新装版］

小林昭七 著　A5判上製／276頁／定価5170円(税込)

“接続”は微分幾何を専門にする読者だけでなく、トポロジー、代数幾何、理論物理などの研究にも重要な道具となっている。本書は、そのような広い範囲の読者に、接続の理論と、その応用としてゲージ理論の初歩を解説することを目的としたものである。

◎ **古典的名著を、新たな装いで。**

「昭七先生」として親しまれ、数学界に大きな影響を与えた数学者・小林昭七氏。同氏ならではの明快で研ぎ澄まされた数学が、この“古典”には確かに息づいている。

2023年刊行の新装版では、読みやすさ・見やすさを向上させるため、数式組版ソフトLaTeXを用いて新規に組み直しを行った。

【主要目次】

1. 多様体
2. 接続
3. リーマン幾何
4. 特性類
5. Yang-Millsの接続
6. 4次元多様体上のYang-Mills接続

曲線と曲面の微分幾何（改訂版）

小林昭七 著　A5判／216頁／定価2860円(税込)

Gauss-Bonnetの定理のように、美しく深みのある幾何を理解してもらうために、微積分の初歩と2次、3次の行列を知っていれば容易に読み進められるように解説。

【主要目次】

1. 平面上の曲線, 空間内の曲線
2. 空間内の曲面の小域的理論
3. 曲面上の幾何
4. Gauss-Bonnetの定理
5. 極小曲面

数学選書7　幾何概論

村上信吾 著　A5判／298頁／定価4950円(税込)

陰に陽に現れる群の作用の役割を強調しながら、現代的立場で解説。適切なる例・問題により、独学者の自習にも役立つように配慮している。幾何に興味をもたれる読者にはさらに進んだ幾何学への基礎を、数学の他の分野に進まれる読者には幾何についての一般的概要を得てもらえる入門書である。

【主要目次】

1. 群と位相
2. 古典幾何の空間
3. 基本群と被覆空間
4. ホモロジー群
5. 多様体の幾何